Jetzt helfe ich mir selbst

Motor buch Verlag

Umschlagentwurf: Anita Ament.
Buchgestaltung: Siegfried Horn.
Umschlagfotos: Seufert, Volkswagen.

ISBN 3-87943-904-4

Auflage Nr. 1043905

Die in diesem Buch enthaltenen Ratschläge werden nach bestem Wissen und Gewissen erteilt, jedoch unter Ausschluß jeglicher Haftung.
Dieser Band entspricht dem Kenntnisstand zum Zeitpunkt der Drucklegung. Abweichungen durch geänderte Anweisungen des Fahrzeug-Herstellers bzw. neuere gesetzliche Bestimmungen sind möglich.
Manuskriptbearbeitung: Redaktion »Jetzt helfe ich mir selbst«.
Fotos: Archiv Verfasser 7, Axmann 6, Haeberle 15, Lautenschlager 153, Thaer 3, Woltereck 7, Volkswagen 17.
Zeichnungen: Archiv Verfasser 3, Ate 1, Axmann 1, Lautenschlager 15, Leistritz 1, Pirelli 1, RUD 1, Teroson 2, Volkswagen 15.
Stromlaufpläne: Volkswagen.
Satz: Cantz'sche Druckerei, 7302 Ostfildern 1.
Druck: KN Digital Printforce GmbH, Schockenriedstr. 37, 70565 Stuttgart
Printed in Germany.

Dieter Korp
Thomas Lautenschlager

VW Bus

August '72 bis Juni '79

Motorbuch Verlag Stuttgart

Inhaltsverzeichnis

Sie finden in diesem Buch

Vorwort

Generalüberholung

Die Buchreihe »Jetzt helfe ich mir selbst« geht in ihr drittes Jahrzehnt – ein erfreuliches Zeichen der Bewährung, aber kein Grund, sich mit dem Erreichten zufrieden zu geben. Die Bedingungen, unter denen wir leben – und fahren – ändern sich stetig, und dieser Tatsache soll auch diese Buchreihe entsprechen. Sie wurde vollständig überarbeitet und erheblich erweitert.
Des Autofahrers größte Sorge sind die steigenden Preise. Noch mehr als bisher wollen wir ihn daher unterstützen, seine Ausgaben zu verringern und den Wert seines Wagens zu erhalten.
Auch einer anderen Tendenz wollen wir entsprechen: Der praktische Sinn vieler Autofahrer hat sich verstärkt, zumeist durch die Not der steigenden Auto-Kosten dazu gezwungen, oft auch aus Freude an der Beschäftigung mit seinem rollenden Besitz, zumal in einer Epoche wachsender Freizeit.
Zweispurig wollen wir das Angebot an kostensparender Hilfe vergrößern:
□ Mehr Technik für den versierten und fachkundig gewordenen Praktiker. Er wird umfassender über Reparaturen und Teiletausch und die dafür notwendigen Arbeitsschritte informiert. Viele neue Ratschläge werden ihn dabei unterstützen, so für die Beschaffung der richtigen Ersatzteile.
□ Mehr Informationen für denjenigen, der aus den verschiedensten Gründen nicht selber Hand anlegen kann oder will. Denn auch durch Lesen läßt sich Geld sparen, etwa wie man weniger Benzin verbraucht – dieses Kapitel wurde stark erweitert –, wie man einfache Sichtprüfungen vornimmt oder wie man sich eine bessere Position gegenüber der Werkstatt verschafft.
An der Fahrsicherheit wird sich das Buch nach wie vor orientieren. Wir glauben, daß wir hier sogar einen wichtigen und notwendigen Beitrag leisten können. So wird zunehmend mit Selbstbedienung getankt, wobei der Autofahrer sich selbst überlassen bleibt – kritisch für viele dringend erforderlichen Kontrollen (Ölstand, Bremsflüssigkeit, Batterie, Reifendruck usw.).
Speziell zu diesem Band: Er ist einem Wagen gewidmet, der unter dem Namen VW Bus oder VW Transporter (oder Typ 2) bekannt und beliebt geworden ist und zwar mit luftgekühlten Motoren von 1600 cm^3 bis 2000 cm^3 der Baujahre August 1972 bis Juni 1979. Für diese Modelle stellt er auch eine ganz wesentliche Überarbeitung und Erweiterung des seinerzeitigen Bandes 31 dar.
Viele eigene Erfahrungen aus unzähligen Schraub- und Bastelstunden, aus vielen gefahrenen Kilometern schlagen sich in diesem Buch nieder. Aber es enthält auch die Erfahrungen und das Wissen vieler hilfsbereiter Menschen, ob wir sie nun sozusagen an der Basis, auf dem Schrottplatz, in der Werkstatt, im Handel oder im Werk gefunden haben. Sie standen uns mit Rat und Tat zur Seite, und wir möchten ihnen an dieser Stelle herzlich danken.

Die Verfasser

Wer sich mit dem VW-Bus auf große Fahrt begibt, ist nicht immer willens, sich auf das mehr oder minder ausgeprägte Fachwissen der Mechaniker im fernen Ausland zu verlassen. So weiß beispielsweise sicher nicht jede »Universal-Werkstatt« eines Entwicklungslands, daß beim Flachmotor die Schraube am Ölsieb nur mit 13 Nm angezogen werden darf (siehe Seite 44) oder andernfalls schwerer Schaden entstehen kann. Unser Handbuch gibt Ihnen also ein Stück Unabhängigkeit mit auf den Weg – und das nicht nur auf Urlaubsreisen.

Erste Überprüfung und Gebrauchtwagen-Beurteilung

Holzauge sei wachsam

Möchten Sie den Zustand Ihres eigenen oder eines Wagens, den Sie kaufen wollen, beurteilen, sollten Sie nach einer Checkliste vorgehen. Das konsequente Prüfen nach den untenstehenden Punkten zeigt klar und deutlich, wie es um Ihren fahrbaren Untersatz bestellt ist oder erspart Ihnen eine herbe Enttäuschung beim Gebrauchtwagenkauf. Wir haben hier auch Schwachpunkte genannt, die Sie beim Kauf eines gebrauchten VW-Bus unbedingt beachten müssen.

Vorbereitungen

Sie brauchen mindestens Papier und Schreibzeug, um festgestellte Mängel zu notieren. Für die Kontrollen in dunklen Ecken und am Wagenboden empfiehlt sich eine Taschen- oder Handlampe. Zum Ausfindigmachen von Karosserie-Durchrostungen dient ein Schraubenzieher, notfalls auch der Autoschlüssel. Wenn keine Aufbockmöglichkeit besteht, nützt eine alte Decke zum Draufliegen bei der Überprüfung der VW-Unterseite.

Fingerzeig: *Bitten Sie zum Gebrauchtwagenkauf einen Bekannten mit Auto-Sachkenntnis um seine Begleitung. Vier Augen sehen grundsätzlich mehr als zwei, und außerdem kann – falls es später zum Rechtsstreit kommen sollte – dessen Zeugen-Aussage sehr wertvoll sein.*

Prüfen im Stand

Karosseriezustand

Rostschäden sind der größte Feind der Transporterkarosserie. Dabei meinen wir nicht die meist unzähligen Steinschlagschäden an der Front oder den Radausschnitten, sondern Durchrostungen an den tragenden Teilen. Stochern oder klopfen Sie an folgenden Stellen: Querträger vorn am Führerhaus und unter dem Laderaumboden, Längsversteifungen an der Karosserieunterkante außen und innen (in der Fachsprache Schweller genannt), Radausschnitte vorn und hinten, Hinterkante des vorderen Radkastens, Ecken unterhalb der Rücklichter; siehe hierzu auch die Bilder ab Seite 250. Auch der Vorderachskörper kann durchrosten, siehe die Abbildung Seite 126. Alle genannten Schäden sind, wenn Fremdhilfe gebraucht wird, nur mit erheblichen Kosten zu beheben. An der Karosserie muß geschweißt werden, was am Vorderachskörper nicht in allen Fällen zulässig ist (siehe Seite 126). Ebenfalls rostanfällig, aber weniger tragisch: Die Schiebetür unten und die untere Schiebetürenführung.

Rund um den Wagen

Beleuchtungseinrichtungen: Scheinwerferreflektoren trübe oder angerostet, Lampengläser gesprungen oder beschlagen, Rücklichtgläser gesprungen, Feuchtigkeit im Rücklicht? Funktionieren sämtliche Lampen einschließlich der Bremsleuchten?
Türschlösser: Selten funktionieren sämtliche Schlösser beim Transporter. Wird beim Schlüsseldreh ordnungsgemäß verriegelt oder geöffnet oder sind die Schließzylinder festkorrodiert? Springt die angezogene Öffnertaste wieder zurück? Näheres zu den Schlössern finden Sie ab Seite 236.
Motor: Ölverlust, vor allem an der Unterseite? Auf die »wilden Ölquellen« sind wir auf Seite 72 eingegangen. Ist die richtige Motorvariante eingebaut? Die Kennbuchstaben der zulässigen Motoren finden Sie auf Seite 73. Läßt sich der Keilriemen bei kräftigem Fingerdruck etwa 15 mm eindrücken? Riemen ausgefranst oder mit Bruchstellen? Wenn Sie gerade in den Motorraum schauen: Reicht der Säurestand der Batterie aus? Polklemmen richtig angezogen und sauber?

Fahrwerk: Jedes Vorderrad an der Oberseite quer zum Fahrzeug hin- und herrütteln. Ist Spiel fühlbar? Wenn ja, liegt es an den Radlagern oder den Traggelenken der Vorderachse, siehe Seite 128. Stoßdämpfer-Rustikalprüfung: Auf die Stoßstange steigen, unbeladene Karosserie aufschaukeln und abspringen. Nach ca. 2 Schwingungen müssen die Bewegungen abgeklungen sein. Kontrollieren Sie durch die Felgenlöcher, ob die Bremsscheiben riefig und eingelaufen sind. Mit dem Finger nur bei kalter Bremsscheibe prüfen!
Bereifung: Profiltiefe ausreichend? Kontrollieren Sie an den Vorderreifen speziell die Außenkante und an den Hinterreifen die Innenkante; dort sind die Reifen jeweils am stärksten belastet. Richtige Reifengröße aufgezogen? Nur verstärkte Reifen sind zulässig, siehe Seite 157. Diagonal- und Gürtelreifen gemischt montiert? Das ist nicht mehr erlaubt. Reifen gleicher Bauart, aber von verschiedenen Herstellern auf einer Achse? Das gilt zwar nicht als unzulässige Mischbereifung, wird aber vom TÜV nicht gern gesehen. Reifenflanken beschädigt, Ventilkappen vorhanden? Felgenhörner verbogen? Am eigenen Wagen zum Schluß noch den Luftdruck prüfen, Tabelle siehe Seite 160.

Unter dem Wagen

Motor: Auspufftopf durchgerostet, Endrohr geknickt? Ummantelung der Wärmetauscher (rechts und links am Motor) durchgerostet? Neue Wärmetauscher sind teuer.
Fahrwerk: Bremsleitungen angerostet? Besonders gefährdet sind die Leitungen im Spritzbereich der Räder. Bremsschläuche verdreht? Staubmanschetten der Traggelenke und der Spurstangen beschädigt? Zeigt sich beim Rütteln an den Spurstangen Spiel? Gleiche Prüfung an der Lenkschubstange, siehe Bild Seite 133. Am Lenkhebel in der Mitte der Vorderachse rütteln, um festzustellen, ob das Lenkhebellager (siehe Seite 133) Spiel hat. An der Hinterachse die Manschetten der Gelenkwellen auf Beschädigungen kontrollieren.

Im Wagen

Lenkung: Drehen Sie am Lenkrad in Geradeausstellung und kontrollieren Sie, ob sich das linke Vorderrad ohne Verzögerung bewegt. Beobachten Sie hierbei die Felge, da der Reifen einen Teil des Einschlags »schluckt«. Knackgeräusche im Lenkgetriebe?
Bremsen: Bremsflüssigkeitsbehälter ausreichend voll? Siehe Bild Seite 137. Pedalweg: Spätestens bei halb durchgetretenem Bremspedal müssen Sie Druck spüren. Handbremse: Nach 6 Rasten muß erste Handbremswirkung einsetzen; nach 10 Rasten darf sich der Hebel nicht mehr weiter ziehen lassen.
Sicherheitsgurte dürfen nicht ausgefranst sein, Automatikgurte sollten einwandfrei aufrollen.

Die Probefahrt

Motor

Startwilligkeit: Der kalte VW-Motor muß spontan anspringen, bei warmer Maschine kann es dagegen einige Sekunden dauern – das ist normal.
Kontrollampen: Verlöschen Lade- und Öldruckkontrolle nach dem Start?
Leerlauf: Nach dem Anspringen darf der Motor nicht wieder absterben, die Leerlaufdrehzahl (bei kalter Maschine durch die Startautomatik erhöht) soll nicht schwanken.

Ist das Schwellerblech unterhalb der Schiebetür durchgerostet? Die Klopfprüfung mit dem Schraubenzieher gibt Auskunft.

Motorlauf: Dreht der Motor sauber und rund? Geräusche, die auf einen Fehler hinweisen, finden Sie im Störungsbeistand auf Seite 73 beschrieben. Dröhnen im Innenraum läßt auf einen verspannt eingebauten Antriebsblock (Motor und Getriebe) schließen; Abhilfe siehe Seite 121. Beschleunigt der Transporter-Motor ruckfrei und ohne »Löcher«?

Fingerzeig: *Für eine weitergehende Überprüfung des nicht einwandfrei laufenden Motors empfiehlt sich die Reihenfolge: Kompressionsdruck messen (Seite 56), Verschleißteile der Zündanlage und Einstellung kontrollieren (ab Seite 200), Vergaser und Einstellung überprüfen (ab Seite 106).*

Kupplung

Betätigung: Das Pedal muß sich leicht und ruckfrei niedertreten lassen, sonst ist der Kupplungszug angerostet und reißt demnächst, oder die Pedallagerung ist festkorrodiert. Brumm- oder Pfeifgeräusche bei durchgetretenem Pedal deuten auf ein defektes Ausrücklager.
Funktion: Bei völlig niedergedrücktem Pedal muß sich der Rückwärtsgang ohne Kratzen einlegen lassen, sonst trennt die Kupplung nicht einwandfrei. Verschleißprüfung: Handbremse fest anziehen, 3. Gang einlegen, etwas Gas geben und Kupplungspedal langsam kommen lassen. Wird der Motor jetzt abgewürgt, ist die Kupplung in Ordnung. Diese Gewaltprüfung sollten Sie am eigenen Fahrzeug nur gelegentlich vornehmen. Wenn die Kupplung beim Anfahren rupft, müssen Sie dies als Schönheitsfehler hinnehmen, wenn das Kupplungsseil richtig verlegt ist (siehe Seite 114).

Getriebe

Schaltung: Bei korrekt eingestelltem Schalthebel müssen sich die Gänge einwandfrei durchschalten lassen. Rückwärtsgangsperre intakt?
Funktion: Bei einwandfreier Synchronisation lassen sich die Vorwärtsgänge während der Fahrt ohne Kratzgeräusche einlegen. Kontrollieren Sie speziell die 2.-Gang-Synchronisation beim Zurückschalten vom 3. Gang. Mahlende oder singende bis heulende Geräusche in einzelnen Gängen lassen abgenutzte Zahnräder erkennen. Treten die Geräusche in allen Gangstufen auf, liegt evtl. Ölmangel vor oder das Differential ist verschlissen. »Klack-Klack«-Geräusche beim Beschleunigen und im Schubbetrieb weisen auf defekte Gelenke der Antriebswellen.
Wie das automatische Getriebe geprüft wird, steht auf Seite 121.

Lenkung

Lenkeigenschaften: Läuft das Fahrzeug auf ebener Fahrbahn auch bei losgelassenem Lenkrad sauber geradeaus? Wenn die Vorderreifen nicht unterschiedlich abgenutzt sind, liegt der Fehler an der Vorderachseinstellung. Hier besteht der Verdacht auf einen vorausgegangenen Unfallschaden oder zumindest eine harte Bordsteinberührung. Geht die Lenkung nach Kurven wieder selbsttätig in Geradeausstellung zurück? Wenn sie hierbei klemmt, wurde das verschlissene Lenkgetriebe zu stark nachgestellt – dann muß ein neues her.
Vibrationen: Zittert das Lenkrad oder schlägt es deutlich aus? Evtl. ist eine Felge beschädigt. Ab etwa 80 km/h sind schlecht ausgewuchtete Reifen für die Lenkunruhe verantwortlich.

Bremsen

Bremsprobe: Zuerst eine Vollbremsung – jedoch lediglich aus **Schrittgeschwindigkeit!** Am Gummiabrieb auf der Straße sehen Sie bei gleich langen Spuren, daß die Bremsen gleichmäßig ziehen. Gleiche Prüfung mit der Handbremse. Hier offenbart sich ein häufiger Transporter-Schwachpunkt: Die Handbremsseile sind schadhaft, siehe Seite 149. Für die Bremsenprüfung bei höherer Geschwindigkeit brauchen Sie eine ebene Strecke. Nun aus etwa 50 km/h bei losgelassenem Lenkrad, aber mit greifbereiten Händen **zuerst sanft** und **dann scharf** bis zum Stillstand abbremsen. Zieht der Wagen etwa nach links, ist eine der rechten Radbremsen nicht in Ordnung. Das Auto zieht in Richtung des stärker gebremsten Rades. Bei den vorderen Scheibenbremsen kann die Ursache ein zu weit abgenutzter Belag sein.
Gängigkeit: Lassen Sie den Wagen ein schwaches Gefälle im Leerlauf hinunterrollen, um festzustellen, ob die Räder freigängig sind. Nach der Probefahrt machen Sie die Handprobe: Ist eine Felge auf der einen Wagenseite wärmer als auf der anderen Sei-

Wie ist es um den Auspufftopf und die Wärmetauscher bestellt? Ein prüfender Blick lohnt sich.

te? Ursachen können sein ein verklemmter Bremssattel, schwergängige hintere Trommelbremsen oder zu stramm eingestellte bzw. schadhafte Radlager.

Elektrik

Die nachfolgenden Kontrollen sind vor allem für den Gebrauchtwagenkauf interessant.
Instrumente: Funktionieren Tacho, Kontrolleuchten und, falls eingebaut, die Zeituhr?
Scheibenwischer: Laufen die Wischer in beiden Geschwindigkeiten, funktioniert die Endabschaltung und die Waschanlage?
Hupe: Sie sitzt im Spritzbereich und ist daher oft verstimmt oder defekt.
Schalter: Nochmals bewußt die Kontrolle, ob mit dem entsprechenden Schalter auch der betreffende Stromverbraucher in Funktion tritt. Funktioniert die Umschaltung von Abblend- auf Fernlicht und umgekehrt?

Heizung

Mit Herunterziehen des Heizungs-Schiebereglers muß nach einigen Minuten Fahrzeit Warmluft in den Fahrgastraum geblasen werden, sonst sind die Heizklappen festgerostet, die Heizzüge gerissen oder die Wärmetauscher durchgerostet. Läßt sich die Heizung wieder abschalten? Läuft beim Flachmotor das Zusatzgebläse hinten im Motorraum, wenn der Regler auf »volle Heizwirkung« steht?

Störungshilfe

In den vielen Prüfpunkten dieses Kapitels haben wir eine ganze Reihe von Fehlern angesprochen. Wie Sie die beheben können, ist im laufenden Text unseres Handbuchs beschrieben. Damit Sie die betreffende Stelle im Buch leichter finden, haben wir nachstehend die Störungshilfen zusammengestellt.

Werkzeug und andere Hilfen

Kleine Helfer

Schlecht verarbeitetes Werkzeug verdirbt die Freude am Autobasteln. Soweit sollten Sie es gar nicht kommen lassen, sondern gleich Handwerkszeug erster Qualität anschaffen. Wahlspruch: Lieber weniger im Werkzeugkasten als eine Menge Ramsch.

Die Grundausstattung

In der nachfolgenden Liste haben wir zusammengestellt, was uns als vielseitig verwendbare Grundausstattung empfehlenswert erscheint:
4 Doppel-Gabelschlüssel, 6×7, 8×10, 13×15, 17×19;
2 Gabel-/Ringschlüssel kurz, SW 10 bzw. 13 beidseitig;
2 Ringschlüssel gekröpft, 10×13 und 17×19;
1 Steckschlüssel 8×10;
1 Satz Innensechskantschlüssel am Ring, SW 2 bis 8;
1 Zündkerzenschlüssel, SW 20,8, ausziehbar;
1 Radmutternschlüssel, SW 17;
3 Schraubenzieher für Querschlitzschrauben, 3, 6 und 8 mm breit;
2 Schraubenzieher für Kreuzschlitzschrauben, verschiedene Größen;
1 Schraubenzieher für Querschlitzschrauben, kurz mit kräftigem Griff;
2 Winkelschraubenzieher für Kreuzschlitze und Querschlitze;
1 Kombizange;
1 Rohrzange, 240 mm lang;
1 Seitenschneider;
1 Schlosserhammer, 300 g schwer;
1 Satz Fühlerblattlehren, 0,05–0,7 mm;
1 Flachmeißel;
1 Durchschlag, 3 mm Durchmesser;
1 Elektrik-Prüflampe.

Schraubenmaße und Schlüsselweiten

Werkzeuge und Maschinenteile werden in den meisten Ländern nach dem metrischen Maßsystem (in Millimeter oder Zentimeter) gemessen. Eine Schraube kann beispielsweise mit M 8×30 oder M 8×1×30 gekennzeichnet sein. Hierbei bedeuten:

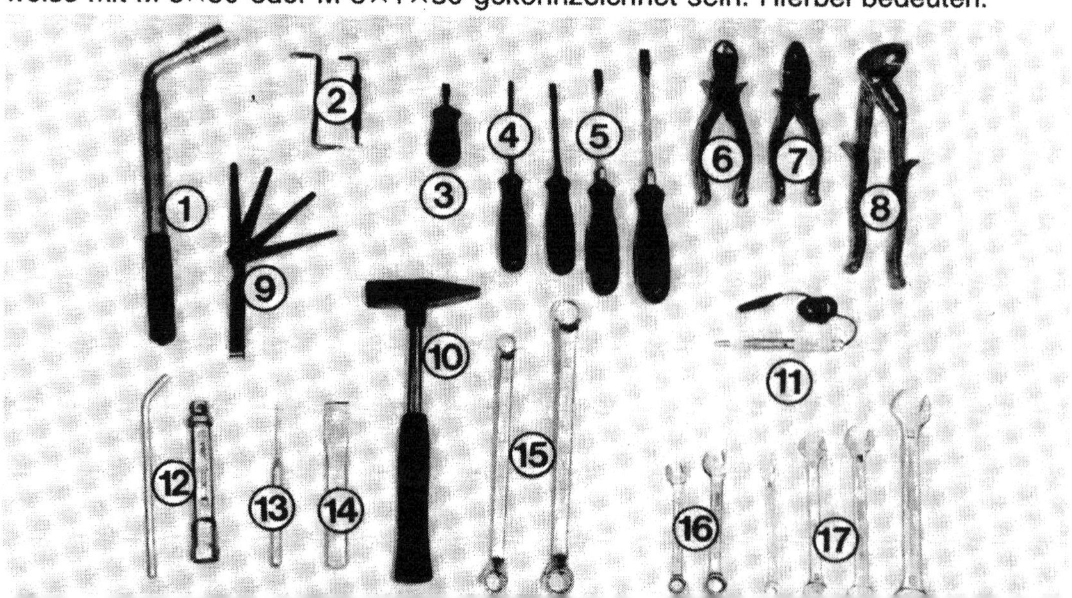

Werkzeuge der Grundausstattung: 1 – Radschraubenschlüssel; 2 – Winkelschraubenzieher; 3 – kurzer Querschlitzschraubenzieher; 4 – Kreuzschlitzschraubenzieher; 5 – Querschlitzschraubenzieher; 6 – Seitenschneider; 7 – Kombizange; 8 – Rohrzange; 9 – Fühlerblattlehren; 10 – Hammer; 11 – Elektrik-Prüflampe; 12 – Zündkerzenschlüssel; 13 – Durchschlag; 14 – Flachmeißel; 15 – Ringschlüssel, hoch gekröpft; 16 – Gabel-/Ringschlüssel; 17 – Gabelschlüssel.

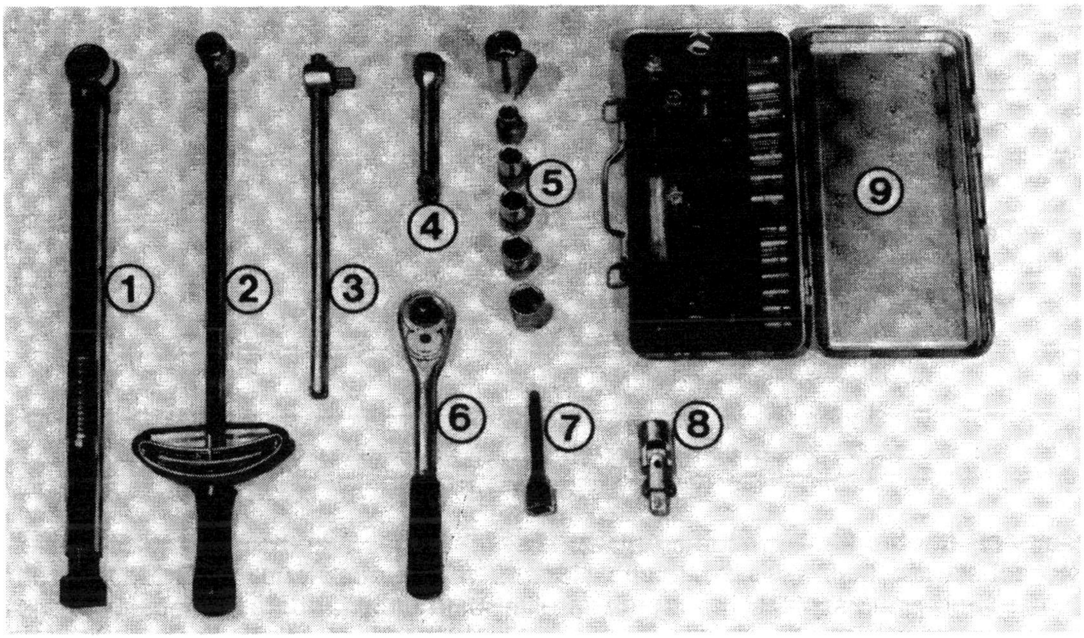

Stecknüsse und Zubehör: Drehmomentschlüssel, einstellbar (1) oder in Skalenausführung (2), Betätigungshebel (3), Verlängerung (4), alle benötigten Größen an Stecknüssen einschließlich Zündkerzen-Stecknuß (5), Rätsche (6), Steckeinsatz für Innenvielzahnschrauben (7), Kardangelenk (8). Alle diese Werkzeuge gibt es in $^{1}/_{2}''$- und $^{3}/_{8}''$-Ausführung. Als Ergänzung: Rätschenkasten in $^{1}/_{4}''$ für kleine Schlüsselweiten (9).

M – Kennzeichen für metrische Gewinde;
8 – Gewinde-Außendurchmesser in mm;
1 – Gewindesteigung, die nur bei Fein- und Sondergewinden angegeben wird, nicht aber bei allgemein üblichen Normgewinden;
30 – Schraubenlänge in mm.

Jedem Gewindedurchmesser ist eine bestimmte Schraubenkopfabmessung zugeordnet. Bei Sechskantschrauben sieht das folgendermaßen aus:

Gewindeabmessung	M 4	M 5	M 6	M 8	M 10	M 12
Schraubenkopf-Flankenabstand in mm	7	8	10	13	17	19

Bei Schrauben und Muttern mißt man den Abstand der einander gegenüberliegenden Flanken und schreibt auf den jeweils dafür passenden Schraubenschlüssel die entsprechende Schlüsselweite (Kurzbezeichnung: SW). Ein Doppelgabelschlüssel (man nennt den Gabelschlüssel vielfach auch Maulschlüssel) mit der Bezeichnung 10×13 hat also eine Gabel oder ein Maul für eine 13 mm breite und auf der anderen Seite für eine 10 mm breite Schraube.

Weitere Werkzeuge

Zum eigentlichen Werkzeug der Grundausstattung kann sich der Selbsthelfer je nach Bedarf noch zusätzliche Hilfsgeräte anschaffen. In den Bildern auf diesen Seiten haben wir einige davon zusammengestellt.

Stecknüsse mit den dazugehörigen Verlängerungsstücken und Betätigungswerkzeugen wie Knarre (Rätsche) und Hebel ermöglichen wesentlich schnelleres Arbeiten. Bei der Anschaffung können Sie zwei Wege gehen: Entweder Sie kaufen sich nur die am häufigsten benötigten Schlüsselweiten und Betätigungswerkzeuge in erstklassiger Qualität oder Sie erwerben einen preisgünstigen kompletten Rätschenkasten und ergänzen die verschleißenden Teile nach und nach mit Werkzeugen von guter Qualität. In jedem Fall sollten Sie sich aber Sechskantnüsse kaufen! Die ebenfalls im Handel befindlichen Zwölfkantnüsse rutschen auf verrosteten Schrauben schneller durch.

Zum Einstecken der Betätigungswerkzeuge haben die Steckeinsätze ein Vierkantloch mit $^{1}/_{2}''$ (Zoll) oder $^{3}/_{8}''$ Kantenlänge. Die $^{3}/_{8}''$-Ausführung ist dabei weniger verbreitet, jedoch in vielen Fällen handlicher beim Autobasteln. Für Stecknüsse ab SW 24, die es nur mit $^{1}/_{2}''$-Vierkant gibt, kann man ein Adapterstück kaufen, das den $^{3}/_{8}''$-Vierkant auf $^{1}/_{2}''$ vergrößert.

Auch Inbus- und Innenvielzahnschlüssel gibt es mit $^{1}/_{2}''$- und $^{3}/_{8}''$-Antrieb zu kaufen. Gerade diese Schrauben lassen sich mit dem Betätigungshebel und der Rätsche wesentlich leichter öffnen.

Anbringen von Kabel-Quetschverbindungen mit der Spezial-Quetschzange (1). An Quetschverbindern stehen zur Auswahl: Steckerzungen (2), Stecker (3) und Ösen (4). Diese Teile sind für unterschiedliche Kabelstärken erhältlich.

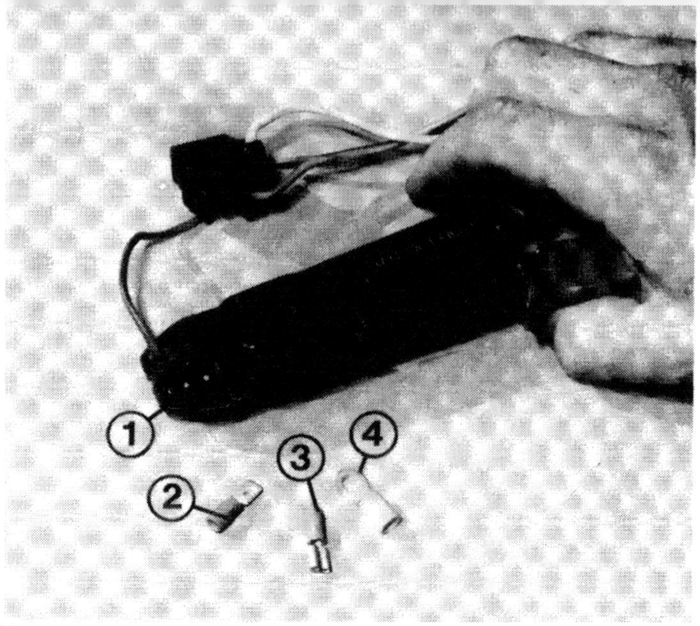

Kleiner Rätschenkasten mit $^1/_4$"-Antrieb: ein praktisches Werkzeug, wenn mit kleinen Schrauben gearbeitet wird. Manche Kästen haben noch zusätzlich Einsätze für Schlitz- und Kreuzschlitzschrauben. Die allerbeste Qualität braucht dabei nicht gekauft zu werden, denn die kleinen Schrauben zieht man ja nicht mit aller Kraft an. Was dennoch kaputtgeht – etwa die oft empfindliche Rätsche oder einzelne Einsätze – kann dann in besserer Qualität nachgerüstet werden.
Drehmomentschlüssel gibt es heute schon sehr preiswert zu kaufen. Für den Heimwerker genügt dabei die Ausführung mit Skala durchaus. Unerläßlich ist der Drehmomentschlüssel beispielsweise zur Zylinderkopfmontage. Aber auch bei anderen Schrauben, die mit dem richtigen Drehmoment angezogen werden sollen, ist er wichtig. Die Drehmomente finden Sie, wo nötig, hier im Buch. Weiteres über Drehmomente siehe Seite 23.
Schlagschrauber: Er hilft, Quer- und Kreuzschlitz- sowie Inbusschrauben zu lösen, wenn alle anderen Mittel versagen. Wie er richtig eingesetzt wird, steht auf Seite 21.
Gripzange: Sie wird durch ihren besonderen Mechanismus erst auf der Schraube festgeklemmt, bevor an ihrem Griff gezogen werden kann. Selbst stark »vermurkste« Schrauben lassen sich so oft noch lösen (siehe dazu auch Seite 22).
Spannbandschlüssel zum Lösen der Ölfilterpatrone beim Flachmotor. Diese Schlüssel sind heute so preisgünstig zu haben, daß sich die Anschaffung durchaus lohnt, wenn der Ölwechsel mit Filterwechsel öfters selbst gemacht wird.
Spezialquetschzange zum Anklemmen von Steckern an Elektrokabel: Ein praktisches Werkzeug für diejenigen, die sich hauptsächlich der Elektrik oder dem Einbau von Zusatzgeräten widmen. Für den Bastler reicht die einfachere und preisgünstigere Ausführung durchaus.
Bremsleitungsschlüssel: Mit ihm lassen sich die SW-11-Muttern der Bremsleitungen leicht lösen, ohne daß die Flanken rundgedreht werden. Er sieht aus wie ein aufgesägter Ringschlüssel und ist beispielsweise bei der Fa. Hazet unter der Bestellnummer 05202 erhältlich. Lohnend ist die Anschaffung natürlich nur, wenn öfters an der Bremshydraulik gearbeitet wird.
Metall-Bügelsäge: Sie wird zum Aufsägen verrosteter Muttern und zu allerlei anderen Bastelarbeiten gebraucht.

Sinnvolle Hilfsmittel

Stab-Handlampe: Sie gibt helles Licht, blendet nicht auf der Rückseite und kann vor allem auch auf den Boden fallen, ohne Schaden zu nehmen.
Drahtbürste: Sie ist unentbehrlich zum Reinigen von verrosteten Schraubengewinden und Fahrwerksteilen. Ein sehr nützliches Allround-Hilfsmittel.
Waschpinsel: Er leistet gute Dienste bei der Motorwäsche und der Reinigung ölverschmierter Fahrzeugteile.
Handwaschmittel: Ölverschmierte Hände sind mit Seife allein nur schwer wieder zu säubern, das geht besser mit Handwaschpaste. Achten Sie beim Kauf darauf, daß diese hautschonend ist, also ohne Sandzusatz. Gut geeignet sind auch Handwasch-

gelees, wie etwa »Terogel« von Teroson. Im Notfall können Sie ebenso unverdünntes Geschirrspülmittel nehmen.
Splintensortiment: Splinte sollen generell nur einmal verwendet werden. Oft sind sie auch so verrostet, daß die Überlegung, einen gebrauchten Splint wieder zu verwenden, schon von vornherein wegfällt. Unnötige Wege erspart man sich durch ein Splintensortiment mit den gängigsten Größen. Auch kommt man so erst gar nicht in Versuchung, eine Behelfslösung einzubauen.
Kabelbinder: Wenn ein Kabel oder ein Bowdenzug an der Karosserie befestigt werden soll, ist ein Kunststoff-Kabelbinder die ideale Verbindung. Das eine Ende des Kabelbinders wird durch die Öse an seinem anderen Ende gezogen. Eine Sperrklinke verhindert das Herausrutschen, so daß die einmal gebildete Schlaufe erhalten bleibt. Kabelbinder sind Pfennigartikel und in jedem Elektronik-Laden oder im V.A.G.-Ersatzteillager erhältlich.
Karosserie-Dichtmasse: Sie wird gebraucht, um etwa ein Bohrloch in der Karosserie abzudichten oder um ein Kabel zu entklappern. Vor allem aber eignet sie sich für allerhand Improvisationslösungen, weshalb sie vor allem auf weiter Fahrt nicht fehlen sollte.
Lüsterklemmen, wie sie der Elektriker verwendet, eignen sich nicht nur zum Verbinden von zwei Kabeln. Sie können genausogut zum Flicken des Gaszugs oder der Heizungszüge verwendet werden.

Werkzeugaufbewahrung

Nur wenige Autobastler haben in der Garage den Platz, das Werkzeug an einer Steckwand säuberlich aufzureihen. Die nächstbeste Fassung ist daher ein fünfteiliger Blech-Werkzeugkasten mit Tragegriff, den es in Kaufhäusern usw. preiswert zu kaufen gibt. In einem solchen Kasten läßt sich das Werkzeug, aber auch viel Kleinkram, übersichtlich unterbringen. Zudem ist das Werkzeug schnell einsatzbereit – etwa, wenn man zum Schrottplatz fahren will, um Teile auszubauen.
Noch ein Tip: Kaufen Sie den Werkzeugkasten in langer Ausführung. Dann findet auch eine Metallsäge darin Platz.

Prüf- und Meßgeräte

Reifendruckprüfer ist unerläßlich zur Kontrolle des Luftdrucks bei kalten Reifen, wie auf Seite 160 beschrieben.
Batteriesäureprüfer gibt Aufschluß über den Ladezustand der Batterie, siehe Seite 179, ist aber im Heimwerkergebrauch nur selten notwendig.
Kompressionsdruckprüfer gibt es in einfacher, preiswerter Ausführung mit Skala, während die Werkstattgeräte mit Schreiber und Meßkärtchen für den Privatgebrauch zu teuer sind. Der Kompressionsdruckprüfer gibt Auskunft über den Zustand von Ventilen sowie Kolben und Zylindern, siehe Seite 56.
Stroboskoplampe oder Zündlichtpistole dient zur genauen Zündzeitpunkteinstellung bei laufendem Motor, wie auf Seite 201 beschrieben. Ein brauchbares Gerät muß mit einer hellen Xenon-Lampe ausgerüstet sein. Die Blitze der lichtschwachen Neon-Lampe sind bei Tageslicht nicht zu erkennen. Aufwendigere Geräte haben einen Im-

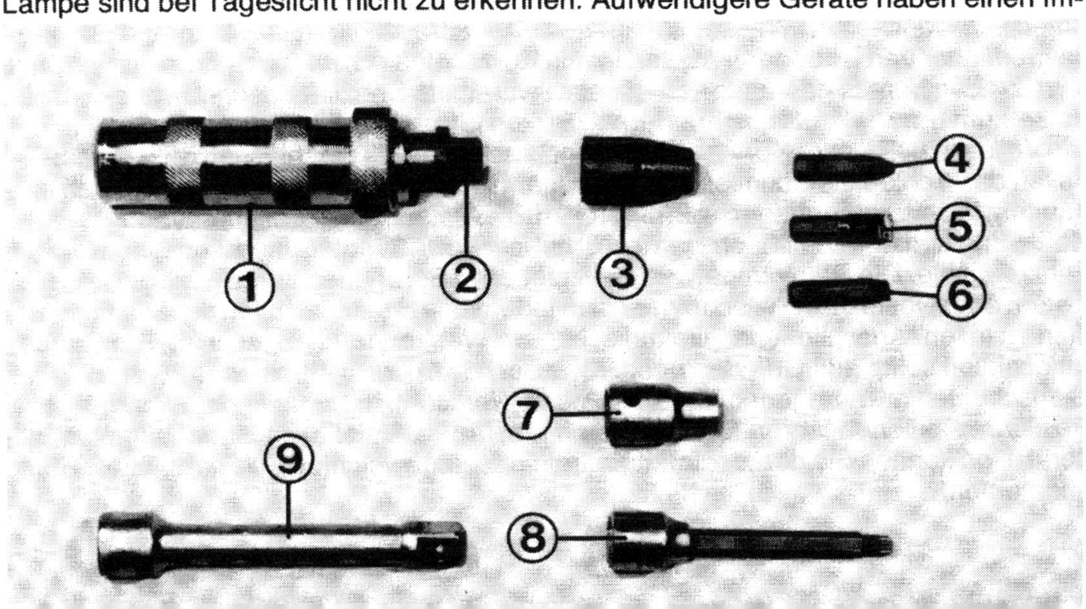

Einsatzmöglichkeiten des Schlagschraubers (1) mit Halbzollantrieb (2): Direkt aufgesteckt werden Verlängerungen (9), Stecknüsse (7) und Inbus/Innenvielzahnschraubenschlüssel für Halbzollantrieb (8). Mit Adapter (3) können eingesteckt werden: Kreuzschlitz- (4), Querschlitz- (5) und Inbussteckeinsätze (6).

pulsgeber, der lediglich an das Zylinder-1-Zündkabel angeklammert wird, bei anderen muß die Steuerleitung zwischen Verteiler und Zündkerzenkabel geklemmt werden.
Einzelgeräte und Kombinationstester: Die nachfolgend beschriebenen Geräte gibt es meist in unterschiedlichen Kombinationen zusammengefaßt. Gängig sind z. B. diese Zusammenstellungen:

- □ Drehzahl/Schließwinkeltester und Voltmeter,
- □ Drehzahl/Schließwinkeltester mit Volt-, Ampere- und Ohmmeter,
- □ Volt-, Ampere- und Ohmmeter (solche Geräte gibt's in Elektronikhobby-Geschäften).

Geeignete Geräte sollten folgende Meßbereiche besitzen: 2 Drehzahlbereiche, davon einer bis etwa 3000/min, damit auch andere Wagen damit eingestellt werden können. Voltbereich bis 20 V, Amperebereich bis 10 A, 2 Ohmbereiche, etwa 0–50 Ω und 0–50 kΩ. Achten Sie beim Kauf unbedingt auf eine ausführliche, gut verständliche Betriebsanleitung.
Schließwinkeltester: Gibt Auskunft über den Schließwinkel und den Unterbrecher-Kontaktabstand. Wie diese beiden Größen zusammenhängen und wie eingestellt wird, steht auf Seite 199.
Drehzahlmesser: Wird zur Leerlauf- und Zündeinstellung gebraucht.
Voltmeter: Gibt Auskunft, ob überhaupt Spannung anliegt, und dient zur Ladespannungsmessung und zur Messung der Batteriespannung.
Amperemeter: Dient zum Prüfen eines Stromkreises, wenn der Verdacht besteht, daß ein Stromverbraucher heimlich von der Batterie zehrt. Näheres auf Seite 169. Bei hohen Stromstärken, die über dem Skalenendwert liegen, muß ein Meßwiderstand (Shunt) zwischengeschaltet werden.
Ohmmeter: Wird nicht nur zur reinen Widerstandsmessung gebraucht, sondern kann auch ein unterbrochenes Kabel aufspüren.
Abgastester: Sie werden auch in Kaufhäusern angeboten, sind aber nicht ausreichend meßgenau. Wirklich gute sind für den Heimwerker viel zu teuer.

Fingerzeig: *Manches Spezialwerkzeug ist zu teuer, um die Anschaffung für einen einzelnen Bastler rentabel zu machen. Wenn sich jedoch zwei oder drei ambitionierte »Schrauber« im Rahmen einer Nachbarschaftshilfe-Gemeinschaft zusammentun, kann sich diese oder jene Anschaffung durchaus lohnen.*

Flüssige Hilfen

Rostlöser für festgerostete Verschraubungen gibt es genügend im Angebot. Diese Flüssigkeiten sollten Sie schon einige Zeit vorher aufsprühen, damit sie den Rost auf den Gewinden weit genug unterwandern können. Anders ist das bei sogenannten Schnellrostlösern wie z. B. »Caramba Rasant« oder »mo Schnellrostlöser« von Teroson. Bei Anwendung dieser Mittel kann die festsitzende Schraube bzw. Mutter sofort losgedreht werden.
Isoliersprays sind ebenfalls ausgesprochen kriechfähig. Vielfach sind die Rostlöser (z. B. alle oben genannten), zugleich solche Isoliersprays, die bei Feuchtigkeit in der Autoelektrik den feinen Wasserfilm unterwandern und dadurch verhindern, daß Batteriestrom über den leitenden Wasserfilm als Kurzschluß oder »Kriechstrom« abgeleitet wird. Zu den bereits genannten Rostlösern wären als Spezial-Isoliersprays beispielsweise zu nennen »Aral Intact« oder »4xSilikon-Spray« von Molykote.
Die Veilseitigkeit dieser Sprays erweist sich auch an den Türschlössern des Autos: Sie halten das Schloß als Schmiermittel leichtgängig und verhindern im Winter durch ihre Feuchtigkeitsverdrängung das Einfrieren.
Kaltreiniger dient zum Säubern des ölverschmierten Motors und sonstiger fettiger Fahrzeugteile. Die Reinigungsflüssigkeit gibt es in Sprühdosen oder – billiger – in Kanistern oder Dosen. Ein Waschpinsel ist in jedem Fall unerläßlich, um die Schmutzkrusten zu lösen. Anschließend wird mit scharfem Wasserstrahl abgespritzt. Die Säuberungsaktion sollte aus Gründen des Gewässerschutzes nur über einem Benzin- oder Ölabscheider, wie ihn jede Tankstelle oder Werkstatt hat, stattfinden. Zu größeren Reinigungsaktionen fahren Sie am besten an eine Tankstelle mit Münz-Dampfstrahlgerät. Dort können Sie den zuvor mit Kaltreiniger eingeweichten Schmutz in aller Ruhe abdampfen.

Eine sinnvolle Anschaffung: Ein Kombinationstester (1) und eine Stroboskoplampe mit Xenon-Licht (2).

Motorschutzlack verhindert im Triebwerksabteil Korrosionserscheinungen nach der Motorwäsche und wirkt zusätzlich schmutzabstoßend. Im gut abgeschlossenen VW-Bus-Motorraum ist eine solche Behandlung aber nicht nötig.
Gummipflegespray verhindert, daß im Winter die Türdichtungen ankleben oder die Ausstellfenster an ihren Abdichtgummis festfrieren. Mit solchem Spray kann man sich auch den Fenstereinbau erleichtern, wenn man die Dichtung vorher damit einsprüht.

Spezial-Schmierstoffe

Haushaltsöl in kleinen Spritzkännchen ist dünnflüssiges Universalöl, das man überall verwenden kann, wo keine besonderen Schmieransprüche gestellt werden. Aber es hält Motorwärme aus, ist also beispielsweise zur Schmierung des Motorhaubenschlosses geeignet.
Graphitöl enthält den »Festschmierstoff« Graphit, der die Schmierkraft des Öls erhöht. Besonders gut ist die Graphitöl-Sprühdose von BP, die einen meterweiten nadelfeinen Ölstrahl versprüht und dadurch vor allem für schwer erreichbare Schmierstellen sehr geeignet ist.
Kupferfett, auch Heißschrauben-Compound genannt, verhindert das Festrosten von Verschraubungen, die extrem hohen Temperaturen ausgesetzt sind. Am Auto sind dies die Auspuffschrauben und die Zündkerzengewinde. Aber auch andere Schrauben und Muttern, etwa an den Stoßdämpfern, bleiben immer gängig, wenn sie mit diesem Schmierstoff behandelt wurden. Das Spezialfett gibt es u. a. von Liqui Moly als »ASC«-Paste und von Molykote als »HSC«-Paste.
Schmierstoff-Suspensionen liegen an der Grenze zwischen Öl und Fett und sind für seltener beanspruchte Gleitflächen (z. B. Sitzschienen, Heizungshebel) sehr vorteilhaft. Nach dem Auftragen bilden sie auf der behandelten Gleitfläche einen wachsähnlichen Schmierfilm, der auch gegen Rost schützt und erst bei Druckbeanspruchung flüssig wird (z. B. »MO-Gleitspray« von Teroson, »Paste U-n« von Molykote oder »LM Schmierfix« von Liqui Moly).
Säureschutzfett, auch Polfett genannt, ist ein gegen elektrische Ströme, Säure und Feuchtigkeit isolierender Spezialschmierstoff, der vor allem die Batteriepole sauber hält. Konkurrenzlos ist hierbei das Säureschutzfett »Ft 40 v 1« von Bosch.

Ausrüstung für unterwegs

Sie sind für eventuelle Pannen auf der Strecke gut gewappnet, wenn Sie neben der Werkzeug-Grundausstattung die nachstehend genannten Hilfsmittel dabei haben:

- ☐ Abschleppseil oder -stange
- ☐ Alleskleber (z. B. Sekundenkleber)
- ☐ 2 m Autoelektrikkabel 1,5 mm^2 (keinesfalls Haushaltskabel!)
- ☐ 1 m kräftigen Draht
- ☐ Ersatzglühlampen (Seite 208)
- ☐ Keilriemen (Seite 188)
- ☐ 1 m Zündkabel
- ☐ Klebeband
- ☐ Lappen
- ☐ Reservekanister
- ☐ Sicherungen
- ☐ Starthilfekabel (Querschnitt der Metallseele mindestens 10 mm^2!)
- ☐ Taschenlampe
- ☐ Zündkerzen (Seite 207)

Arbeitskleidung

Wird bei der Autobastelei ein teures Hemd unrettbar verschmutzt, hat sich die Eigenreparatur sicher nicht mehr gelohnt. Deshalb sollte dort, wo »geschraubt« wird, auch der Haken für die Arbeitskleidung angebracht sein. Man kommt dann erst gar nicht in Versuchung, in guter Kleidung »nur schnell mal« unter dem Wagen nach dem Rechten zu sehen. An Arbeitskleidung eignet sich:

Ein Overall, in den man auch in voller Montur schnell hineingeschlüpft ist und der umfassend alle Kleidungsstücke darunter schützt. Wichtig ist ein zentraler Reißverschluß und dicht zuknöpfbare Ärmelbünde, damit die Hemdsärmel nicht vorrutschen können.

Eine Latzhose und ein strapazierfähiges Baumwollhemd. Diese Kleidungsstücke müssen zwar etwas umständlicher angezogen werden, doch bieten sie mehr Bewegungsfreiheit als ein Overall.

Ein Arbeitsmantel eignet sich sehr gut für unterwegs. Mit diesem Kleidungsstück ist man am schnellsten »einsatzbereit«.

Arbeitshandschuhe schützen die Hände vor den sonst so häufigen kleinen Verletzungen, die man sich beim Schrauben gerne zuzieht. Einfache, billige Textil/Leder-Handschuhe sind sehr gut geeignet für Arbeiten, die keine gelenkigen Finger erfordern. Kaufen Sie am besten gleich 2 Paar.

Arbeitsschuhe lohnen sich für den Hobby-Bastler kaum, sofern er nicht ohnehin ein Paar zu Hause stehen hat. Ziehen Sie sich zum Basteln aber lieber altes Schuhwerk an, denn Benzin und Öl löst bisweilen die Schuhsohlen an.

Wo ein Wille ist ...

Eine unlösbare Verschraubung, eine abgerissene Schraube oder lediglich ungeschickte Vorbereitung der Arbeit haben schon manchen Selbsthelfer von seinem Vorhaben wieder abgebracht. Wir wollen Ihnen in diesem Kapitel einige Tips aus unserer Praxis geben, damit die Arbeit zügig voranschreiten kann.

Muttern, Schrauben und Gewinde

Verrostete Verschraubungen lösen

Bevor der Schraubenschlüssel an einer auf ihrem Gewindebolzen festgerosteten Mutter angesetzt wird, sollten Sie die freiliegenden Gewindegänge unbedingt von Schmutz und Rost befreien. Gewinde mit Drahtbürste säubern und anschließend mit Rostlöser besprühen. Bei Schnell-Rostlösern die Mutter sofort losdrehen. Ansonsten einige Zeit warten. Das gleiche gilt für Schrauben, die in ein eingeschnittenes Gewinde oder an der Karosserie festgeschweißte Muttern eingedreht sind. Hier ist dieselbe Vorbehandlung des freiliegenden Schraubengewindes erforderlich, sonst wird der Schraubenkopf beim Loswuchten abgedreht.
Rührt sich nichts, keinesfalls den Schraubenkopf runddrehen, sondern erst ein besseres Werkzeug (Ringschlüssel, Sechskantnuß, Rohrsteckschlüssel) ansetzen. Hat sich die Verschraubung nun etwas gelockert, sofort wieder Rostlöser sprühen und Mutter oder Schraube erst einige Male vor- und zurückdrehen, damit Schmiermittel an das Innengewinde gelangt. Erst jetzt vollends herausdrehen.

Schlitz- und Kreuzschlitzschrauben lösen

Schon nach relativ kurzer Zeit können Schrauben so fest sitzen, daß sie sich nicht einfach mit einem Schraubenzieher herausdrehen lassen. Bei Kreuzschlitzschrauben kommt erschwerend hinzu, daß sich der Schraubenzieher auch bei starkem Druck auf den Schaft aus dem gekreuzten Schlitz herausdreht. Nach wenigen erfolglosen Versuchen ist der Kreuzschlitz »vermurkst«, und Sie stehen vor einer unlösbaren Verschraubung.
Wenn sich eine Schraube nicht gleich losdrehen läßt, sollten Sie einen passenden, stabilen Schraubenzieher ansetzen und dem Griffende einen trockenen Hammerschlag versetzen. Das bricht normalerweise die mit ihrem Kopf leicht festkorrodierte Schraube los, sie läßt sich nun ganz normal herausdrehen.

Ausbohren einer beschädigten Kreuzschlitzschraube (Pfeil).

Hilft das nichts, brauchen Sie einen Schlagschrauber. Bei jedem Hammerschlag auf das Griffende des Schlagschraubers dreht dieser den Schraubeneinsatz unter Druck ein klein wenig weiter. Das löst praktisch jede Schraube.

Blechschrauben ausbohren

Ist in einem Schraubenkopf kein Werkzeug mehr einzusetzen, hilft gewöhnlich nur noch Ausbohren. Erst wird mit einem entsprechend großen Bohrer der Schraubenkopf entfernt (notfalls mit einem kleineren Durchmesser vorbohren). Das Gewindeteil einer Blechschraube läßt sich nun manchmal durchstoßen oder mit einer Zange von der Rückseite her abnehmen.
Andernfalls mit einem dünnen Bohrer das Gewindeteil ausbohren. Wenn Sie hierfür einen zu großen Bohrerdurchmesser wählen, wird das Loch für eine Blechschraube so vergrößert, daß später nur eine stärkere Schraube hält.

Innensechskant- und Innenvielzahnschrauben lösen

Bei beiden Schraubenarten muß das Schraubenloch peinlich genau gereinigt werden, ehe Sie das entsprechende Werkzeug ansetzen. Das beste Werkzeug zum Lösen solcher Schrauben sind Steckeinsätze für die Rätsche mit langem Sechskant bzw. Vielzahn. Im Gegensatz zu den ebenfalls gebräuchlichen kleinen Winkelschlüsselchen (bei denen die Kraft übrigens immer schräg ansetzt) vertragen die Steckeinsätze auch einen trockenen Hammerschlag auf der Steckseite. Der Schlag mit dem Hammer auf das Werkzeug – oder im Notfall auch direkt auf den Schraubenkopf – lockert nämlich den Sitz der Schraube ein wenig und erleichtert das anschließende Losdrehen.
Wird dennoch mit den kleinen Winkelschlüsseln gearbeitet, empfiehlt sich – wo höherer Krafteinsatz nötig ist – der im Bild rechts gezeigte Trick.

Beschädigte Muttern lösen

Wenn ungeschickte Schrauber die Mutternkanten bereits rundgedreht haben oder wenn Rost die Anlageflächen für den Schraubenschlüssel entstellt hat, hilft nur noch Gewalt. Als erste Möglichkeit kommt die bereits erwähnte Gripzange in Betracht, mit der sich die Mutter äußerst fest greifen und oft auch losdrehen läßt.
Hilft das nicht weiter, wird ein scharfer Meißel angesetzt und die Mutter aufgemeißelt. Eine gut zugängliche Mutter kann auch mit einer Metallsäge entlang des Gewindes aufgesägt oder mit einer Schleifmaschine bearbeitet werden.
Werkstätten benutzen zum Lösen solcher Muttern einen sogenannten Mutternsprenger, der aber für den Hausgebrauch zu aufwendig in der Anschaffung ist.

Selbstsichernde Muttern

Selbstsichernde Muttern besitzen entweder eine Einlage aus Kunststoff oder ein enger geschnittenes Gewinde. Auf diese Weise klemmt die Mutter auf der Schraube und kann sich nicht durch Vibrationen lösen. Derartige Muttern dürfen allgemein nur einmal verwendet werden, sonst ist die sichernde Wirkung dahin.

Stehbolzen lösen und festdrehen

Da ein Stehbolzen (auch Gewindestange genannt) keine Anlagefläche für einen Schraubenschlüssel besitzt, muß diese geschaffen werden. Dazu auf dem freien Gewindeteil des Bolzens zwei Muttern fest gegeneinanderschrauben (kontern). An den so gesicherten Muttern den Schraubenschlüssel ansetzen und den Bolzen herausdrehen.

Abgerissene Schrauben ausbohren

Das Gegengewinde, in dem die abgerissene Schraube steckt, sollte möglichst wenig Schaden nehmen. Deshalb den Schraubenrest genau in der Mitte mit einem Körnerschlag versehen. Jetzt kann gebohrt werden: Bis zur Schraubengröße M 6 geht dies gleich mit dem sogenannten Kernlochbohrer. Das ist der Durchmesser einer »rasierten« Schraube, also ohne Gewindeflanken. Bei den am Auto vorkommenden Verschraubungen gilt die Faustregel: Gewindedurchmesser multipliziert mit 0,8. Beispiel: Verschraubung M 6×0,8 = Kernlochdurchmesser 4,8. Ab Schrauben der Größe M 8 sollten Sie mit einem dünneren Bohrer vorbohren.
Die in den Gewindegängen verbliebenen Metallreste können bisweilen mit einer Reißnadel »herausoperiert« werden. Meist muß jedoch das Gewinde nachgeschnitten werden.
Abgerissene Gewindestücke können aber auch mit einem Linksgewindebohrer (auch Schraubenausdreher genannt) herausgedreht werden. Dazu wird in den festsitzenden

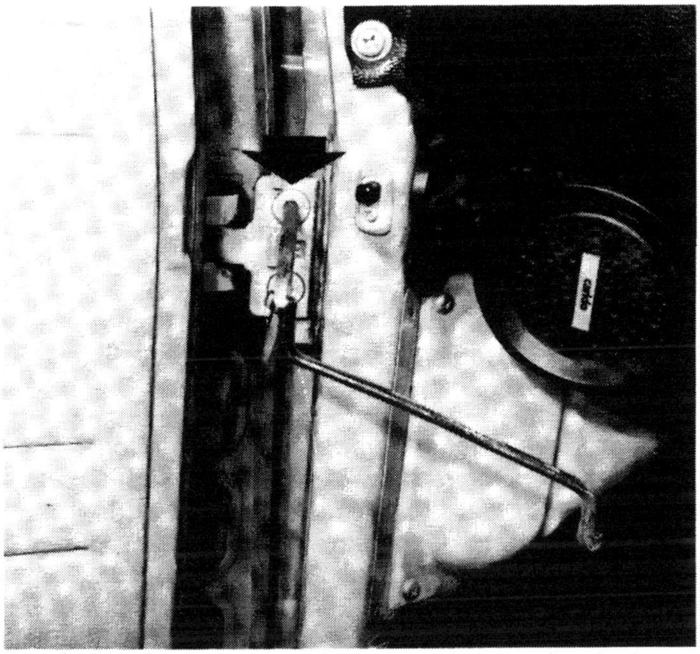

So kann auch eine schwergängige Inbusschraube (Pfeil) geöffnet werden: Am abgewinkelten Inbusschlüssel wird ein kleiner Ringschlüssel als Hebel angesetzt. Vorsicht: Inbusschlüssel schlechter Qualität können brechen!

Gewindestift ein Loch gebohrt, in das der konisch zugespitzte Schraubenausdreher gesteckt wird. Beim Linksdrehen frißt sich der Bohrer fest und dreht das Gewindestück mit heraus. Das klappt allerdings nur, wenn das Gewinde nicht festgerostet war.

Gewinde schneiden

Das Nach- oder Neuschneiden von Gewinden geht in drei Stufen vor sich, die entsprechenden Gewindeschneider werden daher unterschieden in Vorschneider (1 Ring am Schaft), Mittelschneider (2 Ringe am Schaft) und Fertigschneider (ohne bzw. 3 Ringe am Schaft). Diese drei Schneider werden nacheinander und unter ständigem Ölen in das vorgebohrte Kernloch (siehe vorangegangenen Abschnitt) hinein- und wieder herausgedreht. Um ein Abreißen des Gewindeschneiders zu verhindern, muß beim Hineindrehen immer wieder abgesetzt und ein Stück zurückgedreht werden. Sonst werden die Metallspäne zu lang und klemmen.

Ausgerissenes Gewinde

Die in Leichtmetall eingeschnittenen Gewinde in Motor und Getriebe reißen besonders leicht aus, da das Material eine wesentlich geringere Festigkeit hat als etwa Stahl. Bei genügend »Fleisch« im Metall kann ein größeres Gewinde eingeschnitten werden. Andernfalls muß eine Gewindebuchse eingesetzt werden, z. B. ein Heli-Coil-Einsatz. Diese Methode wird bei ausgerissenen Zündkerzengewinden angewandt.

Schraubengröße und Drehmoment

Schrauben, die keinen besonderen Belastungen ausgesetzt sind, werden mit Standard-Drehmomenten angezogen. Wird die Verschraubung mit aller Kraft »angeknallt«,

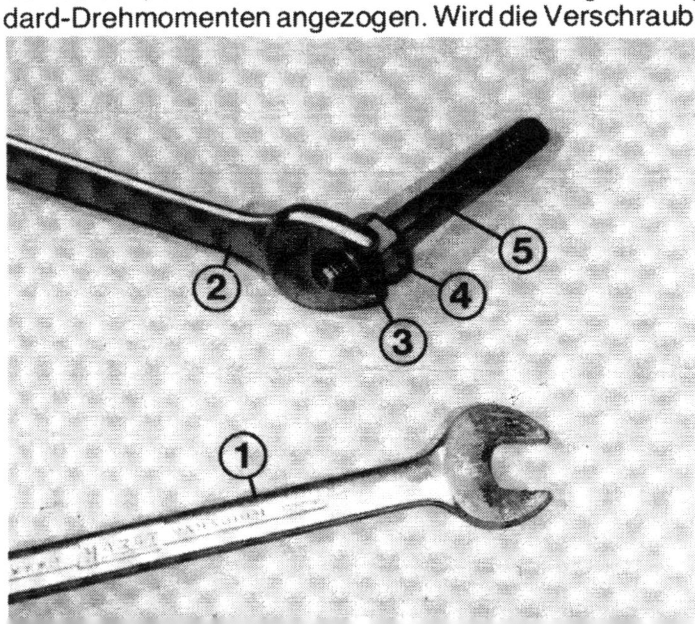

Lösen eines Stehbolzens (5): Mit zwei Schraubenschlüsseln (1 und 2) werden zwei gleich große Muttern (3 und 4) auf dem freien Stehbolzengewinde fest gegeneinander verdreht (gekontert). Die Muttern klemmen sich dadurch auf dem Gewinde fest, und der Bolzen kann an einer der Muttern gedreht werden.

reißt das Gewinde ab. Für die gebräuchlichsten Schrauben/Mutter-Verbindungen gelten folgende Drehmomente:

Gewindedurchmesser in mm	6	8	10	12	14
Drehmoment in Nm	10	25	49	85	135

Natürlich treffen die angegebenen Drehmomente nicht für Sonderschrauben (Drehmomente im Buch) zu, und für Schrauben, die beispielsweise in den Leichtmetallblock des Motors gedreht werden.

Nm oder mkp

Auch heute noch taucht die längst veraltete Maßeinheit mkp oder kpm immer wieder auf, oder ist noch auf alten Drehmomentschlüsseln zu lesen. Wer's nicht weiß: 1 mkp entspricht etwa 10 Nm.

Fingerzeig: *Erfahrungsgemäß werden einfache Verschraubungen nach Gefühl angezogen. Gelegentlich kann es aber nicht schaden, wenn Sie Ihr Gefühl mit einem Drehmomentschlüssel kontrollieren. Die Tabelle oben hilft Ihnen dabei.*

Kabel durchziehen

Ist ein Kabel in einen Karosserieholm zurückgerutscht oder soll eine neue Leitung in einem Holm verlegt werden, benötigen Sie einen stabilen, geraden Draht, der länger ist als der Holm. Draht durch den Holm schieben, Kabel am Drahtende befestigen und durchziehen – fertig.

Die Kabelstecker

Wie an den meisten europäischen Autos finden am VW-Bus Flachstecker – bisweilen auch AMP-Stecker genannt – Verwendung. Sie sind am Kabelende lediglich aufgequetscht und stellen eine stabile Verbindung zur zugehörigen Steckerzunge dar.

Kabelstecker nachbiegen

Ausgeleierte Kabelstecker werden – damit wieder fester Sitz gewährleistet ist – etwas nachgebogen. Dabei sollten Sie jedoch nicht an den halbrunden Klammern biegen, sondern die Blechzunge auf der Rückseite des Steckers mit einem feinen Schraubenzieher etwas nach innen drücken.

Kabelstecker selbst anbringen

Wer abgebrochene Stecker ersetzen oder ein Zusatzgerät anschließen möchte, kann sich dazu die – im Verhältnis zum Materialaufwand teuren – Kabelstecker im Zubehörhandel kaufen. Sie werden dann auf das abisolierte Kabelende gesteckt und mit einer Zange festgequetscht. Dazu eignet sich aber eine normale Flach- oder Kombizange nur bedingt. Besser ist eine Spezialquetschzange (Zubehörhandel und Warenhäuser führen sie), mit der außerdem Kabel abisoliert und kleine Schrauben gekürzt werden können.

Mehrfachstecker trennen

Sind mehrere Flachstecker in einem Kunststoff-Formteil zu einem Mehrfachstecker zusammengefaßt (wie etwa am Anschluß zu den Scheinwerferlampen), kann ein ein-

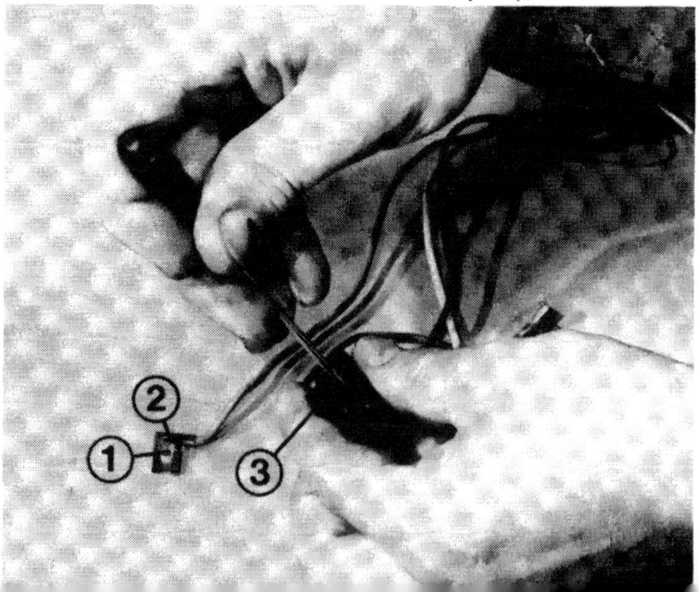

Herausziehen eines Einzelsteckers (2) aus dem Mehrfachstecker (3) ist nach Niederdrücken einer kleinen Haltezunge (1) am Stecker möglich. Am besten verwendet man hierzu – wie gezeigt – einen dünnen Schraubenzieher.

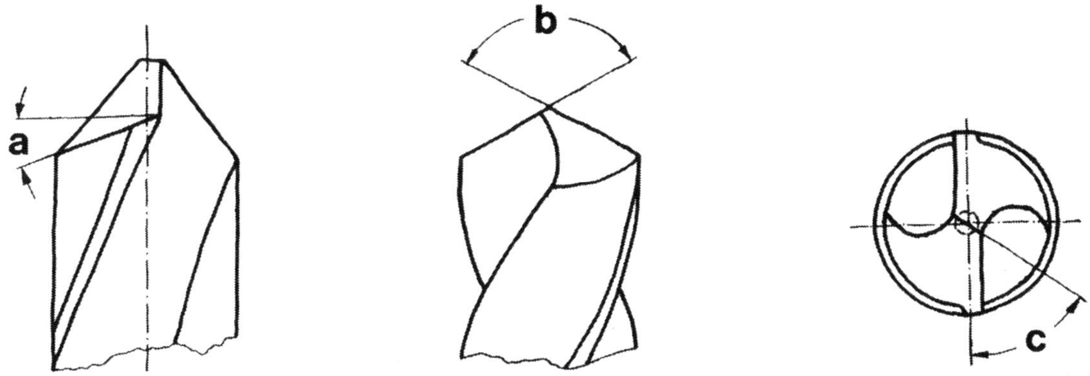

Ein richtig geschliffener Bohrer für Stahl muß folgende Winkel aufweisen: Freiwinkel a = 6–9°; Spitzenwinkel b = 116–120°; Querschneidenwinkel c = 55°.

zelner Stecker nur dann herausgezogen werden, wenn die Haltezunge des Kabelsteckers mit einem feinen Schraubenzieher zurückgebogen wird. Dazu von der Anschlußseite her (nicht von der Kabelseite aus) den Schraubenzieher zwischen die flache Seite des Steckers und das Kunststoffteil schieben und gleichzeitig den Stecker am Kabel nach hinten herausziehen.

Werkzeug instand halten

Schraubenzieher müssen eine gerade und am Ende der Spitze leicht abgestumpfte Klinge haben. Wurden sie zwischenzeitlich als Meißel mißbraucht oder sind Ecken ausgebrochen, können sie nachgeschliffen werden. Dabei die Klingenflächen parallel zueinander schleifen. Eine spitz zulaufende Klinge dreht sich aus dem Schraubenschlitz – hohe Verletzungsgefahr. Beim Schleifen den Schraubenzieher immer wieder in einem bereitgestellten Wasserbehälter kühlen! Glüht die Schraubenzieherklinge beim Schleifen aus (erkennbar an der plötzlichen Blaufärbung), wird sie in ihrem Metallgefüge verändert und ist nicht mehr hart genug.
Hammer; sein Stiel muß absolut fest im Metall stecken, um Verletzungen durch einen unversehens losfliegenden Hammerkopf zu vermeiden. Bei Hämmern mit Holzstiel muß oben ein Sicherungskeil im Stiel sitzen; darauf sollten Sie achten.
Meißel; durch die Schläge mit dem Metallhammer bildet sich nach fortgeschrittener Benutzung oben am Schaft des Meißels eine Krone aus dicken Metallspänen. Die müssen unbedingt abgeschliffen werden, sonst sind böse Hand- und Augenverletzungen möglich.
Bohrer wollen von Zeit zu Zeit geschliffen werden, sonst drücken sie statt zu schneiden, werden dabei zu heiß und glühen aus. Damit sind sie unbrauchbar. Richtig geschliffene Bohrer weisen ganz bestimmte Winkel an den Schneiden auf (siehe Zeichnung oben). Diese Winkel anzuschleifen ist Übungssache und erfordert viel Geschick. Wer es einfacher haben möchte, kauft sich einen Bohrerschleif-Vorsatz für die Bohrmaschine. Wichtig ist auch hier: der Bohrer muß während des Schleifens immer wieder in Wasser gekühlt werden.

Arbeitsvorbereitungen

Wenn Sie bei einer Reparatur Teile ausbauen und zur Seite legen, soll der Arbeitsplatz gründlich gesäubert sein. Schrauben und Teile von früheren Zerlegarbeiten sollten deshalb unbedingt vorher weggeräumt werden, damit Sie nichts Falsches wieder einbauen.

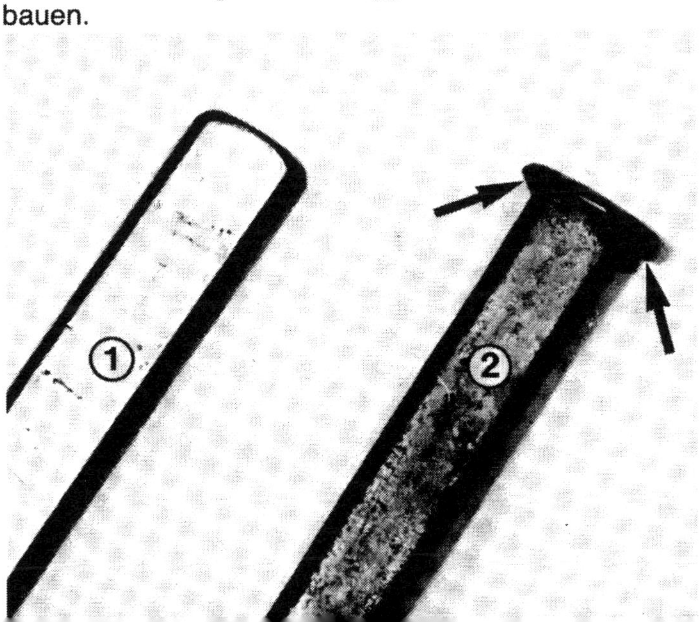

Unfallgefahr am Meißelschaft: 1 – Schaftende in gutem Zustand; 2 – Meißelschaft mit gefährlicher »Krone« (Pfeile).

Abgenommene Teile werden sinnvollerweise in der Ausbaureihenfolge abgelegt, das erleichtert den Zusammenbau erheblich. Als Unterlage nehmen Sie einen sauberen Karton oder eine alte Zeitung. Kleinteile packt man sicherheitshalber in kleine Schachteln oder Gläser. Bei größeren Zerlegarbeiten sollten Sie die einzelnen Baugruppen in getrennten Schachteln unterbringen. Das spart die zeitraubende Suche beim Zusammenbau. Wer noch weitergehen will, dreht nach dem Ausbau die passenden Schrauben gleich wieder in das zugehörige Gewinde, so werden keine Schrauben verwechselt.

Funktionskontrolle

Nach beendeter Reparatur prüft man zuerst, ob noch irgendwelche Teile herumliegen, die zum Auto gehören. Jetzt bewährt sich, daß Sie den Arbeitsplatz vorher gründlich gereinigt haben. Noch ein prüfender Blick auf die Reparaturstelle im Wagen: Ist dort alles am rechten Fleck (z. B. alle Kabel richtig aufgesteckt, Bremsschlauch nicht verschränkt eingebaut)? Dann kann die Funktion geprüft werden.
Stimmt mit der Reparatur scheinbar etwas nicht oder tritt gar ein neuer Defekt auf, kontrollieren Sie als erstes die gesamte Umgebung der Reparaturstelle am Fahrzeug. Möglicherweise wurde versehentlich ein Kabel abgerissen oder ein Unterdruckschlauch abgezogen. Der klassische Fall, wenn der Motor nicht anspringt: Man hat vergessen, den Verteilerfinger einzubauen!

Unfallverhütung

Man muß nicht ständig und in allem Gefahren sehen, um sich Gedanken über Unfallverhütung zu machen. Denn schon die Beachtung weniger Punkte setzt das Unfallrisiko um ein Vielfaches herab:
Wagen immer absichern, wenn an der Unterseite gearbeitet wird (siehe auch Seite 31).
Schutzbrille verwenden, wenn Metall geschliffen oder gemeißelt wird. Augen sind empfindlich und nicht zu ersetzen!
Schweißbrille aufsetzen, auch wenn Sie beim Schweißen nur zusehen wollen.
Augen sofort ausspülen, wenn sie mit ätzenden Flüssigkeiten (z. B. Bremsflüssigkeit; siehe Seite 138) in Berührung gekommen sind. Zum Spülen eignen sich, neben klarem Wasser, alle »harmlosen« Flüssigkeiten, wie Sprudel, Limonade, Milch, Bier etc.
Brems- oder Kupplungsabrieb. Die Asbestanteile in neuen Belägen sind krebsfördernd, der Abrieb ist dagegen praktisch ungefährlich aufgrund der thermischen und mechanischen Umwandlung. Dennoch sollten Sie den Abriebstaub nicht unnötig einatmen. Belagabrieb auf keinen Fall mit Preßluft abblasen, sondern mit einem Pinsel und klarem, warmem Wasser entfernen oder evtl. mit einem Staubsauger absaugen.
Auspuffgase sind giftig! Beim Laufenlassen des Motors muß ausreichende Belüftung vorhanden sein. Die Montagegrube ist dabei besonders heimtückisch, denn das Auspuffgas sinkt nach unten.
Benzindämpfe sind leicht entzündlich. Deshalb nicht rauchen und kein offenes Feuer, wenn an der Kraftstoffanlage gearbeitet wird. Auch hier ist die Montagegrube wieder

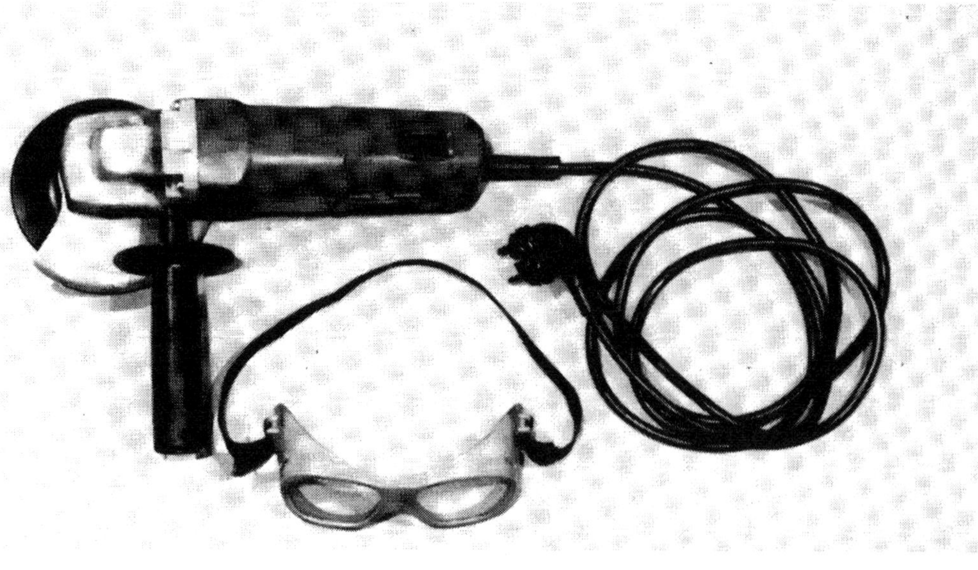

Ein unzertrennliches Paar: Winkelschleifer und Schutzbrille: Nie ohne Schutzbrille mit dem Winkelschleifer arbeiten!

besonders gefährlich. Daneben sind auch Dämpfe von Lösungsmitteln, Kunstharz oder der Säurenebel der Batterie leicht entzündlich.
Batterie abklemmen, wenn an den Bauteilen der Benzinversorgung gearbeitet wird. Funkenbildung an einem Kabel oder einer Steckverbindung kann eine Explosion auslösen.
Feuerlöscher: Wer keinen Autofeuerlöscher hat, sollte wenigstens wissen, wo der Hausfeuerlöscher hängt, wenn es beim Basteln wirklich einmal brennen sollte.
Arbeitskleidung – liegt meist eng am Körper an. Der geknöpfte Ärmelbund verhindert beispielsweise, daß die lose Ärmeljacke vom Keilriemen mitgerissen wird (siehe Seite 20).
Lange Haare fühlen sich beim Schrauben unter einer Mechaniker-Kappe am wohlsten.
Gute Werkzeugpflege ist gleichzeitig Unfallverhütung. Paradebeispiel: Der lose sitzende Hammerkopf (siehe Seite 25).
Kleine Verletzungen sollten Sie gleich mit Desinfektionsmittel behandeln und verpflastern, damit kein Schmutz in die Wunde gerät. Übrigens: Wann war Ihre letzte Wundstarrkrampf-Impfung?
Eine ruhige Hand ist die beste Unfallverhütung. Wer schon entnervt an die Arbeit geht, trägt ein größeres Risiko.

Fingerzeig: *Nachbarschaftshilfe braucht sich nicht auf das Ausleihen von einem Täßchen Zucker über das Wochenende zu beschränken. Auch bei der Autopflege ist ein Tip oder eine helfende Hand oft Gold wert. Und nicht zuletzt schraubt es sich in der Gemeinschaft gleich nochmal so nett.*

Teile-weise

Das Fehlen des richtigen Teils kann die in Angriff genommene Arbeit zum Scheitern verurteilen. Daher wollen wir uns hier in einem eigenen Kapitel mit den Ersatzteilen beschäftigen.

Welche Teile brauchen Sie?

Bevor Sie das Werkzeug ansetzen, müssen Sie zusammenstellen, was an Ersatzteilen gebraucht wird. Dabei ist besonders wichtig, daß Sie nicht nur an die direkt betroffenen Teile denken, sondern auch an evtl. zu ersetzende Dichtungen, selbstsichernde Schrauben, Sicherungsringe usw. So wird beispielsweise beim Einstellen der Ventile oft auch eine neue Ventildeckeldichtung notwendig sein. Der Mann im Ersatzteillager ist bisweilen mit diesem Problem vertraut und kann Ihnen anhand seines Ersatzteilfilms die zusätzlichen Teile heraussuchen.

Bei Reparaturen an der Kupplung läßt sich der Ersatzteilbedarf beispielsweise nicht immer genau vorhersehen. Während die Mitnehmerscheibe sicherlich ersetzt wird, muß die Druckplatte nur gelegentlich und das Ausrücklager nur selten erneuert werden. Andererseits kann sich beim Zerlegen ergeben, daß ein schadhafter Kurbelwellen-Simmerring zu ersetzen ist.

Derartige Reparaturen sollten Sie zeitlich so legen, daß Sie im Notfall noch im Ersatzteillager die nötigen Teile besorgen können. Nur manche Werkstätten verkaufen auch samstags Teile und dann nur am Morgen. Verständlich also, daß um diese Zeit reger Andrang am Ersatzteillager besteht. Beachten Sie aber, daß auch im Ersatzteillager der Werkstatt nicht alle Teile vorrätig sind. Weniger gängige Ersatzteile müssen bestellt werden, was einen oder zwei Tage in Anspruch nehmen kann.

Das richtige Ersatzteil

Im Laufe der Produktionszeit des VW-Bus der hier beschriebenen Baujahre haben sich viele Ersatzteile im Detail geändert und passen deshalb vielfach nicht für spätere Baujahre. Überzeugen Sie sich daher noch am Ersatzteilschalter, ob Ihnen das richtige Teil ausgehändigt wurde – auch wenn der Lagerist noch so kritisch dreinschaut. Den besten Vergleich haben Sie dann natürlich, wenn Sie das ausgebaute Altteil gleich mitgebracht haben.

Er hat alle Ersatzteile für den VW-Bus am Lager oder kann sie kurzfristig bestellen: Der Ersatzteil-Spezialist in der V.A.G.-Werkstatt.

In jedem Fall müssen Sie aber die Fahrzeugdaten, wie Fahrgestellnummer, Erstzulassung und Motornummer parat haben. Sonst kann Ihnen der Mann im Ersatzteillager kaum das passende Teil heraussuchen.

Original-V.A.G.- oder Fremdteile einbauen?

Sämtliche Ersatzteile, aus denen der VW-Bus besteht, erhalten Sie im V.A.G.-Ersatzteillager. Aber Sie müssen nicht ausschließlich dort einkaufen. Manche Teile werden in gleicher Qualität von denselben Herstellern, die das VW-Werk beliefern, über den Zubehörhandel oder Warenhäuser vertrieben. Da gibt es manche Mark zu sparen, denn dort werden die Teile oft billiger verkauft.

Fingerzeige: *Preisunterschiede bestehen nicht nur zwischen Original-V.A.G.- und Zubehörteilen, sondern auch die verschiedenen V.A.G.-Händler können gleiche Ersatzteile zu unterschiedlichen Preisen verkaufen. Fragen Sie daher vor größeren Ersatzteilkäufen erst bei verschiedenen Händlern nach.*
Je älter einFahrzeugmodell wird bzw. je weiter das Baujahr zurückliegt, desto teurer werden (durch die Lagerzuschläge) die Ersatzteile.

Welche Zubehörteile?

Über den Zubehörhandel können mehr Teile bezogen werden, als oft angenommen wird: Hier eine Aufstellung: Hauptbremszylinder, Radbremszylinder, Bremsleitungen, Bremsschläuche, Stoßdämpfer, Gelenkwellen, Kupplung komplett, Motordichtungen, Keilriemen, Filter, Wärmetauscher, Zündkerzen, Kerzenstecker, Zündkabel, Verteiler, Verteilerdeckel, Unterbrecherkontakte, Lichtmaschine, Anlasser, Scheinwerfer, Glühlampen, Reparaturbleche, Lack und vieles mehr.

Vorsicht bei Bremsbelägen und Auspuffanlagen

Bei allem Hang zum Sparen: Bei Bremsbelägen sollten Sie freigiebiger sein. Die Mischung der Bremsbeläge ist in der »Allgemeinen Betriebserlaubnis« festgehalten und darf streng genommen nicht verändert werden. In der Praxis wirkt sich aber – speziell beim VW-Bus – ein anderes Belagmaterial kaum aus.
Wird das Fahrzeug aber nach einem folgenschweren Unfall begutachtet und dabei eine nicht freigegebene Belagsorte festgestellt, kann sich dies möglicherweise zu Ihren Ungunsten auswirken.
Auch bei Auspuffanlagen ist Vorsicht geboten. Sie sind nämlich in Deutschland nur dann zugelassen, wenn sie eine »Allgemeine Betriebserlaubnis« besitzen. Dann steht auf dem Schalldämpfer beispielsweise »ABE-Nr. KBA 20150«. Kontrollieren Sie das, denn immer noch werden vereinzelt Auspuffanlagen ohne Betriebserlaubnis verkauft. Freilich kann es auch bei einem Auspuff mit dem amtlichen Segen Enttäuschungen mit der Lebensdauer geben. Da sind die Original-Auspufftöpfe oft haltbarer.

Ersatz- oder Austauschteile?

Nicht in jedem Fall müssen bei einer Reparatur Neuteile in den VW-Bus eingebaut werden. Denn für Fahrzeugteile, die erfahrungsgemäß nicht ein ganzes Autoleben aushalten, aber vom Werk nach einem Defekt wieder aufbereitet werden können, hat das Volkswagenwerk ein spezielles Austauschteile-Programm zusammengestellt. Die

Oft eine Quelle für günstigen Einkauf: Warenhaus oder Zubehörhandel. Ein Preisvergleich lohnt sich.

Altteile müssen dazu beim Kauf in gereinigtem Zustand mitgebracht werden. Folgende Bauteile bekommen Sie beispielsweise als Austauschteil:

- □ Anlasser
- □ Bremsbacken für Trommelbremsen
- □ Gelenkwellen
- □ Getriebeautomatik
- □ Kraftstoffpumpe
- □ Kupplungsdruckplatte
- □ Kupplungs-Mitnehmerscheibe
- □ Lichtmaschine
- □ Motor komplett
- □ Rumpfmotor
- □ Schaltgetriebe
- □ Scheibenbremssättel
- □ Scheibenwischermotor
- □ Schwungrad
- □ Vergaser
- □ Wandler für Getriebeautomatik
- □ Zylinder
- □ Zylinderkopf

Auch der Zubehörhandel bietet eine Reihe von Austauschteilen an. Im Service ist er dabei den V.A.G.-Betrieben gegenüber etwas im Vorteil: Die ausgebauten Altteile können Sie meistens auch noch nach der Reparatur vorbeibringen, wenn Sie in der Zwischenzeit einen gewissen Geldbetrag hinterlegen.

Gebrauchte Ersatzteile

Der Ersatzteilkauf bei einer Autoverwertung kann erheblich Geld sparen und ist oft die einzige Möglichkeit, einen alten Wagen noch zeitwertgerecht zu reparieren. Günstig ist es, wenn Sie wissen, was das gesuchte Ersatzteil neu kostet, denn sonst tätigen Sie möglicherweise einen schlechten Handel. Das gebrauchte Teil darf höchstens halb so teuer wie das Neuteil sein! In jedem Fall sollten Sie aber den Preis vor dem Ausbau des Gebrauchtteils klären, sonst kann es eine böse Überraschung geben. Schrotthändler haben teilweise eine verwunderliche Preispolitik.

Kontrollieren Sie, ob das Gebrauchtteil auch wirklich besser ist als das an Ihrem Wagen befindliche. Vergleichen Sie genau, ob das Ersatzteil auch tatsächlich an Ihren Bus paßt, denn viele Teile wurden im Lauf der Zeit geringfügig abgeändert (z. B. das Türschloß). Und was beim Kauf eines gebrauchten Motors zu beachten ist, steht auf Seite 73.

Bei kleineren V.A.G.-Betrieben haben Sie manchmal auch die Chance, ein gebrauchtes Ersatzteil zu ergattern. Dieser Vorzug bleibt jedoch bisweilen nur guten Kunden vorbehalten.

Reifen können Sie natürlich auch gebraucht erwerben. Auf was Sie dabei achten sollten, steht auf Seite 165.

Ersatzteile vom Autoverwerter bieten die Möglichkeit zu einer preisgünstigen Reparatur. Doch auch hier muß der Preisvergleich entscheiden.

Veranstaltungsort

Nicht jeder Platz eignet sich für die Pflege und Wartung des VW-Bus. Auf einer Wiese oder einem Rasenplatz bleiben nicht nur Spuren zurück, sondern auch versehentlich heruntergefallene Kleinteile unauffindbar. Ohnehin ist weicher Untergrund untauglich, wenn man sein Fahrzeug aufbocken will. Also wo arbeiten?

Der Pflegeplatz

Am günstigsten ist natürlich eine Garage, die hoch genug für den VW-Bus, ausreichend breit und gut beleuchtet ist. Bei warmem, trockenem Wetter eignet sich genauso eine ebene Fläche mit festem Boden im Freien. Vor der Arbeit sollten Sie den Pflegeplatz natürlich sauberkehren, damit Sie sich nicht im Schmutz herumwälzen müssen und Schrauben sich unter Blättern verstecken können.
Vorsicht mit Benzin und Öl auf Asphalt; diese Flüssigkeiten greifen nämlich die Oberfläche an. Außerdem wird warmer Asphalt oft weich, was unschöne Löcher von Hebe- und Abstützwerkzeugen hinterläßt. Falls sich ein Wasserablauf in der Nähe befindet, sollten Sie ihn während der Arbeit abdecken, sonst verschwinden todsicher Kleinteile darin.

Fingerzeig: *Nicht selten bleiben nach der Arbeit Ölspuren auf dem Boden zurück. Während größere Ölpfützen mit Sägemehl oder Hobelspänen aufgesaugt werden können, lassen sich die verbliebenen Reste mit scharfem Haushaltsreiniger oder Geschirrspülmittel entfernen. Etwas gründlicher geht es mit speziellen Ölbindern und Öllösern (z. B. Take 1 und Take 2 von der Fa. Take, Trumppstr. 2, 8000 München 50).*

Wagen immer abstützen!

Wagenheber sind – wie ihr Name schon sagt – nur dazu da, das Fahrzeug anzuheben. Das gilt für den Bordwagenheber, Scherenwagenheber, hydraulische Stempelwagenheber und Rangierwagenheber. Sie sind in keinem Fall eine ausreichende Abstützung für Arbeiten an der Wagenunterseite. Lassen Sie es auch in der größten Eile nie an der fachgerechten Abstützung des aufgebockten Fahrzeugs fehlen, sonst kann die eigenhändige Reparatur das Leben kosten.
Zum richtigen Absichern gehört natürlich auch das Unterlegen des Wagens, damit er

Stabil aufgebockt: Ein Hohlblockstein und ein kurzes Balkenstück stützen den VW-Bus am Kreuzungspunkt zwischen Längsrahmen und Querträger.

Ansetzen des Bordwagenhebers an der Original-Wagenheberaufnahme: Nur empfehlenswert, wenn der Rost noch nicht in die Karosserie gebissen hat.

beim Anheben nicht wegrollen kann. Steine oder Holzkeile, oft sogar Räder mit Felgen leisten da ausgezeichnete Dienste. Handbremse immer anziehen!

Womit abstützen?

Hohlblocksteine haben sich als preisgünstige und sehr sichere Abstützmöglichkeit erwiesen. Sie dürfen allerdings nicht feucht oder rissig sein, sonst könnten sie in sich zusammenbrechen. Zwischen Stein und Karosserie bzw. Rahmen (siehe Bild auf der Vorseite) muß ein Brett gelegt werden, damit sich die Last gleichmäßig über den ganzen Stein verteilt und nicht punktförmig wirkt.
Der Stein selbst muß satt auf einem ebenen und tragfähigen Untergrund (Beton oder Asphalt) aufliegen. Ungeeignet ist ein weicher Boden oder Rasen. Zwei Hohlblocksteine übereinander sind ein zu hoher und wackeliger Stapel. Wenn mehr Höhe gebraucht wird, kann allenfalls eine Lage Backsteine, natürlich wieder mit lastverteilendem Zwischenbrett, aufgelegt werden.
Unterstellböcke stellen eine ideale Ergänzung zum Rangierwagenheber (siehe folgenden Absatz) dar. Bei allen anderen Wagenhebern – aber auch bei seitlich angesetztem Rangierheber – besteht jedoch die Gefahr, daß der auf der gegenüberliegenden Wagenseite angesetzte Dreibock einfach zur Seite weggekippt wird. Am günstigsten steht der Bock, wenn eines seiner Beine nach außen und zwei zur Wagenmitte hin zeigen. Beachten Sie beim Kauf, daß die Böcke keine zu kleine Standfläche haben dürfen.
Speziell bei den Unterstellböcken müssen Sie vor dem Abstützen kontrollieren, ob das Blech noch ausreichend tragfähig ist bzw. den Bock so unterschieben, damit nichts eingedrückt wird. Wo Sie die Dreiböcke richtig ansetzen, zeigt die Zeichnung unten.

Wagenheber-Ansetzpunkte am VW-Bus: 1 – hinteres Achsrohr; 2 und 5 – Original-Wagenheberaufnahme (nur bei noch stabilen Trägern benutzen); 3 und 4 – Kreuzpunkte zwischen Längs- und Querträger; 6 – Vorderachsrohr.

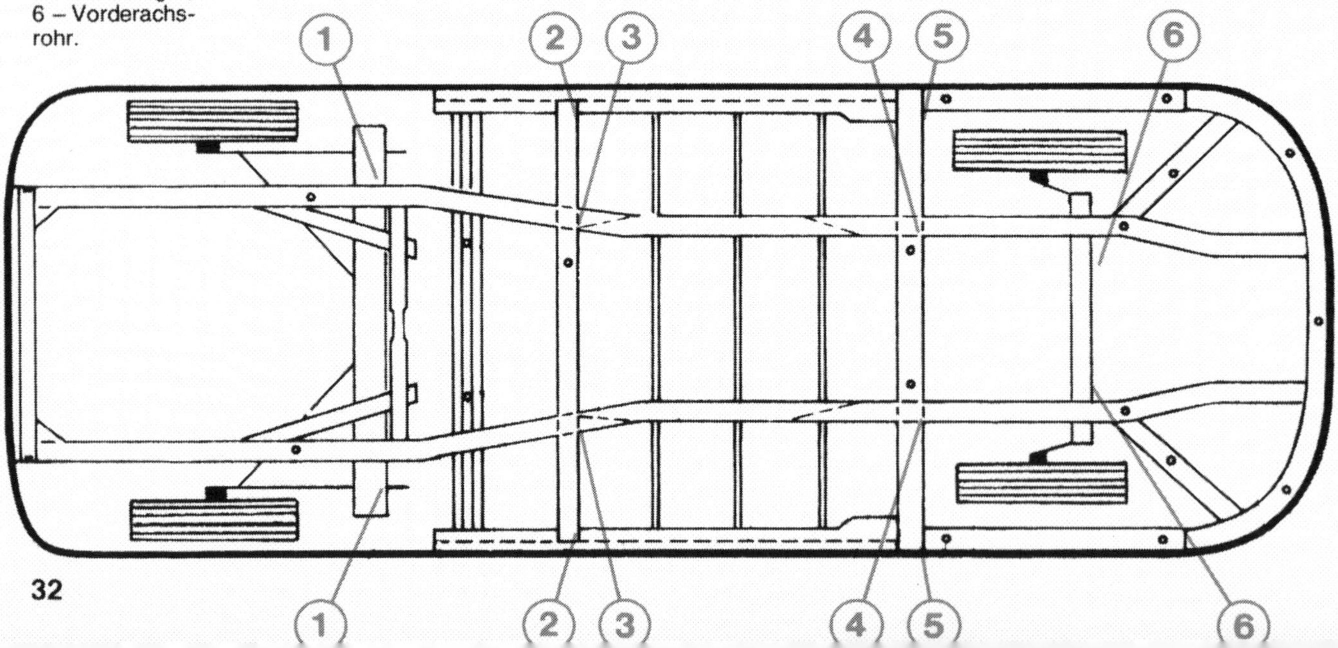

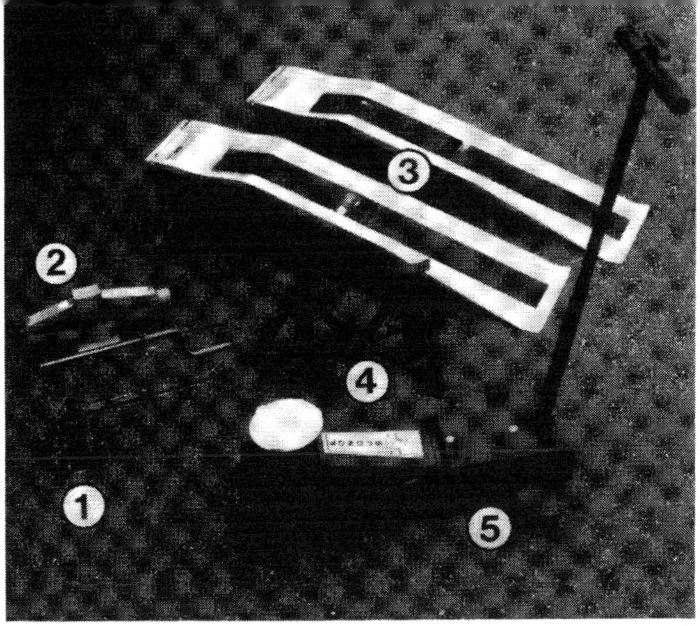

Mehrere Möglichkeiten zum Aufbocken des Wagens: Hydraulischer Stempelwagenheber (1), Scherenwagenheber (2), Auffahrrampen (3), Unterstellböcke (4), kleiner Rangier-Wagenheber (5).

Räder können natürlich auch zum Abstützen verwendet werden. Die Außenseite des Rades muß dazu nach oben zeigen. So ist die Felge stabil genug, damit das Fahrzeug – mit anmontierten Rädern natürlich – daraufgestellt werden kann. Ventil dabei nicht beschädigen. Zum Ansetzen an der Karosserie eignet sich diese Abstützmöglichkeit natürlich nicht. Auf dem Boden stehende Räder mit Steinen sichern und Handbremse anziehen.

Auffahrrampen sind die schnellste Aufbockmöglichkeit, da hier kein Wagenheber gebraucht wird. Auch steht der Wagen dann absolut sicher.

Wichtig ist, daß die Rampen einerseits seitlich eine genügend hohe Absicherung und nach vorn einen Überfahrschutz haben, andererseits aber auch einmal von einem Fahrzeug mit Frontspoiler befahren werden können. Als zusätzliche Sicherung des Wagens sollte eine Mulde für die Räder in der Standfläche vorhanden sein. Die billigen Ausführungen genügen diesen Anforderungen oft nicht.

Wagenheber

Wagenheber gibt es für jeden Geldbeutel und Einsatzzweck. Hier eine Zusammenstellung der gängigsten Typen:

Bordwagenheber; er nützt nur dann, wenn die Aufnahmerohre an der Karosserie noch stabil und nicht vom Rost geschwächt sind. Damit sich der Wagenheberfuß nicht in den Boden drückt, sollten Sie ein kleines Brett unterlegen, das natürlich auch unterwegs immer dabei sein sollte.

Scherenwagenheber sollten Sie nur in stabiler Ausführung kaufen. Diese Heberart bewährt sich bei einem VW-Bus, der an der Karosserie schon etwas morsch ist und bei dem der Wagenheber etwas weiter zur Karosseriemitte hin angesetzt werden muß. Allerdings sollte dann die Kurbel lang genug und leicht einzuhängen sein.

Hydraulischer Stempelwagenheber; sie sind schon preiswert zu haben. Ihr entscheidender Vorteil: der Wagen wird sehr schnell angehoben. Vor dem Kauf sollten Sie allerdings die Hubhöhe kontrollieren, denn bei einer zu kurzen Ausführung werden nicht einmal die Räder vom Boden abgehoben.

Nachteile der Stempelwagenheber: Sie drücken punktförmig gegen den Wagenboden. Es muß also ein stabiles Brett zwischengelegt werden, was die Sache etwas wakkelig macht. Ferner verlieren ältere Wagenheber etwas Hydrauliköl, weshalb sie eigentlich immer in eine Dreckkruste gehüllt sind. Sofern Sie auch Wagen mit geringer Bodenfreiheit hochbocken wollen, paßt der Heber manchmal erst gar nicht unter die Karosserie.

Rangierwagenheber. Für den Heimwerker gut geeignet sind die kurzen, kleinen Rangierheber, die sich leicht verstauen lassen. Beachten Sie aber, daß sich ein Heber mit zu kleinen Rädern unter Last nicht mehr bewegen läßt. Auch sollte die Deichsel so befestigt sein, daß sich der angehobene Bus wirklich rangieren läßt.

Pflege nach Plan

In regelmäßigen Abständen soll in der Technik des VW-Bus nach dem Rechten gesehen werden. So will es das VW-Werk, und damit auch jeder weiß, was zu tun ist, wurde ein detaillierter Wartungsplan aufgestellt, auf den wir gleich zu sprechen kommen.

Der Wartungsplan

Für die Wartung Ihres VW-Bus' liegt der Werkstatt eine Liste der Service-Punkte vor. Diese entspricht dem aktuellen Stand, während die Wartungshefte, die sich bisweilen noch im Wagen befinden, oft überholt sind. Auf der genannten Liste basiert unser Wartungsplan.
Damit Sie zu unserem Pflegeplan während der Arbeit nicht ständig zurückblättern müssen, haben wir ihn **innen auf der hinteren Umschlagseite** abgedruckt. So haben Sie ihn ständig vor Augen und können die Arbeiten Punkt für Punkt erledigen. Die Reihenfolge haben wir speziell für den Heimwerker zusammengestellt und auch zusätzliche Punkte eingefügt, die nach unseren Erfahrungen wichtig sind.
Ganz zu Anfang finden Sie eine Anzahl von Arbeiten unter der Überschrift »Ständige Kontrollen«. Diese Wartungspunkte lassen sich in kein Kilometerintervall pressen. Auch sollte da – wie beispielsweise bei der Ölstandskontrolle – öfter als alle 5000 km nachgesehen werden.

Wartung in Zeit- oder Kilometerintervallen?

Auch ein nicht benutztes Fahrzeug altert. Wer also den VW-Bus beispielsweise nur für den Urlaub benutzt, sollte sich nicht an die 5000- bzw. 10000-km-Intervalle halten, die vielleicht erst nach zwei Jahren erreicht werden. In diesem Fall empfiehlt sich die 5000-km-Wartung halbjährlich und der 10000er-Service einmal im Jahr.

Regel-Service und Wartungspakete

Neben den in Regel- und Zwischenservice (nach jeweils 10000 bzw. 5000 km) zusammengefaßten Wartungsarbeiten bietet die Werkstatt noch eine Reihe von Einzelleistungs-Paketen an, die sich häufig auf bestimmte Fahrzeugteile beschränken.

Was können Sie selbst machen?

Fast alle Wartungsarbeiten am VW-Bus können Sie selbst ausführen, das entsprechende Wissen hierzu liefert unser Handbuch. Wenn dennoch Werkstatt oder Tankstelle den einen oder anderen Wartungspunkt rationeller durchführen können, so haben wir das im Wartungsplan vermerkt. Die »Selbsthelfer-Ampel« weist Ihnen dabei vor jedem Wartungspunkt in den bekannten Farben grün – gelb – rot den richtigen Weg:
Grün – Freie Fahrt für den Selbsthelfer. Diese Arbeit können Sie mit den Kenntnissen aus diesem Buch fachgerecht ausführen und Geld sparen.
Gelb – Die Arbeit ist zwar nicht schwierig, doch es fehlen meist die nötigen Einrichtungen. An der Tankstelle sind Sie in diesem Fall am besten aufgehoben.
Rot – Halt, hier lassen Sie am besten die Werkstatt ran. Spezielle Werkzeuge oder Meßgeräte sind erforderlich, der Aufwand an Eigenarbeit lohnt sich nicht, weil die Werkstatt viel schneller arbeitet, oder weitergehende Kenntnisse sind erforderlich.

Motorraumbild 1600er

Der Alte

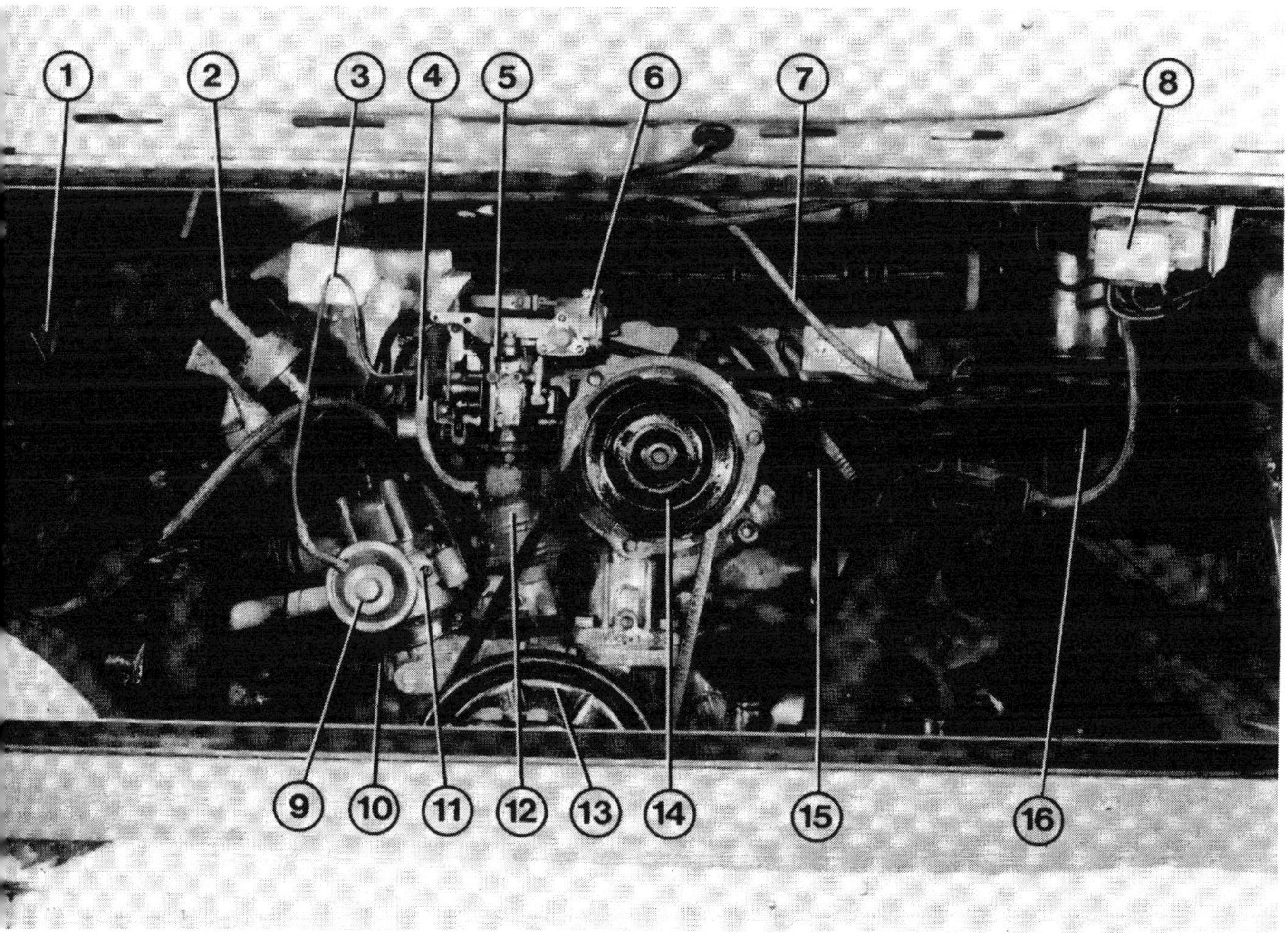

Der Motorraum beim 1600er: 1 – Benzin-Zusatzheizung; 2 – Zündspule; 3 – Unterdruckleitung zum Verteiler; 4 – Unterdruckleitung zur Ansaugluft-Vorwärmung; 5 – Vergaser; 6 – Startautomatik; 7 – Schlauch von der Tankentlüftung; 8 – Diagnose-Steckdose (entfallen); 9 – Unterdruckdose für Zündverstellung; 10 – Öldruckschalter; 11 – Verteiler; 12 – Benzinpumpe; 13 – Keilriemenscheibe; 14 – Lichtmaschine; 15 – Öleinfüllstutzen; 16 – Luftfilter.

Flachmann

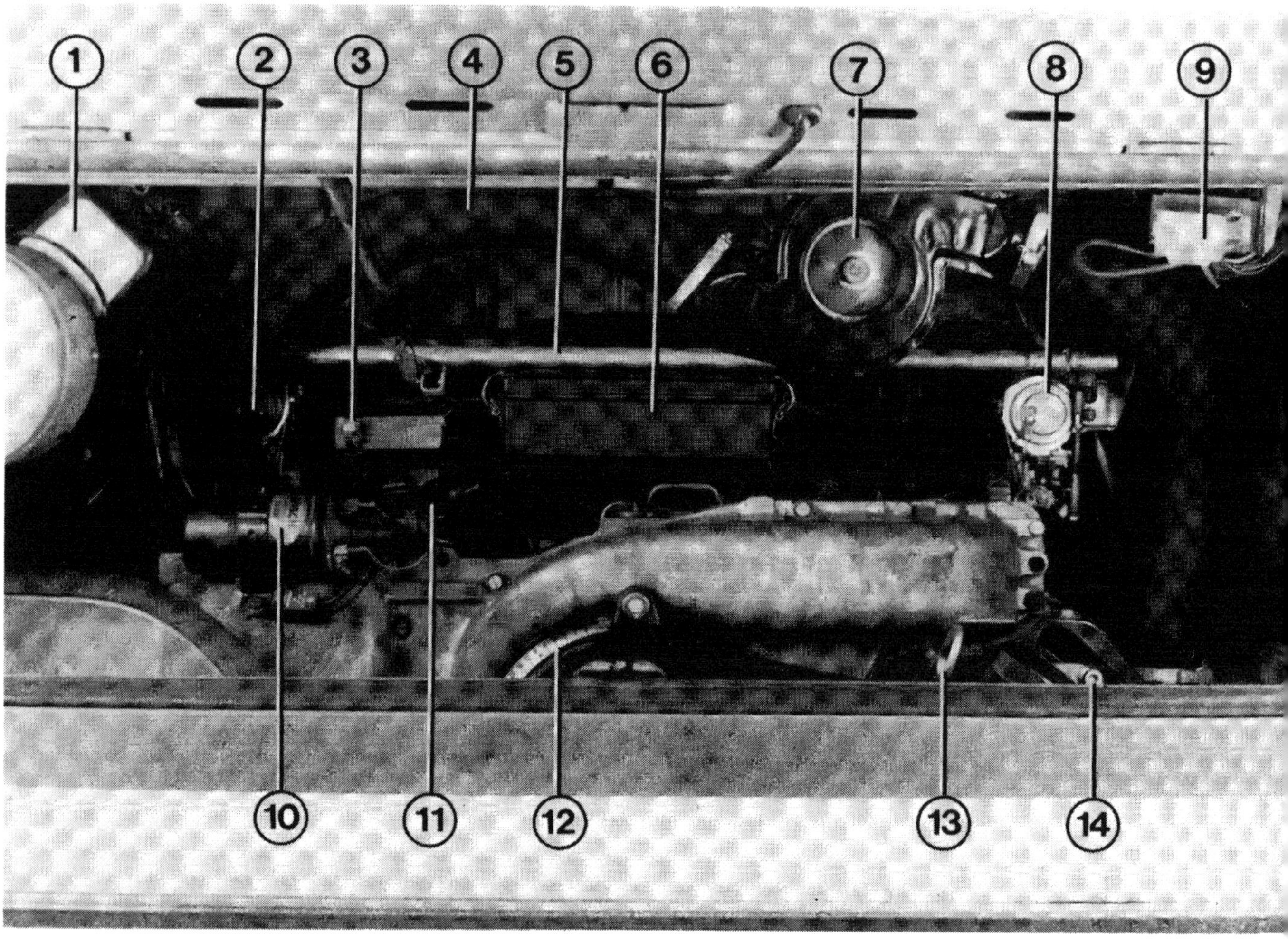

Motorraum eines Wagens mit Flachmotor: 1 – Benzin-Zusatzheizung; 2 – linker Vergaser; 3 – ATF-Peilstab bei Wagen mit automatischem Getriebe; 4 – Heizluftschlauch; 5 – Vergasergestänge; 6 – Luftfilter; 7 – Heizgebläse; 8 – rechter Vergaser; 9 – Diagnose-Steckdose (entfallen); 10 – Zündspule; 11 – Verteiler; 12 – Zündeinstellskala; 13 – Ölpeilstab; 14 – Halteschraube für Keilriemeneinstellung.

Das geht ja wie geschmiert

Feste Gegenstände gleiten oft nur schwer aufeinander. So muß man sich zum Beispiel ganz schön anstrengen, um einen voll gefüllten Karton unter einem Schrank hervorzuziehen. Verantwortlich ist hierfür die Reibung zwischen Boden und Karton.
Reibung erzeugt Widerstand, Wärme und Abnutzung. Alle drei Auswirkungen sind im Auto – mit Ausnahme von Bremsen und Kupplung – unerwünscht. Und deshalb werden Schmierstoffe gebraucht.

Aufgaben des Motoröls

Allgemein bekannt ist die reibungsvermindernde Wirkung des Motoröls, damit Kolben und Zylinder nebst Kurbelwellenlagern, Ventiltrieb und sonstige Lagerstellen mit möglichst geringem Verschleiß über die Runden kommen. Das Motoröl muß aber auch abdichten: Zwischen Kolben und Zylinderwand bleibt trotz der Kolbenringe noch ein gewisser, nur tausendstel Millimeter breiter Spalt. Das Öl muß hier die Feinabdichtung schaffen zwischen Kolben, Kolbenringen und Zylinderlaufflächen. Nur so kann der durch die Verbrennung entstehende hohe Druck weitestgehend ohne Verluste auf den Kolbenboden übertragen und in Bewegungsenergie umgesetzt, der Motor also »voll in Schwung gebracht« werden.
Weiter wird das Öl zur Kühlung herangezogen. Bei der Verbrennung des Kraftstoffs kann nur ein Viertel der anfallenden Energie für die Fortbewegung nutzbar gemacht werden.
Ein Teil verläßt den Motor als Wärme durch den Auspuff, und ein weiteres Teil Wärmeenergie muß über Kühlluft und Öl abgeführt werden. So kann z. B. ein Kolben nur durch das Motoröl gekühlt werden.
Aber auch jedes einzelne Lager von Kurbelwelle, Nockenwelle usw. wird durch das Öl gekühlt. Die vom Motoröl aufgenommene Wärme wird über Ölkühler und Ölwanne abgeleitet.
Die Motorenkonstrukteure haben noch spezielle Wünsche an das Öl: Es soll bei den hohen Temperaturen, wie sie an den Zylinderlaufbahnen auftreten, nicht verdampfen. Es darf bei diesen ungünstigen Bedingungen den Schmierfilm nicht abreißen lassen. Wenn es verbrennt, soll dies ohne Rückstände geschehen – Ölverbrauch bedeutet im Grund genommen, daß das Öl verbrannt wird. Das Öl soll Ruß und Schmutz binden, damit sie sich nicht im Motor ablagern. Es soll alterungsbeständig sein und noch einiges mehr.

Motorölstand prüfen

Ständige Kontrolle

Zum Ölpeilstab – er sitzt bei beiden Motorentypen rechts hinten – sollten Sie etwa alle 500 bis 700 km greifen, vor allem, wenn der Motor schon älter ist. Zur Kontrolle den Meßstab herausziehen und mit einem sauberen Lappen – keine Putzwolle oder Watte nehmen – abwischen, wieder bis zum Anschlag einschieben, kurz warten und noch einmal herausziehen. Die Peilstabspitze muß mindestens bis zur unteren Kerbe mit Öl benetzt sein. Reicht die Ölfüllung nur noch bis zur unteren Markierung, ist es an der Zeit, frisches Öl nachzugießen. Die Ölmenge zwischen oberer und unterer Marke beträgt beim

- 1600er-Motor 1,25 Liter,
- Flachmotor 1,0 Liter.

Allerdings genügen 0,5 Liter Nachfüllmenge durchaus (siehe nächster Abschnitt).
Wenn Sie den Ölverbrauch auf den Hundertstel-Liter genau messen wollen, muß der

Wagen jeweils auf einer absolut waagrechten Stelle stehen und der Motor mindestens fünf Minuten stillstehen. Am einfachsten geht das vor dem ersten Start. Dann wird der Ölstand ganz genau angezeigt, und Sie müssen nicht einmal den Peilstab abwischen, da über Nacht alles Öl in die Ölwanne zurückgesickert ist.

Fingerzeig: *Lassen Sie sich nicht verunsichern: Hochwertiges Motoröl wird schon nach kurzer Laufzeit dunkel. Das beweist nur, daß es richtig »arbeitet« und den anfallenden Schmutz in der Schwebe hält. Es ist jedoch kein Zeichen dafür, daß das Öl gewechselt werden müßte.*

Öl nachfüllen

Falls der Ölstand einmal nur wenig unter die Minimum-Marke gefallen ist, droht dem Motor noch kein Unheil. Fehlt mehr Öl und pflegt der Fahrer einen flotten Fahrstil mit Vollbremsungen und Kurvenumrundung in den höchstmöglichen Geschwindigkeiten, kann es zu Lagerschäden kommen, weil der Schnorchel der Ölpumpe Luft ansaugt und der Öldruck stark abfällt. Dabei braucht die Ölwarnlampe noch nicht einmal aufzuleuchten.
Steht das Ölniveau an der unteren Peilstabkerbe, reichen im Normalfall 0,5 Liter Nachfüllmenge. Nur wenn der VW-Bus häufig voll belastet wird, sollte der Ölstand im oberen Peilstabdrittel gehalten werden. Das Mehr an Öl kann die Kühlungsaufgaben besser erfüllen.
Andererseits tun Sie dem Motor aber keinen Gefallen, wenn Sie weit über die obere Peilstabmarke hinaus Öl einfüllen. Die Kurbelwelle »planscht« dann im Öl, was spürbar Leistung verzehrt. Wenn das Öl dabei schaumig geschlagen wird, kann sogar die Motorschmierung beeinträchtigt werden. Außerdem gelangt zu viel Öl bei hohen Drehzahlen über die Kurbelgehäuse-Entlüftung in das Luftfilter.

Probleme beim Öleinfüllen

Durch die ungünstige Anbringung des Öleinfüllstutzens beim 1600er-Motor ist es oft schon fast unmöglich, aus einer herkömmlichen Dose Öl in den Motor zu kippen. Besorgen Sie sich deshalb einen Trichter mit flexiblem Metall- oder Kunststoffschlauch als Verlängerung oder eine Ölkanne (siehe Seite 41). Im Notfall hilft sonst nur der Ausbau des Luftfilters, um besser an den Einfüllstützen heranzukommen.
Beim Flachmotor ist die Einfüllöffnung weit besser zugänglich. Doch auch hier kann durch die kurze Ausführung des Stutzens ein Trichter oder eine Ölkanne beim Einfüllen nicht schaden.

Darf man Öle mischen?

Gelegentlich hört man, daß sich verschiedene Ölsorten und -marken nicht miteinander vertragen würden und es sogar zu Motorschäden kommen könnte. Das trifft nur für manche synthetische Öle und speziell legierte Rennöle zu. Ansonsten lassen sich alle Ölsorten aller Marken fröhlich durcheinandermischen. Diese Mischbarkeit ohne schädliche chemische oder sonstige Folgen ist nämlich eine Grundforderung der internationalen Öl-Normen.
Die spezifischen Eigenschaften eines Öls können zwar durch Mischung ein bißchen abgewandelt werden, aber Schaden gibt es nicht. So bremst man die Mehrbereichsfähigkeit eines Mehrbereichsöls, wenn man Einbereichsöl zufüllt, aber die überwiegende Viskosität ist immer noch gegeben.
Das Nachfüllen mit einer anderen Ölsorte ist sogar zu empfehlen, wenn bei Frost noch »Sommeröl« SAE 30 im Motor ist, aber eigentlich schon SAE 20 W/20 am Platze wäre. Dann wird am besten kein SAE 30, sondern Einbereichsöl SAE 20 W/20, das »erweiterte« Einbereichsöl SAE 20 W/30 oder ein Mehrbereichsöl SAE 10 W–... bzw. SAE 15 W–... nachgefüllt. Und im Sommer kann man umgekehrt verfahren. Mehrbereichsöl erhält man dadurch zwar nicht, aber die Ölfüllung ist besser den Starttemperaturen angepaßt.

Ölverbrauch

Da bei der Schmiertätigkeit ein Teil des Öls verbrannt wird, ist Ölverbrauch ganz natürlich. Wieviel Öl Ihr Fahrzeug braucht, hängt von folgenden Umständen ab:
- ☐ Wer zu viel Öl nachfüllt, hat mehr Ölverbrauch, denn die Kurbelgehäuse-Entlüftung bläst die Überfüllung wieder zum Motor hinaus.
- ☐ Dünnflüssiges Öl verbrennt schneller als dickflüssiges. Wenn das Einbereichsöl

sehr heiß wird, fließt es »dünn wie Wasser«. Mehrbereichsöl bleibt dagegen dickflüssiger und kann so vor allem bei Langstreckenfahrern den Verbrauch senken.

□ Motoröl (vor allem Mehrbereichsöl), das zu lange im Motor bleibt, hat einen höheren Nachfüllbedarf.

□ Scharfe Fahrweise treibt nicht nur den Kraftstoffkonsum in die Höhe. Auch der Ölverbrauch steigt bei hohen Drehzahlen beträchtlich.

Im Werk hält man einen **Ölverbrauch von 1,4 Litern auf 1000 km** für die Alarmgrenze, gut eingefahrene Motoren kommen dagegen mit 0,2 Litern aus.

□ Weitere Ursachen für erhöhten Ölverbrauch: Einlaufvorgang noch nicht abgeschlossen (mindestens 5000 km), Ölabweisringe auf den Ventilschäften (nur 1600) versprödet und abgebröckelt, Kolbenfresser, Kolbenringe falsch eingebaut, verschlissen oder gebrochen, Laufspiel zwischen Ventilschaft und Ventilführung zu groß. Bei zunehmendem Öldurst des Motors sollten Sie den Kompressionsdruck der Zylinder messen lassen (siehe Seite 56). Wenn der Druck auf allen Zylindern gleichmäßig ist, kann man sich Motor-Reparatur oder -Tausch noch sparen – Nachfüllöl ist billiger. Bevor Sie dem Motor zu hohen Ölverbrauch anlasten, muß sicher sein, daß der Schmiersaft nicht durch undichte Stellen verlorengeht. Lesen Sie dazu auf Seite 72 nach.

Ihr Motor verbraucht kein Öl?

Im winterlichen Kurzstreckenbetrieb kann es vorkommen, daß der Ölstand steigt, statt wie normal leicht abzufallen. Sie haben dann nicht etwa eine Ölquelle entdeckt, sondern der Ölwanneninhalt wurde durch Kraftstoffkondensat verdünnt, das sich an den Kolbenringen vorbeigemogelt hat. Sie riechen den Benzingehalt im Öl sogar am herausgezogenen Ölpeilstab.

Die Schmiereigenschaften des Öls sind dadurch beträchtlich herabgesetzt. Ein zusätzlicher Ölwechsel zwischen den Intervallen (oft schon nach 3000 km) ist da kein Luxus, denn er kann Ihnen schwere Motorschäden ersparen. Das Ölfilter braucht dabei natürlich nicht gewechselt zu werden.

Bei geringer Ölverdünnung kann auch eine längere Fahrt Ölstand und Schmierfähigkeit des Öls wieder ins Lot bringen. Bei Öltemperaturen über 100 °C verdunsten die Kondensatanteile nach etwa einer halben Stunde.

Wichtig ist jetzt die sofortige Ölstandskontrolle! Durch die Verdunstung kann der Ölpegel erheblich absinken.

Die Ölqualität
Ölspezifikationen

Die veraltete Qualitätsbezeichnung »HD-Öl«, die immer noch vereinzelt auftaucht, wurde schon vor vielen Jahren nach und nach durch tiefergreifende Ölspezifikationen ersetzt, die von verschiedenen Institutionen nach unterschiedlichen, aber letztlich doch ähnlichen Prüfbedingungen erstellt wurden. Mit Erfolg geprüfte Öle dürfen als Qualitätsnachweis die erreichte Spezifikation auf der Verpackung tragen.

Die Qualitätsprüfungen führen zum Beispiel durch: Das American Petroleum Institute (API), die Vereinigung der Automobilhersteller der Europäischen Gemeinschaft (CCMC) und das US-Militär (MIL) und auch VW selbst.

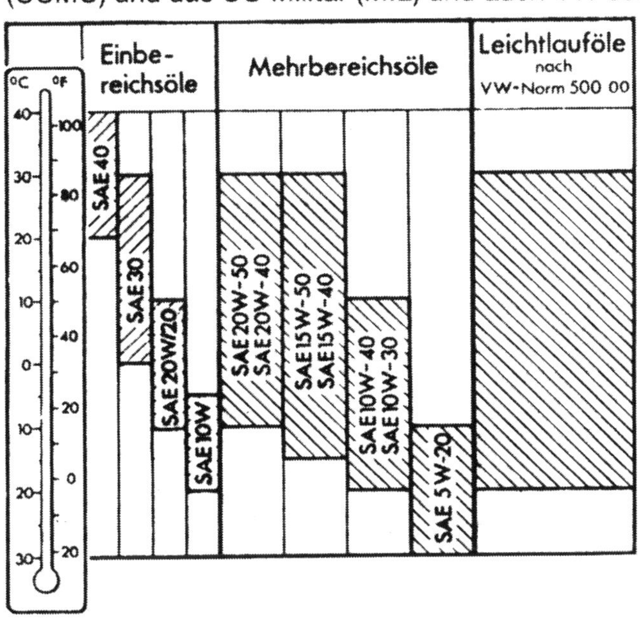

Die Tabelle zeigt die Ölviskositäts-Empfehlungen von VW. Die genannten Temperaturen verstehen sich als Dauertemperaturen. Kurzzeitige Temperaturschwankungen spielen also keine Rolle.

Die richtige Ölqualität für den VW

In den Jahren 1986/87 kam die Qualität der Motorenöle stark ins Gerede. Motorschäden durch sogenannte Ölschlammbildung häuften sich. Unsere VW-Bus-Motoren waren jedoch zu keiner Zeit gefährdet, denn das Problem betraf in erster Linie moderne, sparsam eingestellte Motorkonzepte. Beides trifft für den Bus kaum zu.
VW reagierte damals auf seine Art: Die bisher gültigen Ölspezifikationen wurden nicht mehr anerkannt und – nach einer anderslautenden Zwischenlösung – durch eine VW-eigene Spezifikation ersetzt, die **VW-Norm 501 01** lautet. Auch wir empfehlen dieses Öl als das bessere, obwohl eine Füllung mit Motoröl nach den alten Spezifikationen API SG, SF oder SE dem Bus-Motor sicher nicht das Leben kostet.

Die Zähflüssigkeit des Öls

Damit der Anlasser den kalten Motor durchdrehen kann, darf das Öl keinen großen Widerstand dagegen setzen, außerdem soll es schnellstmöglich an die Schmierstellen gelangen; dazu muß es dünnflüssig sein. Bei hohen Temperaturen und Drehzahlen muß der Schmiersaft dagegen ausreichend zäh sein, damit der Schmierfilm nicht abreißt. Das Mineralöl ist leider umgekehrt veranlagt. Bei Kälte ist es zäh wie Honig, mit zunehmender Erwärmung dagegen leichtflüssig. Das Öl und die vorherrschenden Betriebstemperaturen des Motors müssen daher genau aufeinander abgestimmt werden. Es gibt Öle, die bei Zimmertemperatur dick wie Sirup oder dünn wie Saft sind. Das Fließverhalten, also die Dick- oder Dünnflüssigkeit, wird durch die Viskositätsklasse angegeben.
Die entsprechenden Klassen wurden von der amerikanischen Society of Automotive Engineers (SAE) festgelegt. Die Viskositätsklassen reichen von den Winterölen SAE 5 W, 10 W, 15 W über die Übergangsstufe SAE 20 W/20 zu den Sommerölen SAE 30, 40 und 50.

Einbereichs- und Mehrbereichsöle

Motoröl einer einzigen Viskositätsklasse nennt man Einbereichsöl. Damit läßt sich natürlich nicht das ganze Jahr über fahren, sondern im Frühjahr muß dickes und im Herbst dünneres Öl in den Motor gefüllt werden. Wenn nun aber im Frühling noch einmal Nachtfröste kommen oder im Oktober das Thermometer ein letzes Mal in sommerliche Höhen klettert? Da droht dem Motor noch keine Gefahr, aber ein Öl mit größerer »Bandbreite« im Viskositätsverhalten wäre natürlich besser. Hierfür gibt es seit einiger Zeit sogenanntes erweitertes Einbereichsöl SAE 20 W/30, das in unseren VW-Bus-Motoren die kalte und warme Jahreszeit überdeckt. Wesentlich aufwendiger ist das Mehrbereichsöl: In ein dünnes Grundöl wurden neben den üblichen Additiven noch Viskositäts-(VI-)Verbesserer gemischt. Das sind lange Molekülketten, die beim Erhitzen quellen und bei Abkühlung schrumpfen. Das Öl paßt sich den Temperaturen elastisch an und kann mehrere Viskositätsklassen überspannen. Ein Öl 15 W-50 liegt dann z. B. bei –18° C in der Klasse SAE 15 W und bei 100° C in der SAE-Klasse 50. Problematisch ist bei den Mehrbereichsölen, daß die Molekülketten der Viskositäts-Verbesserer im Motor regelrecht kleingehackt werden können, so daß von einem Öl SAE 10 W-40 nach entsprechend langer Laufzeit nur noch die Zähflüssigkeit 10 W-20 übrigbleibt. Das ist der Grund, weshalb das Werk im Sommer Mehrbereichsöle SAE 10 W-30 und 10 W-40 nicht freigibt. Ein »geschrumpftes« Mehrbereichsöl macht sich übrigens durch höheren Ölverbrauch bemerkbar. Das inzwischen nur noch selten zu findende Öl SAE 10 W-50 soll keinesfalls im VW-Bus verwendet werden. Diese breite Viskositätsklasse enthält Additive, die nicht ohne Rückstände verbrennen.
Bei welchen Temperaturen der VW-Benzinmotor welche Öl-Zähflüssigkeit verlangt, zeigt die Tabelle auf der Vorseite.

Welches Öl ist das beste?

Motoröl gibt es ab 2,50 DM je Liter im Supermarkt bis zu einem Literpreis von knapp 20 Mark für synthetische Öle. Auch das billigste verfügbare Öl kann für den VW-Bus-Motor voll ausreichen. Viele Motoröle mit unbekannten Namen stammen vom selben Hersteller wie die aufwendiger verpackten Markenöle der großen Mineralölfirmen. Lassen Sie sich nicht vom Preis irreleiten, sondern achten Sie auf die richtige Ölspezifikation, die bei Billigölen weit häufiger angegeben ist als bei den allseits bekannten Firmen. Die Frage, ob man das teurere Mehrbereichsöl nehmen müsse oder auch mit dem preiswerteren Einbereichsöl auskommen kann, läßt sich nach unseren Erfahrungen so beantworten: Wer seinen VW-Bus in den hiesigen Breiten ohne besondere »Renn-Ambi-

tionen« bzw. bei normaler Belastung fährt, kommt im Sommerhalbjahr durchaus mit Einbereichsöl SAE 30 zu Rande. Es ist beim Start durch die Außentemperatur nicht zu zäh, und bei der richtigen Betriebstemperatur besteht auch kein Grund zur Sorge. Mehrbereichsöl ist dagegen bei starken Temperaturdifferenzen günstiger. Ein mit SAE 10 W oder 15 W beginnendes Öl setzt dem Anlasser weniger Widerstand entgegen als das Winter-Einbereichsöl SAE 20 W/20 oder das erweiterte Einbereichsöl SAE 20 W/30. Das Mehrbereichsöl ist auch im Frühjahr vorteilhaft, wenn das Thermometer doch noch einmal unter den Gefrierpunkt sinkt. Damit ist der Kaltstart sicherer gewährleistet als mit dem vielleicht schon eingefüllten Sommeröl SAE 30. In der warmen Jahreszeit genügt das Einbereichsöl dagegen durchaus.
Zu den Mehrbereichsölen zählen noch die synthetischen Öle. Sie bestehen zwar noch aus Erdöl, doch sind ihre Kohlenwasserstoff-Moleküle (die Grundbausteine des Rohöls) im Labor zertrennt und neu zusammengesetzt worden. Der synthetische Aufbau macht Viskositäts-Verbesserer überflüssig. Solches Motoröl ist völlig scherstabil, behält seine oberste Zähflüssigkeitsklasse also immer bei und hat sehr gute Schmiereigenschaften. Doch im Alltagsgebrauch machen sich diese Vorteile nicht so stark bemerkbar, daß der ausgesprochen hohe Preis gerechtfertigt wird. Auch die Verwendung eines sogenannten Leichtlauföls bringt unter dem Strich keine wirkliche Kostenersparnis, denn der etwas geringere Benzinverbrauch wird durch die beachtlichen Öl-Literpreise wieder aufgewogen.

Ölzusätze verwenden?

Motorölzusätze sind bei den heutigen hochentwickelten Ölen nicht mehr nötig. Auch das Volkswagenwerk lehnt die Beimischung jeglicher Zusätze rundweg ab.
Dennoch werden immer wieder »Wundermittel« zum Motoröl angeboten, und oft soll sogar der hohe Preis hohe Qualität vorgaukeln. Viele dieser Mittel bleiben jedoch den Nachweis einer Schmierungsverbesserung schuldig. Und selbst bei leichten Verbesserungen stehen diese in keinem Verhältnis zum Preis des Zusatzes.
Auch renommierte Ölzusätze, wie z. B. solche, die den Festschmierstoff Molybdändisulfid enthalten (von Liqui Moly oder Molykote) sind im Grund nicht nötig, da sie ihre Vorteile im Alltagsmotor gar nicht ausspielen können. Regelmäßiger Ölwechsel und Ölstandskontrolle sind immer noch die besten Mittel zur Sicherung der optimalen Schmierung.

Alles über den Ölwechsel

Wo Öl wechseln?

□ In den Werkstätten kostet der Ölwechsel nach unseren Erfahrungen das meiste Geld, weil nur sehr teure Ölsorten vorrätig sind. Außerdem ist der Motor oft schon wieder kalt, bis das alte Öl abgelassen wird, so daß nicht aller Schmutz herausgeschwemmt wird. Manche Werkstätten berechnen die Arbeit für den Ölwechsel zusätzlich zum Ölpreis.
□ An Tankstellen kommt der Wagen dagegen meist sofort dran. Sie können auch ein billigeres Öl aus dem Tankstellenverkaufsprogramm auswählen, und im Ölpreis ist die Arbeit des Tankwarts inbegriffen.

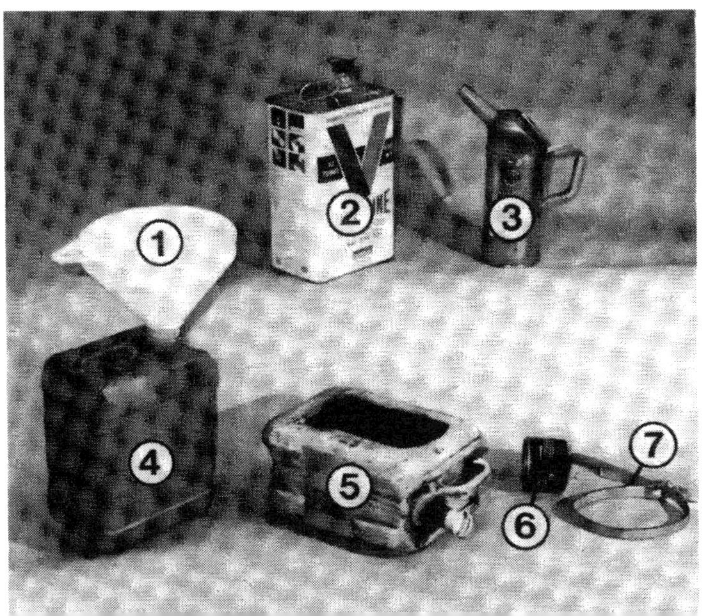

Hilfsmittel, die den Selbst-Ölwechsel erleichtern: 1 – Trichter zum Umfüllen des Altöls; 2 – neues Motoröl in ausreichender Menge; 3 – Öleinfüllkanne; 4 – Altölkanister; 5 – Ölkanister mit herausgeschnittener Seitenwand zum Auffangen des Ablaßöls; 6 – Ölfilter (nur Flachmotor); 7 – Spannbandschlüssel zum Lösen des Ölfilters.

□ Für den SB-Ölwechsel mit einem Absauggerät an der Tankstelle eignet sich der VW-Bus-Motor nicht, doch das preisgünstige »Öl zum Mitnehmen« können Sie natürlich trotzdem kaufen.
□ Ölwechsel zu Hause lohnt sich, wenn Sie das Öl preisgünstig einkaufen (Zubehörhandel, Großmarkt, Warenhaus oder Mitnahme-Öl an der Tankstelle).

Wie oft Öl wechseln?

Wenn Sie Ihren VW-Bus hauptsächlich auf Langstrecken fahren, brauchen Sie das 5000-km-Ölwechselintervall nicht auf den Kilometer genau zu befolgen. Da dürfen auch mal 7000 km zusammenkommen, ohne daß Schaden entsteht. Wird zwischen den Intervallen Öl nachgefüllt, erfährt der Ölwanneninhalt ohnehin eine »Auffrischung«.
Kürzere Wechselintervalle können dagegen angebracht sein, wenn der VW-Bus ausschließlich im Kurzstreckenbetrieb (z. B. als Auslieferungsfahrzeug in der Großstadt) gefahren wird. Wenn der Motor wegen der nur kurzen Fahrstrecken nicht auf volle Betriebstemperatur kommt, ist der Anfall von Verbrennungsrückständen und Kraftstoffkondensaten höher – speziell im Winter.
Der »jahreszeitliche« Ölwechsel – vor und nach den Wintermonaten – hat vor allem für Autofahrer Bedeutung, die ein preiswertes Einbereichsöl im Motor haben, das für die bevorstehende Jahreszeit in seiner Zähflüssigkeit nicht paßt.

Was wird gebraucht?

Folgende Hilfsmittel erleichtern dem Selbst-Ölwechsler das Leben:
□ Auffanggefäß für das Altöl. Ein alter Ölkanister mit herausgeschnittener Seitenwand oder eine ausgediente Spülschüssel leisten hier gute Dienste.
□ Eine Ölkanne erleichtert bei den schwer zugänglichen Öleinfüllstutzen im VW-Bus das Einfüllen.
□ Ein Altölkanister dient zum Wegschaffen des Altöls (siehe unten).
□ Ein großer Trichter erleichtert das Umfüllen des Altöls.
□ Motoröl darf natürlich nicht fehlen. Nach den Spezifikationen auf Seite 39 kann es (meist im 5-Liter-Kanister) preisgünstig eingekauft werden.
□ Eine Ölfilterpatrone und den Spannbandschlüssel zum Lösen der Patrone brauchen Sie nur beim Flachmotor.
□ Dichtungen für den Ölsiebdeckel bzw. die Ablaßschraube.

Wohin mit dem Altöl?

Das beim Ölwechsel anfallende Altöl muß ordnungsgemäß beseitigt werden. Wer es einfach im Erdreich versickern läßt, vergräbt oder in die Kanalisation schüttet, verunreinigt das Grundwasser, gefährdet die Trinkwasserversorgung und muß mit hohen Geldstrafen rechnen. Altöl kann man entweder kostenlos dort abgeben, wo man Motoröl kauft oder bei einer nahegelegenen Altölsammelstelle. Deren Adresse erfahren Sie von der Gemeindeverwaltung, der örtlichen Polizei oder einer Autoclub-Geschäftsstelle.
Dem Altöl dürfen keine Fremdstoffe wie etwa Bremsflüssigkeit zugeschüttet werden, sonst gibt's Probleme mit dem Recycling.

Ölwechsel beim 1600er-Motor: Es bedeuten: 1 – Ansaugrohr der Ölpumpe; 2 – Ölsieb; 3 – Ölsiebdeckel (hier noch mit Ölablaßschraube in der Mitte).

Motoröl wechseln
Wartungspunkt Nr. 1

Wechseln Sie das Öl bei betriebswarmem Motor! Nur so werden alle Rückstände aus der Ölwanne gespült.
Zuerst stellen Sie ein geeignetes Gefäß (siehe Seite 41) unter den Motor und legen sich mit dem geeigneten Werkzeug daneben. Dann Öl ablaufen lassen:

1600er-Motor

- Hutmuttern am Ölsiebdeckel mit einem Ringschlüssel lockern. Jetzt den Deckel an einer Seite loshebeln (er klebt manchmal an der Dichtung), damit das Öl auslaufen kann.
- Deckel vollends abschrauben und das darunter eingesetzte Ölsieb vorsichtig herausziehen, damit sich die Anlagefläche nicht verzieht.
- Ölsieb sorgfältig in Benzin oder Verdünnung reinigen.
- Beim Zusammenbau neue Dichtungen verwenden, alte Dichtungsreste am Flansch abschaben.
- Hutmuttern über Kreuz anziehen. Nicht zu viel Kraft anwenden (8 Nm), sonst reißen die Stehbolzen aus.
- **2,5 Liter Motoröl** einfüllen.

Flachmotor

- Ölablaßschraube mit Inbusschlüssel SW 6 herausdrehen, Öl ablaufen lassen.
- Ablaßschraube mit neuem Dichtring wieder einschrauben.
- Bei jedem 2. Ölwechsel (alle 10000 km) Ölfilter wechseln (siehe unten).
- Bei jedem 6. Ölwechsel (alle 30000 km) Ölsieb reinigen (siehe Seite 42).
- **3,5 Liter** (mit Filterwechsel) bzw. **3 Liter Öl** (ohne Filterwechsel) einfüllen.

Fingerzeige: *Seit August 1972 besitzen die Ölsiebdeckel der 1600er-Motoren keine gesonderte Ölablaßschraube mehr. Das ist schade, denn beim Losschrauben des runden Blechdeckels kann der Ölwechsel in eine ziemliche Kleckerei ausarten. Das Öl tritt dann rund um den Deckel aus und läuft häufig am Rand des Auffanggefäßes vorbei. Wer das vermeiden will, besorgt sich einen alten Ölsiebdeckel mit Ablaßschraube (siehe Bild links) vom Schrott.*
Wer den Motorölstand ständig im Auge behält, braucht nach einem Ölwechsel nicht die volle Ölmenge in den Motor zu kippen. Es reichen beim 1600er beispielsweise 2 Liter bzw. beim Flachmotor auch bei Filterwechsel 3 Liter.

Ölfilter wechseln
Wartungspunkt Nr. 17

Gleichzeitig mit jedem zweiten Ölwechsel schreibt das Werk beim Flachmotor den Wechsel des Ölfilters vor. Da das Ölfilter im Ölhauptstrom des Motors liegt und das gesamte Motoröl ständig hindurchfließen muß, darf seine Durchflußfähigkeit nicht durch Ablagerungen gestört sein. Notfalls wird zwar ein verschmutztes Ölfilter durch ein Kurzschlußventil umgangen, wodurch jedoch ungefiltertes Öl an die Schmierstellen gelangt. Da kann man sich den Filtertausch nur mit schlechtem Gewissen ersparen.

- Ölfilter mit Spannbandschlüssel losschrauben.
- Filter über der Altölwanne ausleeren und wegwerfen.
- Dichtring am neuen Filter mit Fett oder Öl einstreichen und Filter **von Hand** – niemals mit einem Werkzeug – festdrehen. Es läßt sich sonst nicht mehr lösen.
- Nach einigen Kilometern Fahrt kontrollieren, ob das Filter öldicht sitzt.

Öl- und Filterwechsel beim Flachmotor: Es bedeuten: 1 – Ölfilter; 2 – Ölablaßschraube; 3 – Ölsiebdeckel.

Ölsieb des Flachmotors reinigen
Wartungspunkt Nr. 47

Beim Flachmotor müssen Sie das Ölsieb nur alle 30000 km reinigen. Wenn Sie sich einen Drehmomentschlüssel besorgt haben, kann's losgehen:

■ Zentrale Befestigungsschraube des Ölsiebdeckels unten an der Ölwanne lösen und Deckel sowie Sieb und Dichtungen herausziehen. Gefäß unterstellen!

■ Ölsieb in Benzin oder Verdünnung auswaschen.

■ Ölsieb und Deckel mit neuen Dichtungen wieder einsetzen.

■ Befestigungsschraube mit 13 Nm anziehen, sonst kann sich das Ölansaugrohr verbiegen.

Getriebe auf Dichtheit prüfen
Wartungspunkt Nr. 19

Aus dem völlig geschlossenen Getriebegehäuse kann das Schmiermittel nur an undichten Stellen ins Freie gelangen. Sie sollten daher nur nachsehen, ob das Getriebegehäuse eine öldurchtränkte Schmutzkruste zeigt. Wenn nicht, ist dieser Wartungspunkt schon erledigt. Andernfalls muß jedoch der Ölstand geprüft werden.

Getriebeölstand kontrollieren
Wartungspunkt Nr. 20

Das geht mit Hilfe eines Inbusschlüssels SW 17 folgendermaßen:

■ Ölkontrollschraube (siehe Bild rechts) herausdrehen und bei waagrecht stehendem Auto den Finger in die Öffnung stecken.

■ Der Pegel muß genau bis an die Unterkante der Bohrung reichen – manchmal läuft sogar etwas Öl aus. Dann ist alles in Ordnung.

■ Ertastet der Finger erst weiter unten Getriebeöl, ist es Zeit zum Nachfüllen. Dazu sind Sie aber an der Tankstelle am besten aufgehoben, wo das Getriebeöl mit einer speziellen Pumpe eingefüllt wird. Selbstnachfüllen mit Trichter und langem Schlauch ist eine mühselige Arbeit.

An einen Getriebeölwechsel brauchen Sie nicht mehr zu denken, denn der VW-Bus bekam bereits im Werk eine Dauerfüllung, die das ganze Autoleben ausreicht. Geringfügiger Metallabrieb an den Zahnrädern, der die Ölfüllung verschmutzen könnte, wird durch Dauermagnete aus dem Schmiermittel gefischt.

Die richtige Getriebeölsorte

Für das Schaltgetriebe und den Achsantrieb, die in einem Gehäuse sitzen, ist ein Getriebeöl der Viskosität SAE 80 oder SAE 80 W-90 vorgeschrieben, das der amerikanischen Militär-Spezifikation MIL-L-2105 entspricht – manche Mineralölfirmen setzen noch ein »A« dahinter, also MIL-L-2105 A. Die entsprechende API-Spezifikation lautet »GL 4«. Hierbei handelt es sich um ein Hypoid-Getriebeöl mit 4 % Schwefelphosphorzusatz. Aber ein solches Getriebeöl kann man weder unter der Bezeichnung MIL-L-2105 noch unter GL 4 kaufen. Da auch derzeit die Begriffe für Hypoid-Getriebeöl bei den Mineralölfirmen verwirrend durcheinander laufen, finden sich nicht einmal alle Tankstellen und Werkstätten zurecht, denn die gleichartige Sorte wird hier als »Hypoid-Getriebeöl«, dort als »Mehrzweck-Getriebeöl« oder als »Getriebeöl EP« (EP = Extreme Pressure = Höchstdruck) verkauft. Da ein falsches Getriebeöl erheblichen Schaden anrichten kann, haben wir nachfolgend einige Getriebeölmarken zusammengestellt, die in Frage kommen:

□ Agip F 1 Rotra Hypoid SAE 80
□ Aral Getriebeöl EP 80
□ Esso GP 80
□ Shell Hypoid-Getriebeöl Spirax EP 80
□ Texaco Universal Gear Lubricant EP 80
□ Veedol Multigear SAE 80

ATF-Stand im automatischen Getriebe kontrollieren
Ständige Kontrolle

Die Getriebeautomatik ist mit einer synthetischen Flüssigkeit gefüllt, die bei verschiedenen Temperaturen gleich dünnflüssig bleibt, »Automatic Transmission Fluid« (= ATF) heißt und den Prüfbedingungen »Dexron B« (mit einer nachfolgenden Kontrollzahl) entsprechen muß.
VW empfiehlt die ATF-Kontrolle nach dem Prüfen des Motorölstands. Das ist nicht so ganz praxisgerecht, denn zur Motorölkontrolle muß die Maschine einige Minuten gestanden haben, bei der ATF-Messung dagegen im Leerlauf drehen und die Spezialflüssigkeit handwarm sein (den VW-Bus etwa 5 bis 10 Minuten warmfahren). Gemessen wird in Wählhebelstellung »N« (Handbremse anziehen!) auf waagrechtem Boden. Der ATF-Peilstab – links am Automatikgetriebe in Fahrtrichtung – darf nur mit einem völlig sauberen und fusselfreien Tuch abgewischt werden.
Der Peilstab muß zwischen seinen beiden Markierungen mit ATF benetzt sein. Reicht der ATF-Stand nur an die untere Kerbmarke, darf nicht nur Flüssigkeit nachgefüllt wer-

den, sondern die Werkstatt muß nach der Ursache für den Verlust forschen. Die Flüssigkeitsmenge zwischen oberer und unterer Peilstabmarke beträgt etwa **0,4 Liter**. Steht die ATF über die obere Peilmarke hinaus, hat sich wahrscheinlich Hypoid-Getriebeöl vom Achsantrieb in das Planetengetriebe durchgedrückt. Fehlt im Achsantrieb tatsächlich Öl, muß die ATF vorzeitig gewechselt werden.
Zuviel eingefüllte ATF darf auf keinen Fall im Getriebe bleiben, sondern muß abgesaugt werden, sonst kann es Getriebe-Totalschaden geben. Der Getriebesatz läßt die Flüssigkeit schäumen. Die Getriebeölpumpe muß stärker arbeiten, um das aufschäumende Öl in die Kanäle der hydraulischen Steuerung zu drücken. Temperatur und Druck im Getriebe steigen, dadurch verschieben sich die Schaltpunkte.
Dies wiederum bewirkt, daß die Bremsbänder länger schleifen als normal und verbrennen können.

Achsantrieb des automatischen Getriebes

Im Achsantrieb der Getriebeautomatik wird ein anderes Öl gebraucht als im Schaltgetriebe: Hier muß es ein Hypoid-Getriebeöl SAE 90 mit der Spezifikation MIL-L-2105 B sein bzw. mit der Kennzeichnung API GL 5. Dieses Getriebeöl hat einen höheren Schwefelphosphor-Zusatz (6,5%) und ist außerdem dickflüssiger; es muß ebenfalls nicht gewechselt werden.
Auch eine regelmäßige Ölstandskontrolle ist nicht vorgesehen. Sie wird fällig, wenn das Getriebegehäuse undicht zu sein scheint. In diesem Fall muß, ähnlich wie beim normalen Schaltgetriebe, eine Kontrollschraube (Innensechskant SW 17) herausgedreht werden. Es kann nicht nur vorkommen, daß das Getriebeöl im Achsantrieb unterhalb der Kontrollöffnung steht (dann nachfüllen lassen), sondern es ist auch ein höherer Ölstand möglich. Dann hat sich ATF vom Planetengetriebe durch die Dichtungen in den Achsantrieb gedrückt. Diese unbrauchbare Ölmischung muß unbedingt gewechselt werden.

ATF wechseln
Wartungspunkt Nr. 48

Bei normalem Fahrbetrieb sieht der Wartungsplan alle 50 000 km den Wechsel der ATF vor. Wenn der VW-Bus hauptsächlich im Kurzstreckenverkehr oder viel mit Anhänger oder im Gebirge gefahren wird, soll schon nach 30 000 km neue ATF in die Getriebeautomatik gefüllt werden.
Bei diesem Wartungspunkt wird nicht nur die alte ATF abgesaugt (eine Ablaßschraube ist nicht vorhanden), sondern auch die Ölwanne abgeschraubt, und Wanne und Ölsieb müssen gereinigt werden. Werkstatt-Arbeit.

Zündverteiler schmieren

Diese Arbeit ist zwar im VW-Wartungsplan nicht vorgesehen, ist aber trotzdem etwa alle 10000 km empfehlenswert. Die in der Mitte mit einem Schmierfilz versehene Verteilerwelle erhält dabei zwei oder drei Tropfen Motor- oder Mehrzwecköl. Einen weiteren Tropfen spendieren Sie der Lagerwelle des Unterbrechers.
Die Nockenbahn der Verteilerwelle muß mit hitzebeständigem Spezialfett (Bosch-Fett Ft 1 v 4) hauchdünn eingerieben werden. Alte Fettreste zuvor mit einem sauberen Lappen entfernen.

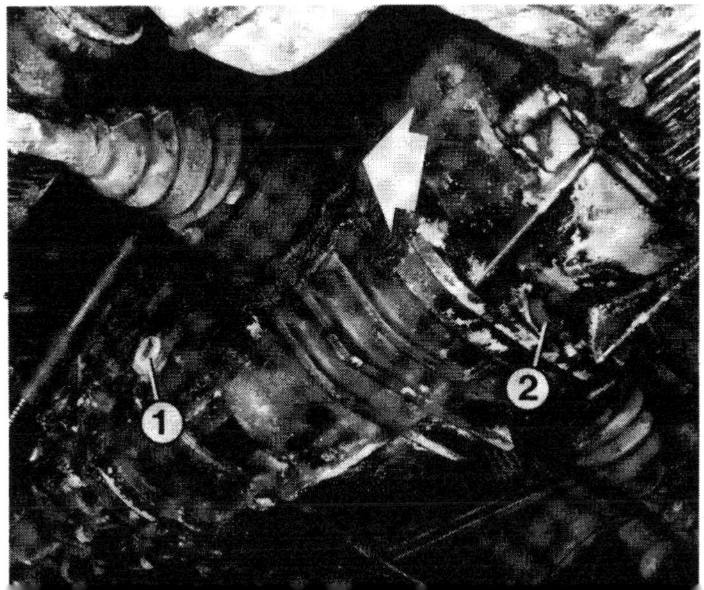

Öldienst am Getriebe: Der Ölstand sollte in jedem Fall kontrolliert werden, wenn das Getriebegehäuse eine schwarze Ölkruste (Pfeil) zeigt. Es bedeuten: 1 – Öleinfüll- und -kontrollschraube; 2 – Ölablaßschraube.

Schmieren des Verteilers: Bei abgenommenem Verteilerfinger zwei bis drei Tropfen Öl auf den Schmierfilz in der Verteilerwelle geben.

Gasbetätigung schmieren

Damit die Gasbetätigung immer schön leichtgängig bleibt, sollten Sie von Zeit zu Zeit das Scharnier unten am Gaspedal mit etwas Öl beträufeln. Ebenso verträgt der Schraubnippel, mit dem der Gaszug am Vergasergestänge befestigt ist, regelmäßig einen Öltropfen. Dagegen darf die Drosselklappenwelle des Vergasers (bzw. der Vergaser) keinesfalls geschmiert werden.

Kupplungszug schmieren

Dort, wo der Kupplungszug in Höhe des Getriebes in der Hülle verschwindet, sollten Sie bisweilen einige Tropfen Motoröl aufträufeln oder etwas Fett aufstreichen, damit die Kupplungsbetätigung leichtgängig bleibt. Das Fett oder Öl zieht sich dann im Lauf der Zeit in die Seilzughülle.

Vorderachse schmieren
Wartungspunkt Nr. 45

Die VW-Bus-Vorderachse weist fünf Schmiernippel auf: vier an den Tragrohren und einen an der Lagerung für die Lenkhebelwelle in Achsenmitte. Sie sollen alle 20 000 km mit frischem Fett versorgt werden. Wird der Wagen häufig auf schlechten Straßen gefahren, kann das Abschmieren jedoch schon wesentlich früher – etwa alle 5000 km – sinnvoll sein.

Das Abschmieren der Vorderachse kann jeder selbst besorgen, der eine kleine Handfettpresse (die übrigens nicht sehr teuer ist) sein eigen nennt. Wichtig ist lediglich, daß vor dem Ansetzen des Schmierkopfes die Schmiernippel sorgfältig gesäubert werden, damit kein Dreck mit in die Schmierstelle gedrückt wird. Anschließend bei aufgebocktem Wagen so lange frisches Fett eindrücken, bis sich außen an den Traghebeln der Achse bzw. oben am Lenkhebel ein »Fettkragen« bildet. Das heißt, es muß rund um das Lager frisches Fett austreten. Dieser Fettring gibt dem Lager gleichzeitig Schutz vor eindringender Feuchtigkeit. Ist Fett an die Reifen oder an Bremsschläuche geraten, muß es gründlich abgerieben werden.

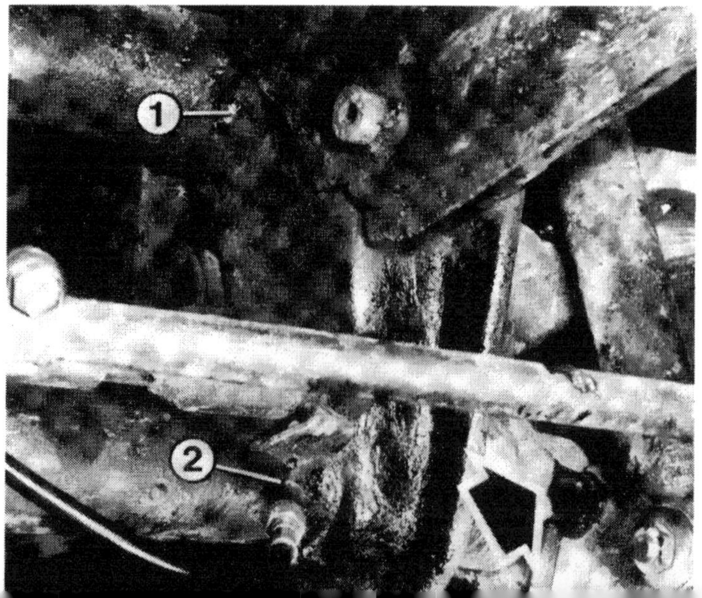

Abschmieren der Vorderachse: Je zwei Schmiernippel (1 und 2) sitzen rechts und links an den Enden beider Achsrohre. Es wird so lange Fett eingepreßt, bis es an den Traghebeln wieder austritt (Pfeil).

Ölen des Gaszuggelenks beim 1600er-Motor: Kein Öl darf die im Vergaser gelagerte Drosselklappenwelle bekommen.

Welches Fett nehmen?

VW empfiehlt zum Abschmieren der Vorderachse sogenanntes **Mehrzweckfett auf Lithiumbasis**. Diese Fettsorte ist sowohl wasserabstoßend als auch hitzebeständig und hochdruckfest, aber sie ist wesentlich teurer als normales Abschmierfett. Darum führen es nicht alle Tankstellen und auch nicht sämtliche VW-Werkstätten in ihren Fettpressen. Man kann den Unterschied mit dem Auge erkennen, denn das normale billigere Abschmierfett ist glasig rot, blau oder honiggelb. Mehrzweckfett ist dagegen braun-trübe oder – wenn es von der noch besseren und teureren Sorte mit Molybdändisulfid ist – dunkelgrau. Besonders diese letzte Fettsorte, wie beispielsweise Molykote BR 2 plus, hat im Molybdändisulfid einen sogenannten Festschmierstoff, der auch noch wirkt, wenn das Fett aus irgendeinem Grund schon versagt. Wer die Vorderachse seines VW-Busses selbst durchschmiert, sollte die Ausgaben für ein teureres Mehrzweckfett nicht scheuen, die Vorderachsteile werden es durch eine wesentlich längere Lebensdauer danken.

Türen schmieren
Wartungspunkt Nr. 37

Überall, wo sich zwei Teile in einem Gelenk oder Scharnier, in einer Führungshülse oder -öse aneinander reiben, soll von Zeit zu Zeit mit einigen Tropfen Öl, einer Fingerspitze Fett oder einem Sprüher Schmierspray geschmiert werden. Was es da im einzelnen zu tun gibt, entnehmen Sie bitte den folgenden Absätzen.

Vordertüren

Seit Baujahr 8/75 sind die Vordertüren am VW-Bus selbstschmierend, bei zuvor gebauten Wagen müssen die Verschlußstopfen oben auf den Türscharnieren mit einem Schraubenzieher abgehebelt werden. Die darunter zum Vorschein kommenden kleinen Vorratskammern müssen dann mit beliebigem Motoröl gefüllt werden.
Die Türhaltebänder, die die Türen gegen zu weites Aufschlagen sichern, bleiben quietschfrei, wenn man eine dünne Fettschicht aufstreicht.

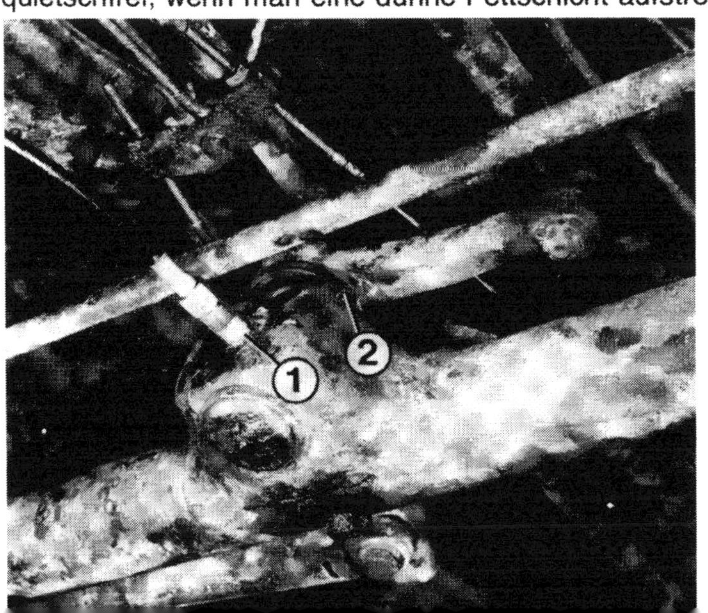

Abschmieren des Lenkhebellagers in Vorderachsmitte: Fett am Schmiernippel (1) eindrükken, bis es am Lenkhebel herausquillt (2).

Schmieren der Schiebetür: Neben anderen Schmierstellen erhält die Schiebetür am Gelenk des Scharnierbügels einige Tropfen Öl in die dafür vorgesehenen Bohrungen (Pfeile).

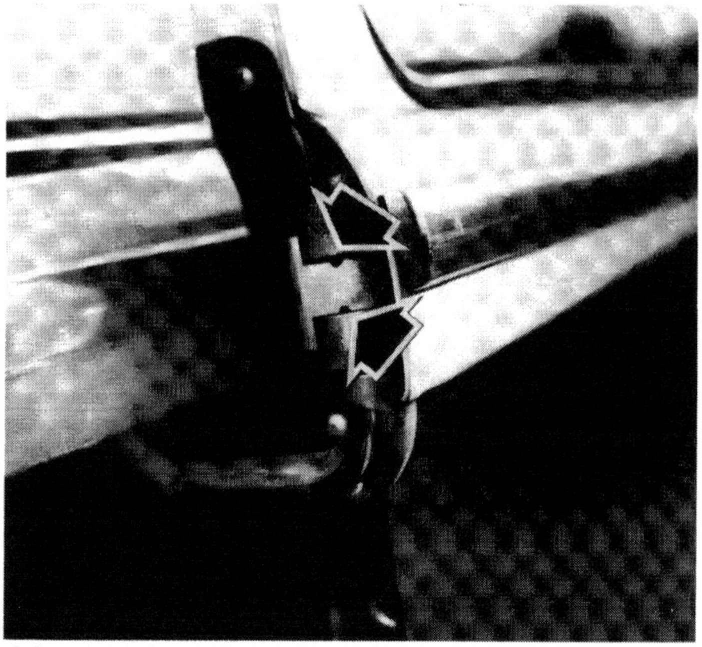

Für die Türschlösser, die vielleicht einmal mit Kleidungsstücken in Berührung kommen, hat sich Silikonpaste sehr bewährt – z. B. »MS 4 silicone compound« von Dow Corning/Molykote. Dieser Schmierstoff ist wirklich universell anwendbar, schmiert ohne zu schmutzen, ist hitzefest und stößt Feuchtigkeit vollkommen ab.

Schiebetür

Die Schiebetür bekommt am Gelenk des Scharnierbügels (siehe Bild oben) in die beiden Schmierbohrungen einige Tropfen Öl verabreicht. Die Rollenbahnen an der hinteren Seitenwand und am Einstiegschweller reinigen Sie am besten mit einem ölgetränkten Lappen. Anschließend auf die Rollenbahn aufgestrichenes Fett dämpft nicht nur die Laufgeräusche der Tür, sondern schmiert auch die Tragrolle. Damit diese nicht mit der Zeit festrostet, sollte sie ohnehin immer mit einem Fettkranz versehen sein. Festgerostete Tragrollen werden mit einem Rostlöser-Spray wieder gangbar gemacht. Allerdings besteht bei der unteren Rolle die Gefahr, daß ihr Nadellager durch Rost zerstört wurde (siehe Seite 242).

Heckklappe und Motorraumklappe

Die außenliegenden Scharniere der Motorraumklappe sind natürlich besonders pflegebedürftig. Sie erhalten – wie auch die Hakenscharniere der Heckklappe – einige Tropfen dünnflüssiges Öl oder einen Spritzer Sprühöl. Für die Schlösser beider Klappen gilt das bei den Türen Gesagte.

Schließzylinder und Türdrücker

Die Schließzylinder geben beim VW-Bus häufig Anlaß zu Ärger. Es gibt kaum ein älteres Exemplar, bei dem alle Schließzylinder einwandfrei funktionieren. VW empfiehlt, die Schließzylinder mit dem in Graphitpulver getauchten Schlüssel zu schmieren, doch das ist kein guter Rat, denn mit dem schwarzen Graphit kann man sich die Bekleidung gehörig verschmutzen. Normales Öl ist auch nicht gut, es gibt Fettflecken. Besser ist nach unseren Erfahrungen ein Rostlöser-Isolierspray, das den Schließzylinder schmiert, gegen Rost schützt und Feuchtigkeit verdrängt, so daß das Schloß im Winter auch nicht einfrieren kann. Geeignet sind z. B. »4 × Silikon-Spray« von Molykote oder »Caramba Super«.
Die Türdrücker in den Vordertüren korrodieren auch bisweilen fest. Abhilfe und Vorbeugung zugleich ist regelmäßiges Einsprühen mit Öl- oder Rostlöserspray.

Der Motor und sein Innenleben

Ein Boxer fährt mit

Jahrzehntelang verband sich mit dem Begriff »Volkswagen« die charakteristische Motorenkonstruktion des luftgekühlten Boxermotors (je zwei flach sich gegenüberliegende Zylinder). Von dem ursprünglichen Käfer-Motor ist zwar nur noch das Konstruktionsprinzip erhalten – alle Teile wurden im Laufe der Produktionszeit irgendwann einmal verbessert –, aber immerhin: es ist ein luftgekühlter Boxer, der unseren VW-Bus antreibt.

Welche Motoren sind eingebaut?

In diesem Buch wollen wir uns mit den seit Modelljahr 1973 eingebauten Bus-Motoren beschäftigen, und das sind:

□ Der 1600er-Motor – er hat 50 PS, den vom Käfer her bekannten hohen Gebläsekasten und er ist wohl der verbreitetste Motor im Bus.

□ Der 1700er-Motor – ein Flachmotor, der nahezu baugleich mit den Motoren der längst verstorbenen VW 411/412-Reihe ist. Dieser Motor hat mit Schaltgetriebe 66 PS und mit automatischem Getriebe 62 PS. Eingebaut wurde er von 8/71 bis 7/73.

□ Der 1800er-Motor – ebenfalls ein Flachmotor wie der 1700er, doch mit einer Leistung von 68 PS. Eingebaut wurde er von 8/73 bis 7/75.

□ Der 2000er-Motor (oft 2-Liter-Motor genannt) – ein Flachmotor, wie die letzten beiden. Leistung 70 PS, Bauzeit von 8/75 bis 6/79.

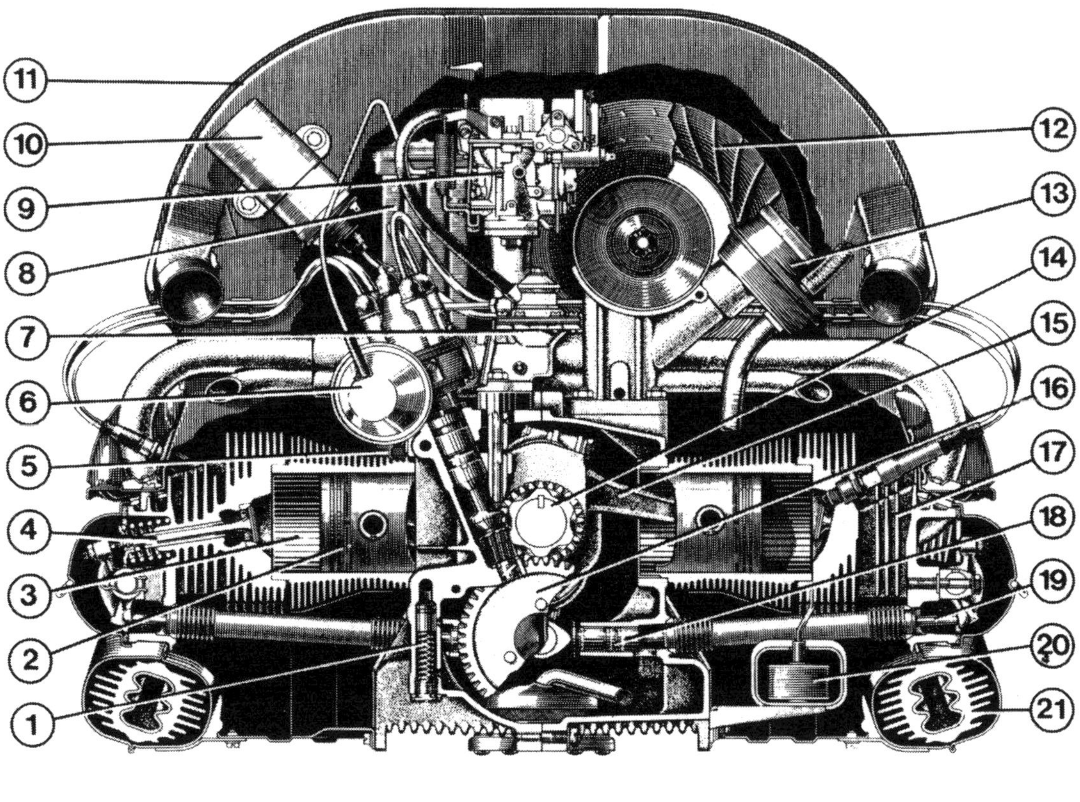

Der klassische »VW-Motor« mit stehendem Gebläsekasten (hier der 1600er-Bus-Motor) als Schnittbild: 1 – Öl-Überdruckventil; 2 – Kolben; 3 – Zylinder; 4 – Ventil; 5 – Öldruckschalter; 6 – Verteiler-Unterdruckdose (zur Zündverstellung); 7 – Benzinpumpe; 8 – Ölkühler; 9 – Vergaser; 10 – Zündspule; 11 – Gebläsekasten; 12 – Kühlgebläse; 13 – Öleinfüllstutzen; 14 – Kurbelwelle; 15 – Pleuel; 16 – Nockenwellen-Antriebsrad; 17 – Zylinderkopf; 18 – Stößel; 19 – Stößelstange; 20 – Thermostat; 21 – Wärmetauscher.

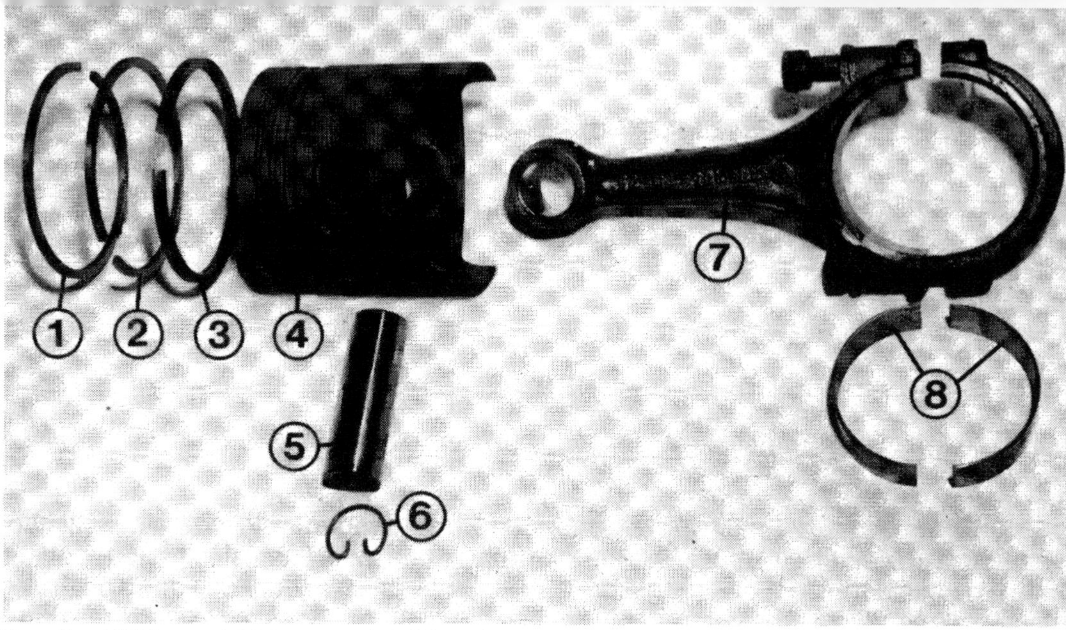

Teile des Kurbeltriebs: 1 – oberer Kolbenring; 2 – unterer Kolbenring; 3 – Ölabstreifring; 4 – Kolben; 5 – Kolbenbolzen; 6 – Kolbenbolzen-Sicherungsring; 7 – Pleuel; 8 – Lagerschalen des Pleuellagers.

Vereinfachte Bezeichnung

Da die 1700er-, 1800er- und 2-Liter-Motoren nahezu baugleich sind, werden sie im folgenden Text als **Flachmotoren** (wegen ihrer Bauform) angesprochen. Der 50-PS-Motor wird dagegen schlicht als **1600er** bezeichnet.

Die Einzelteile des Motors

Auch der als »simpel aufgebaut« bekannte VW-Motor besteht aus vielen hundert Einzelteilen, deren Funktion sich der eine oder andere vor Augen halten möchte. Deshalb wollen wir an dieser Stelle die wichtigsten Teile herausgreifen und ihre Funktion erläutern, bevor wir zu den Instandsetzungsarbeiten übergehen.

Das Kurbelgehäuse

Das Kurbelgehäuse, also der Motorblock, besteht aus zwei Teilen, die aus einer speziellen Leichtmetall-Legierung gegossen sind. Ein Auswechseln nur eines der beiden Teile ist nicht möglich, da sie im Werk gemeinsam bearbeitet werden.

Die Kurbelwelle

Aufgabe der Kurbelwelle ist es, die geradlinige Bewegung der in den Zylindern hin- und herlaufenden Kolben in die gewünschte Drehbewegung umzusetzen. Die zu den Kolben führenden Stangen – die Pleuel – wirken deshalb, wie bei einer Andrehkurbel, versetzt zur Mittelachse auf die Kurbelwelle. Immer zwei der »Kurbeln« sind um 180° versetzt zueinander angeordnet, damit immer eine der vier Pleuelstangen die Kraft der Verbrennung oberhalb des Kolbens in günstiger Weise an die Kurbelwelle weiterleiten kann.

Damit sich die Kurbelwelle unter den hohen Belastungen, die im Betrieb entstehen, nicht zu sehr durchbiegen kann, ist sie an vier Stellen im Kurbelgehäuse gelagert.

In Fahrtrichtung ganz vorn auf der Kurbelwelle sitzt die Schwungscheibe des Motors, die mit einem Zahnkranz für das Ritzel des Anlassers ausgestattet ist. Auf der Schwungscheibe ist bei Wagen mit Schaltgetriebe die Kupplung montiert. Bei Automatik sitzt dort der Drehmomentwandler. An ihrem hinteren Wellenstumpf trägt die Kurbelwelle das Zahnrad zum Antreiben der Nockenwelle und der Ölpumpe. Auch das Antriebsrad des Verteilers (er hat einen sogenannten Schraubenradantrieb) sitzt dort. Zu guter Letzt ist ganz hinten auf der Kurbelwelle die Keilriemenscheibe zum Antrieb von Lichtmaschine und – beim 1600er-Motor – Gebläse angeschraubt. Beim Flachmotor ist das Gebläserad mit der an der Kurbelwelle angeschraubten Keilriemenscheibe kombiniert.

Die Pleuel

Die vier Pleuel sind mit auswechselbaren Lagerschalen auf den Kurbelwellenzapfen gelagert. In ihrem anderen Ende tragen sie Bronzebuchsen für die Kolbenbolzen, die »schwimmend« gelagert sind. Darunter ist zu verstehen, daß sich Kolben und Kolbenbolzen auf dem Pleuel etwas hin- und herbewegen können.

Kolben und Zylinder

Die Kolben laufen in den Zylindern hin und her. Zur Kurbelwelle hin gedrückt werden sie vom gezündeten Kraftstoff-Luft-Gemisch, wieder hinausgeschoben von der Schwungkraft der sich drehenden Kurbelwelle.

Als Werkstoff für die Kolben wurde, wie allgemein üblich, eine Aluminium-Legierung gewählt, die geringes Gewicht und gute Wärmeleitfähigkeit besitzt. Um den Spalt zwischen den Kolben und den sie umgebenden Zylindern abzudichten, sind im oberen Drittel der Kolben zwei Kolbenringe beweglich eingebettet. Sie drücken federnd gegen die Zylinderwand und verhindern so das Entweichen des Kompressions- und Verbrennungsdrucks nach unten in das Kurbelgehäuse. Ein dritter Kolbenring unterhalb der beiden anderen, der sogenannten Gleichfasen- oder Ölabstreifring, verhindert, daß Schmieröl aus dem Kurbelgehäuse in den Brennraum gelangen kann.
Die Zylinder sind bei den VW-Bus-Motoren – im Gegensatz zu den meisten anderen Pkw-Motoren – einzeln aufgesteckt und können deshalb auch einzeln ausgewechselt werden. Anders als der Motorblock bestehen sie aus Grauguß und sind an ihren Außenseiten stark verrippt (Kühlrippen), um eine bessere Wärmeabfuhr an die schnell vorbeistreichende Kühlluft zu erzielen. Die Zylinderbohrungen (in denen die Kolben laufen) sind so glatt wie möglich ausgeschliffen. Damit sie nicht nur glatt, sondern auch schön rund sind, verwendet man im Werk sowie bei der Motorinstandsetzung ein Verfahren, das sich »honen« nennt.

Wie wird der Hubraum berechnet?

Da das Arbeitsvolumen des Motors – der Hubraum – direkt von den Zylindern und der Kurbelwelle abhängt, wollen wir an dieser Stelle kurz erklären, wie es berechnet wird: Zylindergrundfläche multipliziert mit dem Hub des Kolbens (das ist der Weg, den der Kolben bei seiner Hin- und Herbewegung in einer Richtung zurücklegt) ergibt den Hubraum. Am Beispiel des 1600er-Motors sieht das so aus: Die Grundfläche der Bohrung von 85,5 mm ist 57,41 cm^2 groß; mal den Hub von 69 mm ergibt 396,12 cm^3. Das ganze mal vier (wir haben ja vier Zylinder) genommen, und schon haben wir (gerundet) unseren Hubraum von 1584 cm^3.

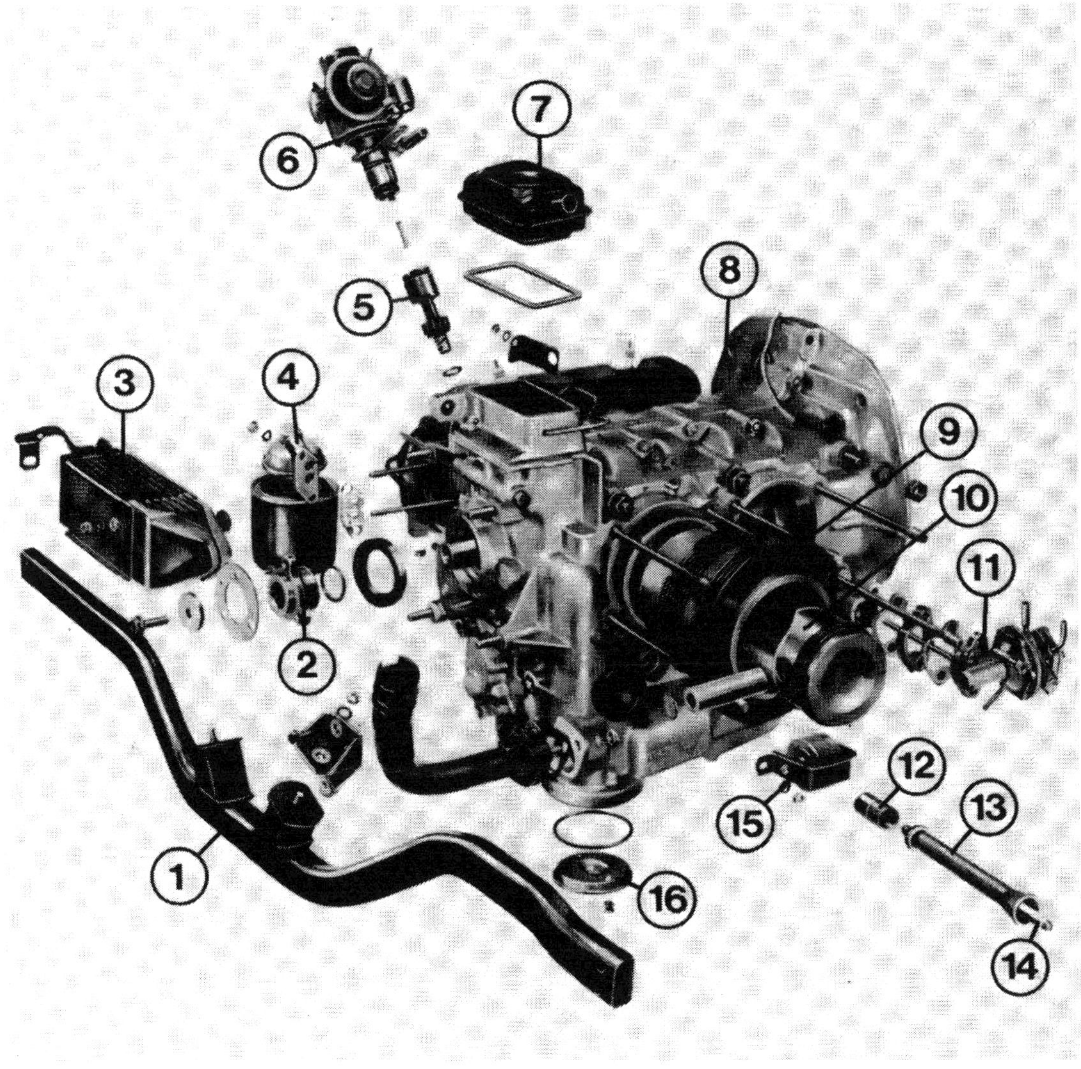

Der teilzerlegte Motorblock des Flachmotors: 1 – hinterer Motorträger; 2 – Nabe des Gebläserads; 3 – Ölkühler; 4 – Ölfilter mit Flansch; 5 – Verteilerantriebswelle; 6 – Verteiler; 7 – »Dom« der Kurbelgehäuse-Entlüftung; 8 – Kurbelgehäuse; 9 – Zylinder; 10 – Kolben; 11 – Benzinpumpe; 12 – Stößel; 13 – Stößelstangen-Schutzrohr; 14 – Stößelstange; 15 – Thermostat mit Halter; 16 – Ölwannendeckel.

Die Zylinderköpfe

Der Zylinderkopf ist gewissermaßen der Deckel des Motors. Und da wir bei unserem VW-Motor zwei Zylinder rechts und zwei links des Motorblocks haben, bedarf es auch zweier Zylinderköpfe. Einen für rechts und einen für links. Im Zylinderkopf stecken die Ventile, und auch die Kanäle für Frischgas und Auspuffgas sind in ihn eingearbeitet. Er ist übrigens aus einer Leichtmetallegierung gefertigt.

Nockenwelle, Stößelstangen und Ventile

Die Nockenwelle hat ihren Platz unterhalb der Kurbelwelle im Motorblock. Sie gibt über ihre exzentrischen Nocken den Ventilen den Befehl, wann sie zu öffnen und wann sie zu schließen haben. Da die Ventile aber im Zylinderkopf sitzen, ist eine etwas kompliziert erscheinende Übertragungsmechanik nötig. Die Kraft der Nockenwelle wirkt also zuerst auf die Stößel im Kurbelgehäuse. Diese drücken die Stößelstangen nach außen, welche dann wiederum über die Kipphebel die Ventile öffnen. Geschlossen werden die Ventile ganz einfach durch die Kraft der Ventilfedern.

Das Schmiersystem

Das Öl im Kurbelgehäuse wird von der Ölpumpe durch das Ölsieb angesaugt und nach Passieren des Ölfilters (nur Flachmotoren) in die Schmierkanäle gedrückt.
Dabei fließt es zuerst zu den vier Kurbelwellenlagern, von dort durch Bohrungen in die Kurbelwelle hinein und weiter zu den Pleuellagern. Andere Teile des Öls fließen zu den Nockenwellenlagern und über Bohrungen in den Stößeln durch die hohlen Stößelstangen zu den Kipphebellagern. Spritzöl und Öldunst schmieren dort noch die Ventilschäfte. Das Öl fließt durch die Stößelstangen-Schutzrohre ins Kurbelgehäuse zurück. Zylinderlaufbahnen, Kolben und Kolbenbolzen werden durch Schleuderöl geschmiert.

Die Ölpumpe

Sie wird direkt von der Nockenwelle angetrieben und sitzt ganz hinten am Motor, unterhalb der Kurbelwellen-Keilriemenscheibe bzw. des Gebläserads beim Flachmotor. Die Ölpumpe im Bus-Motor ist eine sogenannte Zahnradölpumpe. Ihre Funktion ist denkbar einfach: Zwei Zahnräder gleicher Größe sind miteinander im Eingriff und bewegen sich daher in entgegengesetzter Richtung zueinander. Da zwischen den Zähnen – und hauptsächlich über ihnen – immer etwas Platz ist, schaufeln die beiden Rädchen munter bei jeder Umdrehung etwas Motoröl von der Saugseite der Pumpe zur Druckseite. Nach Wartung verlangt die Ölpumpe nicht – sie schmiert sich selbst.

Der Ölkühler

Bei unseren luftgekühlten Motoren können die Öltemperaturen – vornehmlich bei längeren, zügigen Autobahnfahrten (siehe auch Seite 54) – stark ansteigen. Ohne Ölkühler wäre die relativ kleine Ölmenge der VW-Motoren schnell in kritische Temperaturbereiche gebracht und somit die Schmierung nicht mehr sichergestellt.
Das Öl soll jedoch nur im warmen oder heißen Zustand gekühlt werden. Ist der Motor dagegen kalt, soll es möglichst schnell Betriebstemperatur erreichen. Deshalb regelt ein Überdruckventil den Ölkreislauf: Solange das Öl kalt und damit zähflüssig ist, ist der Öldruck höher. Er ist damit in der Lage, das Ventil entgegen der Kraft einer Feder zu öffnen. Damit wird einem erheblichen Teil des Schmieröls unter Umgehung des Ölküh-

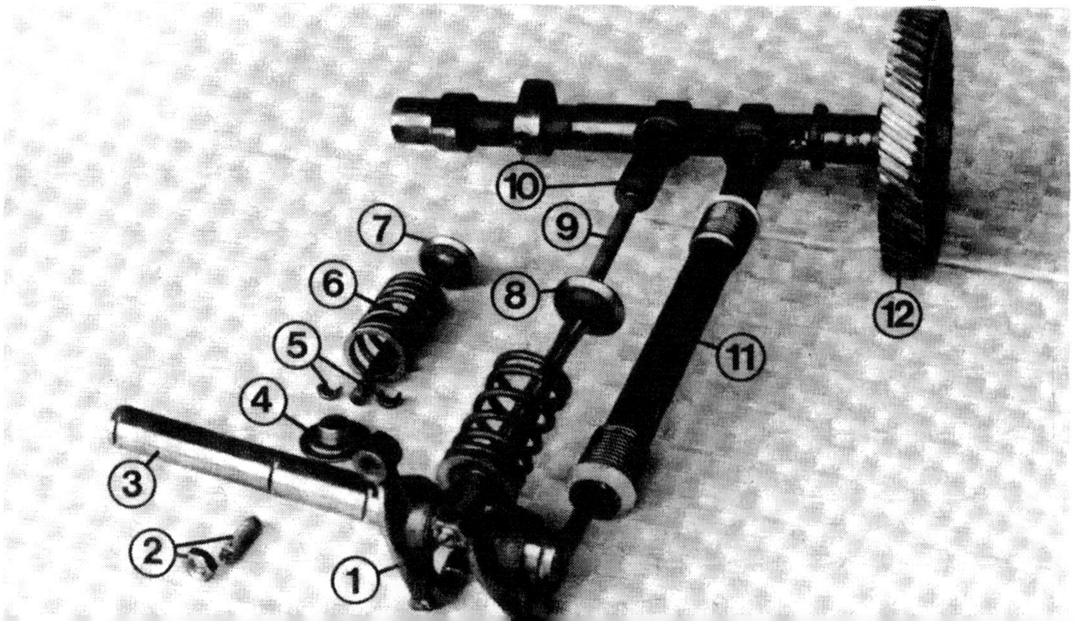

Die Teile der Ventilsteuerung: 1 – Kipphebel; 2 – Ventileinstellschraube und Kontermutter; 3 – Kipphebelwelle; 4 – Ventilfederteller; 5 – Ventil-Haltekeile; 6 – Ventilfeder; 7 – Einlaßventil; 8 – Auslaßventil; 9 – Stößelstange; 10 – Stößel; 11 – Stößelstangen-Schutzrohr; 12 – Nockenwelle.

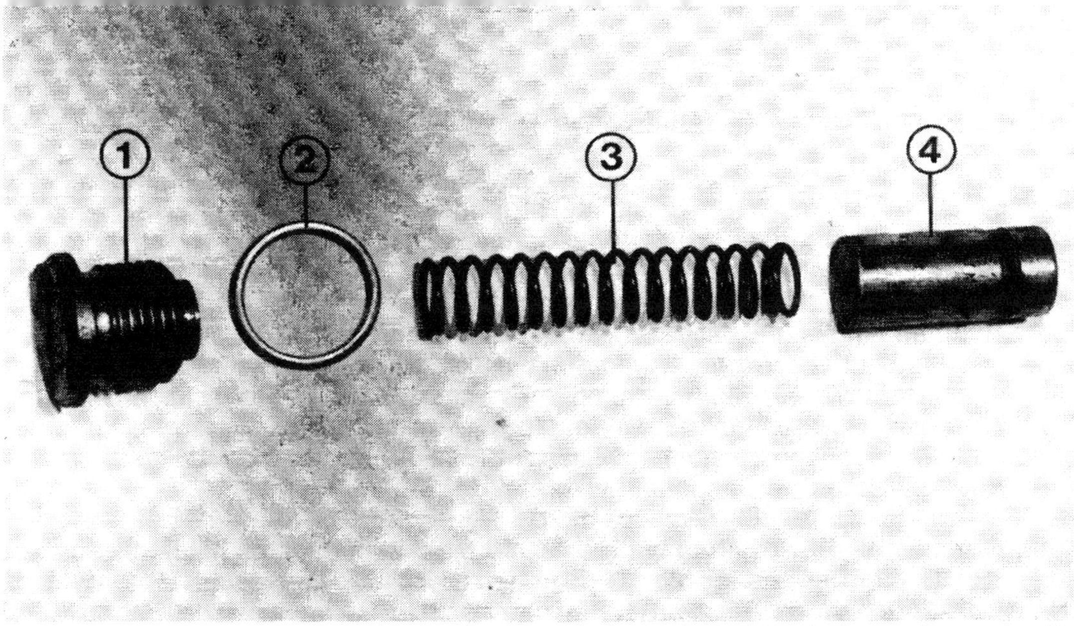

Die Teile des Öl-Überdruckventils: 1 – Verschlußschraube; 2 – Dichtring; 3 – Feder; 4 – Kolben.

lers der direkte Weg zu den Schmierstellen freigegeben. Erst bei zunehmender Erwärmung des Motors und damit des Öls – also bei zurückgehendem Öldruck – kann sich die Federkraft wieder auswirken und das Überdruckventil mehr und mehr schließen, so daß ein immer größer werdender Teil den Ölkühler passieren muß. In der Schließstellung des Ventils durchfließt schließlich die gesamte Ölmenge den im Luftstrom des Kühlgebläses liegenden Kühler.
Bei früheren VW-Motoren behinderte der Ölkühler den Kühlluftstrom zu Zylinder 3. Für die hier behandelten Modelle trifft dies jedoch nicht mehr zu.

Die Kurbelgehäuse-Entlüftung

Selbst die besten Kolbenringe können nicht verhindern, daß ein kleiner Teil der unter hohem Druck stehenden Verbrennungsgase an Kolben und Zylinderwänden vorbei ins Kurbelgehäuse gelangt. Dort würde sich schon binnen kurzem ein beachtlicher Überdruck aufbauen, der die Dichtungen des VW-Motors arg in Mitleidenschaft ziehen würde. Also muß der Druck entweichen können. Und das geschieht über die Kurbelgehäuse-Entlüftung. Allerdings werden die Gase nicht einfach ins Freie geleitet, sondern der Entlüftungsschlauch mündet in das Luftfilter. Dies geschieht zum Schutz der Umwelt, denn die Gase enthalten Giftstoffe, die durch nochmaliges Verbrennen im Motor »verharmlost« werden sollen.
Beim 1600er-Motor ist der Schlauch der Kurbelgehäuse-Entlüftung oben am Einfüllstutzen angeschlossen, beim Flachmotor verläuft er vom Ölentlüfterdeckel hinten oben am Kurbelgehäuse zum Luftfilter-Mittelteil.

Motor einfahren

Wurde in Ihren VW-Bus ein neuer Motor eingesetzt oder wurde der alte grundlegend überholt (Zylinder ausgeschliffen, neue Kolben oder nur neue Kolbenringe bzw. neue

Die Ölpumpe ausgebaut: 1 – Ölpumpendeckel; 2 – Dichtung; 3 – Zahnrad-Ölpumpe; 4 – Dichtung.

Lagerschalen), empfiehlt es sich, den Motor die nächsten 2000 km etwas behutsamer zu bewegen. Das VW-Werk ist da optimistischer und sichert dem neuen Motor gleich Vollgasfestigkeit zu. Doch gerade überholte Maschinen sind anfangs etwas empfindlicher.
Wir würden vorschlagen, während der genannten 2000 km den Motor nicht gerade in den höchsten Drehzahlen jubeln zu lassen. Eine gemütliche Überlandfahrt auf Landstraßen ist zum Einfahren am besten geeignet. Man fährt mit ständig wechselnden Drehzahlen und muß fleißig schalten. Außerdem rollt der Wagen bisweilen im Schiebebetrieb (Motor bremst bergab), wodurch die Kolbenringe etwas Motoröl in den oberen Bereich der Kolbenlaufbahn »pumpen«.
Als Fahrer eines Wagens mit Getriebeautomatik brauchen Sie sich zum Einfahren keine großen Gedanken zu machen. Einzige Regel: Vermeiden der Vollgas- und der Kick-Down-Stellung des Gaspedals während der ersten 2000 km.

Die Motorlebensdauer

Die Motoren im VW-Bus haben bei vielen in puncto Lebensdauer keinen besonders guten Ruf. Dieser Ruf besteht allerdings ganz zu Unrecht, denn wenn ein Bus-Motor schon bei 50 000 km das Zeitliche segnet, dann ist in fast allen Fällen der Fahrer selbst schuld. Daher sollen gleich die zwei Todsünden angesprochen werden, die Sie dem Bus-Motor antun können:

- Dauervollgas auf der Autobahn und
- das Ventilspiel »vergessen«.

Bei Dauervollgas kommt man auch mit dem kleinen 1600er-Motor auf ganz beachtliche Fahrgeschwindigkeiten. 120 km/h sind da schon mal »drin« oder sogar mehr. Wer allerdings ein Ölthermometer in seinem Wagen eingebaut hat, was übrigens beim Bus durchaus zu empfehlen ist, kann das sprunghafte Ansteigen der Öltemperatur bei dieser Belastung selbst beobachten. Versuchen Sie also nicht, die tolldreisten Geschichten derjenigen Kandidaten nachzuvollziehen, die »Bleifuß bis ans Urlaubsziel« durchgefahren sind. Denn Ihre Motorreparatur einschließlich des dazugehörigen Ärgers belastet Ihren eigenen Geldbeutel. Als Reisegeschwindigkeit über längere Distanzen schlagen wir beim 1600er-Motor 90–100 km/h vor, beim Flachmotor ca. 115 km/h.
Nun zum zweiten Punkt, dem »vergessenen« Ventilspiel: Die allermeisten Bus-Motoren sterben daran, daß ein Ventilteller vom Ventilschaft abbricht und anschließend den Kolben in Stücke schlägt. Die Kolbenteile sind dann im gesamten Kurbelgehäuse verteilt. Also selbst, wenn Pleuel und Kurbelwelle durch die Schläge auf den Kolben nicht verbogen wurde, ist es schwierig, den Motor wieder von den Metallspänen zu reinigen.
Wie entsteht dieser Defekt? Die Ventilschäfte längen sich bei heißem Motor ganz beträchtlich. Damit selbst in diesem Betriebszustand der Ventilteller noch fest auf dem Ventilsitz aufliegen kann, muß also zwischen Ventilschaft und Kipphebel ausreichend Platz (Spiel) vorhanden sein.

Der intakte Zylinderkopf zeigt rißfreie Brennräume und einwandfreie Ventile ohne verbrannte Ränder.

Durch das Aufliegen auf dem Ventilsitz kann sich das von den Auspuffgasen rotglühend erhitzte Auslaßventil etwas abkühlen, was es auch dringend nötig hat. Besteht dieser »Körperkontakt« zum Zylinderkopf nicht mehr, heizt sich der Ventilteller so stark auf, daß seine Dichtflächen einbrennen. Das fördert natürlich die Aufheizung noch mehr, bis schließlich der Ventilteller keine mechanische Festigkeit mehr hat und abbricht.
Vermieden werden kann dieser Exitus nur durch konsequent regelmäßiges Einstellen der Ventile (siehe Seite 58). Einem schon betagten Motor verhelfen neue Auslaßventile (die Einlaßventile sind längst nicht so stark gefährdet) zu neuem langem Leben in alter Frische.
Allein bei Beachtung der beiden in diesem Abschnitt angesprochenen Punkte kann ein Bus-Motor spielend 100 000 km erreichen.

Fingerzeig: *Wer den VW-Bus lange Zeit im reinen Großstadtverkehr bewegt hat, sollte nicht gleich mit voller Kraft in den Urlaub dampfen. Denn die Rückstände, die sich während der Bummelfahrten an den Ventilen gebildet haben, müssen erst langsam abgebrannt werden, was am besten durch eine verhaltene Autobahn- oder eine zügige Landstraßenfahrt geschieht. Jetzt nochmals die Ventile nachstellen (Rückstände verfälschen die Einstellwerte), dann kann es auf große Fahrt gehen.*

Lagerschäden

Ein Lagerschaden kommt beim Bus-Motor selten vor. Wenn doch, so ist das nicht selten eine Folge von hohem Motoralter, Ölmangel oder extremer Überbeanspruchung (z. B. volles Ausdrehen der Maschine in allen Gängen).
Hier ein Notstandsplan für den Ernstfall: Ein Lagerschaden kündigt sich mit wärmer werdendem Motor – wobei das Öl dünnflüssiger wird – durch Klopfgeräusche an, die immer lauter werden. Beim Gasgeben wird das Klopfen stärker, beim Gaswegnehmen geringer oder fast unhörbar. Ob überhaupt ein Lager ausgelaufen ist (meist ist es ein Pleuellager) und um welches es sich handelt, stellt man folgendermaßen fest: Motor im Leerlauf drehen lassen und nacheinander die Zündkerzenstecker abziehen und wieder aufstecken. Läßt das Geräusch bei einem der abgezogenen Stecker nach, ist dort das Lager defekt. Auch mit einem schadhaften Lager können Sie bei äußerst schonender Fahrweise noch die rettende Werkstatt oder sogar den weiter entfernten Heimathafen ansteuern. Vorsorglich wird die Zündkerze des betreffenden Zylinders herausgeschraubt, damit er nicht mehr mitarbeiten muß und so die Beanspruchung des Lagers durch den Verbrennungsdruck wegfällt. Die am Zündkerzenloch vom Kolben angesaugte und wieder herausgedrückte Luft verursacht bei laufendem Motor ein pfeifend-knallendes Geräusch, das Sie aber nicht zu beunruhigen braucht.
Mit den verbleibenden drei Zylindern können Sie natürlich nicht in vollem Tempo losfahren. Der Motor soll höchstens bis in mittlere Drehzahlbereiche beansprucht werden.

Dieser Zylinderkopf ist schrottreif. Die tiefen und breiten Risse (Pfeile) zwischen den Ventilen und an den Kerzengewinden sind Folgen von thermischer Überbeanspruchung (Bleifußfahren, defekte Kühlung). Außerdem sind beide Auslaßventile eingebrannt (Pfeile).

Nenndrehzahl und Höchstdrehzahl

Ein Verbrennungsmotor gibt seine höchste kW-Leistung (oder PS-Leistung) nicht über den gesamten Drehzahlbereich ab, sondern nur bei einer bestimmten Umdrehungszahl: der Nenndrehzahl. In der Gegend dieser Nenndrehzahl liegt auch die Umdrehungszahl unseres Motors, wenn der VW-Bus seine Höchstgeschwindigkeit fährt. Das heißt, daß der Wagen dann den energieverzehrenden Geschwindigkeitsgegnern Luftwiderstand und Rollwiderstand größte Leistung entgegensetzt.
In der nachfolgenden Tabelle können Sie die Fahrgeschwindigkeit bei Nenndrehzahl mit der Drehzahl, die bei Höchstgeschwindigkeit gefahren wird, vergleichen.

Typ	1600	1700	1800	2000
Geschwindigkeit bei Nenndrehzahl	106 km/h bei 4000/min	128 km/h bei 4800/min	115 km/h bei 4200/min	123 km/h bei 4200/min
Motordrehzahl bei Höchstgeschwindigkeit	4142/min bei 110 km/h	4707/min bei 125 km/h	4645/min bei 127 km/h	4321/min bei 127 km/h

Der Drehzahlbegrenzer

Um Motorschäden durch Überdrehzahlen zu vermeiden, ist in den Verteilerfinger der meisten VW-Busse (siehe Bild unten) ein Drehzahlbegrenzer eingebaut. Eine Fliehkraft-Einrichtung unterbricht dazu beim 1600er bei 4500/min bzw. beim Flachmotor bei 5400/min Kurbelwellendrehzahl den Zündstrom.
Falls Sie sich also über Zündaussetzer in sehr hohen Drehzahlen gewundert haben sollten, ist das keine Störung, sondern der eingebaute Selbstschutz des Motors. Mit dem Drehzahlbegrenzer selbst gab es bislang kaum Schwierigkeiten. Nur in vereinzelten Fällen kam es vor, daß das Fliehgewicht abbrach oder durch eine erlahmte Feder zu früh abregelte.

Kompressionsdruck messen
Wartungspunkt Nr. 14

Seine höchste Leistung bei optimalen Verbrauchswerten zeigt der Motor, wenn die Ventile und Kolbenringe gut abdichten. Der Verbrennungsdruck kann dann nicht auf Schleichwegen entweichen, sondern wirkt mit seiner ganzen Kraft auf den Kolben. Die Kompressionsdruck-Messung gibt Aufschluß über die Dichtheit von Ventilen und Kolbenringen und somit über den Zustand des Motors. Die Ventile müssen natürlich richtig eingestellt sein, um das Meßergebnis nicht zu verfälschen. Auch sollte der Motor warmgefahren sein; so dichten die Kolbenringe besser ab.
Zur Messung sollten Sie einen Kompressionsdruckprüfer mit langem Anschlußstück verwenden oder sich einen verlängernden Adapter besorgen, denn die Kerzenlöcher sitzen ziemlich tief unter den Motor-Verblechungen. Solche Prüfgeräte gibt es übrigens in Heimwerkerausführung zu kaufen, was sich stark auf den Preis auswirkt (siehe auch Seite 17).
So wird gemessen:

- Alle Zündkerzen herausschrauben.
- Gummikonus des Druckprüfers auf

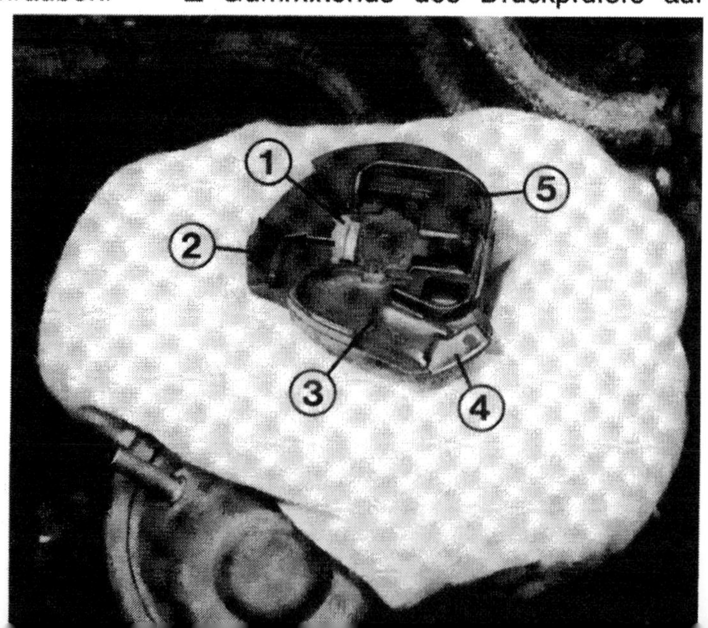

Alle VW-Bus-Motoren sind mit einem Drehzahlbegrenzer-Verteilerfinger (5) ausgestattet. Das Fliehkraftgewicht (1) wandert bei Überdrehzahlen in Pfeilrichtung zum Massekontakt (2). Ferner bedeuten: 3 – vergossener Entstörwiderstand; 4 – Kontaktplättchen.

das Kerzenloch des ersten Zylinders pressen.

■ Von Helfer den Motor mit dem Anlasser durchdrehen lassen (wichtig: Schalthebel im Leerlauf), dabei Gaspedal voll durchtreten.

■ Steigt der Druckwert nicht mehr wesentlich an, Anzeigewert notieren und am nächsten Zylinder weitermessen.

Folgende Kompressionswerte sollte Ihr Motor erreichen:

Motor	normaler Kompressionsdruck	Verschleißgrenze
1600	8–10 bar	7 bar
1600 Muldenkolbenmotor	6–8 bar	5 bar
Flachmotor	6–9,5 bar	5 bar

Die präzise Höhe des Kompressionsdrucks ist nicht so entscheidend (Meßgerätetoleranzen) wie die Tatsache, daß die einzelnen Zylinder um nicht mehr als **2 bar** (Flachmotor **3 bar**) untereinander differieren dürfen.

Zu niedriger Kompressionsdruck kann bedeuten: Schäden an den Ventilen (meist eingebrannte Auslaßventile), Kolben- und Kolbenringverschleiß, festsitzende Kolbenringe (nach langen Standzeiten) oder unrunde Zylinder durch Kolbenklemmer.

Bei zu niedrigem Kompressionsdruck können Sie den Schaden am Motor lokalisieren, indem Sie mit einer Spritzkanne etwas Öl in die Kerzenlöcher träufeln und anschließend den Kompressionsdruck nochmals prüfen. Sind die Werte weiterhin schlecht, liegt es an den Ventilen; erhalten Sie bessere Ergebnisse, liegt es an den Kolbenringen oder an den Zylindern. Das Öl dichtet kurzfristig Kolben und Zylinderwände besser ab, das komprimierte Gas kann dann, sofern der Fehler dort zu suchen war, nicht mehr entweichen.

Die Meßkärtchen, die man beim Kundendienst erhält, sollte man nicht nur zum Vergleich, sondern auch für den Käufer des gebrauchten Wagens aufbewahren.

Fingerzeig: *Der Kompressionsdruck ist nicht dem Verdichtungsverhältnis gleichzusetzen, das beim 1600er 7,5:1 und bei den Flachmotoren 7,3:1 beträgt. Das Verdichtungsverhältnis ist ein rein rechnerischer Wert, der sich durch die Abmessungen der Brennräume und den Hub der Kolben ergibt. Der richtige Kompressions- bzw. Verdichtungsdruck ist dagegen ein Meßwert, der sich nur bei einwandfreiem Motorzustand einstellt (siehe vorigen Abschnitt).*

Der Druckverlusttest

Manche Werkstätten können neben der Prüfung des Kompressionsdrucks auch einen sogenannten Druckverlusttest durchführen. Hierzu muß der Motor ebenfalls betriebswarm und das Ventilspiel korrekt eingestellt sein. Die Zündkerzen werden herausgeschraubt und der Kolben des zu prüfenden Zylinders in seine höchste Stellung, in den Oberen Totpunkt, gebracht. Der Druckverlusttester selbst besteht aus zwei Kammern, deren eine unter gleichbleibendem Druck steht. Die zweite Kammer ist über einen

Durchdrehen der Kurbelwelle von Hand (hier beim 1600er-Motor): Schlüssel dazu auf der Lichtmaschinen-Riemenscheibe ansetzen. Beide Motorentypen im VW-Bus sind rechtsdrehend (siehe Pfeil).

Schlauch zur Zündkerzenbohrung mit dem Verbrennungsraum, durch eine Düse mit der ersten Kammer sowie mit einer Anzeigeskala verbunden. Verliert der geprüfte Brennraum Druck, so wird dies vom Manometer angezeigt. Eine größere Leckstelle läßt sich durch Abhorchen lokalisieren: Strömt Druckluft aus dem Vergaser, so ist das Einlaßventil defekt. Blasgeräusche am Auspuff lassen auf ein undichtes Auslaßventil schließen. Verschlissene Zylinderwände, Kolbenmäntel oder Kolbenringe lassen die Druckluft ins Kurbelgehäuse strömen und am geöffneten Öleinfüllstutzen austreten.

Wieso Ventilspiel?

Graugußzylinder und Leichtmetallzylinderkopf sowie die einzelnen Teile des Ventiltriebs, vornehmlich aber die Ventilschäfte, dehnen und längen sich bei Erwärmung des Motors. Deshalb muß – damit auch bei warmem Motor die Ventile trotz ihrer etwas länger gewordenen Schäfte richtig abdichten – etwas »Luft« oder »Spiel« zwischen den Kipphebeln und den Ventilschaftenden vorhanden sein. Das Prüfen dieses Spiels gehört demzufolge zu den wichtigsten Wartungsarbeiten am Motor (siehe auch Seite 54). Diese Kontrolle kann jedoch keinesfalls mit dem Gehör, wie oft behauptet wird, vorgenommen werden, denn was da als helles Ticken hörbar wird, ist der ungefährlichere Fehler: zu großes Ventilspiel. Weit kritischer, aber nicht zu hören, ist zu kleines Ventilspiel. Was sind die Folgen von falschem Spiel?

Zu kleines Ventilspiel: Die Ventile liegen nicht satt auf den Ventilsitzringen auf. Die sehr heiß werdenden Auslaßventile können dann ihre Wärme nicht mehr an die Sitzringe abgeben. Die Ränder der Ventilteller brennen ein und reißen nach einiger Zeit; das Ventil wird unbrauchbar. Unterstützt wird dieser Zerfall von den heißen Gasen, die ständig am undichten Ventilsitz vorbeistreichen. Das bittere Ende: Der Motor verliert an Leistung, früher oder später müssen die Ventile ersetzt und der Zylinderkopf überholt werden, wenn nicht schon ein Ventilteller abgebrochen ist und den Motor zerstört hat.

Zu großes Ventilspiel: Die Ventile öffnen etwas später als normal, die Zylinder werden demzufolge schlechter gefüllt, weshalb der Motor nicht ganz auf seine volle Leistung kommt. Der Ventiltrieb arbeitet etwas lauter (das besagte Ticken).

Ventilspiel einstellen
Wartungspunkt Nr. 13

Zum Einstellen muß der Motor kalt sein; höchstens handwarm. Die zwei Ventile eines Zylinders können nur dann eingestellt werden, wenn sich der betreffende Zylinder im Oberen Totpunkt (OT) befindet. D. h. der Kolben ist jetzt in seiner höchsten – beim VW-Motor wäre eigentlich richtiger: in seiner äußersten – Stellung.

Suchen des Oberen Totpunkts

■ Verteilerdeckel abnehmen (siehe Seite 197) und Motor so lange durchdrehen, bis das Kontaktstück des Verteilerfingers zu der Kerbe am Verteilergehäuserand (siehe Bild Seite 199) zeigt. Jetzt ist der OT des ersten Zylinders gefunden.

■ Damit die Sache noch etwas genauer wird, stellen wir beim 1600er die OT-Markierung auf der Riemenscheibe (siehe Bild Seite 203) der Gehäusetrennfuge gegenüber. Beim Flachmotor wird die Kerbe auf der Riemenscheibe vor dem Gebläserad vor die Gradeinteilung 0° (ebenfalls Seite 203) gestellt.

Das Herunterklappen der Ventildeckel-Haltebügel geschieht am besten mit einer Rohrzange.

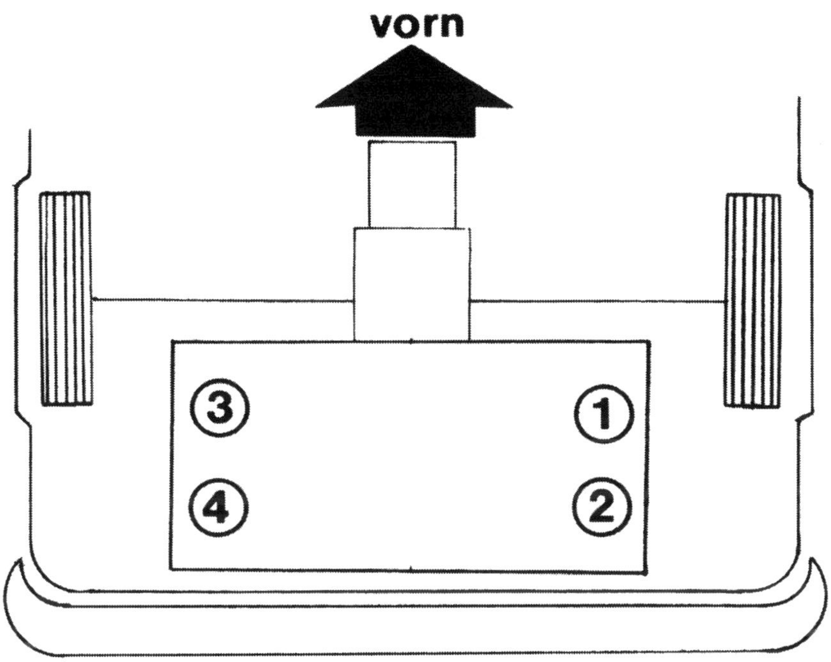

So sind die Zylinder im VW-Bus werksseitig durchnumeriert. Der Pfeil auf der Zeichnung zeigt in Fahrtrichtung.

■ Soll gemäß der Zündfolge 1–4–3–2 jetzt der Zylinder 4 eingestellt werden, muß die Kurbelwelle um 180° (also eine halbe Drehung) **nach rechts** gedreht werden. Leider gibt es hier keine Markierung auf der Riemenscheibe. Sie spüren aber beim Weiterdrehen, daß sich die Kurbelwelle erst schwerer und dann – genau nach der halben Drehung – wieder leichter bewegen läßt. Hier ist der OT des 4. Zylinders. Ganz Schlaue, machen sich an dieser Stelle eine Farbmarkierung auf die Riemenscheibe. Noch schnell ein kontrollierender Blick auf den Verteilerfinger: er muß sich jetzt eine Vierteldrehung weitergedreht haben.

■ Beim Einstellen des dritten Zylinders hilft uns wieder die OT-Markierung für Zylinder 1, denn die Kurbelwelle wurde jetzt insgesamt um 360° – also eine ganze Umdrehung – durchgedreht.

■ Bei Zylinder 2 geht's wie bei Zylinder 4.

Ventile einstellen

Diese Vorüberlegungen hören sich komplizierter an, als sie eigentlich sind. Wenn Sie sich ans Werk machen, werden Sie das schnell merken. Doch leider geht es auch hier ohne Grundwissen nicht. Doch nun zum Einstellen:

■ Wenn nötig, Wagen hinten anheben.

■ Federbügel an den Zylinderkopfdekkeln rechts und links des Motors nach unten hebeln und Deckel abnehmen.

■ Kolben in Zylinder 1 auf OT stellen – wo Zylinder 1 liegt, zeigt die Zeichnung oben, wie es gemacht wird, beschreibt der vorherige Text.

■ Fühlerlehrenblatt der richtigen Stärke (siehe Tabelle folgende Seite) zwischen Kipphebel und Ventilschaft durchschieben (siehe Bild unten). Das Lehrenblatt soll sich mit leichtem Widerstand durchschieben lassen, wenn das Spiel stimmt.

Ventile einstellen: Öffnen der Kontermutter (2) mit einem Ringschlüssel und Einstellen des Spiels an der Einstellschraube (1) mit einem Schraubenzieher. Maß für das genaue Spiel ist ein Fühlerlehrenblatt. Wo Einlaß- und Auslaßventile sitzen, bezeichnen die Punkte »E« und »A«.

■ Stimmt es nicht, Kontermutter mit dem Ringschlüssel lockern und mit dem Schraubenzieher die (Schlitz-)Einstellschraube so weit verdrehen, bis der richtige Abstand eingestellt ist.

■ Kontermutter wieder festziehen, aber Einstellschraube so lange mit dem Schraubenzieher festhalten, damit sie sich nicht mehr verstellt. Spiel nochmals nachmessen.

■ Sind beide Ventile des ersten Zylinders eingestellt, folgen gemäß der Zündfolge 1–4–3–2 die weiteren Zylinder – natürlich nach dem jeweiligen Weiterdrehen des Motors (siehe voriger Abschnitt).

Einstellwerte für die verschiedenen Motoren

Typ	Besondere Kennzeichen	Ventilspiel Einlaß	Auslaß
1600		0,15	0,15
1700, 1800	Aufkleber »Ventilspiel 0,15/0,2 mm«. Diese Motoren haben natriumgefüllte Auslaßventile	0,15	0,2
1700, 1800	Aufkleber »Ventilspiel 0,15/0,15 mm«. Diese Motoren haben herkömmliche Auslaßventile; äußerlich nicht zu unterscheiden	0,15	0,15
2000		0,15	0,15

Einstellen nur bei kaltem Motor

Fingerzeige: *Ist der Ventilspiel-Aufkleber bei einem 1700er- oder 1800er-Motor nicht mehr vorhanden, gibt es keine weitere Möglichkeit, das richtige Ventilspiel zu ermitteln. In diesem Fall sollten die Auslaßventile unbedingt auf 0,2 mm eingestellt werden, denn das etwas größere Ventilspiel kann nicht schaden, zu kleines dagegen schon.*
Beim Aufsetzen der Zylinderkopfdeckel auf den richtigen Sitz der Korkdichtung achten. Ist die Dichtung eingerissen oder hart und spröde, ersetzen. Federbügel sorgfältig in den Vertiefungen am Deckel einrasten lassen. Darauf achten, daß sich der Deckel beim Aufdrücken der Bügel nicht verschiebt: Einfetten des Federbügels erleichtert das Aufschieben.

Motorausbau

Der Motorausbau bereitet beim VW-Bus längst nicht so große Probleme wie bei den meisten Personenwagen mit wassergekühltem Motor. Dafür muß unser Motor auch zu Arbeiten ausgebaut werden, bei denen er bei vielen anderen Wagen eingebaut bleiben kann (z. B. Zylinderkopf abbauen, Getriebe und Kupplung wechseln).
Was wird gebraucht? Ein gut gelaunter Helfer, stabile Aufbockmöglichkeiten (Steine, Unterstellböcke), ein Rangierwagenheber (wie ihn die Werkstätten besitzen), beim Flachmotor zusätzlich eine Knarre mit Verlängerungs- und Gelenkstück sowie »Nüssen« SW 15 und 17, Inbusschlüssel 2,5 mm; ansonsten das übliche Werkzeugsortiment.
Noch ein Wort zum Wagenheber: Der beschriebene Rangierheber erspart viel Kraft, Kreuzweh und Ärger. Besonders zum Ausbau des wesentlich schwereren Flachmotors sollten Sie sich unbedingt einen ausleihen.
In der Not geht es allerdings auch mit zwei Helfern und einem langen stabilen Brett, das quer zur Fahrtrichtung unter den Motor gehalten wird. Allerdings kann den »Motorträgern« beim Einbau der Motor auf dem Brett ordentlich schwer werden, wenn er sich nicht gleich auf Anhieb ins Getriebe einstecken läßt. In diesem Fall Motor mehrfach mit Reifen oder Steinen unterlegen.

Ausbau des 1600er-Motors

■ Massekabel der Batterie lösen.

■ Luftfilter ausbauen (siehe Seite 94).

■ Hintere Blechabdeckung am Motor abschrauben.

■ Mutter der oberen rechten Motorhalteschraube hinter dem Gebläsekasten herausdrehen. Beim Drehen von Hand (nach dem Lösen mit dem Schlüssel), Mutter immer nach hinten ziehen, sonst dreht der Bolzen mit.

Motorausbau (hier beim 1600er-Motor). Die Positionen 1 und 2 bezeichnen die unteren Motor-Haltemuttern.

■ Alle Kabel, die vom Motor zur Karosserie führen, kennzeichnen und abziehen.
■ Gaszug am Vergaser lösen und in das Führungsrohr zurückdrücken.
■ Wagen so hoch aufbocken, daß der Motor später darunter herausgezogen werden kann, und rüttelsicher abstützen.
■ Obere linke Motorbefestigungsschraube (sie sitzt ganz oben an der Getriebe-Kupplungsglocke) mit Stecknuß und Verlängerung herausdrehen.
■ Unter dem Wagen den Kraftstoffschlauch vom Rohr abziehen und durch Abknicken oder mittels passender Schraube verschließen.
■ Unterdruckschlauch zum Bremskraftverstärker abziehen (so vorhanden).
■ Heizzüge aushängen, Heizschläuche am Motor lösen, Gaszug aus dem Führungsrohr am Motor ziehen.
■ Wagenheber unter dem runden schwarzen Deckel ansetzen und Motor ganz leicht anheben.
■ Untere Motorbefestigungsmuttern (siehe Bild oben) herausdrehen.
■ Schrauben am hinteren Motorträger herausdrehen.
■ Motor leicht anheben, nach hinten vom Getriebe wegziehen und vorsichtig ablassen.

Ausbau des Flachmotors

■ Masseband der Batterie abklemmen.
■ Die Kabel, die von der Karosserie zu Regler, Verteiler, Zündspule und Gebläse führen, zeichnen und abziehen.
■ Schläuche vom Heizluftgebläse abziehen und das Gebläse ausbauen.
■ Gaszug lösen (er ist mit einer kleinen Inbusschraube festgeklemmt) und Rückzugfeder aushängen.
■ Öleinfüllstutzen abziehen und Einfüllloch verstopfen.
■ Hintere Motorabdeckbleche abschrauben.
■ Luftfilter ausbauen.

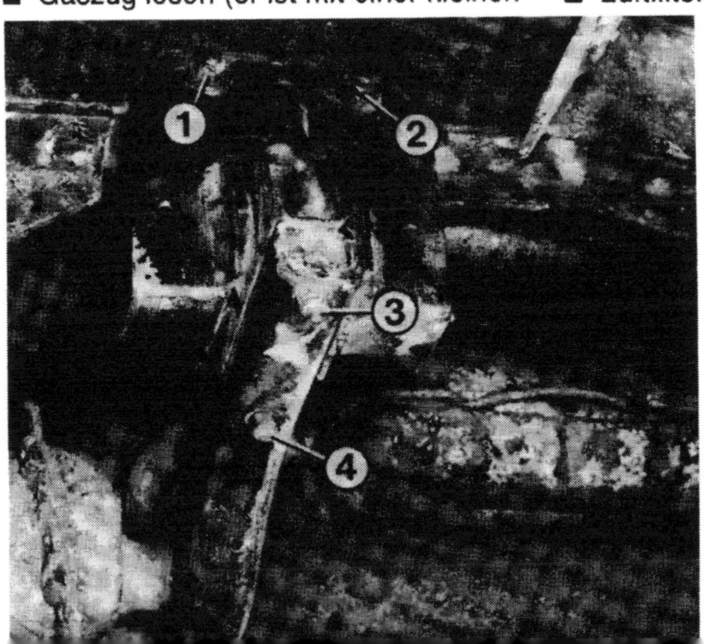

Nur zwei der hier bezeichneten Verschraubungen am hinteren Motorträger (hier beim 1600er-Motor) müssen zum Motorausbau gelöst werden: Entweder 1 und 2 oder 3 und 4.

■ Zwei Muttern der oberen Motorbefestigung abschrauben.
■ Die an der Stoßstange befestigte Blende für den Auspuff abmontieren.
■ Zündspule vorsichtshalber ausbauen, um sie vor Beschädigung zu schützen.
■ Wagen so hochbocken, daß der Motor anschließend darunter hervorgezogen werden kann.
■ Unter dem Wagen den Kraftstoffschlauch von der Benzinpumpe abziehen und durch Abknicken oder mit passender Schraube verschließen.
■ Heizklappengehäuse abnehmen.
■ Unterdruckschlauch zum Bremskraftverstärker abziehen.
■ Alle Leitungen am Anlasser abklemmen.
■ Gaszug herausziehen.
■ Unterstellbock oder ähnliches so unter das Getriebe stellen, daß noch ca. 5 cm »Luft« zum Getriebegehäuse bleibt.
■ Schrauben der oberen Getriebeaufhängung oberhalb des Getriebegehäuses herausschrauben (nicht bei Automatik).
■ Motor mit Rangierwagenheber sichern.
■ Untere Motorbefestigungsmuttern abschrauben.
■ Befestigungsschrauben und -muttern am Motorträger hinten herausschrauben.
■ Motor absenken, bis das Getriebe auf dem Unterstellbock aufliegt, dann nach hinten wegziehen und vollends ablassen.

Zusätzliche Arbeiten bei eingebauter Getriebeautomatik

■ Beide hintere Bleche um den Öleinfüllstutzen ausbauen.
■ Durch die beiden Montageöffnungen im Gehäuse Mitnehmerscheibe und Drehmomentwandler trennen. Dazu drei Sechskantschrauben SW 13 oder 14 herausdrehen.
■ ATF-Einfüllrohr ausbauen. Dazu Meßstab herausziehen und die Mutter SW 10 am Abstützwinkel herausdrehen. Einfüllrohr um seine eigene Achse linksdrehend herausschrauben.
■ Zum Getriebe führenden Unterdruckschlauch abziehen.
■ Getriebe wie beim Schaltgetriebe unterbauen.
■ Stehbolzen der unteren Motorbefestigung mit zwei gekonterten Muttern herausschrauben.

Motor einbauen

Der Wiedereinbau des Motors geschieht in umgekehrter Reihenfolge wie der Ausbau. Vorher oder während des Einbaus empfiehlt sich folgendes:
■ Kupplungs-Ausrücklager auf Verschleiß prüfen, wenn es rauh läuft, auswechseln. Anlagefläche sorgfältig abwischen und leicht mit Molybdändisulfid-Paste einreiben. Das Nadellager in der Mitte des Schwungrades wird auf Verschleiß geprüft und mit ca. 10 g hitzebeständigem Fett gefüllt.
■ Buchse für Anlasserritzel und Anlasserwelle leicht mit Mehrzweckfett einfetten.
■ Getriebe-Antriebswelle (Kerbverzahnung) mit Molybdändisulfid-Puder einreiben (Schmiermittel mit sauberem Lappen auftragen).
■ Flansch von Getriebe und Motor säubern.
■ Kupplung auf zentrierte Kupplungs-

Der ausgebaute 1600er-Motor mit abgenommener Schwungscheibe zeigt die Befestigungslöcher (2 und 3) für die oberen Motorhalteschrauben sowie die beiden Stehbolzen der unteren Motorbefestigung (1 und 7). Ferner zu sehen: Das vordere Ende der Kurbelwelle (4), die Paßstifte (5), auf denen die Schwungscheibe sitzt, und der Kurbelwellen-Dichtring (6). Der Pfeil zeigt auf die verräterische Ölspur, die auf einen defekten Kurbelwellendichtring schließen läßt.

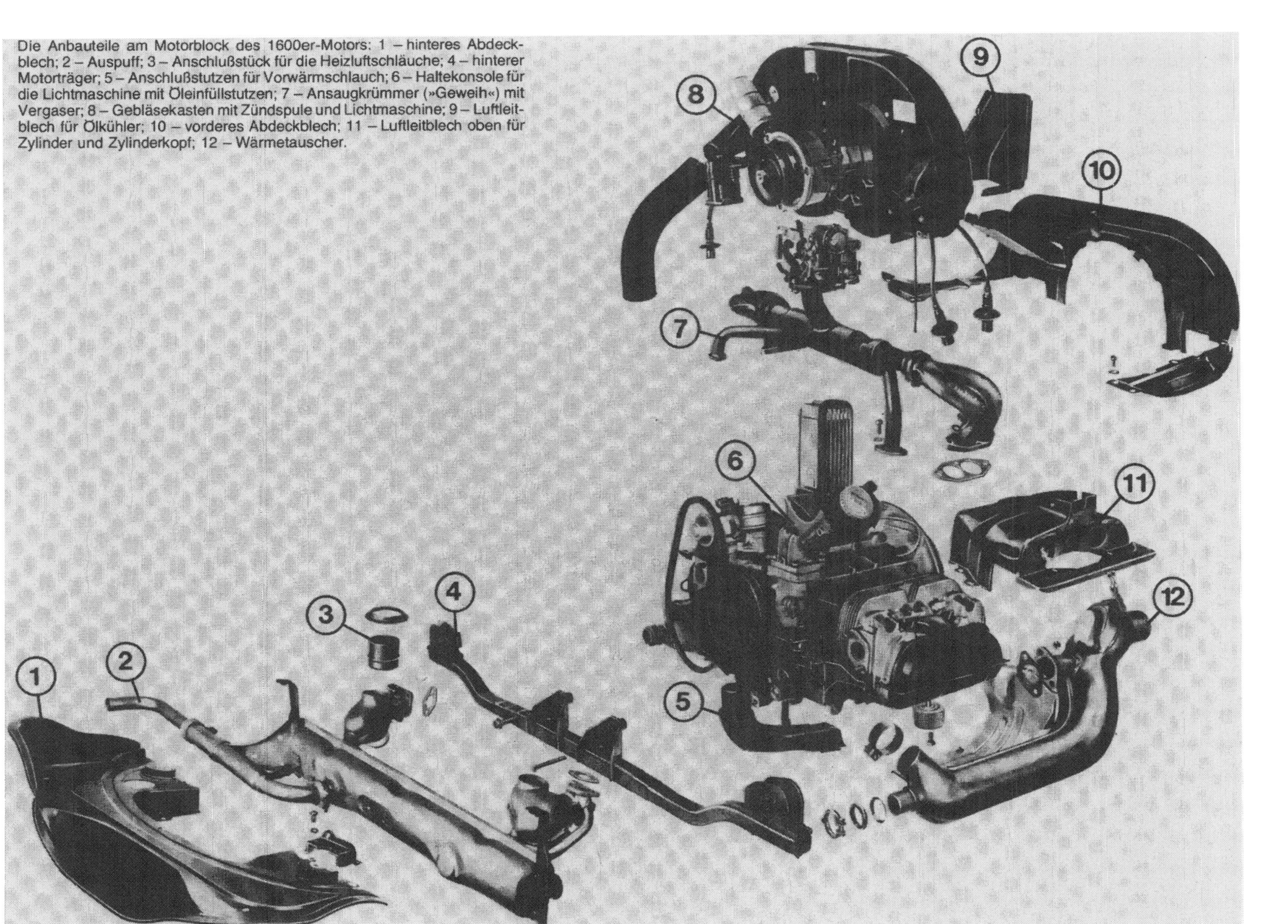

Die Anbauteile am Motorblock des 1600er-Motors: 1 – hinteres Abdeckblech; 2 – Auspuff; 3 – Anschlußstück für die Heizluftschläuche; 4 – hinterer Motorträger; 5 – Anschlußstutzen für Vorwärmschlauch; 6 – Haltekonsole für die Lichtmaschine mit Öleinfüllstutzen; 7 – Ansaugkrümmer (»Geweih«) mit Vergaser; 8 – Gebläsekasten mit Zündspule und Lichtmaschine; 9 – Luftleitblech für Ölkühler; 10 – vorderes Abdeckblech; 11 – Luftleitblech oben für Zylinder und Zylinderkopf; 12 – Wärmetauscher.

scheibe kontrollieren (siehe Seite 118). Wenn die Kupplung nicht ausgebaut wurde, erübrigt sich dieser Punkt.

■ Beim Aufschieben der Kupplung auf die Antriebswelle ist Vorsicht geboten, damit diese nicht beschädigt wird. Ebenfalls auf Nadellager und Ausrückplatte achten, damit nichts verbogen wird. Während die Getriebewelle durch Einlegen eines Ganges blockiert wird, kann man die Kurbelwelle am Keilriemen leicht drehen, um die Antriebswelle besser in die Kupplungsscheibe und das Nadellager des Schwungrades einzuführen.

■ Untere Stehbolzen des Motors in die Bohrungen des Getriebegehäuses einführen, Motor gegen Flansch drücken, obere Schrauben anziehen und erst danach die beiden unteren Muttern festziehen.

■ Die Schrauben des Motorträgers wieder eindrehen.

■ Schaumstoffdichtung rings um die Motorverblechung wieder sorgfältig anbringen.

■ Gaszug anschließen (siehe Seite 110).

Fingerzeige: *Bei ausgebautem Motor sollten Sie auch gleich den Verschleiß der Kupplungs-Mitnehmerscheibe kontrollieren. Ist sie schon etwas mitgenommen, sollten Sie sie gleich ersetzen. Sonst steht in nächster Zeit ein weiterer Motorausbau ins Haus.*
Beim Flachmotor kann das Einsetzen der oberen Getriebehalterungsschrauben zu einem ordentlichen Geduldsspiel ausarten. Hier hilft folgendes: Starke Lampe anbringen, damit Sie genau sehen, wann die Schraube ins Loch rutscht. Getriebeträger oder ganzes Getriebe mit Montiereisen hin- und herbewegen oder Motor und Getriebe mit einem Wagenheber hochdrücken bzw. ablassen – so lange, bis sich die Schrauben einstecken lassen. Erst wenn beide Schrauben angesetzt sind, vollends festziehen.

Zerlegen des Motors

Ein versierter Bastler kann sich durchaus an die Zerlegung des VW-Motors wagen. Allerdings sollte man nicht blind drauflosschrauben, sondern sich überlegen, welche Arbeiten sich am alten Motor überhaupt noch lohnen.
Nach unseren Erfahrungen kann es durchaus sinnvoll sein, einen Zylinderkopf mit Rissen auszutauschen, Ventile zu ersetzen oder einzuschleifen sowie Kolben und Zylinder bei starkem Verschleiß (sehr selten) zu wechseln. Genannte Arbeiten können – je nach Fahrweise – so etwa zwischen 80 000 und 100 000 km Motorleistung anfallen. Die Selbstreparatur ist da durchaus rentabel, denn die Kurbelwellenlager halten sicher noch lange durch.
Die zu den genannten Arbeiten nötigen Zerlegungsschritte haben wir hier beschrieben. Weitergehende Reparaturen – etwa am Kurbeltrieb – lohnen sich nach unserer Auffassung nicht (siehe auch Seite 72).
Zum Zerlegen muß der Motor nach einer Motorwäsche auf einen stabilen Tisch oder eine Werkbank gestellt werden. Die demontierten Teile legt man am besten so ab, daß sie beim Zusammenbau erst gar nicht verwechselt werden können. Kleinteile legt man gesäubert in saubere Behältnisse.

Fingerzeig: *Die Schlitz- oder Kreuzschlitzschrauben an den Motorverblechungen lassen sich oft nicht mehr mit dem Schraubenzieher lösen. In diesem Fall eine Rohrzange an dem zylindrischen Schraubenkopf ansetzen. Zange jetzt mit aller Kraft zudrücken, damit sich die Verzahnungen der Zangenflanken fest in den Schraubenkopf rammen, und dann Schraube langsam losdrehen.*

Zerlegen des 1600er-Motors

■ Noch in eingebautem Zustand des Motors Öl ablassen und Thermostat ausbauen (siehe Seite 79).

■ Auspuff und Wärmetauscher abschrauben (siehe Seite 75).

■ Heizschläuche vorn am Gebläsekasten und alle Kabel an Vergaser und Zündspule abziehen.

■ Benzinleitung abbauen.

■ Verteilerdeckel und die daranhängenden Zündkabel abnehmen, Verteilerfinger abziehen.

■ Vergaser ausbauen, dazu zuvor die Zündspule abbauen.

■ Gaszugrohr aus dem Gebläsekasten ziehen.

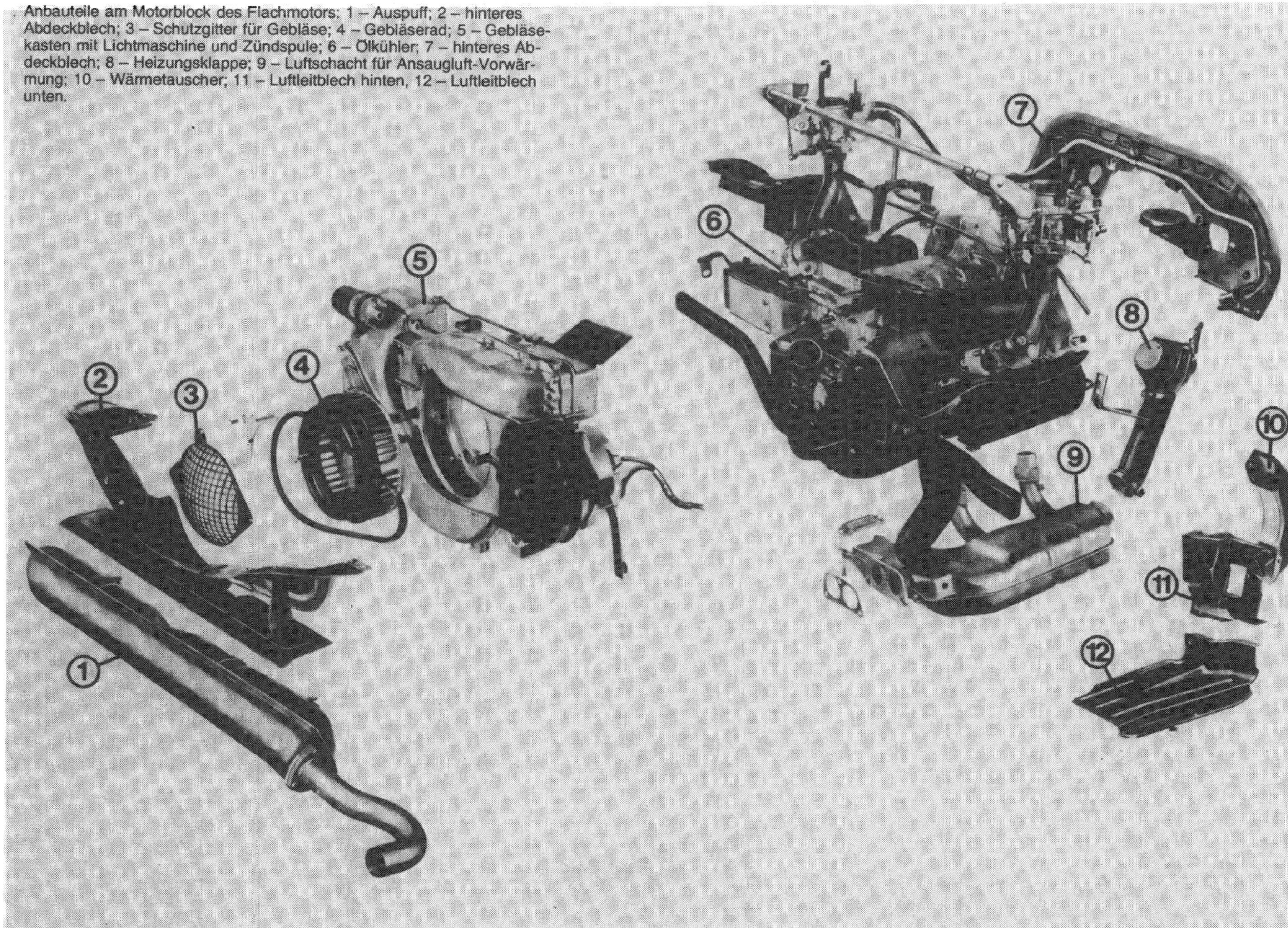

Anbauteile am Motorblock des Flachmotors: 1 – Auspuff; 2 – hinteres Abdeckblech; 3 – Schutzgitter für Gebläse; 4 – Gebläserad; 5 – Gebläsekasten mit Lichtmaschine und Zündspule; 6 – Ölkühler; 7 – hinteres Abdeckblech; 8 – Heizungsklappe; 9 – Luftschacht für Ansaugluft-Vorwärmung; 10 – Wärmetauscher; 11 – Luftleitblech hinten, 12 – Luftleitblech unten.

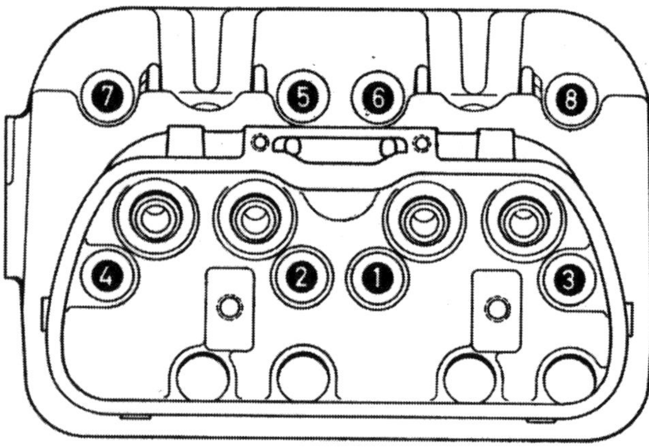

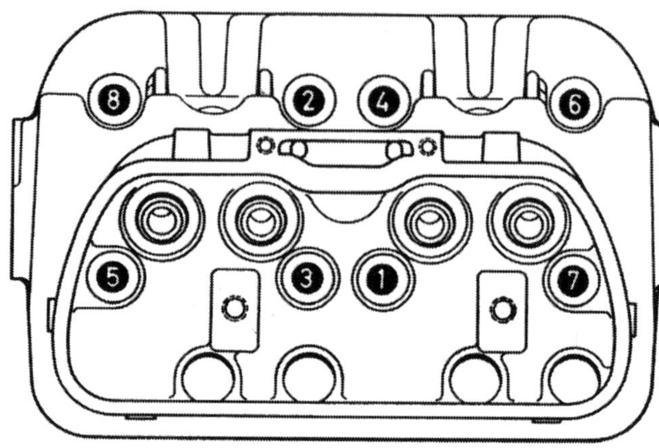

Zylinderkopf anziehen beim 1600er-Motor: Muttern im ersten Durchgang gemäß der Reihenfolge der Zahlen in der Zeichnung links mit 10 Nm vorspannen.

■ Die Bleche um den Ölkühler (vor dem Gebläsekasten) abbauen.
■ Gleich darunter die Verbindungsstange der Luftklappenbetätigung aushängen.
■ Rechts und links am Gebläsekasten sowie unten am Ölkühler je eine Schraube herausdrehen.
■ Keilriemen abnehmen (siehe Seite 186) und Spannband um die Lichtmaschine lösen.
■ Gebläsekasten nach oben ziehen.
■ Ansaugrohr an den Flanschen und in der Mitte abschrauben.
■ Restliche Luftleitbleche abbauen.
■ Zylinderkopf abbauen (siehe unten).
■ Kolben und Zylinder ausbauen (siehe Seite 68).

Zerlegen des Flachmotors

2. Durchgang: Muttern gemäß der Zahlenreihenfolge in der Zeichnung rechts mit 25 Nm anziehen. Späteres Nachziehen ist nicht notwendig.

■ Öl ablassen.
■ Luftfilter abnehmen.
■ Vergaser samt Ansaugkrümmern abschrauben.
■ Kerzenstecker abziehen und Zündkabel mit Verteilerdeckel abnehmen, Verteilerfinger abziehen.
■ Querblech vorn am Motor abschrauben, dazu Saugstutzen der Ansaugluft-Vorwärmung losschrauben.
■ Obere Verblechung rechts und links abbauen.
■ Querblech unterhalb des Gebläsekastens ausbauen. Dazu Schutzgitter abschrauben und Öleinfüllstutzen abziehen. Eine Schraube an diesem Blech wird von unterhalb des Motors gelöst.
■ Untere Verkleidungsbleche abbauen.
■ Auspufftopf abbauen.
■ Erst jetzt die Wärmetauscher einzeln abbauen. Dazu Stützbügel der Lichtmaschine am rechten Wärmetauscher und Verbindungsbleche zum Gebläsekasten lösen.
■ Der Gebläsekasten braucht zum Abbau von Zylinderkopf, Zylinder und Kolben nicht ausgebaut zu werden.
■ Luftführungsbleche unten an den Zylindern abschrauben.
■ Zylinderkopf abschrauben (siehe unten).
■ Zylinder und Kolben abbauen (siehe Seite 68).

Zusammenbau des Motors

Zum Wiederzusammenbau des Motors brauchen Sie nur die bei der Zerlegung angeführten Schritte von unten nach oben zu lesen. Beachten Sie:
Die Luftklappenbetätigung des Gebläses und die Ventile müssen eingestellt werden (Seite 58 und 79). Achten Sie auch darauf, daß die Gummikappen der Zündkerzenstecker dicht abschließen. Allgemein gilt: Alle Dichtungen erneuern, auch die Auspuffdichtungen.

Aus- und Einbau des Zylinderkopfes

An besonderen Werkzeugen werden gebraucht: Stecknuß SW 15 (siehe Seite15) und Drehmomentschlüssel.

■ Motor zerlegen (ab Seite 64).
■ Zylinderkopfdeckel reinigen und abnehmen.
■ Kipphebelwelle(n) abschrauben. Beim Flachmotor durch Einstecken von Schrauben bzw. Schraubenziehern gegen Auseinanderfallen sichern.
■ Sicherungsbügel für Stößelschutzrohre abnehmen (nur Flachmotor).
■ Stößelstangen einzeln herausziehen und der Reihenfolge nach ablegen.
■ Alle acht Zylinderkopfmuttern SW 15 losschrauben und Zylinderkopf abziehen.
■ Stößelschutzrohre abnehmen.

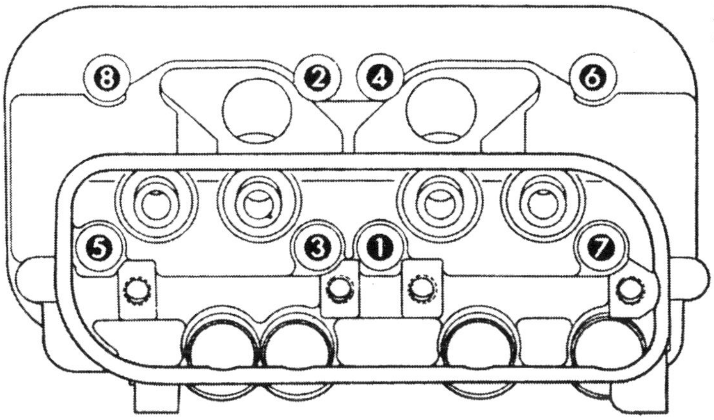

Zylinderkopf anziehen beim Flachmotor: In der Reihenfolge der abgebildeten Zahlen werden die Zylinderkopf-Muttern in zwei Durchgängen mit dem Drehmomentschlüssel angezogen. 1. Durchgang: Muttern leicht vorspannen (mit ca. 10 Nm). 2. Durchgang: Muttern mit 30 Nm anziehen. Späteres Nachziehen ist nicht notwendig.

■ Zylinderkopf beurteilen: Risse zwischen den Ventilsitzringen oder zwischen Ventilsitzring und Kerzenbohrung beeinträchtigen die Lebensdauer des Zylinderkopfes nicht, wenn sie nicht breiter als 0,5 mm sind bzw. wenn nur die ersten Gänge des Kerzengewindes eingerissen sind. Sonst Zylinderkopf auswechseln. Gießen Sie Benzin in die Brennräume und beobachten Sie, wie schnell es durch die Ventile ausläuft: Geht die »Entleerung« relativ zügig vor sich, empfiehlt es sich, die Ventile neu einzuschleifen (siehe Seite 70).

■ Beim 1600er-Motor die Faltenbälge der Stößelrohre auf die in der Zeichnung Seite 69 angegebene Länge strecken (beim Flachmotor brauchen die Rohre nicht gestreckt zu werden).

■ Flachmotor: Neue Zylinderkopf-Dichtungsringe aufschieben.

■ Zylinderkopf auf die Stehbolzen schieben und die Stößelschutzrohre mit ihrer Schweißnaht nach oben (mit neuen Dichtungen) einsetzen.

■ Zylinderkopf jetzt mit dem Drehmomentschlüssel in der Reihenfolge, wie auf den Schemen oben gezeigt, anziehen.

■ Stößel einsetzen, Kipphebelwelle(n) festschrauben. Beim Flachmotor auf den richtigen Sitz der Sicherungsbügel achten. Sie müssen in die Schlitze an den Kipphebelwellenlagern einrasten und sich gegen die Enden der Stößelschutzrohre stützen.

■ Ventilspiel einstellen.

■ Zylinderkopfhauben mit neuen Dichtungen aufsetzen.

■ Die Zylinderköpfe brauchen später nicht mehr nachgezogen werden.

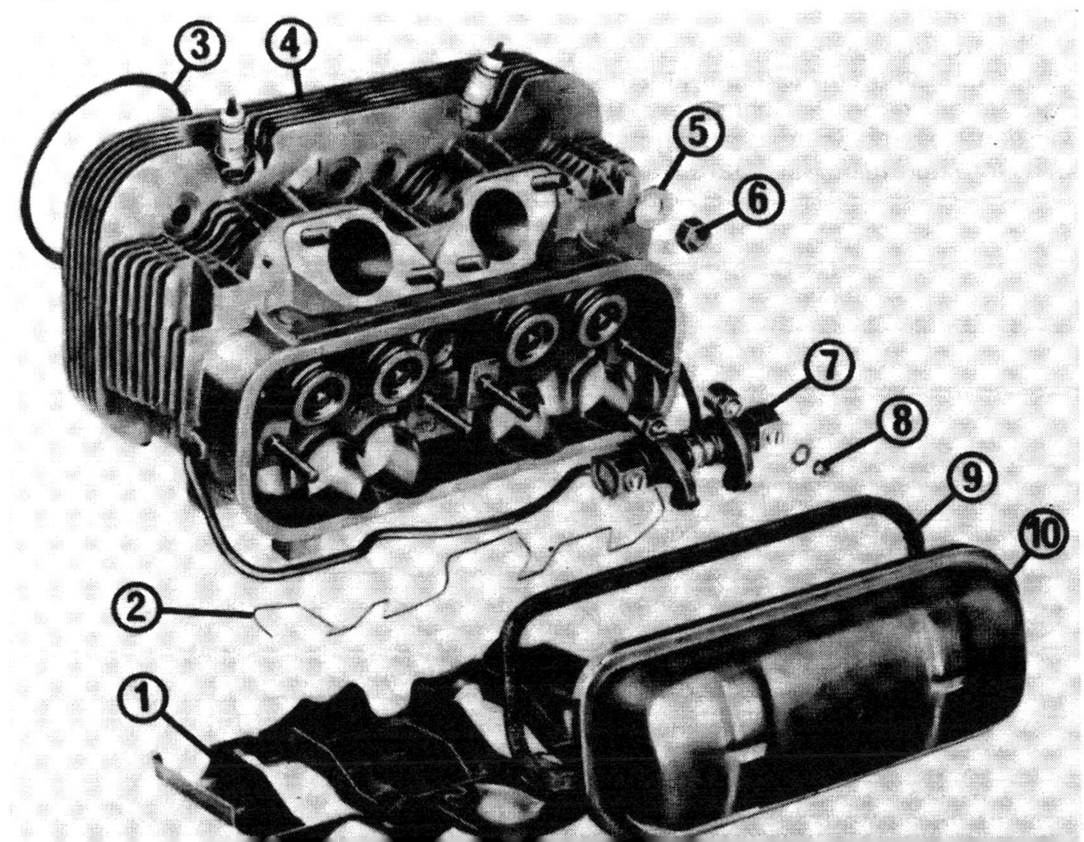

Der zerlegte Zylinderkopf des Flachmotors: 1 – unteres Luftführungsblech; 2 – Sicherungsbügel für Stößelschutzrohre; 3 – Zylinderkopfdichtung (nur beim Flachmotor); 4 – Zylinderkopf; 5 – Unterlegscheibe für Zylinderkopfmutter; 6 – Befestigungsmutter für Zylinderkopf; 7 – Kipphebelwelle; 8 – Haltemutter für Kipphebelwelle; 9 – Dichtung für Ventildeckel; 10 – Ventildeckel.

Fingerzeige: *Zum Auswechseln eines öluundichten Stößelschutzrohrs braucht auch beim 1600er-Motor der Zylinderkopf nicht abgenommen zu werden. Unter der Ersatzteil-Nr. 113 109 337 gibt es ein sogenanntes Teleskop-Stößelschutzrohr, das auch bei montiertem Kopf eingesetzt werden kann. Dazu Kipphebelwelle ausbauen, betreffende Stößelstange herausziehen, defektes Stößelrohr gewaltsam ausbauen und statt dessen das Teleskoprohr einsetzen. Dünnes Ende muß zum Zylinderkopf zeigen. Beim Flachmotor kann das Stößelrohr durch den Zylinderkopf herausgezogen werden.*
Bei überholten Zylinderköpfen und bei Austausch-Zylinderköpfen befinden sich dünne Ausgleichsringe an den Auflageflächen für die Zylinder. Sie haben die Aufgabe, das bei der Überarbeitung an dieser Stelle abgetragene Material zu ersetzen. Die Kompression in den Zylindern würde sonst zu hoch. Daher: In noch nicht nachgearbeitete Köpfe keinesfalls Ausgleichsringe einlegen; bei überholten Zylinderköpfen die Ringe nicht herausnehmen!

Kolben aus- und einbauen

■ Motor zerlegen (ab Seite 64), Zylinderkopf ausbauen (siehe vorigen Abschnitt).
■ Kolben nach folgenden Gesichtspunkten kennzeichnen: Welcher Kolben gehört zu welchem Zylinder, wo hatte der Kolben am Motor seinen Platz, in welche Richtung zeigte der Kolben (wichtig, da die Kolbenbohrung nicht mittig im Kolben sitzt)? Letzteres ist allerdings auch durch einen kleinen eingeschlagenen Pfeil auf dem Kolbenboden markiert: Der Pfeil muß zum Schwungrad hin zeigen.
■ Beim Flachmotor das kleine Luftführungsblech unten an den Zylindern abschrauben.
■ Zylinder von Hand mit rüttelnden Bewegungen abziehen. Beim 1600er-Motor kann zwischen zwei Zylindern ein kleines Luftblech eingesetzt sein. Dieses vorsichtig herausziehen.
■ Sicherungsringe in der Bohrung des Kolbens entfernen (Seegerringzange, Flachzange oder 2 Schraubenzieher) und den Kolbenbolzen vorsichtig mit einem Dorn heraustreiben. Darauf achten, daß der Kolben mit seiner Seitenwand nirgends anschlägt.
■ Kolben abnehmen.
■ Kolben und Zylinder beurteilen: Zeigen Kolben und Zylinder starke Längsriefen (Freßspuren), sollten sie zusammen ausgewechselt werden. Leichte Riefen sind dagegen unbedenklich. Zeigt der Zylinder an der Oberkante seiner Lauffläche rundum einen hohen Grat, ist er sicher stark eingelaufen. In der Werkstatt vermessen lassen. Doch in den wenigsten Fällen muß der Zylinder ausgewechselt werden. Anläßlich der Motorzerlegung kann es sich aber rentieren, neue Kolbenringe im Originalmaß einzusetzen. Für stark verschlissene Zylinder eignen sich besonders die federunterstützten »Goetze-Passformringe«, die es beispielsweise bei Motorinstandsetzungsfirmen zu kaufen gibt.
■ Zum Zusammenbau Kolben auf das Pleuel setzen und Kolbenbolzen einschlagen.
■ Sicherungsringe einsetzen und auf deren richtigen Sitz in der Nut achten.

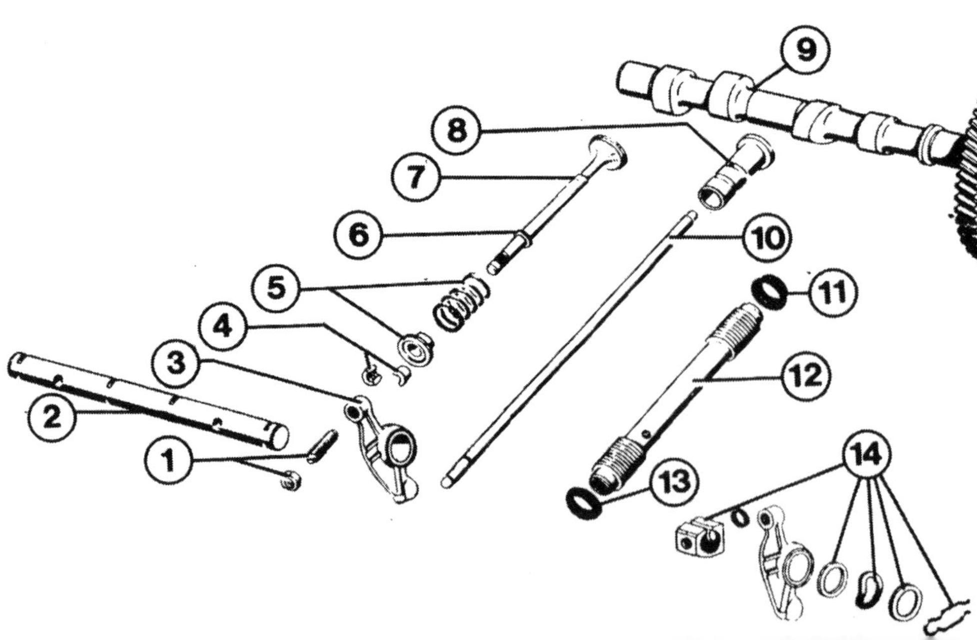

Die Teile der Ventilsteuerung beim 1600er-Motor: 1 – Einstellschraube und Kontermutter; 2 – Kipphebelwelle; 3 – Kipphebel; 4 – Ventilhaltekeile; 5 – Ventilfeder und Federteller; 6 – Ölabtropfring; 7 – Ventil; 8 – Stößel; 9 – Nockenwelle; 10 – Stößelstange; 11 – Schutzrohrdichtung; 12 – Stößelstangen-Schutzrohr; 13 – Schutzrohrdichtung; 14 – Teile der Kipphebelbefestigung.

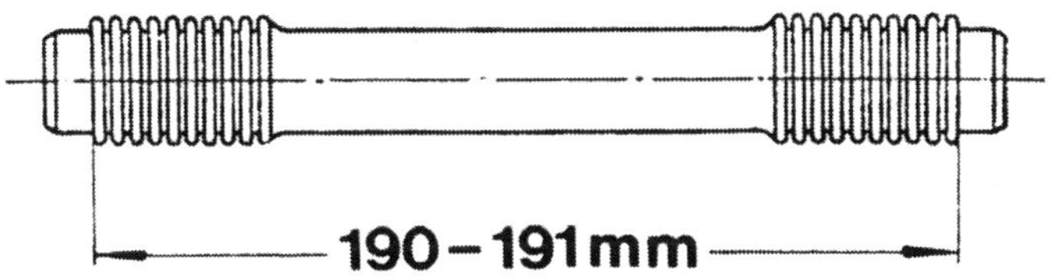

Auf dieses Maß werden die Stößelstangen beim 1600er-Motor vor dem Einbau »gestreckt«.

■ Neue Zylinderfußdichtung auf den Zylinder auflegen.
■ Kolbenringe auf dem Kolben so drehen, daß ihre Stöße um je 120° versetzt zueinander sind.
■ Zylinder einzeln aufsetzen. Wer keine Spannzange ausleihen kann, drückt einen Kolbenring nach dem anderen rundherum zusammen und schiebt so den Zylinder jeweils ein Stück weiter auf den Kolben.
■ Das untere Luftführungsblech nicht vergessen! Beim Flachmotor wird es angeschraubt.

Neue Kolben einbauen

In einem Motor sollen nur Kolben gleichen Gewichts und gleicher Größe zum Einbau kommen, damit nicht etwa der ruhige Lauf des Motors gestört wird. Nach folgenden Kriterien sind die Kolbenböden bezeichnet:
□ Einbaurichtung: Eingeschlagener Pfeil muß in Richtung Schwungrad zeigen.
□ Paarungsgröße: Farbpunkt blau oder Farbpunkt rosa.
□ Kolbendurchmesser: Angegeben durch eingeschlagene Zahlen.
□ Gewichtsklasse: Eingeschlagenes »+« oder »–«. Ersatzweise brauner Farbpunkt (»–«) oder grauer Farbpunkt (»+«).
»–«-Gewicht entspricht beim 1600er-Motor 407–415 g, beim 2-l-Motor 474–482 g.
»+«-Gewicht entspricht beim 1600er-Motor 415–423 g, beim 2-l-Motor 482–490 g.

Fingerzeig: *Im 1600er-Motor können Flachkolben oder Muldenkolben (gemeint ist jeweils der Kolbenboden) eingebaut sein. Beide Versionen dürfen jedoch keinesfalls an einem Motor Verwendung finden.*

Neue Zylinder einbauen

Zylinder und Kolben müssen zueinander passen. Hier ist die Zuordnung beider Teile tabellarisch aufgeführt:

Typ	Größenklasse	Farbe	Zylinderdurchmesser	Zugehöriger Kolbendurchmesser
1600	Originalgröße	Blau	85,492–85,508	85,45
	Nennmaß 85,5	Rosa	85,502–85,518	85,46
	1. Übergröße	Blau	85,992–86,008	85,95
	Nennmaß 86,0	Rosa	86,002–86,018	85,96
	2. Übergröße	Blau	86,492–86,508	86,45
	Nennmaß 86,5	Rosa	86,502–86,518	86,46
1700	Originalgröße	Blau	89,992–90,008	89,96
	Nennmaß 90,0	Rosa	90,002–90,018	89,97
	1. Übergröße	Blau	90,492–90,508	90,46
	Nennmaß 90,5	Rosa	90,502–90,518	90,47
	2. Übergröße	Blau	90,992–91,008	90,96
	Nennmaß 91,0	Rosa	91,002–91,018	90,97
1800	Originalgröße	Blau	92,992–93,008	92,97
	Nennmaß 93,0	Rosa	93,002–93,018	92,98
	1. Übergröße	Blau	93,492–93,508	93,47
	Nennmaß 93,5	Rosa	93,502–93,518	93,48
	2. Übergröße	Blau	93,992–94,008	93,97
	Nennmaß 94	Rosa	94,002–94,018	93,98
2000	Originalgröße	Blau	93,992–94,008	93,97
	Nennmaß 94,0	Rosa	94,002–94,018	93,98
	1. Übergröße	Blau	94,492–94,508	94,47
	Nennmaß 94,5	Rosa	94,502–94,518	94,48
	2. Übergröße	Blau	94,992–95,008	94,97
	Nennmaß 95,0	Rosa	95,002–95,018	94,98

Maße in mm

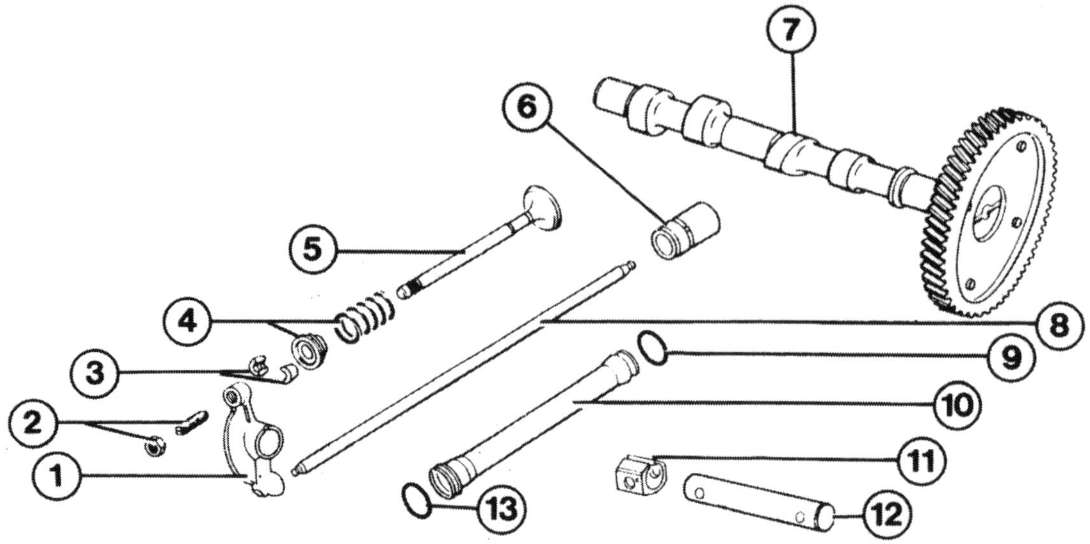

Die Teile der Ventilsteuerung beim Flachmotor: 1 – Kipphebel; 2 – Einstellschraube und Kontermutter; 3 – Ventilhaltekeile; 4 – Ventilfeder und Federteller; 5 – Ventil; 6 – Stößel; 7 – Nockenwelle; 8 – Stößelstange; 9 – Dichtung für Schutzrohr; 10 – Stößelstangen-Schutzrohr; 11 – Halter für Kipphebelwelle; 12 – Kipphebelwelle; 13 – Dichtung für Schutzrohr.

Ventile einschleifen

An besonderem Werkzeug wird gebraucht: Ventilsauger, Schleifpaste und ein Helfer. Undichtigkeiten an den Dichtflächen der Ventile sind häufig die Ursache für schlechte Motorleistung und mangelhafte Kompression. Meist betroffen sind die Auslaßventile, die thermisch deutlich höher belastet sind. Vor dem Einschleifen werden die Ventile ausgebaut:

■ Ausgebauten Zylinderkopf mit der Brennraumseite nach unten auf einen sauberen Tisch legen und in den betreffenden Brennraum feste Lappen oder ein passendes Holzstückchen stecken, damit die Ventile beim Drücken nicht nach unten ausweichen können.

■ Den oberen Ventilfedertellern verpassen Sie jetzt einen leichten Schlag mit dem Hammer, damit sich die Haltekeile der Ventile lockern.

■ Zwei Schraubenzieher auf dem Ventilfederteller ansetzen und kräftig nach unten drücken. Der Ventilschaft bleibt stehen, während sich die Feder zusammendrückt und der Helfer Gelegenheit hat, die kleinen Ventilhaltekeile mit einem feinen Schraubenzieher oder einer spitzen Zange aus dem Federteller zu fischen (nicht die Geduld verlieren!).

■ Alle Ventile auf diese Art ausbauen und der Reihe nach ablegen.

■ Ventilteller reinigen (siehe nachfolgenden Fingerzeig).

■ Ventile beurteilen: Sie müssen sich leicht in der Ventilführung bewegen lassen, aber dürfen kein übermäßig großes seitliches Spiel in der Führung aufweisen. Sonst muß der Zylinderkopf ersetzt werden. Sind die Ventilteller der Auslaßventile stark verbrannt und zeigen sich am Übergang von Ventilteller zum Schaft rißartige Vertiefungen? Risse oder Einkerbungen an der Dichtfläche des Ventiltellers? Ventil austauschen! Haben die Einlaßventile noch die nötige Randdicke (siehe Zeichnung rechts oben)?

■ Zum Einschleifen den Ventilteller an der Dichtfläche mit Schleifpaste bestreichen und in den Zylinderkopf einsetzen. Dabei darf keine Schleifpaste in die Ventilführung geraten.

■ Ventilsauger auf dem Ventilteller ansetzen und damit das Ventil unter leich-

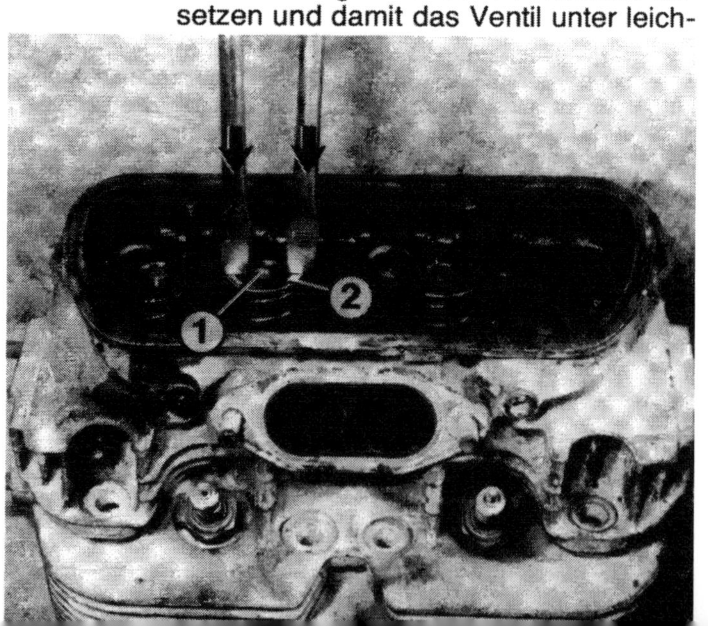

Ausbau der Ventile: Mit zwei kräftigen Schraubenziehern wird der Ventilfederteller (2) niedergedrückt. Der Ventilschaft (1) bewegt sich dabei nicht, wenn das Ventil von unten etwa durch ein Holzstück abgestützt wird.

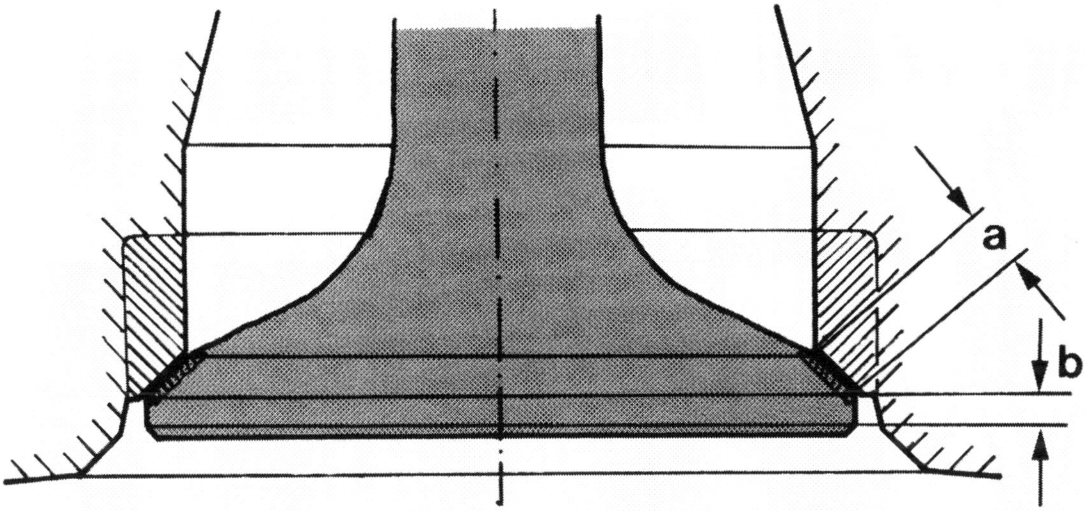

Wichtige Maße zum Einschleifen der Ventile: Beim 1600er soll die Ventilsitzbreite »a« nach dem Einschleifen 1,4–2,5 mm an Ein- und Auslaßventilen betragen. Beim Flachmotor beträgt das Sollmaß »a« an den Einlaßventilen 1,8–2,2 mm, an den Auslaßventilen 2,0–2,5 mm. Das Maß »b« gilt nur für die Einlaßventile. Es soll minimal 0,5 mm an allen Motoren betragen.

tem Druck hin- und herdrehen. Hin und wieder Ventil etwa eine Vierteldrehung weitersetzen und dann weiter einschleifen. Wenn nötig, Schleifpaste zugeben.

■ Geschliffen wird so lange, bis die Dichtfläche auf die vorgeschriebene Breite (siehe Zeichnung oben) eingeschliffen ist. Bei alten Ventilen unterscheidet sich diese Fläche durch helles Glänzen vom übrigen Ventilteller.

■ Nach beendetem Einschleifen Zylinderkopf und Ventile peinlich genau von Schleifpasteresten reinigen.

■ Ventilschäfte einölen und Ventile in den Zylinderkopf einsetzen. Beim 1600er (neue!) Ölabweisringe auf den Schaft des eingebauten Ventils schieben.

■ Ventilfedern mit Helfer montieren.

■ Zylinderkopf einbauen (siehe Seite 67).

Fingerzeige: *Ventilfedern können zwar auch bei eingebauten Motor ausgewechselt werden, jedoch ist das nur in Werkstätten mit besonderen Spezialwerkzeugen möglich.*

Sollen ausgebaute Ventile gereinigt werden, so kann man sie am Schaftende in eine Bohrmaschine spannen und Schmirgelleinen um den drehenden Ventilteller halten. Für Ventile mit eingeschlagenem Schaftende gibt es spezielle Ventilkappen (Ersatzteilnummer 113 109 621), durch die eine Weiterverwendung möglich ist. Zur Überprüfung, ob das Ende eines Ventilschaftes eingeschlagen ist, muß man sich auf sein Gefühl verlassen. Am besten benutzt man zum Vergleich ein Ventil, das sicherlich nicht eingeschlagen ist. Oder man setzt auf das Ende »auf Verdacht« eine Ventilkappe. Schlagflächen werden mit einer Schmirgelfeile ausgeglichen und mit Ölstein geglättet.

Die Durchmesser der Ventile an den 50-PS-Motoren sind unterschiedlich. Baujahrmäßig läßt sich keine Festlegung treffen, da bei Austauschmotoren die alte und die neue Version verwendet wurde. Achten Sie jedoch beim Auswechseln eines Zylinderkopfes darauf, daß nicht beide Versionen an einem Motor gepaart werden.

Einschleifen der Ventile: Ventilsitz mit Schleifpaste bestreichen, und den Ventilteller mit einem Ventilsauger hin- und herdrehen (Pfeile).

Motor auf Ölundichtigkeiten prüfen
Wartungspunkt Nr. 18

Ein ölundichter Motor ist nicht nur unschön und wenig umweltfreundlich, er kann auch Grund zur Kritik bei der TÜV-Untersuchung geben. Deshalb wollen wir hier die typischen Ölundichtigkeiten am VW-Motor ansprechen:

☐ Der Kurbelwellen-Dichtring an der Schwungscheibe ist häufig der Anlaß für Ölundichtigkeiten im Bereich der Trennfuge zwischen Motor und Getriebe. Dichtring anläßlich einer Kupplungsreparatur ersetzen (lassen).

☐ Vornehmlich beim 1600er-Motor ist bisweilen die Dichtung um den Ölsiebdeckel defekt. Sie sollte eigentlich bei jedem Ölwechsel erneuert werden.

☐ Der Öldruckschalter macht bisweilen auch Probleme. Sein Kunststoff-Einsatz kann unter hohen Temperaturen schrumpfen. Probieren Sie bei Verdacht, ob sich der Einsatz – in dem auch der elektrische Anschluß steckt – von Hand bewegen läßt (beim Flachmotor kann ein Schraubenzieher zu kurze Finger ersetzen). In diesem Fall austauschen.

☐ Die Stößelschutzrohre sind ebenfalls bisweilen undicht. Für den 1600er-Motor gibt es deshalb Reparatur-Stößelrohre, die ohne Motorzerlegung eingesetzt werden können (siehe Fingerzeig Seite 68).

☐ Seltener entstehen Undichtigkeiten am hinteren Kurbelwellen-Dichtring an der Keilriemenscheibe bzw. am Flachmotor-Gebläserad.

☐ Wenn sich die Schrauben am Ölkühler oder dessen Flansch gelockert haben, können auch dort Undichtigkeiten auftreten. Meistens genügt das Nachziehen der Schrauben, doch sollten Sie bei dieser Gelegenheit gleich neue Dichtringe einsetzen. Was diese Reparatur schwierig macht, sind die Vorarbeiten. So muß der Gebläsekasten abgenommen werden, was nur bei ausgebautem Motor möglich ist.

Undichtigkeiten auffinden

Sollten Sie an Ihrem Wagen Probleme mit Ölundichtigkeiten haben, empfiehlt sich als erstes eine gründliche Motorwäsche. Bei größeren Leckstellen können Sie dann schon nach wenigen Kilometern Fahrt sehen, wo das Öl austritt.

Fingerzeige: *Manche Tankstellen bieten Dampfstrahlgeräte mit Münzeinwurf zur Selbstbedienung für ihre Kunden an. Wer sich dann noch den Motorreiniger selbst mitbringt, kommt zu einer äußerst preiswerten Motorwäsche. Allerdings sollte man sich nur in Arbeitskleidung ans Werk machen.*
Nach der Motorwäsche Zündleitungen, Zündspule und Verteilerdeckel mit Preßluft trockenblasen, sonst kann es Startschwierigkeiten geben.

Motorschaden

Ein Motorschaden ist für den ambitionierten Heimwerker noch längst kein Beinbruch. Es gibt nämlich einige Methoden – auch sehr preisgünstige –, um dem VW-Bus wieder Beine zu machen:

☐ Der Motor wird selbst repariert. Das lohnt sich bei Schäden im Bereich Ventil, Zylinderkopf, Kolben und Zylinder. Die Reparaturen, die Sie dabei mit etwas Geschick und Geduld selbst ausführen können, sind hier im Buch beschrieben. Eine Ausnahme würden wir machen, wenn ein Ventil den Kolben zerstört hat (siehe Seite 54), denn erstens besteht dann die Gefahr, daß die Kurbelwelle und ein Pleuel durch die harten Schläge verbogen wurde, und zweitens ist es extrem schwierig, die Metallspäne ganz aus dem Motorblock zu entfernen. Der Ölkühler müßte in diesem Fall nach Werksvorschrift ohnehin gewechselt werden.

☐ Der Motor wird selbst zerlegt oder teilzerlegt und dann zu einer Motorinstandsetzungsfirma gebracht, die den eigentlichen Schaden behebt. Beispiel: Zylinderköpfe und Kolben werden selbst ausgebaut, und die Werkstatt lagert die Kurbelwelle neu. Wichtig ist hier allerdings der Kostenvergleich.

☐ Komplett- oder Teilüberholung des Motors durch eine Motorinstandsetzungsfirma. Viele Werkstätten dieser Branche haben sich zu einer Gütegemeinschaft zusammengeschlossen, die Motorinstandsetzungen nach bestimmten Qualitätsrichtlinien garantiert (siehe Seite 255).

☐ Kauf eines »Rumpfmotors« im Tausch bei einer Motorinstandsetzungsfirma. Diese Methode ist recht verbreitet. Man kauft dabei den Basismotor mit Kurbelgehäuse, Zylindern, Kolben, Zylinderköpfen und Schwungscheibe, baut die Motorverblechung und alle Zusatzaggregate selbst vom alten Motorblock an den neuen an und bringt den

Rest des alten Motors zur Instandsetzungsfirma zurück. Solche Motoren sind verhältnismäßig preiswert und haben außerdem Garantie.
□ Kauf eines Rumpfmotors bei der V.A.G.-Werkstatt. Hier gilt gleiches wie im vorigen Absatz.
□ Kauf eines kompletten Austauschmotors bei der V.A.G.-Werkstatt. In diesem Fall wird der Motor mit allen Zusatzaggregaten ausgetauscht. Diese Methode lohnt sich jedoch bei älteren Wagen mit niedrigem Zeitwert nicht mehr.
□ Zu guter Letzt: Der gebrauchte Motor vom Schrottplatz oder Autoverwerter. Auf diese Weise ist schon mancher VW-Bus-Fahrer zu einem guten Ersatzmotor gekommen. Ebenso groß ist jedoch auch das Risiko, eine »Gurke« zu erwischen. Deshalb geben seriöse Autoverwerter eine Garantie auf ihre Motoren oder machen wenigstens bei jedem Motor eine Kompressionsdruckmessung. Das Angebot auf dem Schrottplatz ist groß, denn dort geht immer mal wieder ein Unfallwagen oder ein hoffnungslos durchgerosteter Bus ein.

Fingerzeig: *Wer ohne die Möglichkeit einer Kompressionsdruckprüfung einen gebrauchten Motor kauft, sollte vorher zumindest kontrollieren, ob an diesem Motor das Ventilspiel stimmt. Haben die Auslaßventile kein Spiel, sind sie möglicherweise schon eingebrannt, und das sieht nach Ärger aus.*

Motor-Umrüstungen

Welche Motoren in den VW-Bus eingebaut werden dürfen, und unter welchen Bedingungen das geschehen kann, entnehmen Sie bitte der folgenden Umrüstungsliste, die auch dem TÜV vorliegt:

PS	Hubraum cm³	Kennbuchstabe	Bedingungen
44 44 50 50	1300 1300 1600 1600	AB AR AD AS	Die Gewindebohrungen zum Anschrauben des hinteren Motorträgers müssen vorhanden sein (nicht immer vorhanden beim Käfer-Motor)
62 66 68 70	1700 1700 1800 2000	CE CA AP CJ	Gürtelreifen der Größe 185 R 14 C (6 PR) oder 185 SR 14 reinforced verwenden 70-PS-Motor: verstärktes Getriebe 091 mit einbauen

Unsere Tabelle bezieht sich auf die hier im Buch behandelten Modelle (ab Modell 73). In diese Fahrzeuge können nur Motoren mit Abgasgutachten eingebaut werden. Der bis Juli 70 gebaute 47-PS-Motor mit Kennbuchstaben B ist z. B. hier nicht mehr zulässig. Ferner dürfen in Fahrzeuge, die nach dem 1. Oktober 1975 bzw. dem 1. Oktober 1976 erstmals zugelassen wurden, wegen verschärfter Abgasbestimmungen nur Motoren mit Bauzustand ab 1. Oktober 1975 bzw. 1. Oktober 1976 eingebaut werden.

Fingerzeig: *Die Getriebe des 1600er-Motors und die der Flachmotoren unterscheiden sich durch verschieden lange Antriebswellen. Peilt man über die hintere Kante der Kupplungsglocke hinweg (zum Messen stabiles Lineal anlegen), steht die Antriebswelle beim 1600er ca. 17 mm vor. Beim Flachmotor sind es 28 mm.*

Geräusche aus dem Motorraum

Durch reines Abhorchen läßt sich häufig beurteilen, ob ein Motor gesund ist oder ob er demnächst an Altersschwäche zusammenbrechen wird. Das ganze Geräuschspektrum in Worten darzustellen, ist natürlich schwierig, weshalb wir uns in der nachstehenden Aufzählung teilweise der Comic-Sprache bedienen, die Geräusche oft noch am besten darzustellen vermag:

Laufgeräusche

Rundes, gleichmäßiges Motorgeräusch: Der Motor hat auf allen Zylindern gleiche Kompression, Schäden sind kaum zu erwarten.
Ungleichmäßiger Motorlauf, auch festzustellen durch ungleichmäßige Strömungsgeschwindigkeit der Auspuffgase (Hand an das Endrohr halten): Mindestens einer der Zylinder hat nicht genügend Leistung. Unterschiedliche Kompression, Verdacht auf verbranntes Ventil oder Nachwirkung von Kolbenfresser.
Rhythmisches Pfeifen (etwa »Pft, Pft, Pft«): In harmlosen Fällen deutet das auf eine

defekte Auspuffdichtung. Schwerwiegender: Zylinderkopf oder -köpfe sind lose oder haben Risse. Eine Zündkerze ist nur lose eingeschraubt.
Dumpfes Heulen bei höheren Drehzahlen: Fremdkörper im Kühlluftgebläse (hauptsächlich betroffen: 1600er-Motor).

Mechanische Geräusche

Helles Tickern: Kommt meist aus dem Bereich Zylinderkopf und deutet oft auf zu großes Ventilspiel.
Dumpfes Klopfen: Kommt meist aus dem Bereich Kurbelgehäuse und läßt auf ein defektes Pleuellager schließen. Kommt es aus dem Bereich Zylinder, ist das Kolbenspiel zu groß geworden (Kolbenkipper).
Zischendes Geräusch: Ein Unterdruckschlauch ist nicht aufgesteckt, Motor zieht Nebenluft. Das Nebenluft-Geräusch kann auch von einem losen Vergaser oder Ansaugkrümmer stammen.
Zwitschernde, singende, pfeifende Geräusche: Keilriemen zu schwach gespannt oder Riemenscheibe rostig. Unterbrecherwelle bzw. -gleitstück läuft trocken. Lichtmaschinenlager defekt. Nadellager ganz vorn in der Kurbelwelle ist defekt oder läuft trokken.
Brummendes bis ratterndes Geräusch: Überhitzter Motor kündigt Lagerschaden an.
Stark ratterndes Geräusch (Auftreten während der Fahrt mit anschließendem Motorstillstand): Defektes Ventil schlägt auf dem Kolbenboden auf – Exitus!

Das Letzte

Der letzte der vier Takte unseres Viertaktmotors ist – wie allseits bekannt – der Auspufftakt. Die bei der Verbrennung entstehenden Abgase strömen dabei durch die Auspuffanlage und werden zur Dämpfung der Verbrennungsgeräusche mehrmals umgeleitet.
Für »das Letzte« hält auch so mancher die Auspuffanlage, wenn er gerade dabei ist, den Auspufftopf zu wechseln. Denn speziell beim 1600er-Motor kann diese Arbeit in eine gehörige Fummelei ausarten. Doch keine Angst – wir haben die Arbeitsschritte haarklein beschrieben.

Auspuffanlage kontrollieren
Wartungspunkt Nr. 15

Bei hochgebocktem Fahrzeug (Hebebühne) prüft man die Auspuffanlage auf Beschädigungen. Defekte in der Anlage kündigen sich meist durch größere Geräuschbildung schon an. Läßt man bei laufendem Motor von einem Helfer das Endrohr mit einem Lappen zuhalten, so muß der Motor bei dichter Anlage nach kurzer Zeit stehen bleiben. Läuft er jedoch weiter, so läßt sich durch entsprechende Geräusche (Zischen) meist unschwer die undichte Stelle ermitteln. Solche Sicht- und Hörprüfungen bei laufendem Motor sollte man nie allein durchführen und nicht in einer Grube.

Auspufftopf wechseln

Je nach Gelenkigkeit des Monteurs wird der Wagen hinten leicht angehoben. Die hohe Bodenfreiheit erlaubt jedoch auch den Auspuffwechsel bei auf dem Boden stehendem Wagen. Als Vorarbeit werden alle Schrauben erst einmal mit einem Rostlöserspray behandelt (siehe Seite 18).

1600er-Motor Ausbau

- Warmluftschläuche rechts und links im Motorraum lösen und abziehen.
- Hinteres Motorabdeckblech (direkt über dem Auspuff) abschrauben.
- Die beiden kleinen Blechabdeckungen rechts und links an der Vorwärmleitung abschrauben.
- Insgesamt 4 Schrauben SW 10 an den Flanschen der Vorwärmleitungen herausdrehen.
- Muttern der darunterliegenden Auspuffflansche herausdrehen.
- Rechts und links je einen Klemmring an der Wärmetauscheröffnung lösen.
- Klemmschellen an den unteren Auspuffleitungen abschrauben.
- Auspufftopf samt Endrohr nach hinten abziehen. Dabei sind oft kräftige Hammerschläge auf den defekten Auspufftopf nötig.

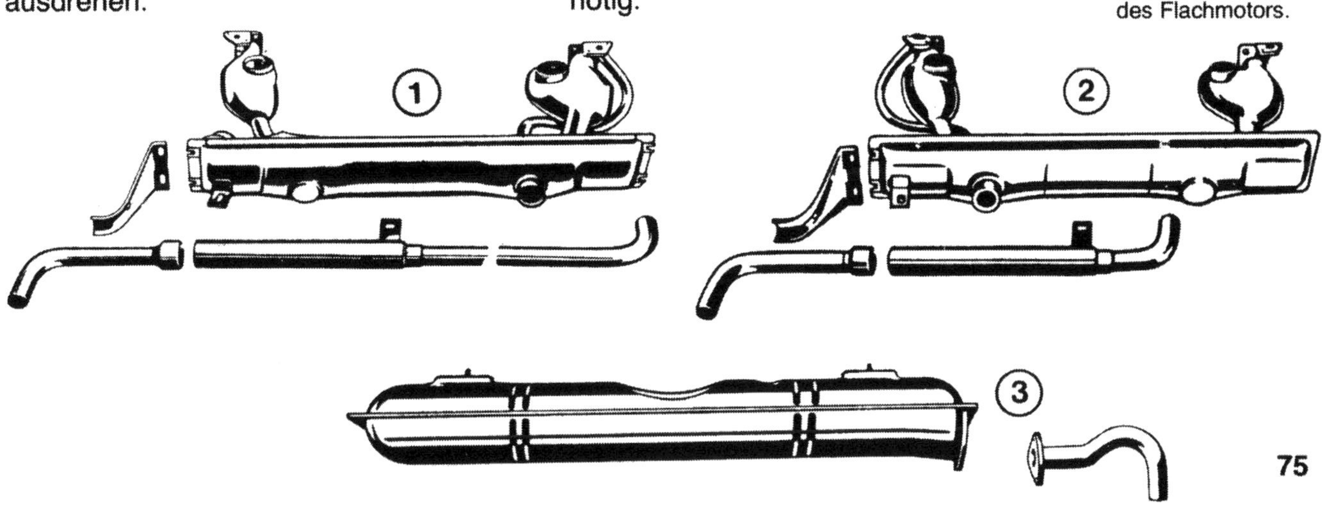

Die Auspuffversionen am VW-Bus: 1 – 1600er mit langem Endrohr; 2 – 1600er mit kurzem Endrohr; 3 – Auspuff des Flachmotors.

Einbau

■ Alle Gewinde im Bereich Auspuff mit Heißschraubencompound (siehe Seite 19) bestreichen.
■ Flanschdichtungen auf die Stehbolzen der oberen Austrittsöffnungen stekken.
■ Die konischen Blechringe und die (neuen) Asbest-Dichtringe auf die unteren Austrittsöffnungen schieben (evtl. leicht drehen; die Dichtringe reißen schnell).
■ Die eingesteckten Rohre an den kleinen, am Auspuff festgeschweißten Wärmetauschern am alten Auspuff abziehen und in den neuen einstecken.
■ Klemmringe über die Wärmetauscher-Öffnungen schieben.
■ Auspufftopf jetzt auf die Stehbolzen der oberen Austrittöffnungen und unten auf die Rohre der Wärmetauscher schieben. Sollte der Topf nicht auf Anhieb passen, können die Wärmetauscher am Motor je nach Bedarf etwas hin- oder hergehebelt werden.
■ Sitzt der Auspufftopf provisorisch am Motor, wird er zuerst (nach Zwischenlegen der Flanschdichtungen) an den Flanschen des Vorwärmrohrs festgeschraubt.
■ Übrige Befestigungen anbringen (siehe Ausbau).
■ Endrohr, wenn noch verwendbar, vom alten Auspufftopf an den neuen umbauen.

Flachmotor Ausbau

■ Auf jeder Seite drei Muttern am Doppelflansch des Wärmetauschers herausdrehen. Die obere Mutter sitzt leider ziemlich versteckt und ist nur schwer zu lösen.
■ Notfalls Muttern aufmeißeln.

Einbau

■ Gewinde mit Heißschraubencompound (siehe Seite 19) bestreichen.
■ Endrohr, so verwendbar, umbauen.
■ Auspufftopf mit neuen Dichtungen anschrauben.

Die Auspuffgase

Bei der Verbrennung von Benzin, das im wesentlichen aus den Elementen Kohlenstoff und Wasserstoff besteht, verbindet sich der Kohlenstoff mit dem Luftsauerstoff zu Kohlendioxid und der Wasserstoff vereinigt sich mit Sauerstoff zu Wasser. Aus einem Liter Benzin entstehen rund 0,9 Liter Wasser, das Sie aber gewöhnlich nicht sehen, da es durch die Verbrennungswärme unsichtbar-dampfförmig dem Auspuff entweicht. Nur in der kalten Jahreszeit und vor allem gleich nach dem Kaltstart sehen Sie weiße Auspuffwölkchen vom kondensierenden Wasser. Das ist normal und unbedenklich.

Die Farbe der Auspuffgase

Aus der Farbe der Auspuffgase kann man auf den Zustand des Motors schließen.
□ Schwärzliche Gase bedeuten, daß die Verbrennung wegen Luftmangel oder Kraftstoffüberschuß unvollständig ist. Der Leerlauf kann auch zu fett eingestellt sein oder die Starterklappe(n) öffnet nicht.
□ Bläuliche Gase lassen erkennen, daß Öl durch verschlissene Ventilführungen oder undichte Kolben bzw. Kolbenringe in die Verbrennungsräume gerät und dort mitverbrannt wird. Oder der Motor wurde mit Öl überfüllt, das über die Kurbelgehäuse-Entlüftung und das Luftfilter zur Verbrennung in die Brennräume gelangt.

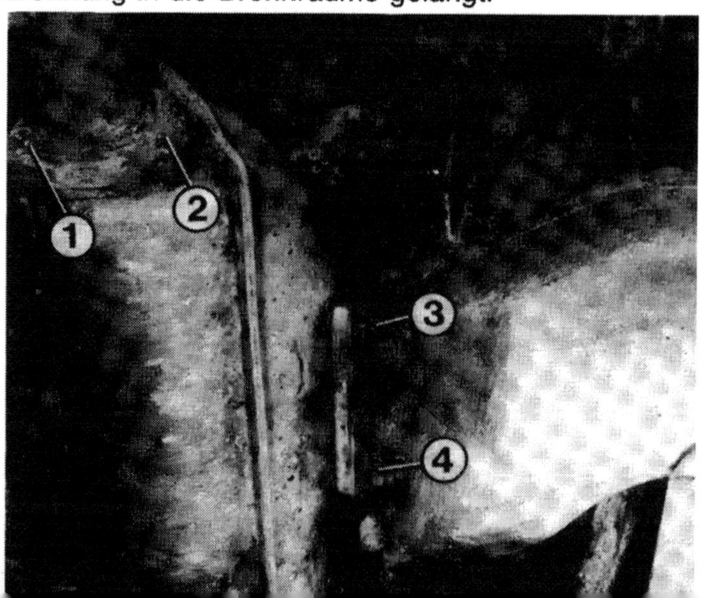

Auspuffschrauben und -muttern präsentieren sich meist stark verrostet, wie hier beim Flachmotor: 1 und 2 – Endrohr-Befestigungsschrauben (die dritte ist verdeckt); 3 und 4 – Verschraubung des Auspufftopfs mit dem Wärmetauscher. Die dritte, schwer zugängliche Mutter sitzt in der Mitte darüber.

□ Unsichtbar bleibt das bei der Verbrennung entstehende Kohlendioxid und das gefährliche, weil giftige Kohlenmonoxid. Deshalb nie in der geschlossenen Garage den Motor laufen lassen!
□ Weiße Gase: Hier handelt es sich um Wasserdampf als chemisches Verbrennungsprodukt, das bei Kälte kondensiert (unbedenklich).
Bei Kurzstreckenverkehr wird der Auspuff innen schwarz gefärbt sein. Der Motor kommt – was sich freilich nicht vermeiden läßt – nur langsam auf die volle Betriebstemperatur, und durch viel Leerlauf liegt Kraftstoffüberschuß vor. Nach Überlandfahrten soll das Auspuffrohr innen hellgrau bis hellbraun gefärbt sein.

Windmühle

Zu den hohen Zeiten der VW-Käfer entstand der zündende Werbespruch »Luft kocht nicht, Luft gefriert nicht«. In der Tat ist an diesem Spruch etwas dran: Luftkühlung benötigt kein Wasser, keinen Kühler, keine Schläuche und was es bei der wassergekühlten Konkurrenz noch so gibt. Freilich gibt es, wie immer, auch Nachteile: Luftgekühlte Motoren sind lauter und sie heizen weniger gleichmäßig als ein wassergekühlter Wagen. Falsch wäre es freilich, aus dem Nicht-Vorhandensein von Wasser und seinem Zubehör zu schließen, daß man sich um die Luftkühlung nie zu kümmern hätte.

So wird gekühlt

Da der Motor beim VW-Bus im Heck untergebracht ist, kann man nicht, wie das beispielsweise bei Motorrädern größtenteils üblich ist, die verrippten Zylinder einfach dem Fahrtwind zur Kühlung aussetzen. Auch würden sich bei langsamer Fahrt schnell Überhitzungsprobleme einstellen.
Deshalb besitzen unsere Motoren ein spezielles Kühlluftgebläse, und das befindet sich beim 1600er-Motor in dem großen schwarzen Blechkasten direkt hinter der Lichtmaschine. Der Flachmotor trägt sein Gebläse in Fahrtrichtung gesehen ganz hinten am Motor.
Angetrieben wird der »Püsterich« beim 1600er-Motor vom Keilriemen, der die Lichtmaschine treibt. Denn das Gebläserad sitzt auf dem hinteren Ende der Lichtmaschinenwelle. Der Flachmotor bekam sein Gebläserad gewissermaßen auf die Kurbelwelle hinten draufgesetzt. Es dreht sich bei diesem Motor also gleich schnell wie die Kurbelwelle. Mit zunehmender Motordrehzahl gibt es also mehr Luft, und das verhält sich beim 1600er genauso. Um ein paar Zahlen zu nennen: Beim 1600er werden bei 4000/min 620 Liter Luft pro Sekunde um den Motor gepustet, beim Flachmotor sind es bei 4600/min 800 l/s. Nach getaner Arbeit wird die Kühlluft nach unten ins Freie abgeführt.

Kühlluftregelung

Je nach Belastung erwärmt sich der Motor mehr oder weniger, entsprechend muß durch konstruktive Maßnahmen dafür gesorgt werden, daß die Kühlluftmenge den jeweiligen Bedürfnissen des Motors angepaßt wird. Dies geschieht durch eine thermostatische Kühlluftregulierung.
Der Thermostat für diese Kühlluftregelung befindet sich rechts unten am Motor. Die Betätigung der Kühlluftklappen erfolgt bei unseren beiden Motorentypen auf unterschiedliche Art: Beim 1600er-Motor wirkt der Thermostat auf eine Betätigungsstange, die je zwei Luftklappen für die rechte und die linke Zylinderreihe nach Bedarf öffnet oder schließt.
Beim Flachmotor sind die Kühlluftklappen (je eine für rechts und links) über einen Drahtzug mit dem Thermostat gekoppelt.
Da der Thermostat auf Temperaturunterschiede des Motors reagiert, regelt er durch Verändern der Klappenstellung die Kühlluftzufuhr zum Motor. Die für die Heizung zur Verfügung stehende Luftmenge wird hiervon nicht beeinflußt. Sie ist nur von der Motordrehzahl bzw. beim Flachmotor zusätzlich noch von der Zuschaltung des elektrischen Heizluftgebläses abhängig.
Schwierigkeiten am Kühlsystem sind praktisch nur durch einen Defekt am Thermostat, Schwergängigkeit der Klappenregulierung oder einen – nur beim 1600er-Motor – nicht straff genug gespannten Keilriemen möglich.

Thermostat ausbauen 1600er-Motor

■ Kurzes Luftführungsblech rechts unterhalb des Motors zwischen rechtem Wärmetauscher und Ölwanne abschrauben.
■ Darunter Thermostat vom Halter und Halter von der Ölwanne losschrauben.
■ Thermostat selbst durch Linksdrehen um seine eigene Achse von der Betätigungsstange lösen.
■ Nach dem Einbau Thermostat einstellen (siehe unten).
■ Luftführungsblech unbedingt wieder einbauen.

Flachmotor

■ Betätigungszug an der Luftklappenwelle losschrauben.
■ Motorverblechung rechts unten abschrauben.
■ Thermostat vom Halter lösen.
■ Wenn nötig, die Überwurfmutter des Drahtzugs vom Thermostat losdrehen.
■ Nach dem Wiedereinbau Thermostat einstellen.
■ Luftblech wieder anschrauben.

Thermostat prüfen

Die Überprüfung des Thermostats braucht nicht in regelmäßigen Abständen vorgenommen zu werden; normalerweise hält er ein ganzes Motorleben lang klaglos durch. Allenfalls wenn Sie das Gefühl haben, daß der Motor nur sehr langsam seine Betriebstemperatur erreicht, kann sich eine Überprüfung lohnen oder wenn der Motor ohnehin zerlegt wurde.
■ Thermostat ausbauen.
■ Thermostat in ein Wasserbad legen und dieses beim 1600er-Motor auf 65–70°C aufheizen, beim Flachmotor auf 85–90°C.
■ Die Länge des Thermostats messen (siehe Zeichnung unten). An der bezeichneten Stelle muß er jetzt 46 mm lang sein. Ansonsten Thermostat ersetzen.

Thermostat einstellen

Wenn der Thermostat ausgebaut oder der Bowdenzug der Kühlluftregelung (Flachmotor) ausgehängt wurde, muß die Luftklappenbetätigung neu eingestellt werden. Die Einstellung erfolgt bei kaltem Motor:

1600er-Motor

■ Thermostat von seinem Halter losschrauben.
■ Thermostathalter am Motorblock lokkern.
■ Thermostat samt Betätigungsstange ganz nach oben drücken.
■ Thermostathalter jetzt so weit verschieben, daß sein oberer Anschlag den Thermostat in seiner jetzigen Stellung berührt.
■ Halter in dieser Stellung festschrauben.
■ Thermostat wieder herunterziehen und am Halter befestigen.

Flachmotor

■ Heizklappenwelle entgegen der Federkraft in Schließstellung bis zum Anschlag drücken (siehe Bild auf der nächsten Seite).
■ Gestrafften Bowdenzug in dieser Stellung festklemmen.
■ Kontrollieren, ob der Bowdenzug richtig auf der Umlenkrolle sitzt.

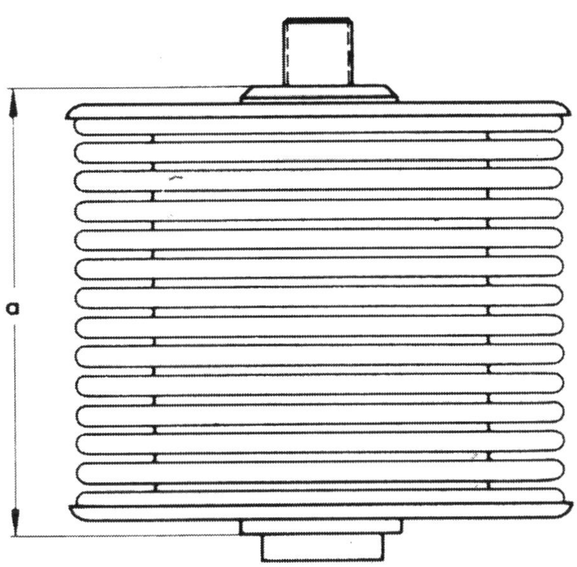

So wird die Thermostatlänge beim Prüfen im Wasserbad gemessen. Das Maß von 46 mm ist bei allen Motoren gleich, die Meßtemperatur dagegen unterschiedlich.

Thermostat einstellen beim 1600er-Motor durch Verschieben von Thermostat und Halter nach oben und unten (Pfeile). Es bedeuten: 1 – Halteschraube; 2 – Halter; 3 – Betätigungsstange; 4 – Thermostat; 5 – Thermostat-Halteschraube.

Die Heizung

Der VW-Bus besitzt eine sogenannte Frischluftheizung, bei der ein Teil der zur Motorkühlung angesaugten Luft gewissermaßen vor dem Motor abgezweigt und zu den Wärmetauschern geführt wird. Durch diese Wärmetauscher laufen die Auspuffrohre der Zylinder und erwärmen – ansonsten natürlich streng getrennt – die für die Heizung vorgesehene Luft mehr oder minder stark.
Die Menge der zu Heizzwecken zur Verfügung stehenden Warmluft hängt dabei in erster Linie von der Motordrehzahl ab. Der Flachmotor besitzt jedoch ein zusätzliches Heizluftgebläse im Motorraum, das bei voll geöffnetem Heizungshebel eine zusätzliche Luftmenge für die Wageninsassen spendiert.
Die Temperatur der Warmluft aus der Heizung ist in erster Linie von der Motorbelastung abhängig. Ein unter Last bergauf ziehender Wagen wird sich weitaus stärker erwärmen als ein ohne Last bergab rollender.

Heizungsgerüche

Diverse Vorgänge im Motorraum kann der VW-Bus-Fahrer im wahrsten Sinne des Wortes »riechen«. So kann sich z. B. ein beim Öleinfüllen danebengegangener Öltropfen ebenso deutlich bemerkbar machen wie ein durchgerosteter Auspufftopf. Durch Luftwirbel am Wagenheck kann es dann vorkommen, daß Auspuffgase wieder vom Kühlgebläse angesaugt werden und auf diese Weise in die Heizkanäle gelangen. Doch auch durch undichte Verbindungen an der Vorwärmleitung, der Warmluftführung oder der Auspuffanlage selbst kann Auspuffgas in die Heizung gelangen. Da Sie wohl kaum Wert auf eine Kohlenmonoxidvergiftung legen, werden Sie die angesprochenen Stellen sicher gern kontrollieren.
Wurde ein Wärmetauscher oder – beim 1600er-Motor – der Auspufftopf gewechselt, kann die Heizung für kurze Zeit etwas nach Lack riechen, doch das ist ungefährlich und gibt sich bald.

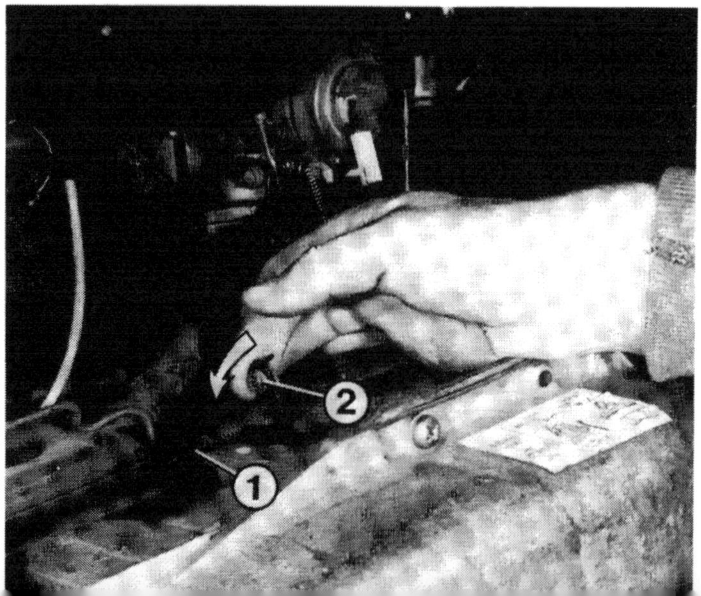

Thermostat einstellen beim Flachmotor: Verdrehen der Kühlluftklappenwelle (1) in Pfeilrichtung und Festziehen der Klemmschraube (2).

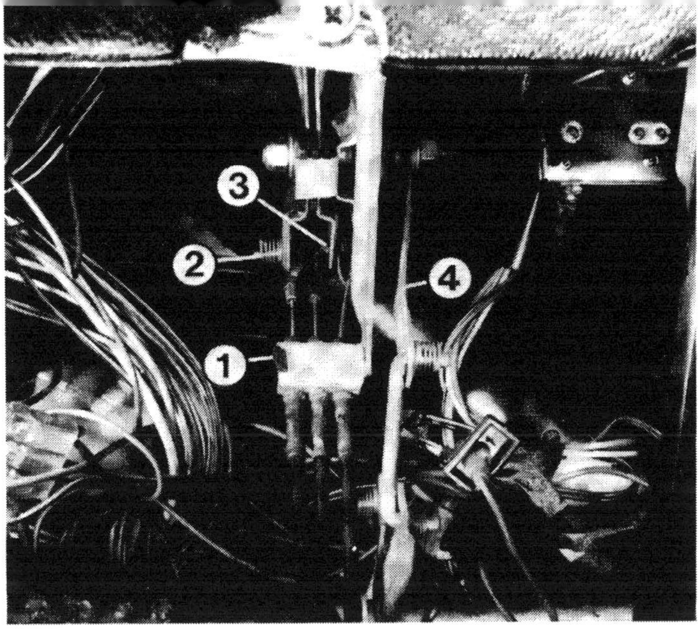

Die Heizungs-/Lüftungshebelatur unter dem Armaturenbrett: 1 – Befestigungsspange für die Hülle der Bowdenzüge; 2 – Betätigungszug »Heizung – oben/unten«; 3 – Bowdenzüge für »Heizung – ein/aus«; 4 – Gestänge für die Lüftungsklappen.

Fingerzeig: *Die Warmluft der Heizung wird vom Gebläse ins Wageninnere gedrückt. Diesen Vorgang können Sie beschleunigen, indem Sie die Entlüftungsklappen in den Türen öffnen bzw. die Fenster oder Drehfenster einen Spalt breit offenlassen. So entsteht kein Überdruck im Wagen, und die Heizluft kann leichter hereingedrückt werden.*

Funktion der Heizungsklappen prüfen

Wartungspunkt Nr. 16

Die Heizklappen – in Fahrtrichtung gesehen ganz vorn oben an den Wärmetauschern – neigen zum Festrosten in ihren Lagern. Genauso vom Rost bedroht sind die kleinen Blechgelenke, in welche die Heizungszüge eingehängt sind. Hier wirkt bisweilen ein Spritzer Öl oder Rostlöserspray Wunder.
Oft sind jedoch auch die Heizungszüge in ihren Hüllen festgerostet, oder beim letzten Motorausbau wurden die Züge einfach abgezwickt. Im ersten Fall Züge wechseln (siehe unten), in letzterem Fall können sie bisweilen noch mit einer Elektro-Lüsterklemme geflickt werden. Übrigens kontrolliert auch der TÜV die Heizungsbetätigung.

Heizungszüge auswechseln

Beim Kauf der neuen Heizungszüge sollten Sie unbedingt die Fahrgestell-Nummer Ihres Wagens parat haben, da mehrere Heizzugversionen zum Einsatz kamen. So werden die Züge ausgewechselt:

- Schraubnippel hinten an den Heizklappen des Motors losdrehen.
- Dort, wo der Zug über dem Getriebe in das Führungsrohr verschwindet, Gummifaltenbalg abziehen. Kunststoff-Führungshülse vom Halter an der Karosserie abhebeln und anschließend vom Führungsrohr abziehen. Notfalls Zugende abzwicken.
- Abdeckblech unter dem vorderen Fußraum abschrauben.
- Den hinten losgeschraubten Seilzug samt Hülle unter dem Fahrerfußraum fassen und nach vorn durchziehen.

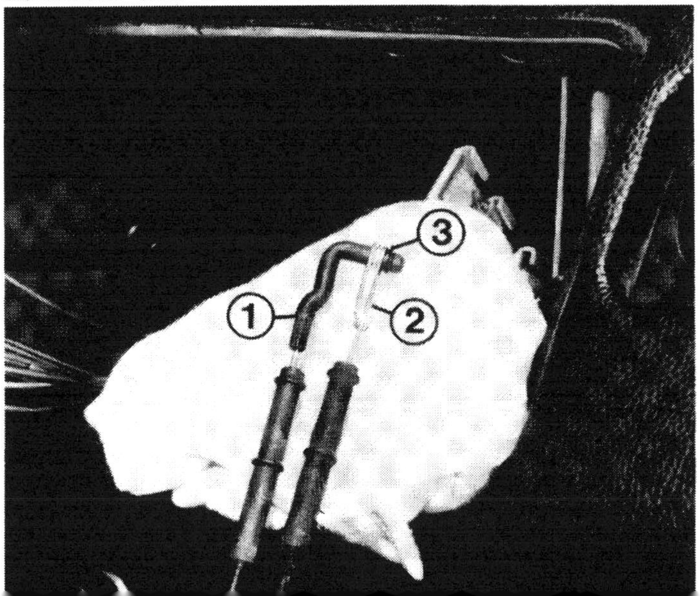

Befestigung der beiden Heizungszüge: Die Drahtschlinge (2) des einen Heizungszugs wird über das gekröpfte Ende (1) des anderen gestülpt. Eine stabile Befestigung ergibt sich durch die Sicherungsscheibe (3).

■ Rost im Führungsrohr verhindert oft das sonst problemlose Herausziehen des alten Bowdenzugs. In diesem Fall unbeirrt – evtl. auch zu zweit – weiterziehen. Die Zughülle wird so länger und damit dünner, was das Herausziehen erleichtert.

■ Vordere Verkleidung im Fahrerfußraum abbauen.

■ Unter dem Armaturenbrett die Sicherungsscheibe des Heizzugs am Heizhebel abdrücken und Züge aushängen (siehe Bild auf der Vorseite).

■ Ebenfalls unter dem Armaturenbrett die Befestigungsspange für die Bowdenzughüllen abhebeln.

■ Heizzüge jetzt vollends nach innen durchziehen.

■ Neue Heizungszüge in sinngemäß umgekehrter Reihenfolge einbauen, dabei die Zughüllen zum leichteren Einschieben in die Führungsrohre einfetten.

Das Heizgebläse

Besitzt der Bus einen Flachmotor, so sitzt hinten im Motorraum ein Luftgebläse, das über einen Schaltkontakt bei voll geöffnetem Heizungshebel am Armaturenbrett in Aktion tritt.

Durch einen Schaltungstrick läuft jedoch das Gebläse nur, wenn der Motor sich dreht. Denn der Schaltstrom für das Relais, über das der Lüfter geschaltet wird, kommt direkt von der Lichtmaschine. Er wird also schon vor dem Regler abgezweigt. Nochmals einfacher: Der Lüfter läuft nur, wenn die Lichtmaschine sich dreht.

Störungen am Heizgebläse

Bleibt eines Tages der zusätzliche Luftstrom aus der Heizung aus, können wir mit einer Elektrik-Prüflampe (möglichst eine mit Nadelspitze zum Durchstechen der Kabelisolierung) an den stromzuführenden Kabeln kontrollieren, ob Spannung am Lüftermotor anliegt. Zuerst wird jedoch geprüft, ob die neben dem Lüftermotor fliegend aufgehängte Sicherung (schwarze Hülse zusammendrücken und linksdrehen) noch intakt ist.

■ Motor starten und Heizungshebel am Armaturenbrett auf »volle Heizleistung« stellen.

■ Gelb/schwarzes Kabel vom Relais zum Gebläse mit der Prüfspitze durchstechen, anderes Ende der Lampe an »Masse«. Leuchtet die Lampe, liegt der Defekt am Gebläsemotor oder die Verbindung Gebläse zur Fahrzeugmasse ist schlecht.

■ Leuchtet die Lampe nicht, prüfen wir das rote Kabel zum Relais, das zusammen mit dem Gebläsemotor im Motorraum festgeschraubt ist. Liegt dort Spannung an, ist entweder das Relais oder eine der Zuleitungen im Schaltkreis des Relais defekt.

■ Deshalb prüfen wir jetzt den Schaltkontakt am Armaturenbrett: Braun/weißes Kabel unter dem Armaturenbrett am Heizhebel abziehen und gegen Masse halten: Läuft der Gebläsemotor jetzt (ein

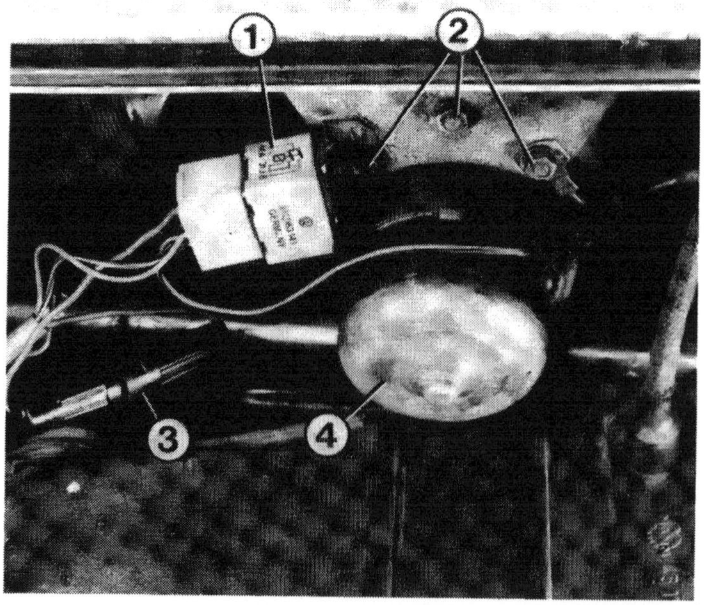

Das Heizgebläse beim Flachmotor: 1 – Schaltrelais; 2 – Befestigungsschrauben des Gebläses; 3 – fliegende Sicherung; 4 – Gebläsemotor.

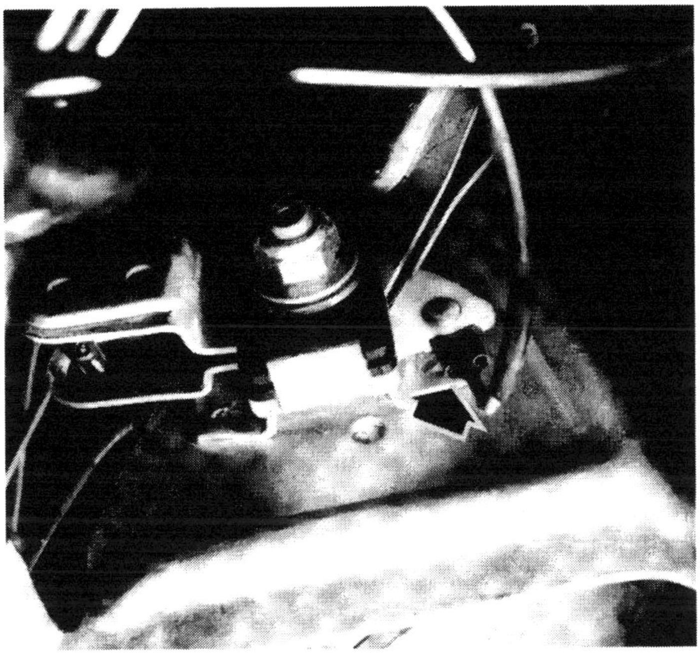

Der Heizgebläsekontakt (Pfeil) vorn am Heizungshebel ist nur bei Wagen mit Flachmotor eingebaut.

Helfer schaut nach), ist der Schaltkontakt am Heizhebel schadhaft.

■ Lag es auch daran nicht, kommt nur noch die blaue Zuleitung vom Regler her in Frage; auf ihr muß Spannung anliegen. Oder die Lichtmaschine ist defekt und lädt nicht. Dann läuft auch der Lüfter nicht.

Benzin-Zusatzheizung

Als Zusatzausstattung ab Werk oder zum nachträglichen Einbau gab bzw. gibt es für den VW-Bus eine Benzinheizung zu kaufen. Eingebaut sein kann die Heizung BA 6 (als Unterflurheizung in der Mitte des Wagenbodens) oder die Heizung BN 4 (im Motorraum).

Die Eberspächer-Heizung arbeitet ähnlich wie eine Ölheizung zu Hause: Es gibt einen Brenner, ein Gebläse, einen Wärmetauscher. Statt der Heizkörper in der Wohnung gibt es im Wageninnern die Warmluft-Öffnung. Diese Warmluft ist selbstverständlich nicht die Verbrennungsluft; diese wird durch ein eigenes Auspuffrohr ins Freie geleitet, gibt ihre Wärme aber vorher im Wärmtauscher an Frischluft ab.

Das verbrannte heiße Gas durchströmt den Wärmetauscher, ein Kanalgebilde, das auf der Innenseite von den heißen Brenngasen, außen von Frischluft umspült wird. Dabei gibt das Gas seine Wärme zum größten Teil an diese Frischluft ab, die als Heizluft in den Wagen kommt. Der Kraftstoffverbrauch der Zusatzheizung liegt etwa zwischen einem halben und einem Liter pro Stunde.

Wer sich näher für diese Zusatzausstattung interessiert, kann sich direkt an die Fa. Eberspächer, Eberspächerstraße 24, 7300 Esslingen, wenden.

Für die Wartung der Heizung und für Reparaturen sind neben den V.A.G.-Werkstätten auch die größeren Bosch-Dienste zuständig. Hier kennt man sich oftmals besser aus, komplizierte elektrische Dinge liegen den reinen Auto-Werkstätten oft weniger.

Flüssige Nahrung

Das Wort Benzin taucht immer wieder in Autogesprächen auf – ein wichtiges Thema also, dem wir durch ein eigenes Kapitel Rechnung tragen.

Kraftstoff für den VW-Bus

Der VW-Bus kommt ausgezeichnet mit Normalbenzin aus, denn er ist ein genügsamer Geselle. Probleme tauchen jedoch mittlerweile auf, weil in der Bundesrepublik kein verbleites Normalbenzin mehr erhältlich ist. Das Blei im Kraftstoff dient nämlich nicht nur der Verbesserung der sogenannten Klopffestigkeit (siehe dazu Text unten). Zusätzlich wirkt es an den Ventilsitzen der Auslaßventile wie ein Puffer – es federt den Aufschlag des Ventils beim Schließen ab. Bei gehärteten Ventilsitzen ist das nicht nötig, doch die haben unsere hier beschriebenen VW-Bus-Modelle noch nicht. Also muß verbleit getankt werden – doch nur jede 5. Tankfüllung. Das genügt laut VW. Damit ergibt sich für das Tanken in der Bundesrepublik folgender Modus: **4 × Normal bleifrei – 1 × Super verbleit** usw. So schonen wir den Motor und auch ein wenig die Umwelt.

Normal- und Superkraftstoff

Die Wörter »Super« und »Normal« stimmen eigentlich nicht, denn beide Kraftstoffarten sind von durchaus gleicher Qualität. Weder im Reinheitsgrad noch im Verdampfungsverhalten (das für die Entzündbarkeit sehr wichtig ist) noch in der Energieentfaltung (Heizwert bezogen je Kilogramm Kraftstoff) zeigen sich Differenzen. Das einzige und allerdings auch wesentliche Unterscheidungsmerkmal ist die Klopffestigkeit, gekennzeichnet durch die Oktanzahl, die bei Super etwa 6 Punkte höher liegt als beim Normalbenzin.

Superkraftstoff kann höhere Kompressionsdrücke aushalten, ohne sich selbst zu entzünden und so das vielzitierte schädliche Motorklopfen zu erzeugen. Zur Selbstzündung des Kraftstoffgemisches kommt es durch die Hitze, die jedes Gas erzeugt, wenn es zusammengedrückt (komprimiert) wird; Sie merken das schon an der Fahrradpumpe, wenn Sie einen Reifen aufpumpen.

Je höher das Kompressionsverhältnis ist, desto stärker erwärmt sich das Gemisch und um so leichter kann es zu Selbstzündungen im Verbrennungsraum kommen, wenn der Kraftstoff nicht klopffest genug ist.

Die Kraftstoffqualität

Die Klopffestigkeit eines Kraftstoffes – und damit seine Qualität – hängt zum einen von der Güte und der Verarbeitung des verwendeten Rohöls ab. Zum anderen wird die Klopffestigkeit durch sogenannte Klopfbremsen gesteigert (im verbleiten Kraftstoff ist dies das hochgiftige Bleitetraäthyl). Die Klopffestigkeit wird durch die Oktanzahl gekennzeichnet – eine Vergleichsgröße, die in einem speziellen Prüfmotor mit Meßkraftstoffen ermittelt wird.

Häufig genannt ist die »Research-Oktanzahl« (ROZ), seltener dagegen die »Motor-Oktanzahl« (MOZ). In der DIN-Norm 51 600 sind die Mindestwerte für verbleiten Kraftstoff festgelegt, denen zufolge verbleites Super ROZ 98 bzw. MOZ 88 haben muß. Bleifreier Kraftstoff nach DIN 51 607 hat als Normalbenzin ROZ 91 bzw. MOZ 82,5 aufzuweisen, als bleifreies Euro Super ROZ 95 bzw. MOZ 85 und als bleifreies Super Plus ROZ 98 bzw. MOZ 88. An allen Markentankstellen finden Sie hierzulande einen Hinweis auf die erfüllte DIN-Norm, aber es werden auch Kraftstoffe ohne DIN-Kennzeichnung verkauft, deren Oktanzahlen möglicherweise nicht ganz den geforderten Werten entsprechen. Bei solchem Benzin kann sich das gefürchtete Klingeln oder Klopfen bemerkbar machen.

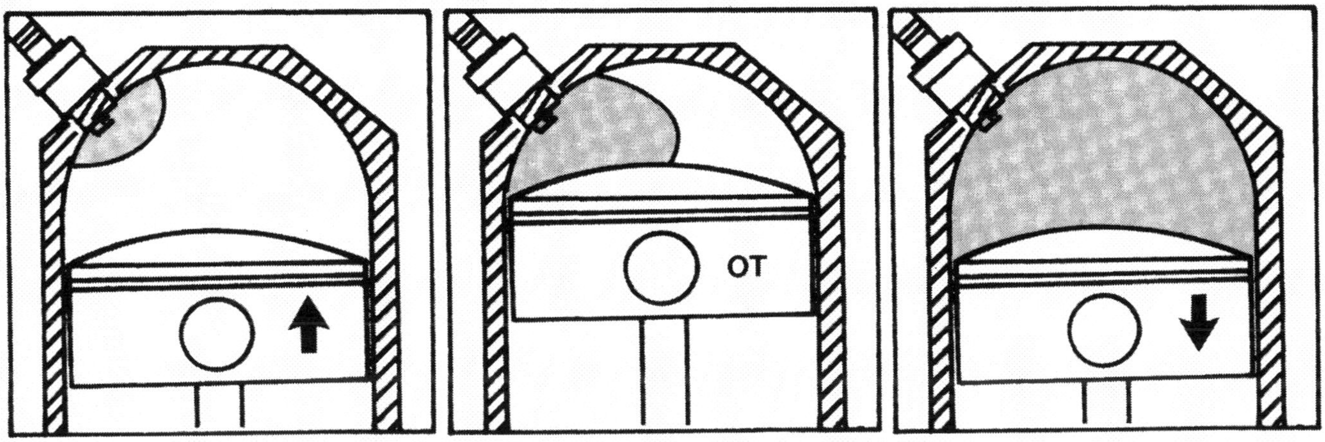

Ablauf einer ordnungsgemäßen Verbrennung

Klingeln und Klopfen

Mit dem Klingeln und Klopfen hat es folgendes auf sich: Das Kraftstoff/Luft-Gemisch verbrennt normalerweise auf »Befehl« der Zündkerze im Zylinder. Wenn an ihren Elektroden der Funke überspringt, entflammt das Gemisch. Ein »klingelfreudiger« Kraftstoff kann es aber nicht erwarten, bis ihn der Zündfunke restlos entflammt hat. Er detoniert schon zum Teil in einer Ecke des Verbrennungsraums durch den hohen Druck und die große Hitze von selbst und knallt der von der Zündkerze her auf ihn zueilenden Flammenfront entgegen. Das gibt einen gewaltigen Druckanstieg im Zylinder, der Kolben erhält einen schmetternden Schlag auf den Kopf, und der Motor wird bis ins letzte Kurbelwellenlager erschüttert. Es hört sich an, als wenn von innen mit einem kleinen Hammer gegen die Zylinderwände geklopft würde.
Hörbar ist das Hochdrehzahlklopfen kaum, weil es von den starken Fahrgeräuschen übertönt wird.
Bekannter, weil besser zu hören, ist das sogenannte Beschleunigungsklingeln. Es macht sich bemerkbar, wenn Sie mit nicht genügend klopffestem Kraftstoff z. B. im 3. Gang aus relativ niedriger Geschwindigkeit heraus voll beschleunigen.
Beide Klopf- und Klingelerscheinungen belasten die Lager des Motors außerordentlich stark und können auf Dauer einen Lagerdefekt hervorrufen.

Fingerzeig: *Bei überwiegendem Kurzstreckenverkehr – bei dem der Wagen nie auf die volle Betriebstemperatur kommt – bilden sich in den Brennräumen Ablagerungen, die gewissermaßen die Verdichtung erhöhen. Deshalb steigt in diesem Fall allmählich der Oktanzahlbedarf, und der Wagen neigt zum Klingeln beim Beschleunigen. Diese Ablagerungen können durch Beigabe eines Brennraumreinigungsmittels zum Kraftstoff (z. B. »Desolite« oder »Tunap«) entfernt werden. Auch darf natürlich die genaue Zündeinstellung beim Kurieren der Klingelei nicht fehlen. Ein weiteres Mittel zum »Freiblasen« der Brennräume ist eine gelegentliche, zügige Überland- oder Autobahnfahrt. Beachten Sie dazu aber den Fingerzeig auf Seite 55.*

Benzinqualität im Ausland

In vielen europäischen Ländern sind die Kraftstoffe durch die Erlaubnis höherer »Bleibeimischung« genauso klopffest oder zumindest fast so klopffest wie bei uns. Schwierigkeiten sind eigentlich nur im Ostblock, in Frankreich, Griechenland, Österreich, Italien, Spanien und Portugal zu erwarten. Da sich jedoch die Kraftstoffqualitäten laufend

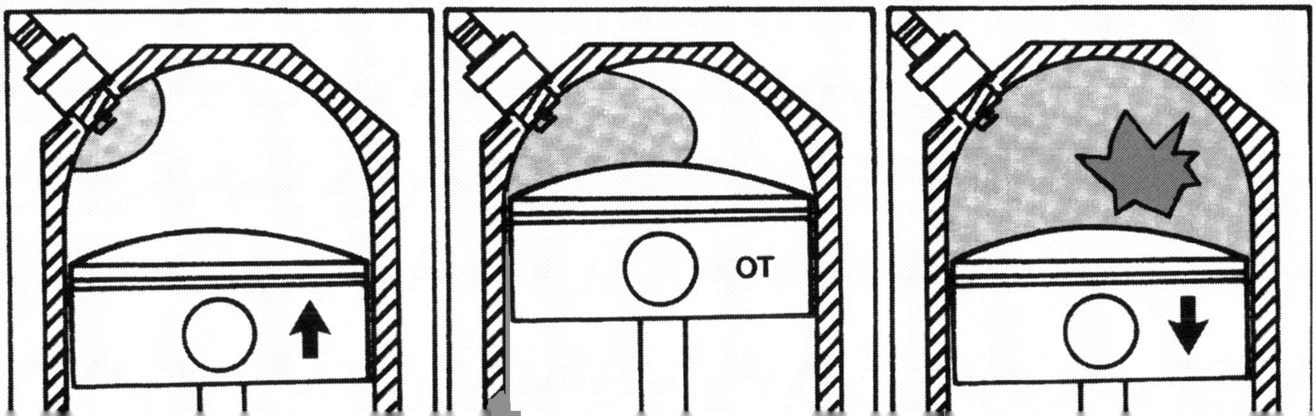

Die Verbrennung beginnt wie gewünscht, doch im entscheidenden Moment (Abwärtsbewegung des Kolbens) entsteht eine unkontrollierte Detonation – das gefürchtete Klingeln.

ändern, empfiehlt es sich, vor einem Auslandsaufenthalt erst einmal eine Autoclub-Geschäftsstelle diesbezüglich zu befragen.
Sind Oktanzahlprobleme zu erwarten, sollten Sie den Motor mit einer Mischung aus Super- und Normalbenzin oder reinem Super betreiben. Fahren Sie darüber hinaus zurückhaltend und beschleunigen Sie nur mäßig. Notfalls kann auch der Zündzeitpunkt etwas zurückgenommen werden (siehe Seite 204).

Fingerzeig: *Wer Fahrten in Länder plant, in denen nur Kraftstoffe mit sehr niedrigen Oktanzahlen verkauft werden, kann sich die vom Werk unter der Mehrausstattungs-Nr. (M-Nr.) 240 geführten Muldenkolben in den Motor einbauen. Dadurch wird die Verdichtung und natürlich auch die Leistung des Motors gesenkt. Diese Kolben gibt es allerdings nur für den 1600er-Motor.*

Der Kraftstoff-Verbrauch

Der Verbrauch ist wegen der hohen Benzinpreise leider ein wesentlicher Faktor der Unterhaltskosten für den Wagen geworden. Wir wollen uns an dieser Stelle mit dem Kraftstoffverbrauch näher befassen – und vor allem damit, wie er gedrosselt werden kann.

Normverbrauch

Bis 1979 – also bis Produktionsende der hier beschriebenen Modellreihe – wurde der Normverbrauch nach der inzwischen veralteten Methode gemessen. Das Fahrzeug fuhr dazu mit konstant $^2/_3$ seiner Höchstgeschwindigkeit mit halber Nutzlast auf absolut ebener Fahrbahn bei Windstille.
Die heutige DIN-Prüfbedingung 70030, die nunmehr aus drei Einzelprüfungen besteht, trifft also für die hier beschriebene VW-Bus-Generation nicht mehr zu. Die alte Methode ist allerdings nicht ganz praxisgerecht, wie die Tabelle unten zeigt.

Verbrauchsmessung mit Fahrtenbuch

Für die laufende Verbrauchsbeobachtung eignet sich am besten ein ordentlich geführtes Fahrtenbuch (kostenlos bei der Tankstelle erhältlich). Die Verbrauchsmessung geht dann so: Jeweils getankte Benzinmengen eintragen, alle paar tausend Kilometer zusätzlich nach dem Volltanken den genauen Kilometerstand eintragen. Alle Nachfüllmengen zwischen zwei km-Eintragungen addieren und den Gesamtverbrauch durch die gefahrenen km (mindestens 1000 km!) teilen und mit 100 multiplizieren – das ergibt den Liter-Verbrauch auf 100 km.

Verbrauchswerte in Theorie und Praxis

Wie kaum bei einem anderen Auto beeinflussen beim VW-Bus Fahrweise, Fahrgeschwindigkeit und Motorzustand den Verbrauch. So sind zum Beispiel beim 1600er-Motor Verbräuche von unter 10 bis 18 Litern pro 100 km möglich – je nach dem, ob der Wagen auf einer auf 90 km/h beschränkten französischen Landstraße oder mit Volldampf durch den Großstadttrubel bewegt wurde.
Hier nun die Gegenüberstellung unserer durchschnittlichen Praxiswerte mit den Verbräuchen nach alter DIN-Norm.

Motorversion	1600	1700	1800	2000
Normverbrauch	11,4 l/100 km	12,9 l/100 km	12,5 l/100 km	11,8 l/100 km
Praxisverbrauch	12,8 l/100 km	14,4 l/100 km	14,2 l/100 km	13,9 l/100 km

Wovon hängt der Verbrauch ab?

Das Geld liegt gewissermaßen unter der rechten Schuhsohle. Wer wirtschaftlich Auto fahren will, sollte in erster Linie seinen rechten Fuß disziplinieren, doch davon später. Zuerst wollen wir uns den »äußeren« Einflüssen zuwenden.

Unbeeinflußbare Bedingungen

□ Witterung; Luftfeuchtigkeit, Luftdruck und Temperatur beeinflussen die Bildung des Kraftstoff/Luft-Gemisches. Gegenwind hemmt das Fortkommen, Rückenwind kann dagegen helfen, etwas Benzin zu sparen. Kälte läßt die Schmierstoffe zähflüssiger werden, die dann allen drehenden Teilen einen höheren Widerstand entgegensetzen. Der Kraftstoff vergast schlechter, die Starthilfe – durch die geschlossene Starterklappe(n), siehe Seite 103 – wird länger gebraucht, um dem Motor kraftstoffreicheres Gemisch zu liefern.

Und nicht zuletzt erhöhen Schnee und Matsch auf der Straße den Rollwiderstand, was zusätzlich Benzin kostet.

□ Fahrbahnart und Straßenzustand; die Räder rollen auf glattem Beton oder Asphalt leichter als auf rauhem Fahrbahnbelag, Schotter-, Feld- oder gar Schlammwegen. Außerdem muß man auf schlechten Straßen oft in einem kleineren Gang fahren, was zusätzlich Benzin kostet.

□ Gebirge; nicht nur das Bergauffahren kostet Kraftstoff, in höheren Regionen ist zusätzlich der Luftdruck geringer und der im Flachland einregulierte Vergaser liefert dem Motor nun fetteres Kraftstoff/Luft-Gemisch. Selbst bergab läßt sich im Gebirge kaum Sprit sparen. Die Bremsen würden zu stark beansprucht, wenn man nicht zusätzlich auch mit dem Motor bremst. Der läuft dann aber im unwirtschaftlichen, hohen Drehzahlbereich, siehe auch Seite 88.

□ Stop-and-go-Verkehr; ständiges Anfahren und Bremsen, lange Leerlaufzeiten, wobei das Triebwerk mit Kraftstoffüberschuß arbeitet und nicht richtig warm wird, steigern den Kraftstoffkonsum um 30% und mehr.

Fahrzeugursachen

□ Rollwiderstand; hierfür sind die Reifen und Radlager zuständig, unter Umständen auch die Bremsen. Der Reifen drückt sich an dem Punkt, an dem er die Fahrbahn berührt, etwas platt, was Widerstand erzeugt. Dabei spielt der Reifendruck eine entscheidende Rolle. Ein hart gepumptes Rad läuft leichter, denn höherer Druck verringert die Aufstandsfläche. 0,5 bar Luftdruck zu wenig steigern den Verbrauch um 10–15%.

Gürtelreifen mit Sommerprofil haben den geringsten Rollwiderstand. Diagonal- und grobstollige Winterreifen rollen schlechter, mit aufgelegten Schneeketten ist der Rollwiderstand am höchsten. Zu stramm eingestellte oder defekte Radlager hemmen die Fortbewegung, ebenso schleifende Bremsen (leichtes Gefälle: rollt der Wagen selbsttätig?). Auch eine grob verstellte Achseinstellung erhöht den Rollwiderstand.

□ Gewicht; hohe Belastung steigert durch größere Abplattung der Reifen den Rollwiderstand, außerdem muß der Motor beim Beschleunigen und Bergauffahren mehr Kraft aufbringen, den Wagen vorwärts zu bewegen. Je 100 kg Zuladung kosten bis zu einem Liter Kraftstoff mehr. Deshalb alle nicht benötigten Gegenstände aus dem Wagen nehmen.

□ Höherer Luftwiderstand durch Dachträger (besonders mit sperrigem Gepäck), durch ein Hochdach, Hubdach, Bugrad oder durch große Lastwagenspiegel verursachen bei zügiger Fahrt einen ordentlichen Mehrverbrauch. Im Stadtverkehr ist der Einfluß geringer. Deshalb Träger und Gepäck möglichst bald wieder abnehmen bzw. versuchen, bei der Urlaubsfahrt das Gepäck ohne Träger unterzubringen.

Bei Geschwindigkeiten ab 80 km/h erhöht sogar ein geöffnetes Seitenfenster oder Schiebedach den Luftwiderstand.

□ Wohnwagen, Last- oder Bootsanhänger belasten die Benzinrechnung je nach Gewicht und Luftwiderstand.

Motorursachen

□ Die in den Fahrzeugpapieren angegebenen kW (früher PS) kommen leider nicht vollzählig an den Antriebsrädern an. Ein Teil bleibt an den Zusatzaggregaten des Motors (Gebläse, Lichtmaschine) und vor allem im Getriebe hängen. Je höher die Antriebsverluste sind, desto mehr Kraft muß der Motor aufbringen, um sie zu überwinden und damit den Wagen in Gang zu bringen – und das kostet Kraftstoff.

□ Wurde ein neuer Motor eingebaut, so kann dieser auf den ersten paar tausend Kilometern durstiger sein als später. Das liegt daran, daß die neuen Kolbenlaufbahnen, Lager und Wellen noch nicht eingelaufen sind und deshalb noch höhere Reibungskräfte zu überwinden haben.

□ Der mechanische Zustand des Motors spielt eine wesentliche Rolle. Zu geringe Kompression durch schadhafte Ventile bzw. Kolben und Zylinder kostet Kraftstoff.

□ Ein abgequetschtes Auspuff-Endrohr oder ein eingebeulter Auspufftopf hemmt durch den kleineren Querschnitt den Abgasfluß: Die Motorleistung sinkt, der Verbrauch steigt.

□ Ein durchgerosteter Auspuff hat einen geringeren »Staudruck«. Der vermeintlich »sportliche« Klang überdeckt schlechtere Motorleistung und höheren Verbrauch.

□ Zu hohe Leerlaufdrehzahl steigert den Benzinkonsum nicht nur des im Stand laufenden Motors, sondern wirkt bis in mittlere Drehzahlbereiche verbrauchssteigernd. Außerdem ist die Motorbremswirkung im Gefälle geringer.
□ Störungen am Vergaser durch falsche Einstellung des Leerlaufs, der Beschleunigungspumpen-Einspritzmenge oder des Schwimmerstands, undichtes Schwimmernadelventil, verstellte oder klemmende Starterklappe(n), verschmutzte oder verstopfte Düsen steigern den Verbrauch.
□ Verschmutztes Luftfilter; der mit der Verbrennungsluft angesaugte Staub setzt sich in den Filterporen ab, die Löcher setzen sich zu und werden weniger luftdurchlässig. Der Motor leidet unter Luftmangel und verbrennt zu fettes Gemisch.
□ Mängel an der Zündanlage; falsche Zündeinstellung (durch abgenutzte Unterbrecherkontakte), fehlerhaft arbeitende automatische Zündverstellung (siehe Seite 204). 1° zu viel Spätzündung (siehe Seite 194) kostet etwa 1 % mehr Kraftstoff. Zu weit abgebrannte oder verschmutzte Zündkerzenelektroden bewirken bis zu 10 % Mehrverbrauch.
□ Zu dickes Motoröl erhöht den Reibungswiderstand im Triebwerk, vor allem in der Warmlaufphase nach dem Kaltstart. Wer statt der normalerweise vorgeschriebenen Ölviskosität (siehe Seite 40) ein sogenanntes Leichtlauföl verwendet, spart damit etwas Kraftstoff. Bei Einhaltung der vorgeschriebenen Ölwechselintervalle wird die Ersparnis durch den beträchtlich höheren Ölpreis jedoch wieder aufgebraucht.

Fahrerursachen

D-Zugfahrt kostet Zuschlag, das müssen Sie sich immer vor Augen halten, wenn Sie Ihren eigenen Verbrauch mit den Erfahrungswerten auf Seite 86 vergleichen.
□ Die Fahrgeschwindigkeit ist der wesentlichste Verbrauchsfaktor: Mit zunehmendem Tempo wächst der Rollwiderstand der Reifen durch vermehrte Walkarbeit. Noch größer ist der Einfluß des Luftwiderstands. Er ist bei 100 km/h nicht etwa doppelt so hoch wie bei 50 km/h, sondern er vervierfacht sich (er nimmt im Quadrat zu). Ein sehr wichtiger Punkt beim VW-Bus mit seiner großen Stirnfläche!
□ Bleifußfahren kostet unnötig Benzin. Selbst bei zügiger Autobahnfahrt braucht das Gaspedal nicht bis zum Bodenblech durchgetreten zu werden. Leichtes Anheben des Gasfußes bewirkt keine oder nur eine geringe Geschwindigkeitsverminderung, aber der Verbrauch sinkt um einiges. Probieren Sie selbst aus, ab welcher Gaspedalstellung das Tempo nachläßt. Auch an Steigungen ist nicht immer Vollgas nötig.
□ Bei hohem Fahrtempo tritt die sogenannte Vollastanreicherung des bzw. der Vergaser in Aktion. Sie kostet zusätzlich zum erhöhten Luftwiderstand bei höheren Geschwindigkeiten Kraftstoff.
□ Anfahren mit viel Gas, Beschleunigen bis in hohe Drehzahlen (Ausdrehen der Gänge) und notgedrungen oft auch hartes Bremsen ist verschwenderisch!
□ Zwischengas ist nicht nur überflüssig beim vollsynchronisierten VW-Getriebe (siehe Seite 119), sondern kostet auch unnötig Kraftstoff.
□ Warmlaufenlassen frißt das Benzin ohne Nutzen. Der unbelastete Motor wird nur sehr langsam warm, das bedeutet zusätzlichen Verschleiß und unnötige Lärmbelästigung.

So fahren Sie sparsam

Zum Thema Spritsparen hört man bisweilen Widersprüchliches. Was den Fahrstil angeht, haben neuere Erkenntnisse frühere Auffassungen widerlegt. Heute gilt: »Je niedriger die Motordrehzahl, desto niedriger der Verbrauch.«
□ Wirklich günstig ist der Verbrauch bei niedriger Drehzahl und hoher Motorbelastung. Eine derartige Fahrweise war lange als »Motorquälerei« verpönt. Doch alle namhaften Automobilhersteller vertreten heutzutage die Ansicht, daß ihre Motoren selbst dann noch optimal geschmiert werden, wenn unsinnigerweise aus Leerlaufdrehzahl im höchsten Gang herausbeschleunigt wird. Sie können sich also beruhigt folgende Fahrweise aneignen: Zügig beschleunigen, nicht etwa zaghaft Gas geben, aber möglichst früh den nächsthöheren Gang einlegen.
Ist die gewünschte Geschwindigkeit erreicht, schalten Sie in den höchstmöglichen Gang und lassen den Wagen mit wenig Gas rollen. Hoch drehen soll der Motor eigentlich nur, wenn es die Verkehrssituation erfordert, also beim Überholen oder beim Einspuren in den fließenden Verkehr.

□ Die VW-Bus-Motoren sind bei rund 2000/min hinreichend durchzugskräftig. Lassen Sie deshalb den Motor möglichst nur so weit drehen, daß Sie im nächsthöheren Gang aus ca. 2000/min weiterbeschleunigen können. Daraus ergeben sich folgende Hochschaltmarken in km/h:

Alle Modelle	1. in 2. Gang	2. in 3. Gang	3. in 4. Gang
	20–25 km/h	35–40 km/h	55–60 km/h

□ Bei jedem längeren Halt den Motor abstellen, z. B. vor einer Eisenbahnschranke, Baustellenampel oder im Verkehrsstau. Bereits bei 5–7 Sekunden Wartezeit haben Sie Benzin gespart.
□ Sparen können Sie durch Rollenlassen des Wagens: Wenn Sie an eine Stopstelle, Stauung o. ä. heranfahren, nicht mit eingelegtem Gang verzögern, sondern Schalthebel in den Leerlauf drücken. An mäßigen Gefällstrecken den Gang herausnehmen, aber nie bei einer Paßabfahrt, sonst werden die Bremsen überlastet. Nie bei eingelegtem Gang die Kupplung lediglich durchtreten, sondern den Gang herausnehmen, sonst besteht in niedrigen Gängen und höheren Geschwindigkeiten Gefahr für die Kupplung. Auf keinen Fall dürfen Sie beim Rollenlassen den Motor abschalten! Denn bei Wagen mit Bremskraftverstärker fällt dann schon nach wenigen Bremsungen die Bremsunterstützung aus. Außerdem könnte unter ungünstigen Umständen das Lenkschloß einrasten. Übrigens: In der Schweiz ist dieses Rollenlassen verboten.

Noch einige zusätzliche Spartips

□ Eine Extrafahrt zu einer weiter entfernten, billigen Tankstelle lohnt sich nur bedingt. Tanken Sie an der billigsten Zapfstation, an der Sie ohnehin vorbeifahren. Außerdem grundsätzlich volltanken, wenn der Preis günstig ist.
□ Im Sommer den Tank nicht kragenvoll füllen, wenn der Wagen anschließend gleich in der prallen Sonne abgestellt wird. Der in den Erdtanks kühl gelagerte Treibstoff dehnt sich bei Erwärmung aus und kann bis zu 2 Liter Mehrvolumen einnehmen. Die so entstandene Mehrmenge Benzin kann nur zu einem Teil von den Ausdehnungsgefäßen der Tankentlüftung aufgenommen werden. Der Rest geht über die Entlüftung verloren.
□ Elektrizität kostet auch im Auto Geld. Eine unbelastete Lichtmaschine ist leichter durchzudrehen, als wenn sie Leistung abgeben muß. Als Anhaltspunkt kann gelten, daß 100 Watt in der Stunde etwa 10 Pfennig kosten. Deshalb Stromverbraucher, wie die heizbare Heckscheibe oder Nebelscheinwerfer rechtzeitig wieder abschalten. Aber nicht aus falschem Sparbewußtsein Licht sparen! Abblendlicht ist in der Bundesrepublik bei Beginn der Dämmerung, bei Nebel sowie starkem Regen und Schneefall zwingend vorgeschrieben.
□ Mit leichtem Schuhwerk läßt sich gefühlvoller Gas geben als mit Wander- oder Skistiefeln. Auf Langstreckenfahrten empfehlen wir Turn- oder Gymnastikschuhe.
□ Noch ein letzter Tip: Suchen Sie sich, wenn möglich, einen Weg und eine Zeit aus, bei der Sie nicht in den Hauptverkehr geraten. Eine etwas weitere Strecke ist oftmals wirtschaftlicher als eine kürzere, aber überfüllte.

Die Reichweite

Der Tank faßt rund 56 Liter, wovon etwa 5 Liter als Reservemenge anzusehen sind – der Zeiger der Benzinuhr steht dann auf »R« bzw. im roten Feld.
Wie weit bei Ihnen eine Tankfüllung reicht, können Sie nach folgender Formel genau errechnen: Tankinhalt multipliziert mit 100, geteilt durch Ihren persönlichen Durchschnittsverbrauch. Beispiel: $56 \times 100 = 5600$. $5600 : 14{,}4 = 389$ km. Nach dieser Kilometerzahl ist dann aber auch die Reservemenge weg. Man wird also, je nach Dichte des Tankstellennetzes nach 340 km (oder entsprechend früher) wieder tanken, um nicht bis zum letzten Tropfen zu fahren.

Vom Tank zur Kraftstoffpumpe

Vorratshaltung

Wenn hinten auf der Motorkonsole ein Zahnputzbecher mit Benzin stünde, durch einen Schlauch mit dem Vergaser verbunden, würde der Motor zumindest eine gewisse Zeit ordentlich laufen. Da wir's aber gerne bequem haben, befindet sich der Kraftstoff in einem speziellen Tank und zum Motor gefördert wird er durch die Benzinpumpe.

Der Tank

Er faßt **56 Liter** (einschließlich Reserve) und ist in Fahrtrichtung gesehen ein Stück vor dem Motor hinter einer abschraubbaren Schottwand versteckt. Da er aus Blech gefertigt ist, kann das bei längeren Standzeiten entstehende Kondenswasser Rostansätze in seinem Innern bewirken.
Die Rostkrümel setzen anschließend die Vergaserdüsen zu (oder, wenn eingebaut, das Filter), was die Fahrfreude erheblich trübt. Wird also der Wagen beispielsweise über Winter abgemeldet, sollten Sie den Tank vorher kragenvoll füllen. So kann kein Kondenswasser entstehen.

Fingerzeig: *Bevor Sie irgendwelche Arbeiten an der Kraftstoffanlage in Angriff nehmen, sollten Sie unbedingt das Batterie-Massekabel abklemmen. Unbeabsichtigte elektrische Verbindungen können zu gefährlicher Funkenbildung führen.*

Tank ausbauen

Ob der Tank wirklich ausgebaut werden muß, sollten Sie sich gut überlegen, denn dazu muß zuerst der Motor herausgenommen werden (Ausnahme: Pritschenwagen), was natürlich einen erheblichen Arbeitsaufwand darstellt. Die Arbeitsreihenfolge:

■ Motor ausbauen (siehe Seite 60).

■ Blechschrauben der Schottwand vorn im Motorraum herausdrehen und Schottwand abnehmen.

■ Der Tank ist nun zugänglich.

■ Tankinhalt vollständig ablassen.

■ Schläuche für Einfüllstutzen und Entlüftung und Kabel zum Tankgeber abziehen.

■ Spannbänder lockern und Tank herausziehen.

■ Beim Einbau auf den dichten Sitz der Schlauchverbindungen achten, evtl. Schläuche erneuern.

Geber für die Tankanzeige ausbauen

Der Tankgeber sitzt oben im Kraftstofftank und ist bei ausgebautem Tank leicht zu erreichen. Bei eingebautem Tank ist das schon schwieriger (Ausnahme: Wagen mit Flachmotor, Pritschenwagen), denn im Blech der Motorkonsole hinten im Wagen ist keine Aussparung vorgesehen, durch die der Geber zugänglich wäre.

■ **Wagen mit 1600er-Motor:** Meßpunkt auf der Motorkonsole anzeichnen, und zwar 893 mm von der hinteren Laderaumkante (wo die Heckklappendichtung sitzt) und 807 mm von der linken inneren Seitenwand entfernt.

■ Um diesen Meßpunkt einen Kreis von ca. 40 mm anzeichnen und mit der Blechschere ausschneiden. Beim Vorbohren darauf achten, daß der Tank nicht mit angebohrt wird.

■ Tankgeber von Spänen reinigen (Staubsauger) und losschrauben.

■ Beim Einbau neue Dichtung verwenden.

■ Blechstück zurechtschneiden, mit Blechschrauben über dem Ausschnitt der Konsole befestigen und mit Dichtmasse verkitten.

■ **Bei Wagen mit Flachmotor:** Zum Tankgeber-Ausbau die Zwischenwand vor dem Motor abschrauben.

Wozu Tankentlüftung?

Wichtig für den einwandfreien Kraftstoffnachschub ist die Belüftung des Tanks: In dem Maß wie Benzin verbraucht wird, muß Luft nachströmen können, sonst würde sich im Tank ein Vakuum bilden und der Kraftstofffluß würde stocken. Ferner muß der Tank belüftet werden, um dem Benzin Gelegenheit zum Ausdehnen bei Erwärmung zu geben. Auch muß beim Betanken genug Luft aus dem Tank austreten können, damit das hineingeschüttete Benzin nicht wieder zum Einfüllstutzen heraussprudelt.

Die Tankentlüftung beim VW-Bus

Die Entlüftung besteht aus zwei Einzelleitungen, ist an zwei Stellen am Tank angeschlossen und führt dann bis hinauf in die Kühlluft-Eintrittsöffnungen. Dort verdicken sich beide Leitungen zu je einem Ausdehnungsgefäß. Diese Behälter sind in der Lage, eine gewisse Kraftstoffmenge aufzunehmen. Das kann nötig werden, wenn sich das Benzin im randvollen Tank unter Sonneneinstrahlung auszudehnen beginnt.
Der weitere Verlauf der Leitungen führt wieder hinunter in den Motorraum. Dort münden beide Leitungen wieder in eine einzige, die dann zum Luftfilter führt. Von dort erhält die Entlüftung ihre Frischluft und etwa austretende Benzindämpfe werden (umwelt-) freundlicherweise vom Motor angesaugt.
Bei Fahrzeugen mit Tankklappe bis 7/73 dient ein zusätzlicher dickerer Entlüftungsschlauch am Einfüllstutzen zur Schnellentlüftung beim Betanken.

Die Kraftstoffpumpe

Im Oberteil der Pumpe ist das Saug- und das Druckventil eingebaut, im Unterteil sitzt der Steuermechanismus. Die Membrane zwischen Ober- und Unterteil dient gleichzeitig als Dichtung. Eine Feder am Pumpenstößel zieht diesen und damit die daran befestigte Membrane nach unten, das Saugventil öffnet, und aus dem Tank wird Benzin abgesaugt. Der Exzenter drückt den Pumpenstößel mit der Membrane zurück, das Druckventil öffnet, und Kraftstoff wird in den Vergaser gefördert.

Die Kraftstoffpumpe des 1600er-Motors

Die Kraftstoffpumpen der hier behandelten Baujahre lassen sich nicht mehr zerlegen, wie das früher der Fall war. Alles was sich hier noch abbauen läßt, ist der Filterdeckel und das Benzinsieb (siehe Bild unten).

Die Kraftstoffpumpe des Flachmotors

An die Pumpe der Flachmotoren kommt man nur von unterhalb des Wagens heran. Dort sitzt sie vorn rechts am Motor. Diese Pumpe ist noch zerlegbar ausgeführt. Eine defekte Membran kann also ausgewechselt werden.

Störungen an der Kraftstoffpumpe

Kommt bei einer Motorstörung ein Fehler im Bereich Kraftstoffversorgung in Betracht, gehen Sie folgendermaßen vor:

■ Benzinschlauch am Vergaser abziehen und in einen kleinen Behälter (Kappe der Warndreieck-Hülle) halten. Von Helfer mit dem Anlasser den Motor durchdrehen lassen. Spritzt Benzin aus der Leitung? Wenn ja, ist die Kraftstoffzufuhr in Ordnung.

■ Kommt kein Benzin, prüfen Sie die Pumpe. Beide Benzinschläuche abziehen und Ersatzbenzinschlauch aufstek-

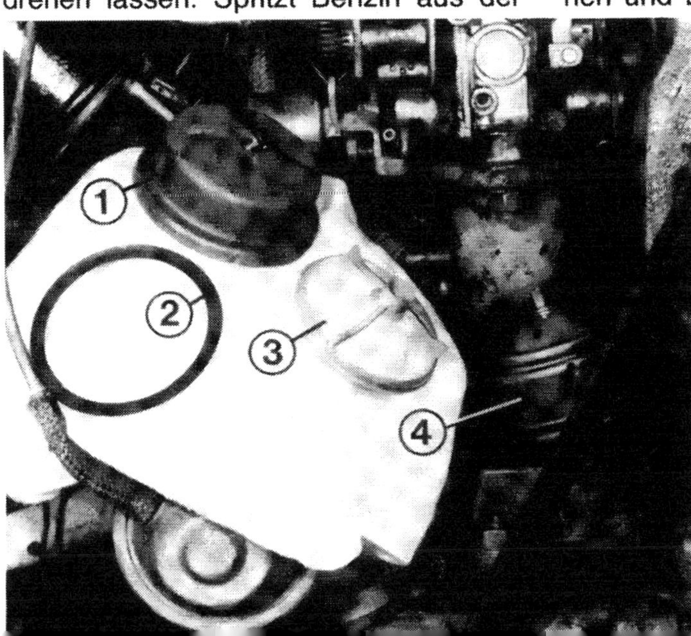

Zerlegte Benzinpumpe beim 1600er: 1 – Pumpendeckel; 2 – Dichtring; 3 – Benzinsieb; 4 – Benzinpumpen-Unterteil.

ken: Am Tankanschluß der Pumpe muß Durchblasen mit dem Mund möglich sein, jedoch kein Absaugen. Am Vergaseranschluß ist es umgekehrt: Ansaugen muß möglich sein, Durchblasen nicht.

■ Eine weitere Fehlermöglichkeit: Streikt die Pumpe nur bei warmem oder heißem Motor, klemmt möglicherweise der Pumpenstößel in dem rotbraunen Kunststoff-Isolierflansch unter dem Pumpensockel.

Kraftstoffpumpe ausbauen

Beide Kraftstoffpumpen lassen sich durch Lösen von zwei Muttern bzw. Schrauben am Sockel der Pumpe lösen. Benzinschläuche abziehen – den Zulaufschlauch mit M-6-Schraube dicht verschließen. Beachten Sie ferner:

■ 1600er-Motor: Pumpe erst vom rotbraunen Isolierflansch abziehen, dann Stößelstange herausziehen und erst dann – so überhaupt nötig – Isolierflansch abnehmen. Bei gleichzeitigem Ausbau besteht die Gefahr, daß der Stößel ein Stück ins Kurbelgehäuse rutscht.

■ Flachmotor: Erst den Ansaugschacht für die Ansaugluft-Vorwärmung in Fahrtrichtung vor dem Motor ausbauen. Dann kommen Sie auch an die obere Befestigungsschraube (Innenvielzahn SW 8) heran.

Fingerzeig: *Achten Sie darauf, daß alle Benzinschläuche mit den serienmäßigen Quetschklemmen oder mit nachträglich montierten Schraubklemmen auf den Schlauchstutzen von Benzinpumpe und Vergasern befestigt sind. Abgerutschte Schläuche sind häufig die Ursache von Motorbränden, wie sie auch beim VW-Bus gelegentlich vorkommen.*
Eine Ersatz-Benzinpumpe (vom Schrottplatz besorgen) ist eine gute Bereicherung des Reisegepäcks bei Urlaubsfahrten.

Benzinsiebe und -filter reinigen bzw. auswechseln
Wartungspunkt Nr. 44

Ein Sieb in der Kraftstoffpumpe soll Verschmutzungen aus dem Tank von Pumpenventilen und Vergaserdüsen fernhalten. Das von VW empfohlene Intervall von 20 000 km scheint uns dabei etwas zu kurz zu sein. Lediglich auf Fernreisen, wenn das Benzin aus irgendwelchen Fässern gezapft werden muß, kann dieses häufige Reinigen nötig werden. Ansonsten können unserer Meinung nach ruhig 40 000 km zwischen den Kontrollen verstreichen. Hier die Arbeitsbeschreibung:

■ Beim 1600er-Motor die zentrale Schlitzschraube auf dem Benzinpumpen-Deckel herausdrehen (Vorsicht, Benzin läuft aus). Deckel abnehmen und das darunter befindliche Sieb in Kraftstoff auswaschen. Beim Zusammenbau den Dichtring sorgfältig einlegen. Er gehört zwischen Sieb und Pumpen-Unterteil. Wichtig beim Aufsetzen des Deckels: Die Kerbe im Pumpendeckel muß genau in

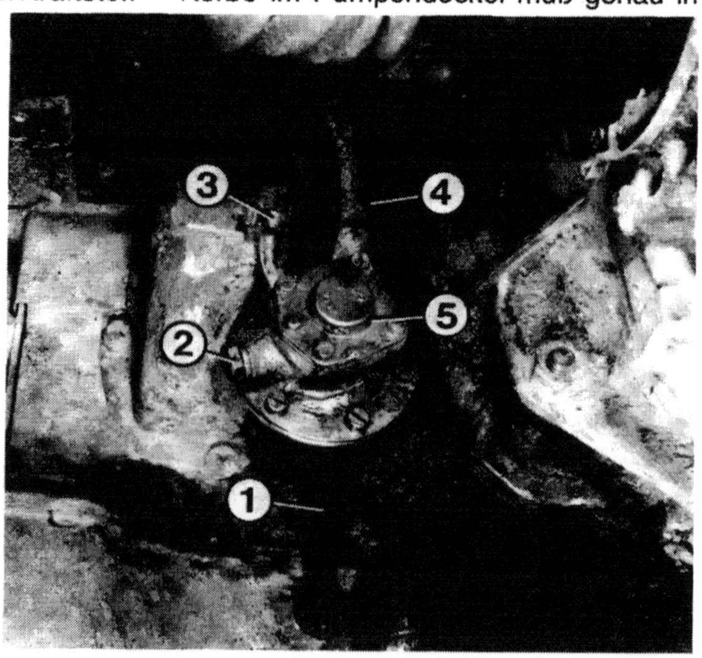

Die Benzinpumpe (5) am Flachmotor von unterhalb des Wagens gesehen: 1 – Ablaufschlauch, 2 – Verschlußschraube; dahinter Benzinsieb; 3 – Benzinschlauch zum Vergaser; 4 – Benzinschlauch vom Tank.

die Aussparung am Pumpengehäuse rasten.

■ Beim Flachmotor Leitung vom Tank zur Benzinpumpe abklemmen (mit Zange o. ä.) und Messing-Verschlußschraube an der Seite der Pumpe herausdrehen. Den kleinen Kraftstoffiltereinsatz herausziehen und in Benzin auswaschen. Beim Einsetzen den Dichtring unter der Verschlußschraube nicht vergessen!

■ Ein weiteres Benzinsieb, das jedoch nicht regelmäßig gereinigt werden muß, befindet sich im Tank. Es ist mit dem Anschluß der Leitung zur Benzinpumpe kombiniert. Wird die Überwurfmutter des Anschlusses herausgedreht (Tankinhalt vorher ablassen), kommt man an das Sieb heran.

■ Statt dieses Siebs oder zusätzlich sitzt gleich am Tank – also oberhalb des Getriebes – bisweilen ein Wegwerf-Benzinfilter. Ist es zugesetzt, was man durch das glasklare Gehäuse gut erkennen kann, wird es ausgetauscht. Das Wechselintervall von ca. 20 000 km ist hier realistisch.

Fingerzeig: *Ein schlecht sitzender oder fehlender Dichtring am Kraftstoffpumpensieb kann Ursache für eine scheinbar defekte Benzinpumpe sein. An dieser Stelle muß dabei nicht unbedingt Kraftstoff austreten. Dagegen kann eine undichte Pumpe kein Benzin mehr ansaugen.*

Zerstäuber

Mit reinem Benzin weiß der Benzinmotor – obwohl das vom Namen her kaum anzunehmen wäre – nicht viel anzufangen. Er wünscht sich vielmehr ein Gemisch aus Luft und Benzin und das möglichst schon perfekt gemischt. Das ordentliche Mischen dieser Komponenten ist Sache des Vergasers, und ihm wollen wir dieses Kapitel widmen.

Wozu ein Luftfilter?

Die Ansaugluft des Motors enthält Staub- und Schmutzteilchen, die nicht in die Verbrennungsräume gelangen sollen, da sie an den Zylinderwänden wie Schmirgel wirken. Das würde frühzeitigen Verschleiß von Kolben und Zylinderlaufbahnen verursachen. Außerdem verbrennt ein Teil des Staubs bei den hohen Temperaturen im Motor und schlägt sich als Belag im Brennraum und an den Ventilen nieder. Hängenbleibende Ventile und Kolbenbklemmer können die Folgen sein. Das Luftfilter sorgt deshalb für den notwendigen Schutz des Motors. Gleichzeitig dämpft es auch die Ansauggeräusche.

Luftfilter reinigen bzw. auswechseln
Wartungspunkte Nr. 12, 41 und 42

Da sich die Filterporen im Lauf der Zeit zusetzen, schadet es nicht, den Papierfiltereinsatz (beim 1600 ab 8/74 und Flachmotor) alle 10000 km vom gröbsten Schmutz zu reinigen. Alle 20000 km soll der Einsatz dann komplett gewechselt werden. Das bis 7/74 eingebaute Ölbad-Luftfilter muß nach ebenfalls 20000 km gereinigt und mit frischem Öl versehen werden.
Bei Fahrten auf extrem staubigen Straßen verkürzen sich natürlich die Reinigungs-Intervalle – bis hin zur täglichen Kontrolle.

Ölbadfilter reinigen

■ Filtergehäuse ausbauen, dazu Ansaugschlauch, Kurbelgehäuse-Entlüftungsschlauch, Schlauch der Ansaugluft-Vorwärmung, Unterdruckschläuche und – so vorhanden – Schlauch der Tankentlüftung abziehen. Unten am Filtertopf zwei Spannklammern vorn und hinten lösen und Filter herausnehmen.
■ Filter nach Lösen der 3 Spannklammern öffnen, und das Öl im Unterteil in den Altölkanister kippen. Ölwanne mit Benzin vom Schlamm reinigen, trocken-

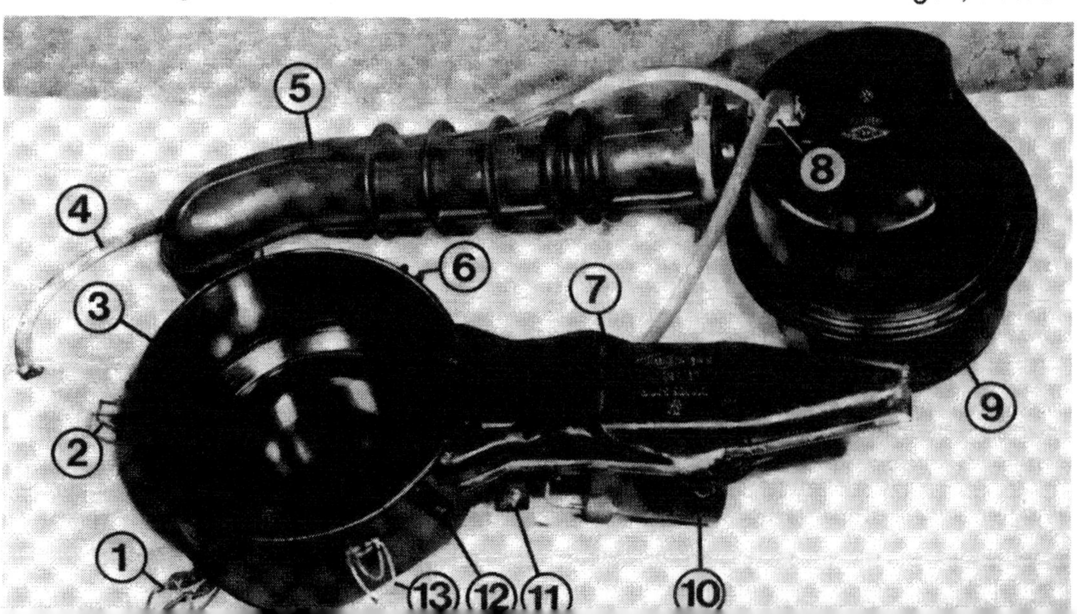

Das Ölbadfilter: 1 – Haltespange für Filter-Unterteil (3); 2, 6, 13 – Haltespangen für Filter-Oberteil (9); 4 – Unterdruckschlauch; 5 – Luftschlauch; 7 – Ansaugrohr; 8 – Thermoelement; 10 – Vorwärmung; 11 – Kurbelgehäuse-Entlüftung; 12 – Tankentlüftung.

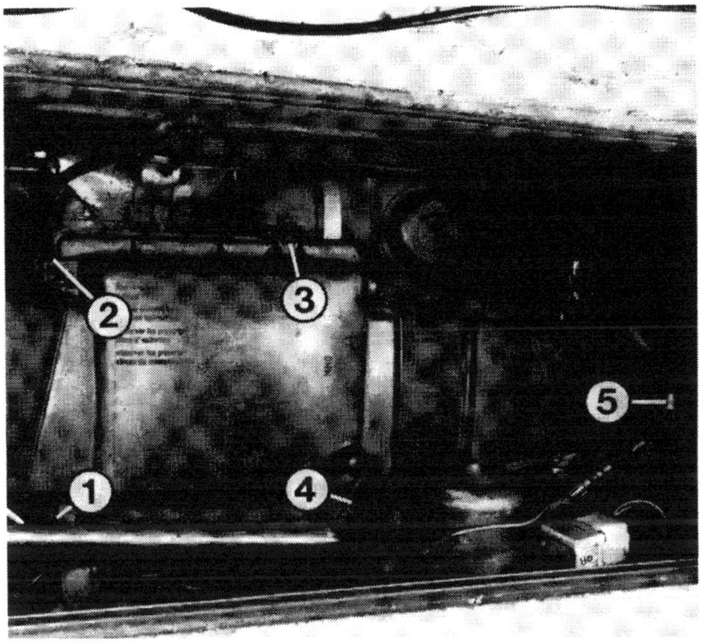

Luftfilter ausbauen beim Flachmotor: Gasgestänge zur Seite drücken und aushängen. Schläuche abziehen, Haltespangen 1–5 lösen (eine weitere sitzt am zweiten Vergaser). Gehäuse-Oberteil abnehmen.

wischen und frisches Motoröl bis zum roten Ring einfüllen.

■ Ins Filter-Oberteil ebenfalls etwas Benzin gießen, ein paarmal schwenken und das dreckige Benzin ebenfalls in den Altölkanister schütten.

■ Mit der Spritzkanne etwas Öl in das Filtergeflecht des Filter-Oberteils träufeln.

■ Filter zusammenbauen und einsetzen.

Papierfilter am 1600er reinigen

■ Papierfilter ausbauen, wie im Bildtext unten beschrieben.

■ Gröbere Schmutzteilchen auf harter Unterlage einfach ausklopfen.

■ Feinen Staub mit Preßluft wegblasen. Dazu den Luftstrahl seitlich an den Filterlamellen vorbeistreichen lassen. Niemals am Filter von innen nach außen blasen! So drückt sich ein Teil der Staubkörnchen fest in die Filterporen.

■ Filter wieder einbauen.

Papierluftfilter am Flachmotor reinigen

■ Papierfilter ausbauen, wie im Bildtext oben beschrieben.

■ Papierfilter reinigen, wie im vorigen Absatz beschrieben.

Fingerzeig: *Wer eine Wüstenfahrt oder eine Reise in Länder mit vornehmlich unbefestigten Straßen plant, kann sich ein Spezial-Luftfilter einbauen. Das gibt es beim V.A.G.-Händler zu kaufen.*

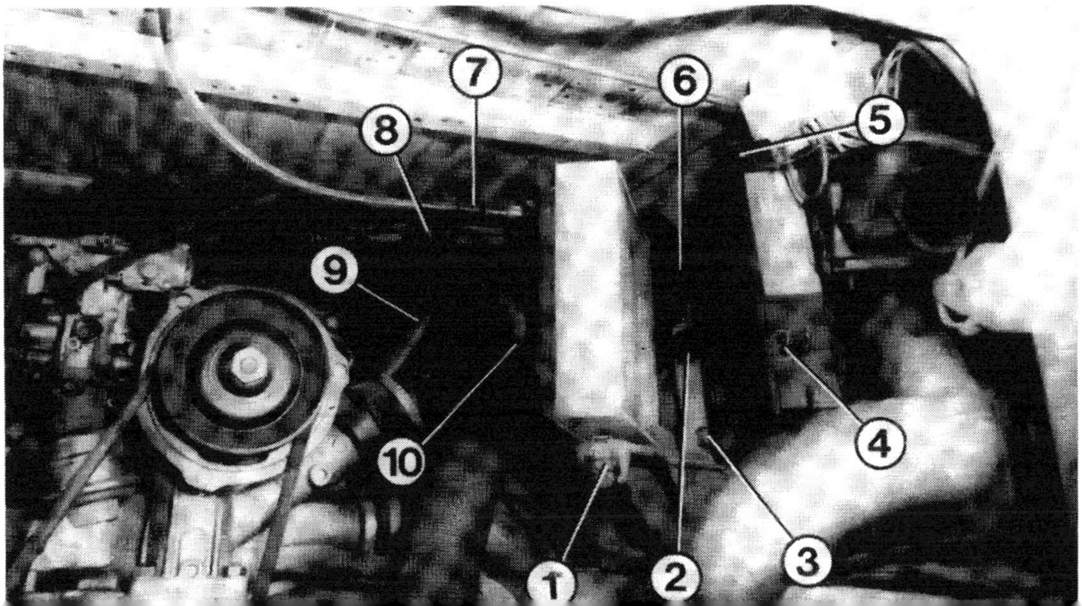

Papierfilterausbau beim 1600er: Tankentlüftung (7), Luftschlauch (8); Kurbelgehäuse-Entlüftung (9) und Unterdruckschlauch (10) abbauen. Haltespange (1) öffnen und Gehäuse aus der Steck-Halterung (2) ziehen. Spannklammern (3–6) öffnen.

Wiese Ansaugluft-Vorwärmung?

Die automatische Ansaugluft-Vorwärmung hat die Aufgabe, die Luft, die der Motor über den Vergaser ansaugt, immer auf der jeweils günstigsten Temperatur zu halten. Das hat zwei Gründe:

□ Bei kühlem Wetter vergast das Gemisch besser, wenn die Ansaugluft vorgewärmt zugeführt wird. Allerdings soll der Motor bei höheren Außentemperaturen keine vorgewärmte Ansaugluft erhalten: Dieselbe Menge warmer Luft besitzt ein größeres Volumen als kalte Luft. Da der Motor nur eine bestimmte Luftmenge ansaugen kann, erhält er bei eingeschalteter Ansaugluft-Vorwärmung etwas weniger Luft, das Gemisch wird fetter, der Verbrauch steigt. Bei kühlen Temperaturen ist dies für gleichmäßigen Motorlauf notwendig, aber nicht, wenn im Frühjahr das Thermometer steigt.

□ Der Vergaservereisung soll vorgebeugt werden. Diese Vereisung entsteht durch den Druckabfall im Vergaser bei laufendem Motor, wobei ein Teil des Kraftstoffes verdunstet und sich dabei erheblich abkühlt. Davon wird auch das Vergasergehäuse abgekühlt und bei Temperaturen zwischen +3 und +8°C (in Extremfällen auch darüber) und hoher Luftfeuchtigkeit kann sich im Vergaser eine dünne Eisschicht bilden, welche die einwandfreie Gemischbildung verhindert.

Funktioniert die Ansaugluft-Vorwärmung nicht wunschgemäß, kann das zu Betriebsstörungen führen.

Winters:

□ Schlechter Leerlauf nach dem Kaltstart in der sogenannten Warmlaufphase.

□ Schlechter Übergang, Motor neigt zum Stottern.

In der warmen Jahreszeit:

□ Mangelhafte Leistung, übliche Höchstgeschwindigkeit wird nicht erreicht.

□ Höherer Kraftstoffverbrauch.

Funktion der Ansaugluft-Vorwärmung

Bei der Vorwärmung im VW-Bus handelt es sich um ein last- und temperaturabhängiges System. Bei geschlossener oder nur teilweise geöffneter Vergaser-Drosselklappe entsteht im Ansaugrohr ein hoher Unterdruck. Dieser wirkt über eine Unterdruckdose auf die Warmluftklappe der Ansaugluft-Vorwärmung. Die Klappe öffnet sich, und es kann bei Leerlauf und Teillast die an den Zylinderkühlrippen vorgewärmte Ansaugluft einströmen.

Der Unterdruckschlauch ist allerdings durch ein Thermoventil unterbrochen. Dieses Ventil verschließt den Durchgang des Unterdruckschlauchs, wenn die Ansaugluft eine bestimmte Temperatur erreicht hat. Der Warmluftzugang bleibt dann geschlossen.

Ansaugluft-Vorwärmung prüfen

Wartungspunkt Nr. 43

■ Kalten Motor im Leerlauf drehen lassen.

■ Roten Unterdruckschlauch von der Unterdruckdose abziehen.

■ Die Warmluftklappe muß jetzt hörbar schließen.

■ Tut sie das nicht, ist der Temperaturregler defekt oder die Unterdruckschläuche bzw. die Unterdruckdose ist undicht.

■ Kontrollieren Sie im Zweifelsfall auch den Schlauch zum Bremskraftverstärker, zum automatischen Getriebe und beim Flachmotor die Ausgleichsleitungen zwischen den Vergasern.

Die Luftklappe (1) der Ansaugluft-Vorwärmung ist beim Ölbad-Luftfilter mit einer Halteklammer (2) befestigt.

Der Vergaser am 1600er-Motor. Es bedeuten: 1 – Drosselklappenhebel; 2 – Leerlauf-Abschaltventil; 3 – Leerlaufgemisch-Regulierschraube; 4 – Umluft-Regulierschraube; 5 – Rückzugfeder; 6 Pulldown-Membran; 7 – Startautomatik.

Fingerzeige: *Die Ansaugluft-Vorwärmung kann natürlich nur dann funktionieren, wenn auch der Schlauch der Warmluftführung richtig auf dem Ansaugstutzen sitzt. Am Temperaturregler des Luftfilters muß der rote Unterdruckschlauch (von der Luftklappe her) immer auf dem messingfarbenen Schlauchstutzen sitzen.*

Welcher Vergaser ist eingebaut?

□ Am 1600er-Motor finden wir einen Solex-Vergaser mit der Bezeichnung 34 PICT-3 oder PICT-4.

□ Die Flachmotoren sind dagegen mit einer Doppelvergaseranlage (ebenfalls Solex) ausgestattet. An der linken Motorenseite findet sich hier ein Vergaser 34 PDSIT-2 mit Zusatzgemischsystem. Rechts ist ein Vergaser 34 PDSIT-3 aufgesetzt, der im Leerlauf vom anderen Vergaser mitversorgt wird.

Die wichtigsten Teile des Vergasers

Bevor wir uns tiefer in die Vergasertechnik stürzen, sollen erst einmal einige Vergaserteile erklärt werden, auf die wir immer wieder stoßen; sei es in Gesprächen mit Fachleuten oder in den gedruckten Worten auf den folgenden Seiten. Die wichtigsten Teile sind:

Beschleunigungspumpe: Beim Durchtreten des Gaspedals spritzt sie zusätzlich Benzin in den Saugkanal ein, damit bei plötzlichem Gasgeben das Kraftstoff/Luft-Gemisch durch das schlagartige Öffnen der Drosselklappe nicht zu sehr abmagert. Der Motor würde sonst absterben.

Drosselklappe: Sie sitzt ganz unten im Vergaser. Sie regelt die Menge des Kraftstoff/Luft-Gemisches, das der Motor ansaugen soll. Wie weit sie geöffnet wird, bestimmt der Fahrer beim Treten des Gaspedals, denn Drosselklappe(n) und Pedal sind über den Gaszug direkt verbunden.

Hauptdüse: Sie ist in die Schwimmerkammer eingeschraubt und sorgt mit ihrer genau

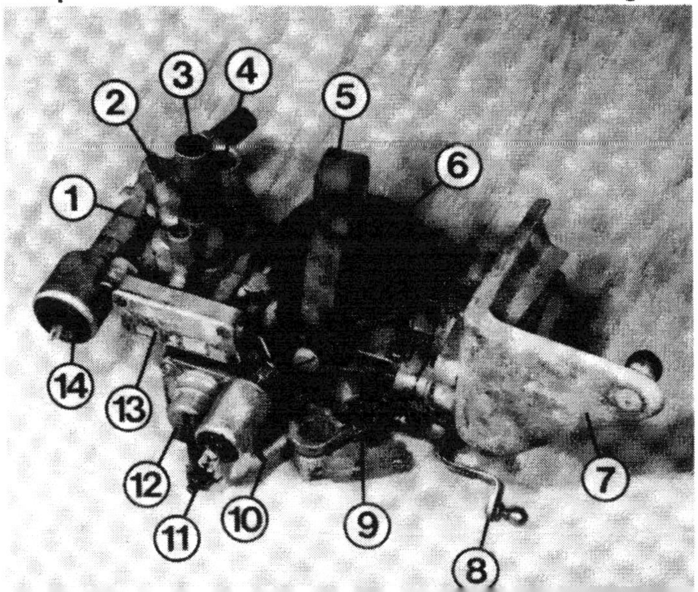

Der linke Vergaser am Flachmotor: 1 – Zusatzgemisch-Regulierschraube; 2 – Stutzen für Benzinschlauch; 3 – Lufteintrittstutzen; 4 – Umgemisch-Regulierschraube; 5 – Haltespange für Luftfilter; 6 – Lufttrichter; 7 – Halter für Gasgestänge; 8 – Drosselklappenhebel; 9 – Anschluß für Unterdruckschlauch; 10 – Leerlaufgemisch-Regulierschraube; 11 – Leerlauf-Abschaltdüse; 12 – Beschleunigungspumpe; 13 – Leerlauf-Anreicherung; 14 – Leerlauf-Abschaltventil.

bemessenen Bohrung für den Abfluß der richtigen Kraftstoffmenge aus der Schwimmerkammer.
Leerlaufdüse: Sie liefert dem Leerlaufsystem eine stets gleichbleibende Kraftstoffmenge zur Aufbereitung des Leerlaufgemisches.
Luftkorrekturdüse: Sie mischt den von der Hauptdüse kommenden Kraftstoff mit Luft vor.
Lufttrichter: Im Saugkanal (Vergaserdurchlaß) sitzt der Lufttrichter. Charakteristisch ist eine Einschnürung im Innendurchmesser, wodurch die angesauge Luft beschleunigt und das Gemisch aus dem Austrittsarm stärker abgesaugt wird.
Mischrohr: Es nimmt Kraftstoff von der Hauptdüse und durch Bohrungen Luft von der Luftkorrekturdüse entgegen und führt beides vermischt in den Austrittsarm im Saugkanal weiter. Bei höheren Drehzahlen wird das Gemisch durch freiwerdende Bohrungen zusätzlich mit Luft versorgt, um das sonst durch höheren Kraftstoffdurchsatz fetter werdende Mischungsverhältnis konstant zu halten.
Schwimmerkammer: Die Speicherung des Kraftstoffes wird in der Schwimmerkammer durch Schwimmer und Schwimmernadelventil geregelt. Hat das Benzin eine bestimmte Höhe erreicht, drückt der Schwimmer durch seinen Auftrieb über einen Hebel gegen die Ventilnadel. Deren spitz zulaufendes Ende sperrt dann den weiteren Zufluß ab.
Starterklappe: Sie sitzt ganz oben im Vergaser-Einlaß. Bei kaltem Motor muß sie geschlossen werden. So baut sich bei laufender Maschine im Vergaserdurchlaß ein stärkerer Unterdruck als im normalen Betrieb auf. Deshalb wird auch mehr Benzin aus den Vergaserdüsen gesaugt. Das Gemisch wird also kraftstoffreicher (fetter), und das mag der kalte Motor. Steigt die Betriebstemperatur, muß die Starterklappe wieder geöffnet werden.
Schauen Sie sich zu diesen Stichworten die Zeichnungen auf Seite 111 bzw. 112 an. Dort können Sie genau erkennen, wo die einzelnen Teile ihren Platz im Vergaser haben. Nach dieser »ersten Lektion« können wir uns jetzt näher mit den Funktionszusammenhängen im Vergaser beschäftigen.

34 PICT-3-Vergaser am 1600er
Funktion

Start: Für einwandfreies Starten bei kaltem Motor sorgt eine Starterklappe, die durch eine Bimetallfeder gesteuert wird.
Die Starterklappe ist bei kaltem Motor geschlossen. Da sie ganz oben im Vergaser sitzt, bildet sich unterhalb der Starterklappe schon bei den ersten Motorumdrehungen ein Unterdruck durch den ansaugenden Motor. Dieser Unterdruck bewirkt, daß Kraftstoff durch die Vergaserdüsen in den Vergaserdurchlaß gesaugt wird. Und das in größerer Menge als im Normalbetrieb.
Das dadurch entstehende fettere Kraftstoffgemisch (viel Kraftstoff, wenig Luft) ist für den kalten Motor zum sicheren Start genau richtig.
Damit aber der Unterdruck überhaupt in den Vergaserdurchlaß gelangt, muß die Drosselklappe leicht geöffnet werden. Das wird durch die mit der Starterklappe gekoppelte Stufenscheibe erreicht, die als Anschlag für die Drosselklappen-Anschlagschraube

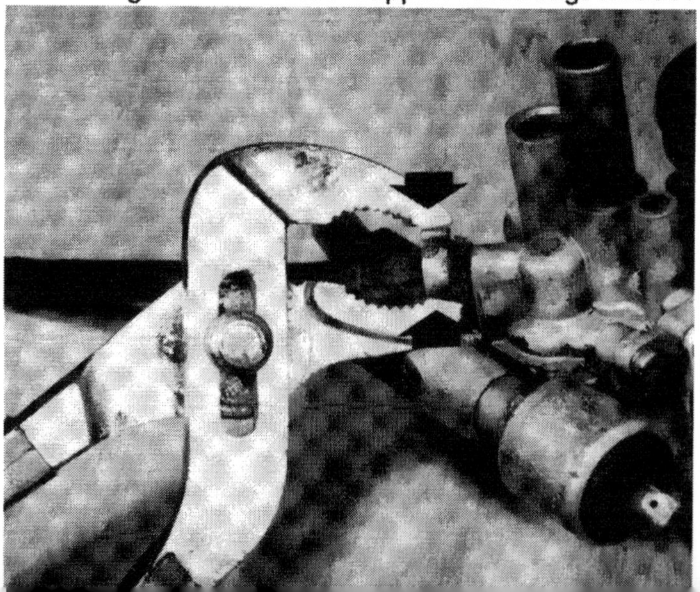

Lösen einer werksseitig angebrachten Benzinschlauch-Quetschklemme durch Zusammendrücken mit einer Zange.

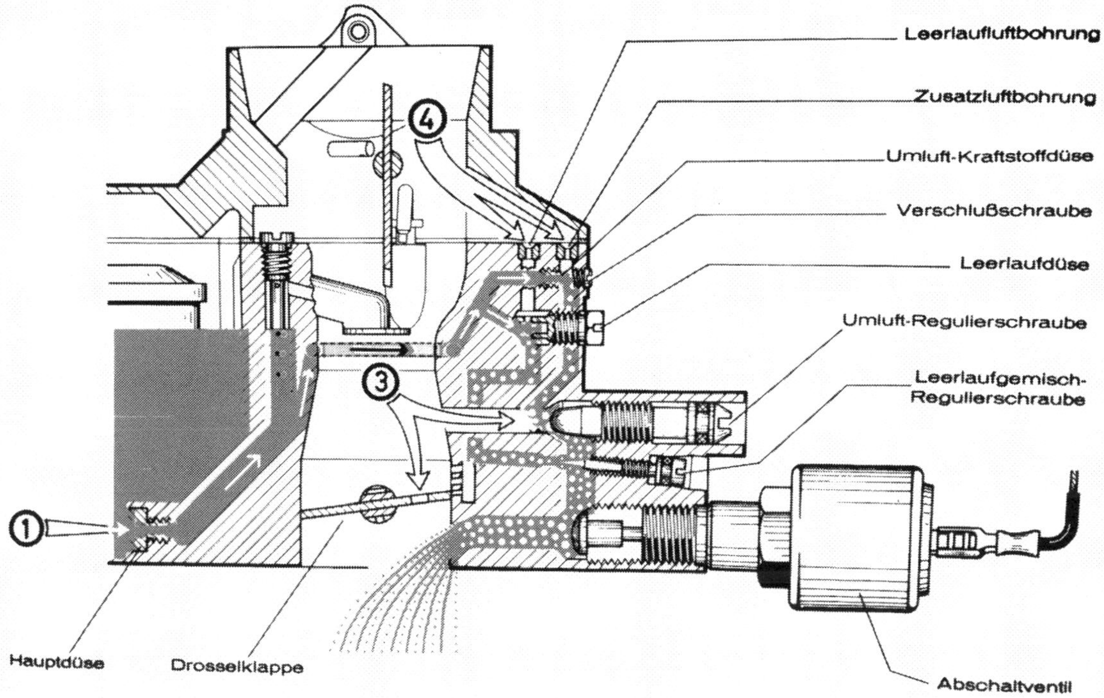

Aufbereitung von Grundleerlaufgemisch und Zusatzgemisch am Vergaser des 1600er-Motors. Die Ziffern bedeuten: 1 – Kraftstoff-Zufluß; 3 und 4 – Luftstrom.

dient. Ist die Starterklappe ganz geschlossen, stützt sich die Anschlagschraube an der höchsten Stelle der Stufenscheibe ab: Die Drosselklappe wird ein Stück geöffnet.
Ist der Motor angesprungen, muß die Starterklappe etwas geöffnet werden. Das besorgt die unterdruckgesteuerte Pulldown-Membran.
Mit wärmer werdendem Motor heizt sich die elektrisch beheizte Bimetallfeder auf und öffnet langsam die Starterklappe. Steht die Drosselklappe senkrecht, steht auch die Anschlagschraube wieder an der niedrigsten Stelle der Stufenscheibe: normaler Leerlauf.
Leerlauf: Das Kraftstoff/Luft-Gemisch für den Leerlauf besteht aus dem sogenannten Grundleerlauf- und dem Zusatzgemisch.
□ Grundleerlaufgemisch: Der Kraftstoff zur Gemischaufbereitung fließt durch die Hauptdüse zur Leerlaufdüse und wird dort mit Luft aus der Leerlaufluftbohrung vermischt (betrachten Sie dazu die Zeichnung oben). Das fertige Grundleerlaufgemisch gelangt nun zur Leerlaufgemisch-Regulierschraube. Mit ihr kann es dem Zusatzgemisch zudosiert werden.
□ Zusatzgemisch: Der Kraftstoff für das Zusatzgemisch kommt ebenfalls durch die Hauptdüse, fließt dann durch die Umluft-Kraftstoffdüse und bekommt anschließend Luft aus der Zusatzluftbohrung zugesetzt. Das nun fertige Gemisch wird an der Umluft-Regulierschraube in seiner Menge einreguliert.
Sinn der Zweiteilung des Leerlaufsystems ist folgender: Mit dem Grundleerlaufsystem wird der Leerlauf-CO-Gehalt des Abgases von Anfang an fest eingestellt. Er dürfte sich dann über die gesamte Lebensdauer des Wagens nicht verstellen. Die Leerlaufdreh-

Im Notfall kann die alte Quetschklemme wiederverwendet werden. Das Zusammendrücken erfolgt mit einem Seitenschneider. Generell sollte aber eine (neue) Schraubklemme angebracht werden.

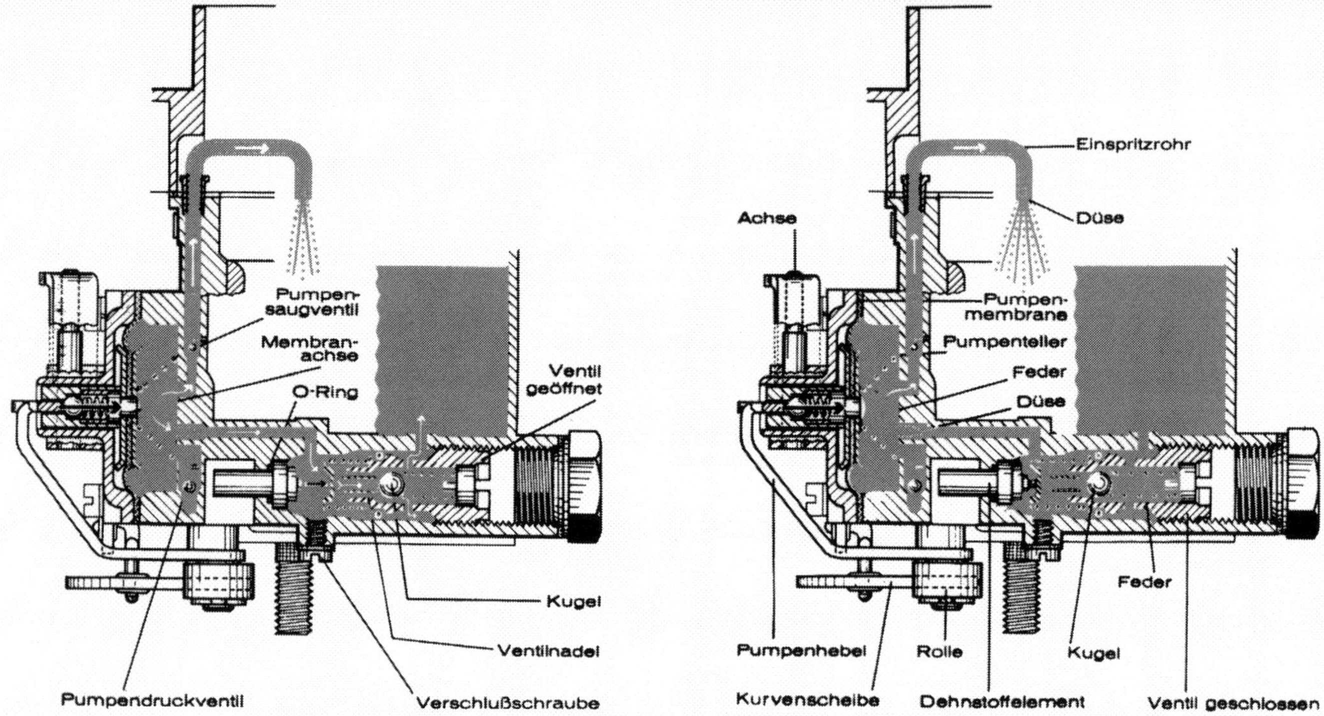

Die thermostatisch gesteuerte Einspritzmengen-Regulierung. Links: Bei warmem Motor fließt ein Teil der Einspritzmenge in die Schwimmerkammer zurück. Es wird weniger Benzin verbraucht. Rechts: Bei kaltem Motor wird die volle Benzinmenge eingespritzt.

zahl dagegen wird über das Zusatzgemischsystem einreguliert. Und zwar – das ist der Zweck der Sache – ohne Beeinflussung der Abgaswerte.
Am Ende des Gemischkanals, durch den beide beschriebenen Kraftstoffmischungen laufen, sorgt das Leerlauf-Abschaltventil dafür, daß bei abgeschalteter Zündung kein Benzin mehr ins Saugrohr gelangt.

Übergang: Damit beim Übergang vom Leerlauf auf Normalbetrieb kein »Loch« entsteht, zweigen drei kleine Bohrungen oberhalb der Drosselklappe eine zusätzliche Menge Kraftstoff/Luft-Gemisch vom Leerlaufgemisch ab.

Beschleunigen: Bei plötzlichem Gasgeben öffnet sich die Drosselklappe schlagartig. Es wird also mehr Luft angesaugt, und der Vergaser kann in dieser kurzen Zeit nicht die ausreichende Benzinmenge nachfördern, die für das richtige Gemischverhältnis nötig wäre. Deshalb spritzt die Beschleunigungspumpe im Moment des Gasgebens eine zusätzliche Benzinmenge in den Vergaser.
Wird die Drosselklappe wieder etwas geschlossen (Gas weggenommen), so drückt eine Feder die Membrane zurück und löst den Saughub aus. Während des Druckhubs verhindert eine im Zufluß des Kraftstoffes zur Pumpe befindliche Kugel das Zurückfließen des Benzins in die Schwimmerkammer (Rückschlagventil), während eine weitere Kugel im Pumpenauslaß verhindert, daß beim Saughub der Pumpe Luft aus der Mischkammer in das Pumpensystem eindringen kann.

Teillast: Der durch die Hauptdüse fließende Kraftstoff vermengt sich im Mischrohr mit der Luft aus der Luftkorrekturdüse. Anschließend wird das Gemisch durch den Austrittsarm im Lufttrichter des Vergasers abgesaugt.
Die Sogwirkung, die das Gemisch austreten läßt, entsteht durch den Unterdruck im Lufttrichter, der sich bei laufendem Motor aufbaut. Und der Unterdruck wiederum entsteht durch die Einschnürung im Vergaserquerschnitt. Die angesaugte Luft kann da nicht so schnell hindurch, wie sie gerne möchte, so daß der ansaugende Motor an dieser Stelle ein relatives Vakuum erzeugt.

Vollast: Bei Vollgas fließt das Benzin in Strömen durch den Vergaser. Die Sogwirkung ist bei voll geöffneter Drosselklappe durch die Menge der angesaugten Luft so groß, daß Benzin nicht nur aus der Hauptdüse, sondern auch aus zwei Anreicherungsrohren und aus dem Einspritzrohr der Beschleunigungspumpe angesaugt wird.
Viel Benzin – viel Leistung.

Der PICT-4-Vergaser am 1600er

Gegen Ende der Bauzeit unserer VW-Bus-Modelle bekam der Motor einen PICT-4-Vergaser aufgesetzt. Der ist im wesentlichen baugleich mit dem PICT-3-Vergaser. Einziger Unterschied: Die thermostatische Einspritzmengen-Regulierung (siehe Zeichnungen oben). Und die funktioniert folgendermaßen: Während des Kaltlaufs gelangt die gesamte Einspritzmenge in die Mischkammer des Vergasers. In warmem Zustand dagegen öffnet ein Ventil einen zweiten Kraftstoffweg und läßt einen Teil der vorgesehenen Einspritzmenge in die Schwimmerkammer zurückfließen. Gesteuert wird das Ventil von einem Dehnstoffelement, das seinen Platz neben der Schwimmerkammer-Verschlußschraube hat.

Die 34 PDSIT-Vergaser am Flachmotor

Funktion

Start: Beide Vergaser der Zweivergaseranlage besitzen eine eigene Starterklappe mit Bimetallfeder. Ansonsten funktioniert die Sache wie beim PICT-Vergaser.

Leerlauf: Hierin liegt die Besonderheit der Zweivergaseranlage: Nur der linke Vergaser ist mit einem Zusatzgemischsystem ausgestattet. Das rechte Zylinderpaar wird vom linken Vergaser mit versorgt. Beide Vergaser sind – unter anderem deshalb – durch zwei Verbindungsrohre miteinander gekoppelt.

□ Dieses Zusatzgemisch, das auch bei diesen Vergasern nur einen Teil des gesamten Leerlaufgemisches (siehe auch Seite 99) ausmacht, erhält seinen Kraftstoff über die Zusatzkraftstoffdüse im Schwimmergehäuse. Im Steigrohr wird dem angesaugten Benzin schon etwas Luft aus der Schwimmerkammer zugeführt. Das so vorbereitete Gemisch fließt jetzt an der Zusatzgemisch-Regulierschraube vorbei, wo es in seiner Menge reguliert werden kann. Jetzt strömt in einem größeren Kanal Luft von oben zu und vernebelt und verdünnt das bereits bestehende Gemisch nochmals. Die Menge dieses Gemisches – und damit die Leerlaufdrehzahl – kann jetzt nochmals reguliert werden, und zwar von der Leerlauf-Einstellschraube (fachlich richtig »Umgemisch-Regulierschraube« genannt). Von dort aus strömt die Mischung direkt in die Ansaugkanäle.

□ Das zusätzlich zur Verfügung stehende Leerlauf-Gemisch entsteht durch Kraftstoff, der hinter der Hauptdüse entnommen, an der Leerlaufdüse (die ist mit dem Abschaltventil kombiniert – siehe nächste Seite) mit Luft vermischt und dann zur Leerlaufgemisch-Regulierschraube geführt wird. Dort kann die benötigte Gemischmenge eingestellt werden, die unmittelbar nach Passieren der Schraube in den Saugkanal austritt. Auch bei diesen Vergasern ergeben beide Gemische zusammen das Gesamt-Leerlaufgemisch für den Motor.

Übergang, Beschleunigen und Teillast: Diese Vorgänge laufen bei den Vergasern

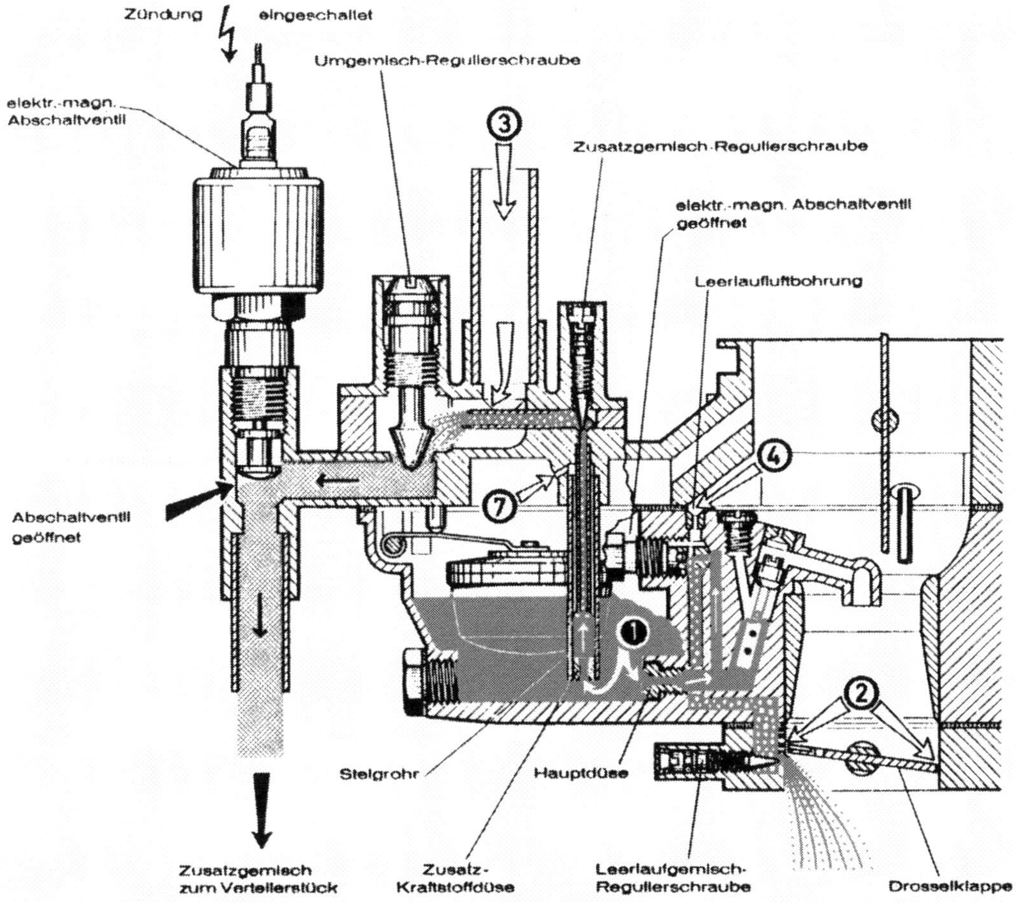

Aufbereitung von Leerlaufgemisch und Zusatzgemisch im linken Vergaser des Flachmotors. Die Zahlen bedeuten: 1 – Kraftstoffzufluß; 2, 3, 4, 7 – Lufteintritt.

Das Leerlauf-Abschaltventil (Pfeil) des 1600er-Motors läßt sich mit einem Gabelschlüssel SW 17 herausdrehen. Beim Festziehen mit viel Gefühl arbeiten!

am Flachmotor identisch ab wie beim PICT-Vergaser des 1600ers (siehe Seite 100).
Vollast: Bei Vollgas besteht natürlich ein extrem hoher Unterdruck im Vergaser, der von der hohen Sogwirkung des schnell drehenden Motors erzeugt wird. Deshalb kommt das Benzin nicht nur aus den Hauptdüsensystemen, sondern wird auch aus dem Austrittsrohr der Beschleunigungspumpe abgesaugt.

Der Schließdämpfer

Teilweise sind die Vergaser im VW-Bus mit sogenannten Schließdämpfern (siehe Bild Seite 106) ausgestattet. Dieses Teil hat die Aufgabe, das Schließen der Drosselklappe im Schiebebetrieb (bergab mit wenig oder ohne Gas) zu verlangsamen. So soll auch in dieser Zeit ein Gemisch erzielt werden, das vollständig – also schadstoffarm – im Motor verbrennt.

Leerlauf-Abschaltventil bzw. Abschaltdüsen

Ein Leerlauf-Abschaltventil besitzt der 1600er-Motor an seinem Leerlaufsystem, beim Flachmotor wirkt das Abschaltventil nur auf das Zusatzgemischsystem. Dafür haben die »großen« Motoren zusätzlich noch zwei mit den Leerlaufdüsen kombinierte Abschaltventile, also »Abschaltdüsen«. Insgesamt sind beim Flachmotor also nicht weniger als drei solcher Ventile im Einsatz.
Sinn dieser Einrichtung ist es, sofort nach Abschalten der Zündung die Leerlaufgemischkanäle zu verschließen, um ein Nachlaufen des Motors ohne Zündfunken zu vermeiden. Bei diesem Effekt (oft Nachdieseln genannt) entzündet sich der Kraftstoff an den noch heißen Auslaßventilen und verbrennt unkontrolliert, was dem Motor schadet.

Abschaltdüse bzw. -ventil defekt?

■ Läuft der Motor nach, hat sich das Abschaltventil bzw. eine der Abschaltdüsen (nur Flachmotor) gelockert oder die Ventilnadel hängt. Gang einlegen, Motor ab-

Leerlauf-Abschaltventil (1) und Leerlauf-Abschaltdüse (2) am linken Vergaser des Flachmotors. Die Pfeile deuten auf die zugehörigen Einschraublöcher.

Einstellen der Startautomatik beim Flachmotor: Lösen der Halteschrauben (1 und 4; dritte Schraube nicht sichtbar) und Verdrehen des Starterdeckels (5). In Grundstellung müssen sich die beiden Markierungen (2 und 3) gegenüberstehen.

würgen. Oder bei Getriebeautomatik mit dem Gaspedal pumpen, bis der Motor »abgesoffen« ist.

■ Im zweiten Fall Ventil bzw. Düse aus dem Vergaser herausschrauben, gegen Masse halten und von Helfer Zündung an- und abschalten lassen. Bei aufgestecktem Kabel muß sich die Ventilnadel (bzw. der Stopfen) hin- und herbewegen, sofern die Stromzuführung in Ordnung ist (Prüflampe). Ansonsten ist das Teil defekt. Austauschen.

■ Natürlich kann die Ventilnadel auch in »Geschlossen«-Stellung hängen. Dann stirbt der Motor im Leerlauf ab. Stromversorgung des Ventils bei eingeschalteter Zündung kontrollieren. Möglicherweise ist das Kabel von der Zündspule her unterbrochen. Eine Sicherung gibt es hier nicht.

■ Stirbt der Motor ab, kann sich das Ventil bzw. die Abschaltdüse auch gelokkert haben. Der Motor zieht dann falsche Luft.

Fingerzeig: *Hoher Verbrauch bei gleichzeitig schlechtem Leerlauf kommt beim Flachmotor nicht selten von losen Leerlauf-Abschaltdüsen. Das Grund-Leerlaufgemisch kann so in größerer Menge in die Saugrohre gelangen. Abschaltdüse(n) mit Gefühl (nicht mit Gewalt) festschrauben!*

Startautomatik kontrollieren

Folgende Defekte kommen häufiger bei der Startautomatik vor:

□ Die Starterklappe schließt wegen Schwergängigkeit nicht zuverlässig. In diesem Fall sind oft die Wellenlagerungen der Klappe verschmutzt. Lagerung mit Spiritus reinigen. Dazu muß die Klappe in den wenigsten Fällen ausgebaut werden. Meistens hilft Reinigen mit einem Pinsel innerhalb und außerhalb des Vergasers.

□ Die Beheizung der Bimetallfeder im Starterdeckel ist defekt. Folge: Die Starterklappe öffnet zu langsam oder überhaupt nicht.

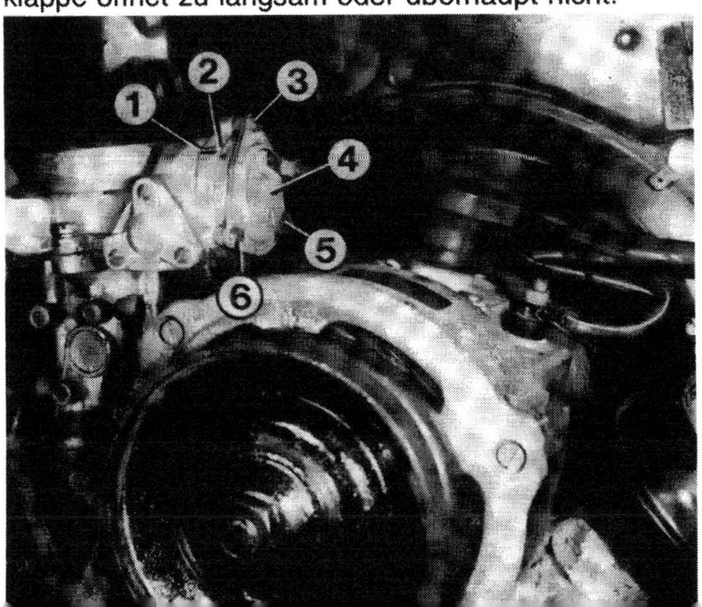

Einstellen der Startautomatik am 1600er-Motor: Starterdeckel (4) nach Lösen der drei Halteschrauben (3, 5 und 6) verdrehen. Auch hier müssen in Grundstellung die beiden Markierungen (1 und 2) fluchten.

Die Startautomatik am 1600er zerlegt: 1 – Starterklappen-Betätigungshebel; 2 – Pulldown-Zugstange; 3 – Haltering; 4 – Bimetall-Heizspirale im Starterdeckel (5); 6 – Kunststoff-Schutzdeckel.

Prüfen, ob der Starterdeckel bei eingeschalteter Zündung warm wird. Ist das nicht der Fall, Stromzuführung prüfen: Liegt bei eingeschalteter Zündung Spannung an der Steckklemme an? Wenn ja, ist die Beheizung der Bimetallfeder defekt. Starterdeckel austauschen.

□ Einstellung der Starterklappe stimmt nicht.

Generell ist die Einstellung der Starterklappe richtig, wenn die Markierung am Starterdeckel in der Mitte zwischen den Markierungen am Vergasergehäuse steht. Wer früheres oder späteres Öffnen der Starterklappe wünscht, kann die drei Schrauben am Klemmring des Starterdeckels lösen und den Deckel selbst in der gewünschten Richtung einige Millimeter um seine Achse drehen. Bei kaltem Motor (Außentemperaturen niedriger als etwa 5°C) soll die Starterklappe ganz geschlossen sein. Bei ca. 20°C Umgebungstemperatur ist die Starterklappe dann auch bei kaltem Motor leicht geöffnet.

Richtig starten

□ Bei kaltem Motor und niedrigen Außentemperaturen (unter 0°C) Gaspedal einmal ganz durchtreten, um die Startautomatik auszulösen, wieder loslassen und ohne Gas starten.

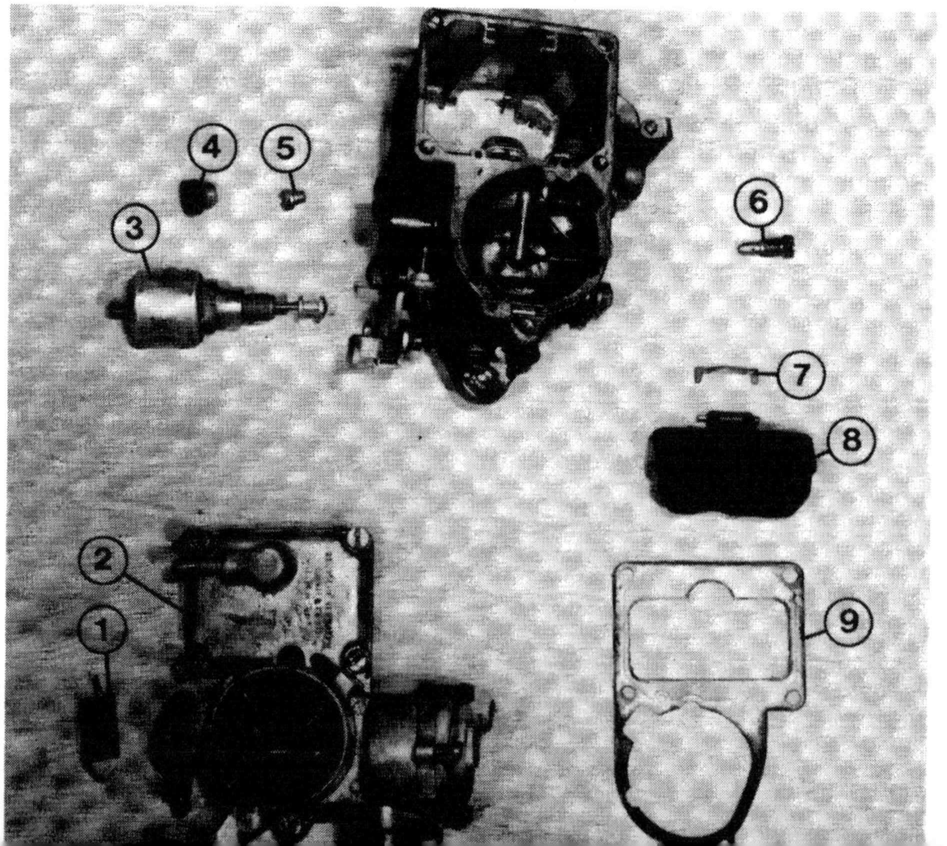

Bis zu diesem Stadium würden wir den Vergaser des 1600er-Motors zerlegen. Es bedeuten: 1 – Rückzugfeder; 2 – Vergaserdeckel; 3 – Leerlauf-Abschaltventil; 4 – Verschlußschraube; 5 – Hauptdüse; 6 – Leerlaufdüse; 7 – Halter für Schwimmerachse; 8 – Schwimmer; 9 – Vergaserdeckeldichtung.

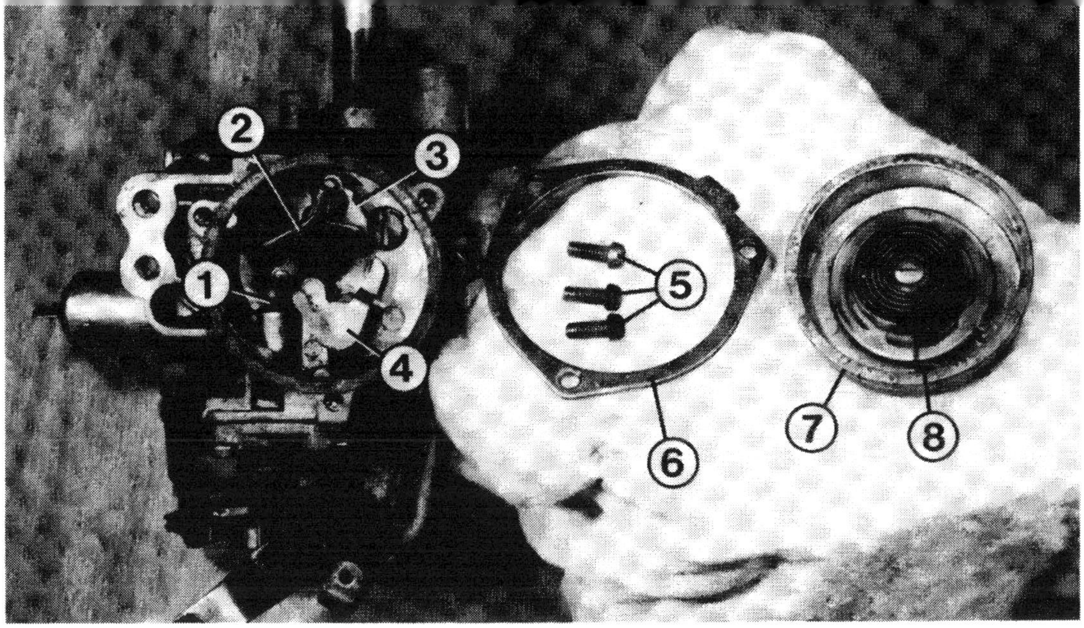

Startautomatik des Flachmotors: 1 – Pulldown-Stange; 2 – Starterklappenhebel; 3 – Rastensegment; 4 – Drosselklappenhebel; 5 – Halteschrauben für Haltering (6); 7 – Starterdeckel mit Bimetallspirale (8).

□ Bei Temperaturen über dem Gefrierpunkt: Gaspedal während des Anlassens langsam niedertreten.
□ Ist der Motor nach längerer Fahrt sehr heiß, starten Sie mit voll durchgetretenem Gaspedal. Keinesfalls mit dem Pedal pumpen, sonst lassen Sie den Motor »absaugen«.
VW-Bus-Motoren starten insgesamt sehr willig; Startprobleme gibt es kaum. Sollten Sie dennoch mit Startschwierigkeiten zu kämpfen haben, kommen als Fehlerquellen die Zündanlage, die Startautomatik oder Undichtigkeiten im Ansaugsystem (Nebenluft) in Betracht.

Vergaser zerlegen?

Die komplette Zerlegung des bzw. der Vergaser kommt im Normalfall kaum in Betracht. Lediglich wenn bei Fahrten in ferne Länder Kraftstoff getankt wird, der Verunreinigungen enthält, können sich Düsen oder Kanäle im Vergaser verstopfen, so daß eine Zerlegung notwendig wird. Es genügt dabei oft, nur den Vergaserdeckel abzunehmen (Schrauben rund um den Vergaserdeckel herausdrehen; Flachmotor: Betätigungsstange zur Startautomatik unten aushängen), den Schmutz am Boden der Schwimmerkammer zu entfernen sowie die erreichbaren Düsen auszublasen.

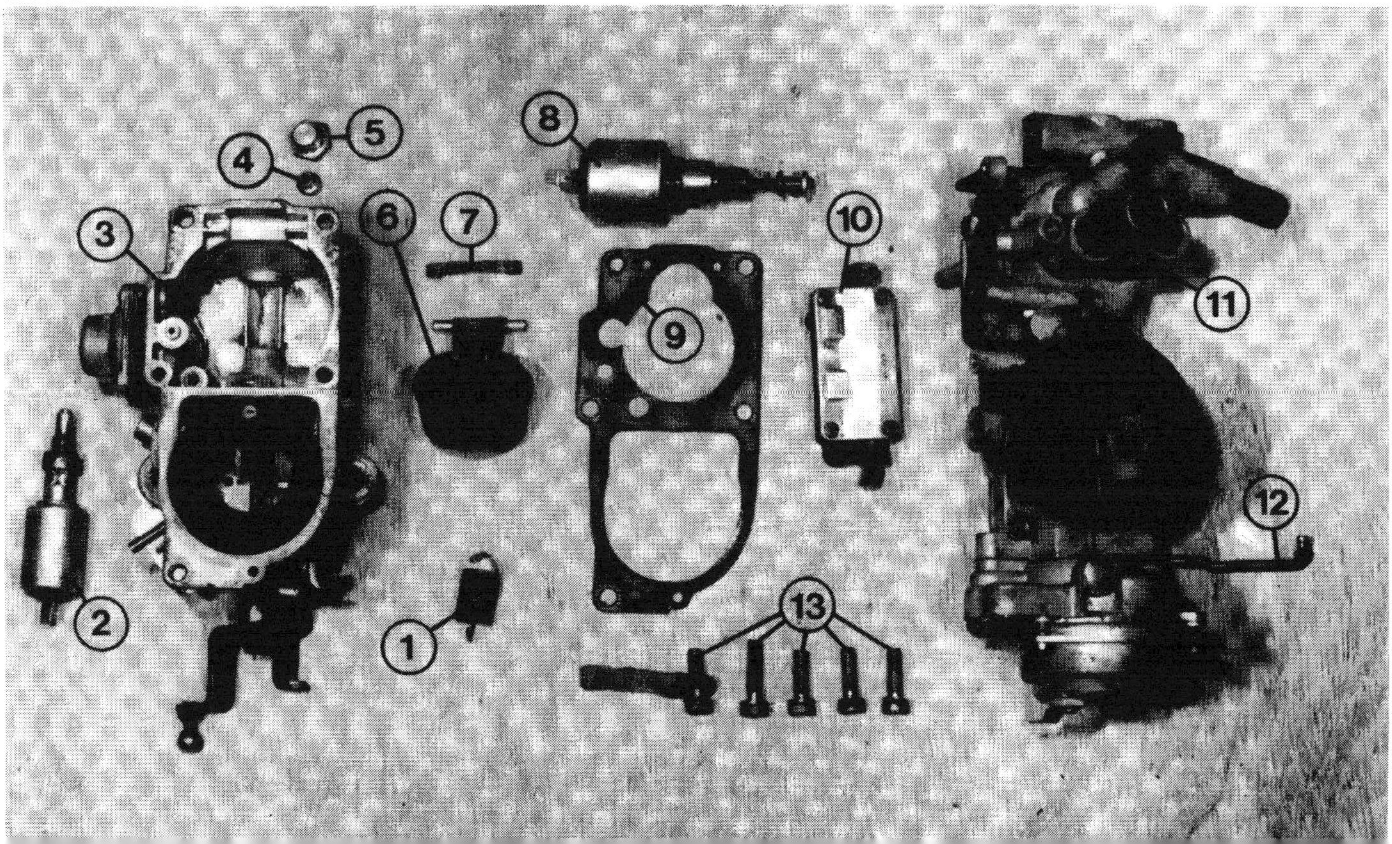

Ein Flachmotor-Vergaser zerlegt: 1 – Feder; 2 – Abschaltdüse; 3 – Unterteil; 4 – Hauptdüse; 5 – Verschluß; 6 – Schwimmer; 7 – Halter; 8 – Abschaltventil; 9 – Dichtung; 10 – Anreicherung; 11 – Oberteil; 12 – Betätigungsstange.

Sind Benzin-Verunreinigungen im Ausland zu erwarten, sollten Sie schon im voraus ein Benzinfilter (wenn nicht schon vorhanden) einsetzen.

Leerlauf einstellen
Wartungspunkt Nr. 9

Veränderungen in der Leerlaufdrehzahl sind nur selten auf Störungen am Vergaser selbst zurückzuführen. Meistens ist ganz einfach die Zündung verstellt (siehe Seite 201) oder der Motor zieht »Nebenluft« an (siehe Fingerzeig Seite 108). Klären Sie also zuerst diese beiden Punkte ab, bevor Sie dem meist unschuldigen Vergaser zu Leibe rücken:

■ Motor warmfahren, Starterklappe muß ganz geöffnet sein.
■ Das Luftfilter darf nicht abenommen werden.
■ Leerlaufdrehzahl an der betreffenden Regulierschraube (siehe Bilder oben und unten) einstellen. Herausdrehen – also Linksdrehen – der Schraube läßt den Motor schneller laufen. Hineindrehen bewirkt niedrigere Drehzahl.
■ Wer einen genauen Drehzahlmesser besitzt, kann ganz exakt einstellen: 1600er-Motor: 800–900/min; Flachmotor: 850–950/min; bei Getriebeautomatik: 900–1000/min.
■ Die Abgaswerte werden bei dieser Einstellung nicht verändert (getrenntes Leerlaufsystem; siehe Seite 99).

Abgasmessung beim TÜV und Abgas-Sonder-Untersuchung (ASU)

Seit 1985 ist in der Bundesrepublik eine jährliche Abgaskontrolle vorgeschrieben. Dazu gehört auch die Überprüfung des Unterbrecher-Schließwinkels und des Zündzeitpunkts. Diese Kontrolle führen der TÜV, der DEKRA und die meisten Werkstätten durch.
Was ist zu tun, wenn der nächste TÜV-Termin ansteht?
Als aufmerksamer Autofahrer werden Sie sicher den Verbrauch Ihres Wagens beobachten und nach einer gelegentlichen Überlandfahrt auch einmal das Auspuff-Endrohr betrachten. Zeigt sich eine unerklärliche Aufwärtstendenz beim Verbrauch und ist das Auspuffrohr trotz zügiger Fahrt innen rußig-schwarz, dürfte der Vergaser zu fett eingestellt sein. Dann ist ein Werkstattbesuch anzuraten. Zusammen mit der Vergasereinstellung lassen Sie dort die Abgas-Sonderuntersuchung vornehmen. Wenn Sie ohnehin schon in der Werkstatt sind, kommt diese Methode nach unseren Erfahrungen am günstigsten. Mit der neuen ASU-Plakette geht's dann zum TÜV oder DEKRA für die übliche Hauptuntersuchung.
Wenn Sie Ihren Wagen regelmäßig zur Inspektion geben, haben Sie mit der ASU keine Probleme, denn dann gehört die Abgas-Sonderuntersuchung zum Wartungsumfang dazu.
Wer als engagierter Heimwerker jedoch die Wartungsarbeiten selbst durchführt, der stellt die Zündung selbst ein und sollte den Elektrodenabstand der Zündkerzen und das Ventilspiel auch nicht vergessen. Mit dem solchermaßen vorbereiteten Wagen fahren Sie zum TÜV-Termin. Geringe Abweichungen vom Abgas-Sollwert können Sie dann noch bei angeschlossenem Tester korrigieren oder der Prüfer wird selbst an der richtigen Schraube drehen.

Vergaser einstellen am 1600er-Motor: 1 – Einstellschraube für den Abgas-CO-Wert; 2 – Einstellschraube für die Leerlaufdrehzahl; 4 – Drosselklappen-Anschlagschraube (keinesfalls verdrehen!). Weiter im Bild: Der Drosselklappen-Schließdämpfer (3).

Leerlauf einstellen beim Flachmotor: 1 – Einstellschraube für den Abgas-CO-Wert; 2 – Einstellschraube für die Leerlaufdrehzahl. Das Luftfilter (hier zur besseren Demonstration abgenommen) muß allerdings für alle Einstellarbeiten komplett eingebaut sein.

Für die ASU zwischen den TÜV-Terminen würden wir je nach Prüfungspreis und Wartezeit entscheiden, wer die Kontrolle vornehmen soll.

Fingerzeig: *Vergleichen Sie die verschiedenen Werkstatt-Angebote. Der genannte Komplettpreis kann Messung und Einstellung umfassen oder lediglich die reinen Prüfarbeiten. Dann kostet das Einstellen noch Extrageld.*

Abgastest
Wartungspunkt Nr. 10

Sich eigens zum Abgasmessen ein besonderes Gerät zu kaufen, wäre Unsinn, denn genau anzeigende Abgasmesser sind sündhaft teuer und die billigen taugen nichts. Normalerweise verstellt sich der Abgaswert nicht, und deshalb braucht auch nicht – wie es VW empfiehlt – alle 10 000 km an der Einstellschraube herumgedreht zu werden. Zum Nachmessen fahren Sie mit betriebswarmem Motor kurz bei einer geeigneten Tankstelle oder Werkstatt vor. Das CO-Meßgerät muß dann **2,0–4,0 Vol. % CO** anzeigen.

CO-Gehalt behelfsmäßig einstellen

Auch wer kein Abgas-Meßgerät besitzt, kann den CO-Gehalt einigermaßen genau einstellen. Das wird beispielsweise dann nötig, wenn der Vergaser zur Reinigung total zerlegt wurde oder wenn sich im fernen Ausland ein »Fachmann« am Vergaser versucht hat. Sie gehen folgendermaßen vor:

- Leerlaufdrehzahl leicht erhöhen (siehe links oben).
- Stopfen über der zuständigen Einstellschraube (siehe Bilder links und oben) herausziehen.
- Mit feinem Schraubenzieher und viel Gefühl die Regulierschraube hineindrehen, bis der Motor unrund zu laufen beginnt oder abzusterben droht.
- Jetzt Schraube wieder so weit linksdrehen (also herausdrehen), bis der Motor gerade anfängt, wieder schön rund zu

Die Aufhängung des Gaspedals: Die Betätigungsstange (1) wird in die Öse (3) am Pedal eingesteckt und mit der Rückzugfeder (2) gegen Herausrutschen gesichert.

drehen. Dabei können Sie sich ganz auf Ihr Gehör verlassen.

■ Stopfen wieder einsetzen und Leerlaufdrehzahl wieder zurücknehmen.

Leerlauf-Grundeinstellung am Flachmotor

Bei der Grundeinstellung des Leerlaufs – die allerdings nur in Sonderfällen vorgenommen werden muß – kommt man leider um einen CO-Tester und damit um einen Werkstattaufenthalt nicht herum. Eingestellt wird dabei an den unteren Leerlaufgemisch-Regulierschrauben, von denen jeder Vergaser eine besitzt (siehe Bild Seite 97). Im äußersten Notfall lösen wir das Einstellproblem so:

■ Schrauben feinfühlig und ohne Kraftanwendung bis zum Anschlag hineindrehen.

■ Anschließend die Einstellschrauben an jedem Vergaser um genau $2^1/_2$ Umdrehungen herausdrehen.

■ Restliche Einstellung siehe letzter Abschnitt.

Leerlaufprobleme durch Nebenluft

Besteht innerhalb des Ansaugsystems (Vergaser, Ansaugrohre, Ausgleichsleitungen) eine Undichtigkeit, so kann der Motor sogenannte Nebenluft ansaugen. Besonders der Flachmotor mit seinen zahlreichen Unterdruck- und Ausgleichsleitungen kann dabei dem Bastler das Vergaser-Einstellen zur Hölle machen. Der Motor läuft dann entweder mit hoher Drehzahl oder er droht abzusterben und läuft scheinbar nur auf einem Vergaser.

Selbstverständlich kann auch der 1600er-Motor ähnliche Probleme verursachen, doch wirkt sich der Effekt bei ihm längst nicht so stark aus. Bei Teil- oder Vollast ist Nebenluft generell fast ohne Bedeutung. Folgende Stellen sollen bei Verdacht auf Nebenluft untersucht werden:

1600er: Dichtung unter dem Vergaser, Gummi-Dichtungen und deren Schlauchbänder am Saugrohr, Dichtungen unter den Ansaugstutzen rechts und links an den Zylinderköpfen (erst mal Muttern nachziehen), Unterdruckschläuche zur Ansaugluft-Vorwärmung und zum Verteiler, Schlauch zum Bremskraftverstärker. Leerlauf-Abschaltventil lose?

Flachmotor: Dichtungen unter den Vergasern, Dichtungen zwischen Ansaugrohr und Zylinderkopf, Ausgleichsleitungen und vor allem die Schlauchstücke an deren Enden, Unterdruckleitungen zum Verteiler und zur Ansaugluft-Vorwärmung sowie die Unterdruckschläuche zum Bremskraftverstärker und zum automatischen Getriebe (bis 7/75). Leerlauf-Abschaltventile auf festen Sitz prüfen.

Fingerzeige: *Speziell beim Flachmotor empfiehlt sich bei Nebenluftproblemen und hohem Motoralter eine »Schlauch-Kur«: Alle Unterdruckschläuche und Anschlußstücke auswechseln!*

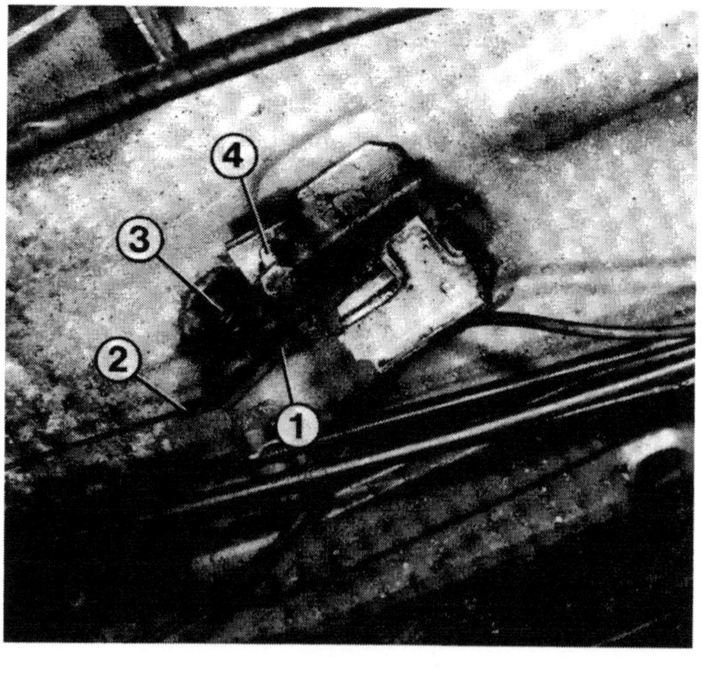

Unterhalb des Fahrerhausbodens ist der Gaszug (2) eingehängt. Es bedeuten: 1 – Drehgelenk; 3 – Sicherungsfeder für die Betätigungsstange zum Gaspedal; 4 – Pedalweg-Einstellschraube.

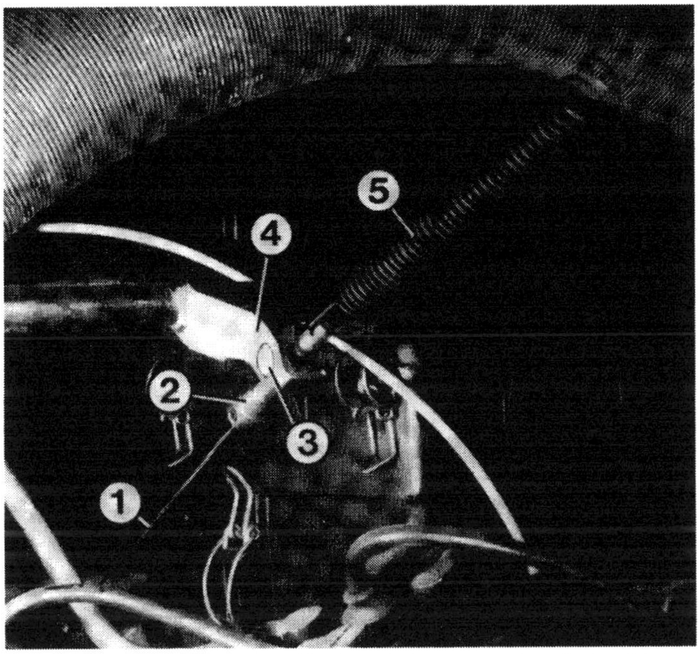

Gaszugaufhängung am Flachmotor: 1 – Gaszug; 2 – Schaftstück mit Inbus-Halteschraube; 3 – Lagerbolzen; 4 – Betätigungshebel für Gasgestänge; 5 – Rückzugfeder.

Eine gehörige Portion Nebenluft kann der linke Vergaser ansaugen, wenn der Verschlußstopfen des Zusatzgemischkanals herausgefallen ist (Lage: zwischen Vorderkante des Vergasers und vorderer Motorraumwand). Die Leckstelle ist bei eingebautem Vergaser nicht sichtbar, verrät sich aber durch gut hörbare Zischgeräusche. Überdies ist der Motorleerlauf nicht mehr einstellbar.

Gaszug auswechseln

Der Gaszug verbindet das Gaspedal im Wagen mit der Drosselklappe am Vergaser (bzw. an den Vergasern). Ausgebaut werden muß er, wenn sich im Führungsrohr Rost angesetzt hat (Zug schwergängig) oder wenn er gerissen ist. Und das geht so:

■ 1600er: SW-8-Schraube am Schraubnippel des Vergasers lösen. Flachmotor: Inbusschraube SW 2,5 am Spannbolzen des Vergasergestänges ein Stück herausdrehen.

■ Bodenwanne unter dem Fahrerhaus abschrauben (SW 10).

■ Gaszug aus dem Gaspedalgestänge aushängen und nach vorn aus dem Führungsrohr ziehen.

■ Neuen Gaszug kräftig einfetten und ins Führungsrohr einschieben. Oberhalb des Getriebes verläuft der Zug teilweise in einem Schutzschlauch; deshalb Vor-

Gaszug einstellen – hier beim 1600er-Motor: Bei voll getretenem Gaspedal muß der Drosselklappenhebel noch einen Abstand von 1,5 mm zum Anschlag am Vergasergehäuse besitzen.

sicht beim Einschieben oder letztes Stück von hinten durchziehen.

■ Beim 1600er den Zug von unterhalb des Wagens ins Führungsrohr am Motor stecken, das durch den Gebläsekasten läuft. Zug am Vergaser festklemmen.

■ Beim Flachmotor den Zug unter dem Wagen durch das Loch in der Motorverblechung stecken und am Gasgestänge anklemmen (siehe folgender Abschnitt).

Gaszug einstellen

Der Gaszug soll so eingestellt sein, daß bei voll getretenem Gaspedal der Zug nicht straff gespannt ist, sondern hinten am Vergaser immer noch etwas »Reserve-Weg« oder »Spiel« besteht. Wer es genau machen will, geht so vor:

■ Von Helfer bei stehendem Motor Gaspedal voll durchtreten lassen und Gaszug so anklemmen, daß zwischen dem Drosselklappenhebel und seinem Anschlag am Vergasergehäuse ein Spiel von etwa 1,5 mm bleibt.

■ Dieses Maß gilt für den 1600er und die Flachmotoren.

Fingerzeige: *Wenn unterwegs der Gaszug reißt, kann trotzdem weitergefahren werden: Holzstückchen oder zusammengefaltete Pappe unter die Anschlagschraube am Drosselklappenhebel bzw. ins Gasgestänge einklemmen. Der Motor läuft jetzt konstant in mittlerer Drehzahl. Sie können weiterfahren.*
Ist der Gaszug in seinem Verlauf oberhalb des Getriebes gerissen, kann er mit einer Elektro-Lüsterklemme wieder verbunden werden.

Störungsbeistand Vergaser

Die Störung	– ihre Ursache	– ihre Abhilfe
A Motor springt nicht an	1 Kraftstoffweg zum Vergaser nicht in Ordnung	a) Kraftstoffpumpe defekt (siehe Störungsbeistand Seite 91) b) Kraftstoffilter oder Leitung verstopft (siehe Seite 92)
	2 Störung an der Startautomatik	Störungsbeistand siehe Seite 103
	3 Bohrungen im Vergaser verstopft	Zerlegen, reinigen (siehe Seite 105)
	4 Leerlaufdüse(n) verstopft	Herausdrehen, reinigen
	5 Vergaser läuft über	Vergaserdeckel abnehmen, Schwimmerventil kontrollieren. Anschließend mit Vollgas (ohne »pumpen«) starten.
B Leerlauf ungleichmäßig; Motor bleibt stehen	1 Leerlauf zu fett oder zu mager eingestellt	Einstellen (siehe Seite 107)
	2 Siehe A 5	
	3 Motor saugt Nebenluft an	Abhilfe siehe Seite 108
C Schlechte Übergänge beim Gasgeben	1 Beschleunigungssystem arbeitet nicht	Luftfilter abnehmen und prüfen, ob beim Betätigen des Gaspedals (stehender Motor) eingespritzt wird. Sonst Vergaser zerlegen
	2 Hauptdüse(n) verstopft	Ausbauen, reinigen
	3 Siehe B 1	
D Ungleichmäßiger Leerlauf und Auspuffrußen. Kerzen verrußt	1 Leerlauf-Abschaltventil bzw. -düsen lose	Mit Gefühl festdrehen
	2 Zu hoher Kraftstoffpumpendruck	Messen lassen
	3 Schwimmernadelventil schließt nicht	Auswechseln
	4 Schwimmer undicht	Auswechseln
E Ungleichmäßiger Lauf bei Vollgas; Aussetzer Patschen	1 Kraftstoffmangel	Benzinpumpe und Kraftstoffsiebe und Filter kontrollieren (Seite 91 bzw. 92)
	2 Bei Schiebebetrieb ohne Gas: Leerlauf zu mager eingestellt	Richtig einstellen

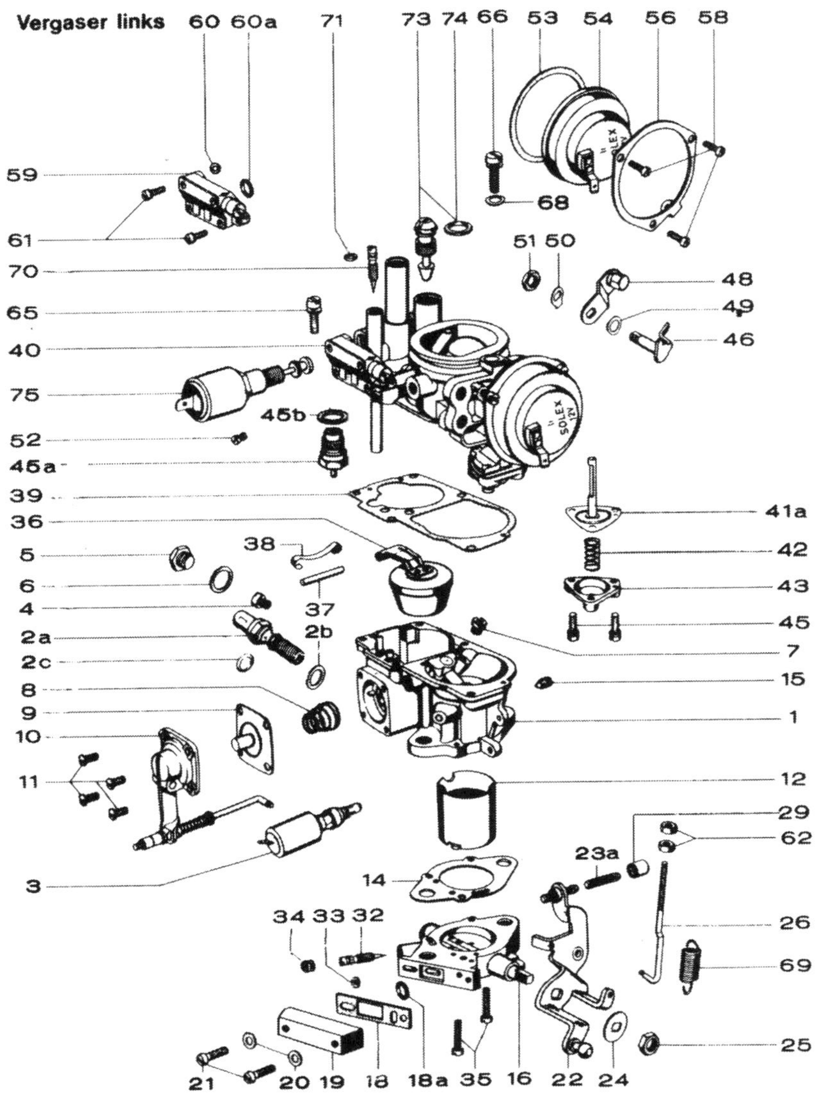

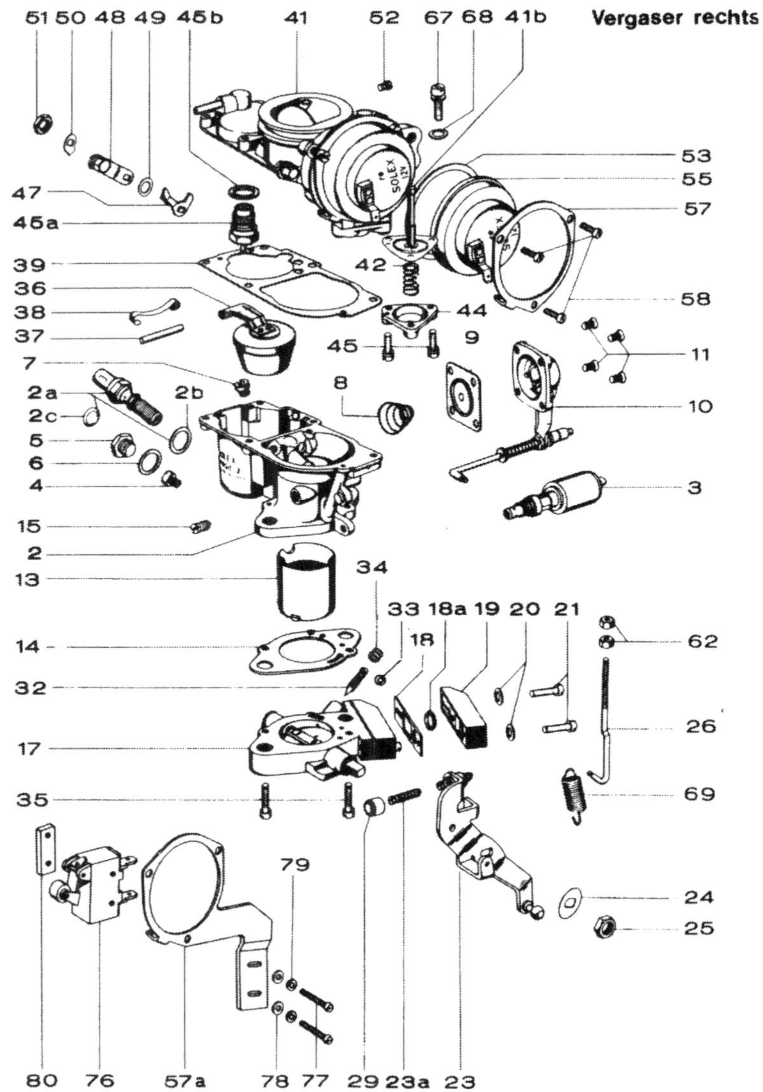

Die Einzelteile der beiden Vergaser des Flachmotors: 1, 2 – Schwimmergehäuse; 3, 3 a – Abschaltdüse; 4 – Hauptdüse; 5, 6 – Verschlußschraube; 7 – Luftkorrekturdüse; 8–11 – Pumpenmembrane und Deckel; 12, 13 – Lufttrichter; 14 – Isolierdichtung; 15 – Lufttrichter-Halteschraube; 16, 17 – Drosselklappenteil; 18–23 – Drosselhebel; 24, 25 – Drosselklappen-Anschlagschraube; 26–31 – Pumpenhebel; 32–34 – Leerlaufgemisch-Regulierschraube; 35 – Halteschrauben; 36–38 – Schwimmer; 39 – Vergaserdeckeldichtung; 40, 41 – Vergaserdeckel; 42–45 – Pulldown-Deckel; 46–51 – Starterhebel; 52 – Schraube; 53–58 – Starterdeckel; 59–61 – Thermo-Startventil; 62 – Muttern; 63, 64 – Schwimmernadelventil; 65–68 – Schrauben; 69 – Zugfeder; 70–72 – Zusatzgemisch-Regulierschraube; 73, 74 – Umgemisch-Regulierschraube; 75 – Abschaltventil.

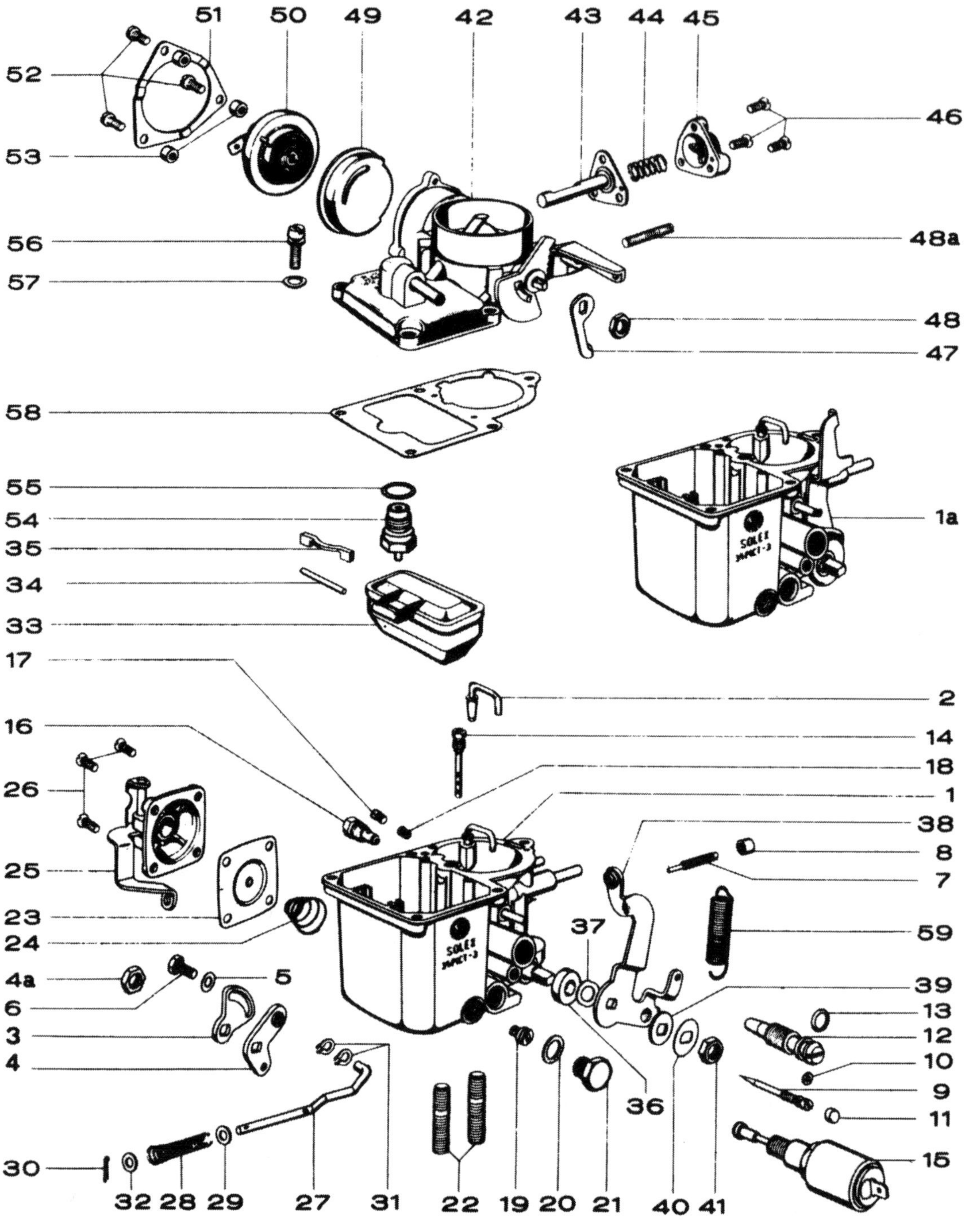

Der Solex-Vergaser 34 PICT-3 des 1600er-Motors in Einzelteilen, die Zahlen bedeuten: 1 – Vergasergehäuse; 2 – Pumpenspritzrohr; 3–6 – Pumpenhebel mit Teilen; 7, 8 – Drosselklappen-Anschlagschraube mit Abdeckkappe; 9–11 – Leerlaufgemisch-Regulierschraube mit Teilen; 12, 13 – Umluft-Regulierschraube mit O-Ring; 14 – Luftkorrekturdüse; 15 – Leerlauf-Abschaltventil; 16 – Leerlaufdüse; 17 – Schaftschraube; 18 – Düse; 19 – Hauptdüse; 20, 21 – Verschlußschraube mit Dichtring; 22 – Stiftschrauben; 23–26 – Pumpenmembrane mit Feder, Deckel und Halteschrauben; 27–32 – Pumpenstange mit Teilen; 33–35 – Schwimmer mit Achse und Niederhalter; 36–41 – Drosselhebel mit Teilen; 42 – Vergaserdeckel; 43–48 a – Pulldownmembrane mit Teilen; 49 – Schutzkappe; 50–53 – Starterdeckel mit Haltering und Teilen; 54, 55 – Schwimmernadelventil mit Dichtring; 56, 57 – Halteschraube mit Federscheibe; 58 – Vergaserdeckeldichtung; 59 – Zugfeder.

Reibereien

Die Kupplung wird im Auto für zweierlei gebraucht: Zum einen muß sich mit ihr die Verbindung Motor – Getriebe beim Schalten trennen lassen, denn nur ein nicht belastetes Getriebe läßt sich schalten. Zum zweiten muß man mit der Kupplung beim Anfahren den laufenden Motor allmählich mit dem zunächst stehenden Wagen »kuppeln«.

Funktionsweise der Kupplung

Zwischen Motor und Getriebe sitzt die Kupplung. Sie besteht aus Mitnehmerscheibe, Kupplungsdruckplatte, Ausrücklager und der Anlagefläche zum Motor, der Schwungscheibe. Beim Tritt auf das Kupplungspedal wird über ein Drahtseil (den Kupplungszug) der Ausrückhebel in der Kupplung bewegt. Hierbei wird das Ausrücklager gegen die (tortenförmig eingeschnittene) Tellerfeder der Kupplungsdruckplatte gedrückt. Das Ausrücklager übernimmt nun die Federkraft der Druckplatte. Diese wird entlastet und bei völlig durchgetretenem Kupplungspedal zurückgezogen, so daß die Mitnehmerscheibe in dem entstandenen Raum dazwischen frei umlaufen kann.
Die Kupplung arbeitet einwandfrei, wenn die Reibflächen der Mitnehmerscheibe das Drehmoment des Motors vollkommen übertragen können und außerdem beim Auskuppeln die Mitnehmerscheibe ganz getrennt ist – also frei umläuft.

Rutschende Kupplung

Wenn die Kupplung durchrutscht, bedeutet dies, daß sie nicht mehr die volle Motorkraft übertragen kann, also nicht mehr einwandfrei verbindet. Die Ursache kann Motor- oder Getriebeöl sein, das auf die Kupplungsflächen geraten ist, oder der Belag ist durch übermäßige Hitzeentwicklung – z. B. durch häufige Kavalierstarts – verbrannt. Dann bringt selbst die größte Anpreßkraft nicht genügend Reibung zum Übertragen des Drehmoments zustande. Aber auch eine sorgsam behandelte Kupplung magert durch allmählichen Verschleiß so ab, daß die Reibpartner einfach nichts mehr zu fassen bekommen – wo keine Anpreßkraft hinkommt, kann auch keine Reibungskraft erzeugt werden. Eine durchrutschende Kupplung merkt man anfangs erst beim Fahren im höchsten Gang (wobei die vom Motor geforderte Leistung am größten ist), wenn bei Belastung der Motor »durchgeht«, also auffallend schneller dreht, als es der Fahrgeschwindigkeit entspricht. Beim Anfahren fällt das Nachlassen der Kupplung weniger auf, weil man sich daran gewöhnt.
Durch diese Gewöhnung kann Schaden entstehen (die Schwungscheibe und die Druckplatte können durch die Hitzeentwicklung Wärmerisse bekommen und müssen dann ausgetauscht werden). Deshalb die Mitnehmerscheibe möglichst zeitig nach Erkennen des Defekts auswechseln.

Fingerzeig: *Eine einwandfreie Kupplung übersteht folgende Gewaltprüfung: Handbremse anziehen, 3. Gang einlegen, langsam einkuppeln und Gas geben. Jetzt müßte (bei einwandfreier Handbremse) der Motor abgewürgt werden. Diese Prüfmethode sollten Sie allerdings nur selten anwenden.*

Die Kupplung trennt nicht richtig

Wird der Schaltvorgang durch kratzende oder krachende Geräusche »untermalt«, so liegt das in den meisten Fällen an einer nicht trennenden Kupplung und nicht, wie oft fälschlich angenommen wird, am Getriebe. Um ganz sicher zu sein, daß es nicht am Getriebe liegt, machen wir die Probe mit dem nicht synchronisierten Rückwärtsgang. Bei stehendem Wagen und bei Motorleerlauf kuppeln Sie ganz aus, warten etwa 3 bis 5

Sekunden und legen dann den Rückwärtsgang ein. Kratzt es, trennt die Kupplung nicht sauber. Häufige Ursache dieser Störung: zu großes Kupplungs-Pedalspiel. Der Weg des Kupplungspedals reicht nicht mehr aus, um die Kupplung völlig auszurücken. Übrigens können auch zusätzlich eingelegte Fußmatten, Teppiche oder Isolierpappe – wenn sie dick genug sind – den Weg des Kupplungspedals verkürzen. Das hat den gleichen Effekt wie ein nicht völlig durchgetretenes Pedal – die Mitnehmerscheibe läuft nicht völlig frei.
Ernstere Ursachen bei nicht trennender Kupplung wären beispielsweise eine durch Hitze verzogene Mitnehmerscheibe oder eine defekte Kupplungs-Druckplatte.

Kupplungsrupfen

Bei rupfender Kupplung setzt sich der Wagen gewissermaßen stotternd in Bewegung. Die Übertragung der Motordrehzahl auf die Antriebsräder erfolgt nicht gleichmäßig weich. Für diesen Effekt, der beim VW-Bus übrigens gar nicht so selten vorkommt, können unterschiedliche Ursachen verantwortlich sein:

□ Motor- oder Getriebelagerung ist gerissen oder hat sich gelockert. Der Antriebsblock (Motor und Getriebe) gerät beim Einkuppeln ins Schwingen.

□ Die Durchbiegung des Kupplungsseils zwischen Karosserie und Lagerpunkt am Getriebe ist zu gering. Leichte Schwingungen von Motor und Getriebe übertragen sich auf die Kupplungsbetätigung. Der Antriebsblock schaukelt sich bei seinen Schwingungen hoch.

□ Die Druckplatte hat sich verzogen oder weist an ihrer Reibfläche wellige Verwerfungen in geringer Höhe auf.

□ Die Schwungscheibe hat auf ihrer Reibfläche wellige Aufwerfungen – ebenfalls meist in geringer Höhe.

Kupplungspedalspiel prüfen
Wartungspunkt Nr. 22

Das Spiel ist für die Kupplung wichtig. Es bedeutet »Luft« oder Abstand zwischen den die Druckkräfte übertragenden Teilen. Ist das Spiel zu groß, geht Pedalweg verloren, die Kupplung trennt nicht richtig. Ist das Spiel zu klein, rutscht die Kupplung.
Da im Laufe der Zeit durch natürlichen Verschleiß die Kupplungsbeläge dünner werden, verringert sich allmählich auch das Spiel. Zur Messung drückt man das Pedal mit der Hand nieder, bis erster Widerstand spürbar wird. Dieser sogenannte »Leerweg« soll etwa **10–25 mm** betragen. Eine noch genauere Prüfung wird möglich, wenn man das Spiel des Ausrückhebels – er sitzt in Höhe der Hinterräder links oberhalb des Getriebegehäuses – direkt am Kupplungsgehäuse prüft, hier soll es 2–3 mm betragen.

Pedalspiel nachstellen

■ In Höhe des linken Hinterrads unter den Wagen liegen; evtl. den linken Heizungsschlauch ausbauen. Nun kommen Sie einigermaßen an den Ausrückhebel links hinten am Getriebegehäuse heran.

■ Flügelmutter am Ende des Seilzugs zum Einstellen des Pedalspiels (siehe voriger Abschnitt) verdrehen: Anziehen der Mutter bedeutet Verkleinerung, Lokkern Vergrößerung des Spiels.

■ Der Seilzug darf sich beim Verdrehen der Mutter nicht mitdrehen, sonst werden seine Einzeldrähte geknickt, und er reißt in absehbarer Zeit. Deshalb bei Schwergängigkeit Mutter und Gewindestück mit Rostlöser einsprühen, und beim Drehen das Gewindestück mit einer Rohrzange gegenhalten. Eine ziemlich mühselige Arbeit.

Fingerzeig: *Der Ausrückhebel hinten am Getriebe – und damit auch das Kupplungspedal – wird nach dem Kuppeln von einer um den Ausrückhebel herumgewundenen Feder wieder in die Ausgangsstellung zurückgedrückt. Die Kraft dieser Feder überwinden Sie z. B., wenn Sie bei richtig eingestelltem Pedalspiel das Kupplungspedal die ersten cm niederdrücken. Ist diese Feder gebrochen, wandert das Pedal nicht mehr in seine höchste Stellung, sondern kommt nur noch so weit zurück, wie es von den Federn der Kupplung gedrückt wird. Das Pedalspiel muß deshalb bei gebrochener Rückholfeder durch Hochziehen des Pedals gemessen werden.*
Allerdings sollten Sie diese Feder ohnehin möglichst bald ersetzen, denn so läuft das Ausrücklager immer in Motordrehzahl mit und wird nicht von der Kupplungs-Druckplatte abgehoben. Zum Auswechseln Seegerring am Ausrückhebel abnehmen, Hebel herausziehen und Feder abnehmen.

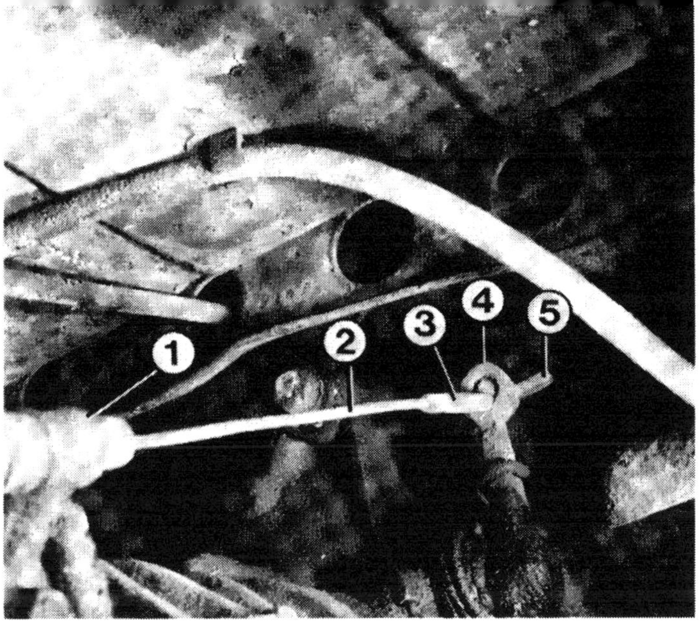

Die Kupplungsbetätigung links oberhalb des Getriebes: 1 – Seilzuglager des Getriebes; 2 – Kupplungszug; 3 – Gewindestück; 4 – Betätigungshebel; 5 – Flügelmutter.

Kupplungszug ausbauen

Seilzüge haben mitunter die unangenehme Eigenschaft, im unpassendsten Moment zu reißen. Das kann leicht passieren, wenn der Zug geknickt oder verdreht wurde oder wenn der Rost an seinem Lebensnerv genagt hat.

So wird der Kupplungszug ausgebaut:

■ Ist der Zug nicht gerissen, als erstes die Flügelmutter am hinteren Seilzugende herausschrauben und die Gummistulpe, die am Seilzuglager des Getriebes über den Zug gesteckt ist, abziehen.

■ Jetzt geht's unterhalb des Führerhauses weiter: Kupplungspedal unter dem Fahrerhausboden vom Kupplungshebel abschrauben.

■ Lagerung des Kupplungshebels vom Hauptrahmen der Karosserie abschrauben.

■ Lager und Hebel mit dem Kupplungszug ein Stück herausziehen.

■ Sicherung des Bolzens für den Kupplungszug hochklappen und den Bolzen herausziehen. Das Kupplungsseil ist jetzt lose und kann nach vorn aus seiner Führung ganz herausgezogen werden.

Kupplungszug einbauen

■ Gewinde am hinteren Zugende auf Leichtgängigkeit prüfen und Zug mit beliebigem Fett dick einschmieren.

■ Kupplungsseil von vorn in das Führungsrohr einschieben, Bolzen fetten, einsetzen und sichern.

■ Pedallagerung wieder festschrauben, ebenso Pedalstange.

■ Gummistulpe am hinteren Zugende aufsetzen, Flügelmutter einfetten, aufdrehen und Spiel einstellen (siehe links).

■ Durchhang der Hülle des Kupplungsseils kontrollieren (siehe Zeichnung unten). Stimmt er nicht, durch Unterlegscheiben korrigieren.

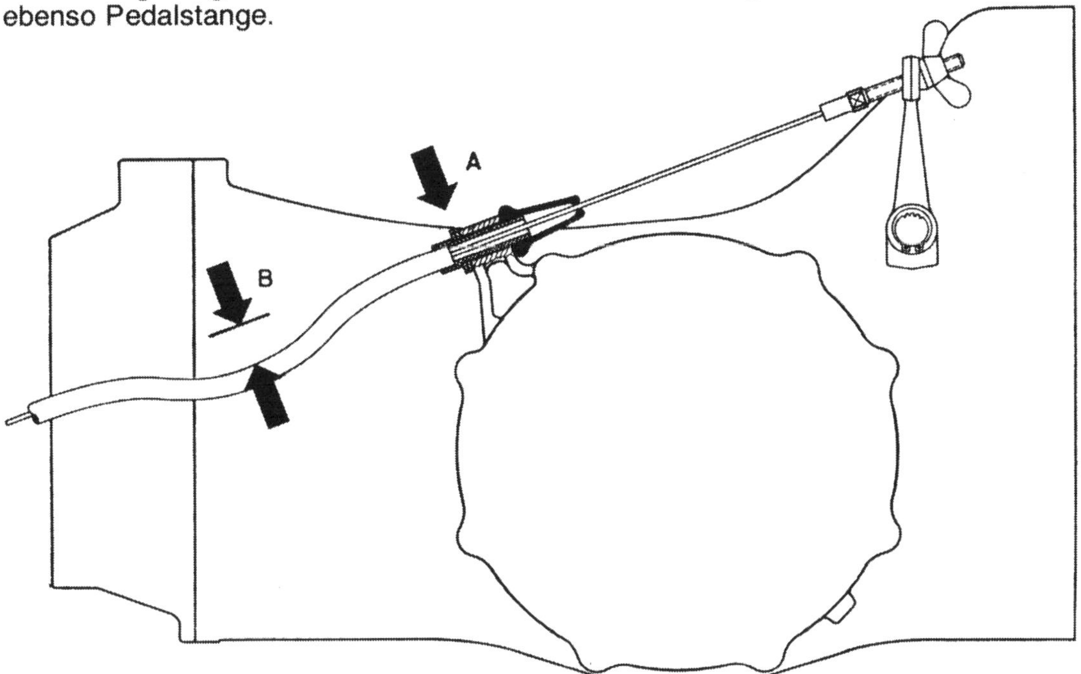

Die Durchbiegung des Kupplungsseiles in der Seilführung muß 25–45 mm (B) betragen, bei größerer Durchbiegung besteht die Gefahr des Reißens. Eine zu geringe Durchbiegung kann durch Einfügung von Scheiben zwischen Seilführung und Halterung am Deckel (A) berichtigt werden.

Kupplungspedal schwergängig

Bei schwergängigem Kupplungspedal kommen zwei Möglichkeiten in Betracht:
□ Der Kupplungszug rostet in seiner Führung. Das Pedal läßt sich dann schwer und gewissermaßen ruckartig niedertreten, kommt aber beim Loslassen in die Ausgangsstellung zurück.
Abhilfe: neuen Kupplungszug samt neuer Hülle einbauen und gut einfetten.
□ Das Drehlager des Kupplungspedals ist festgerostet. Das Pedal bewegt sich schwer und kehrt nicht in die Ausgangsstellung zurück.
Abhilfe: Zug hinten lösen, Pedal abschrauben, Lager ausbauen (siehe »Kupplungszug ausbauen«). Betätigungshebel des Kupplungszugs an der Rückseite des Lagers abschrauben. Lagerbolzen mit Kupplungshebel aus dem Lagergehäuse ziehen (dabei hin- und herdrehen). Rost an der Lagerwelle abschmirgeln, Welle fetten und Kupplungsbetätigung wieder zusammenbauen.

Fahren mit gerissenem Kupplungszug

Wenn unterwegs der Kupplungszug reißt, so daß nicht mehr ausgekuppelt werden kann, können Sie mit etwas Fingerspitzengefühl trotzdem noch bis zur nächsten Werkstatt fahren. Das Herausnehmen des Gangs ohne Kupplung ist leicht: Gas wegnehmen und bei langsam werdender Fahrt oder bei abgebremstem Wagen den Gang herausdrücken. Sie spüren, bei welcher Geschwindigkeit (meist kurz vor Schrittgeschwindigkeit) sich der Schalthebel leicht in den Leerlauf drücken läßt. Natürlich sollten Sie bei defekter Kupplung versuchen, möglichst lange im gleichen Gang zu bleiben. Wollen Sie ohne Kupplung anfahren – etwa an der Ampel –, müssen Sie bei abgestelltem Motor den 1. oder 2. Gang (je nach Steigung oder Straße) einlegen. Jetzt den Anlasser betätigen: Der Wagen ruckt an und setzt sich in Bewegung. Der Motor sollte dazu allerdings warmgelaufen sein. Wer während der Fahrt nicht schalten will, bleibt jetzt im 2. Gang.
Versierte Fahrer können jedoch auch ohne Kupplung hoch- und herunterschalten. Dabei muß natürlich sehr feinfühlig mit Gaspedal und Schalthebel umgegangen werden. Nachdem Sie in der beschriebenen Weise angefahren sind, wird der Motor nur knapp über die Leerlaufdrehzahl hinausgedreht. Gas jetzt etwas zurücknehmen und Schalthebel in Leerlaufstellung ziehen. Gaspedal jetzt ganz loslassen und Schalthebel mit leichter Hand in Richtung des nächsthöheren Gangs drücken. Bei richtiger Motor- und Getriebedrehzahl rutscht der Gang fast von selbst hinein. Wenn Sie zu lange gewartet haben, müssen Sie ein ganz klein wenig Gas zugeben, damit sich der Gang ohne Zähneknirschen einlegen läßt. In die weiteren Gänge wird auf dieselbe Weise hochgeschaltet. Am leichtesten geht das in relativ niedrigen Geschwindigkeiten.
Das Herunterschalten erfordert etwas mehr Geschick. Hierbei muß die Motordrehzahl angehoben werden, damit der nächstniedrige Gang eingelegt werden kann: Fuß etwas vom Gas nehmen, Gang herausnehmen, behutsam Gas zugeben und gleichzeitig den Schalthebel in Richtung des niedrigeren Gangs drücken. Bei richtiger Motordrehzahl (mit Tachometer vergleichen) rutscht der Gang hinein. Auch das Herunterschalten geschieht am besten wieder bei niedrigen Geschwindigkeiten und Drehzahlen.

Die Lebensdauer der Kupplung

Je nach Temperament des Fahrers kann eine Kupplung ein ganzes Motorleben lang halten oder schon nach 15000 km verschlissen sein. Hohe Laufzeiten werden erreicht, wenn der Wagen überwiegend auf Langstrecken gefahren und die Kupplung vernünftig behandelt wird. Wer seinen VW hauptsächlich im Stadtverkehr bewegt – wobei die Kupplung natürlich viel öfter beansprucht wird als auf der Autobahn – wird kaum so lange mit einer Kupplung fahren wie ein Langstreckenfahrer.
Aber auch spezielle Fahrergewohnheiten können der Lebensdauer abträglich sein: Sogenannte Kupplungsfahrer mogeln sich beim Einbiegen oder beim Kreuzen einer Straße um das Schalten herum, indem sie die Kupplung so lange treten, bis sie wieder Gas geben können. Genauso schädlich ist Anfahren im 2. Gang oder mit zu hoher Motordrehzahl (Kavalierstart). In beiden Fällen schleift die Kupplung, das heißt, die Kupplungsflächen reiben unter Hitzeeinwirkung aufeinander und werden vorzeitig abgenutzt. Sie sind, nebenbei bemerkt, aus ganz ähnlichem Material wie die Trommelbremsbeläge gefertigt.
Neue Kupplungsbeläge liegen wegen ihrer rauhen Oberfläche nicht gleich auf der gesamten Reibfläche an. Sie müssen daher auch eingefahren werden, damit sich die Be-

läge den Gegenreibflächen anpassen. Das soll durch sanftes und nicht etwa hartes Einkuppeln oder gar Schleifenlassen geschehen, sonst wird der Anpassungsvorgang gestört und die Lebensdauer der Beläge verkürzt.

Kupplung ausbauen

An speziellen Werkzeugen wird für diese Arbeit ein Zentrierdorn für die Mitnehmerscheibe gebraucht. Dieser Dorn ist nichts anderes als das Ende einer Getriebe-Antriebswelle. Am einfachsten kommt man zu diesem Werkzeug, indem man sich auf dem Schrottplatz den Wellenstumpf eines alten VW-Bus-Getriebes abtrennen läßt. Zur Not läßt sich die Kupplungsscheibe jedoch auch mit einem anderen passenden Dorn (Stahlstift, runder Holzstiel etc.) behelfsmäßig zentrieren.
Teilweise ist die Kupplungs-Druckplatte mit Innenvielzahnschrauben SW 8 befestigt. Also vorsichtshalber einen solchen Schlüssel bereitlegen. Die Arbeitsreihenfolge:

- Motor ausbauen (siehe Seite 60).
- Einbaulage der Kupplungs-Druckplatte gegenüber der Schwungscheibe zeichnen.
- 6 Schrauben SW 13 oder Innenvielzahnschrauben SW 8 (je nach Baujahr unterschiedlich) an der Druckplatte lösen. Dreht sich die Schwungscheibe mit, muß ein Helfer einen Schraubenzieher in die Verzahnung am Außenrand stecken. So kann die Drehung der Scheibe an einem Motoraufhängungs-Stehbolzen gebremst werden.
- Druckplatte und Mitnehmerscheibe abnehmen.
- Verschleiß der Druckplatte beurteilen: Zeigen die Spitzen der Tellerfeder Einlaufspuren tiefer als 0,3 mm? Stehen die Tellerfederspitzen alle schön parallel zur übrigen Druckplatte oder bilden sie an einer Seite ein Tal? Sind alle Nieten noch fest? Sind die Blattfedern unter dem Anlagering in Ordnung? Ist der Anlagering selbst frei von Rissen und Riefen? Außerdem darf der Ring zur Mitte hin nicht stärker als 0,3 mm durchgebogen sein (Metallineal auflegen). Sonst Druckplatte auswechseln.
- Verschleiß der Mitnehmerscheibe beurteilen: Ist noch genug Belagmaterial vorhanden oder stehen die Messingnieten (meist zuerst an der Druckplatten-Seite) schon bedrohlich weit vor? VW gibt kein exaktes Verschleißmaß an, man muß sich also aufs Gefühl verlassen. Wir empfehlen, die Kupplungsscheibe schon beim kleinsten Zweifel auszutauschen. Das spart einen erneuten Kupplungs-

Die Teile der Kupplung (Flachmotor): 1 – Abstandsringe; 2, 3 – Dichtringe; 4 – Nadellager; 5 – Paßstift; 6 – Schwungscheibe; 7 – Mitnehmerscheibe (nur bei Automatik); 8 – Schraube; 9 – Dichtring; 10 – Unterlegscheibe; 11 – Schraube; 12 – Kupplungsscheibe (Mitnehmerscheibe); 13 – Druckplatte; 14 – Schraube.

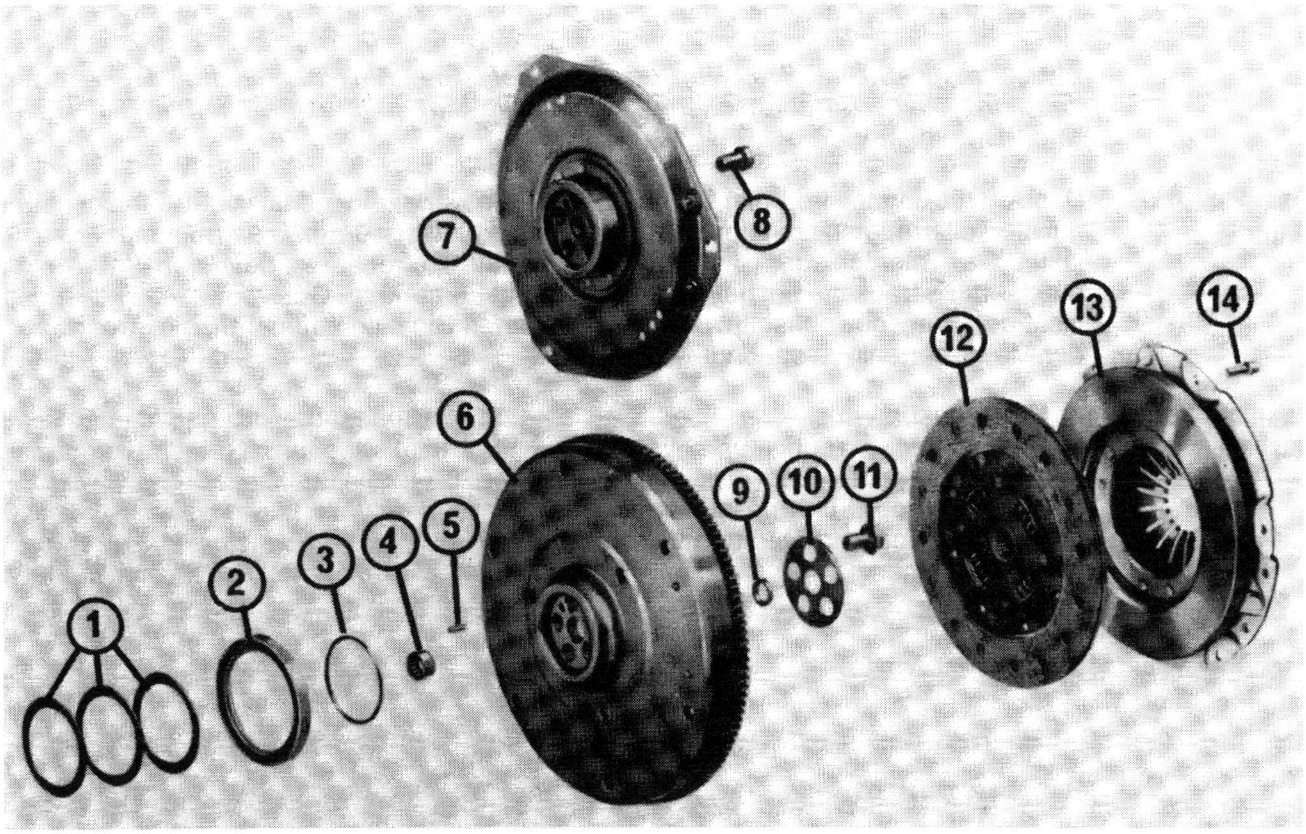

Die Kupplungsbetätigung bei ausgebautem Getriebe: 1 – Betätigungshebel; 2 – Ausrückwelle; 3 – Drucklager; 4 – Führungshülse für Ausrücklager.

ausbau schon in absehbarer Zeit. Ferner die Schraubenfedern der Scheibe kontrollieren. Ist eine gebrochen: Austausch-Scheibe einbauen.

■ Kleines Nadellager (beim Flachmotor hinten in der Mitte der Kurbelwelle, beim 1600er in der hohlen Zentralschraube der Kurbelwelle) und das Ausrücklager auf Leichtgängigkeit prüfen.

■ Keilnuten der Getriebewelle und kleines Nadellager hauchdünn mit hitzebeständigem Fett bestreichen.

■ Kupplungsscheibe und Druckplatte einsetzen, dabei Kupplungsscheibe mit Dorn zur Schwungscheibe zentrieren (Mittelbohrungen beider Teile müssen fluchten, damit sie beim anschließenden Motoreinbau leicht auf die Getriebewelle geschoben werden können).

■ Druckplatte in mehreren Stufen über Kreuz bis auf 25 Nm festziehen.

Fingerzeig: *Stellen sich zwei Kupplungsdefekte – nämlich schlechtes Trennen der Kupplung sowie Durchrutschen – gleichzeitig ein, so ist mit Sicherheit die Kupplungs-Druckplatte defekt.*

Das Ausrücklager

Das Ausrücklager wird beim Durchdrücken des Kupplungspedals vom Ausrückhebel auf die Tellerfederspitzen der Kupplungs-Druckplatte gepreßt. Die Kupplung wird entlastet. Das Ausrücklager ist von Haus aus wartungsfrei. Ist es defekt, macht es sich durch Mahlgeräusche bei getretener Kupplung bemerkbar. Deswegen muß es jedoch nicht sofort ausgewechselt werden. Das können Sie sich aufsparen, bis irgendwann der Motor ohnehin ausgebaut wird.

Ausrücklager ausbauen

■ Motor ausbauen.

■ Federspangen rechts und links am Ausrücklager abhebeln.

■ Lager von der Führungshülse ziehen und Blechspangen rechts und links des Lagers abziehen.

■ Vor dem Einbau des neuen Lagers die Führungshülse am Getriebe dünn mit MoS_2-Fett bestreichen.

■ Wird das alte Lager weiterverwendet, darf es nicht in Benzin ausgewaschen, sondern nur trocken abgewischt werden.

Viermal vor und einmal zurück

Im Gegensatz zu Fahrzeugen in Standardbauweise (Motor vorn, Antrieb hinten), die Differential und Getriebe in getrennten Gehäusen mit sich tragen, sind diese beiden Bauelemente beim VW-Bus zu einer Einheit zusammengefaßt. Diese Bauweise ist nicht nur raumsparend, sie erleichtert auch die Wartung: Es braucht nämlich nur eine einzige Ölfüllung kontrolliert zu werden.

Das Schaltgetriebe

Die Motorleistung wird über die Kupplung auf die Eingangswelle des Schaltgetriebes geleitet. Auf dieser Eingangs- oder Antriebswelle sitzen 5 Zahnräder (einschließlich Rückwärtsgang), die mit 5 dazu passenden Zahnrädern auf der sogenannten Abtriebswelle ständig im Eingriff stehen. Diese Zahnräder können frei umlaufen, bis eines von ihnen beim Schalten eines bestimmten Gangs mit seinem entsprechenden Gegenrad auf der Antriebswelle gekuppelt wird. Das Verhältnis der Zähnezahlen des jeweiligen Zahnradpaars ergibt die betreffende Übersetzungsstufe. Unser VW-Bus hat – wie heute praktisch alle Personenwagen – »vollsynchronisierte« Vorwärtsgänge. Die Zahnräder auf der Antriebs- und Abtriebswelle sind auf »Nadeln« (hängende, stiftartige Rollen) gelagert. Es besteht also keine starre Verbindung zwischen Wellen und Rädern. Die Zahnräder bleiben, wie schon erwähnt, immer im Eingriff. Beim Gangwechsel wird nicht etwa eine Verbindung zwischen den Zahnrädern, sondern zwischen Zahnrad und Welle hergestellt. Um die Drehzahlen von Welle und Zahnrad einander anzugleichen, läßt man einen Teil der Welle gegen einen Teil der anderen Welle über Reibelemente schleifen. Durch die Reibung wird die schnellere Welle abgebremst, bis bei Gleichlauf eine kraftübertragende Verbindung hergestellt werden kann. Da die Synchronisation für diese Drehzahlanpassung einen Sekundenbruchteil braucht, soll man besonders bei kaltem Motor und noch steifem Getriebeöl den Schalthebel nicht gewaltsam »durchreißen«.

Schalthebeleinstellung prüfen

Die Schalthebeleinstellung verändert sich normalerweise nur nach Auswechseln des Getriebes, Teilen der Schaltübertragung oder aber durch Verschleiß am Schaltgestänge. Der Schalthebel muß:

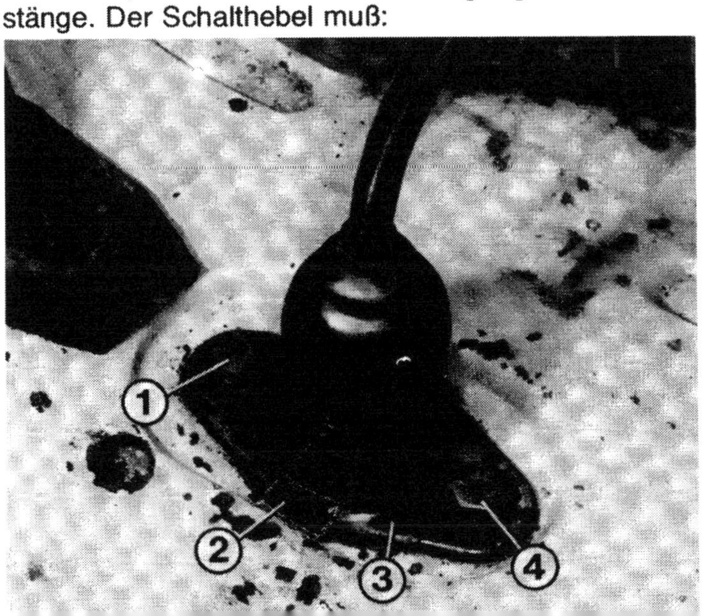

Der Schaltbock (3) unten am Schalthebel. Es bedeuten: 1, 4 – Halteschrauben; 2 – Anschlagplatte.

□ bei eingelegtem 2. Gang von hinten betrachtet **genau senkrecht** stehen, von der Seite gesehen soll das abgekröpfte Oberteil in einem Winkel von **30° nach hinten** zeigen. Andernfalls muß die Schalthebellage eingestellt werden (siehe folgender Absatz),
□ in Leerlaufstellung eine Querbewegung von **60–70 mm** zulassen, bei eingelegtem Gang sollen es **30–35 mm** sein, sonst ist das Schaltgestänge verschlissen.

Schalthebel einstellen

■ Kupplung treten und während des Einstellens getreten lassen.
■ Zweiten Gang einlegen und die beiden Schrauben am Schaltbock (unten am Schalthebel) lösen. Dazu Bodenmatte zurückschlagen.
■ Schalthebel in Grundstellung bringen: Von hinten betrachtet in »Senkrecht«-Stellung, von der Seite betrachtet 30° nach hinten geneigt.
■ Anschlagplatte unter dem Schaltbock nach links drücken, bis sie am Schalthebel (der an dieser Stelle vom Schaltbock verdeckt ist) anstößt. Schalthebel dabei nicht verstellen.
■ Schrauben festziehen und prüfen, ob sich der Schalthebel beim Einlegen des ersten Gangs genau in Längsrichtung bewegen läßt. Tut er das nicht, muß die Anschlagplatte nochmals ausgerichtet werden.
■ Gänge einige Male durchschalten und auf die richtige Lage der Schaltebenen achten.
■ Tiefergreifende Einstellarbeiten können ferner durch Verschieben des Motor-Getriebe-Blocks vorgenommen werden (siehe Abschnitt »Getriebe einbauen und ausrichten«).

Fingerzeig: *Kommen Sie trotz richtig eingestelltem Schalthebel beim Zurückschalten manchmal in die Schaltebene des Rückwärtsgangs, ist die Anschlagplatte (siehe Bild auf der Vorseite) abgenutzt. Auswechseln!*

Schaltgetriebe ausbauen

Das VW-Werk empfiehlt, Motor und Getriebe gemeinsam auszubauen. Aus Gewichtsgründen raten wir jedoch von dieser Methode ab. Mit Heimwerkermitteln kommen wir bei einzelnem Ausbau weiter:
■ Motor ausbauen (siehe Seite 60).
■ Getriebe stabil unterbauen.
■ Kupplungszug am Ausrückhebel lösen und Stützwinkel des Kupplungszugs am Getriebe abschrauben (Zughülle nicht einfach herausziehen, sonst wird sie geknickt).
■ Gelenkwellen am Getriebe abschrauben (siehe Seite 123).
■ Kabel am Rückfahrscheinwerfer-Schalter abziehen.
■ Schaltstange aushängen; dazu die Schraube am Pufferstück herausdrehen und den Schalthebel einige Male vor- und zurückbewegen.
■ Schrauben am oberen Getriebeträger herausdrehen und unter Rütteln am Getriebe herausziehen.
■ Vordere Getriebehalteschrauben (siehe Bild unten) herausdrehen; sie sitzen in dem querliegenden kurzen Stahlstück am Hinterachsrohr.
■ Getriebeabstützung entfernen und Getriebe nach hinten herausziehen.

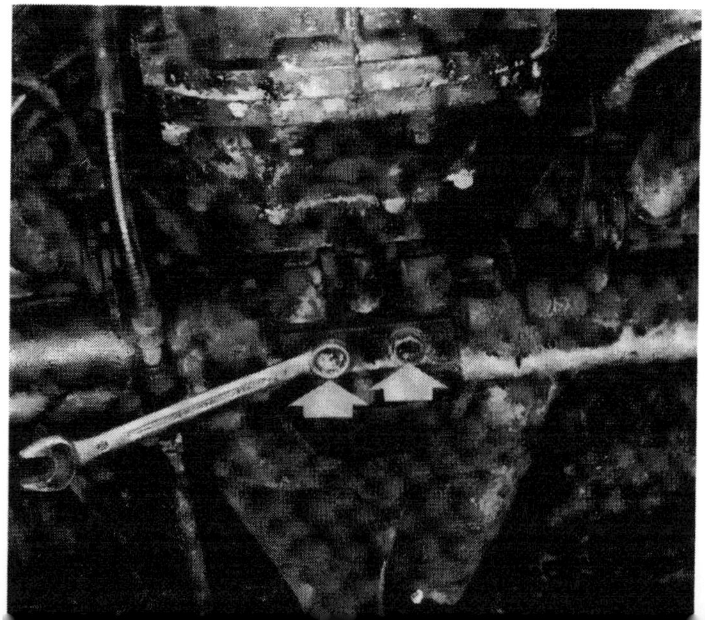

Das Lösen der vorderen Getriebehalterung erfolgt an den beiden mit Pfeil bezeichneten Halteschrauben.

Getriebe einbauen und ausrichten

■ Getriebe sinngemäß umgekehrt wie Ausbau einbauen.
■ Treten Schaltungsprobleme (beim Flachmotor möglicherweise zu erwarten) auf, beide Halteschrauben vorn am Getriebe sowie die Schrauben, die den hinteren Motorträger am Karosserierahmen halten, etwas lockern. Motor-Getriebe-Block jetzt nach Bedarf mit einem Hebel etwas vor- oder zurückschieben, bis die Schaltebenen wieder stimmen.
■ Schrauben der Getriebehalterung wieder anziehen.
■ Nur Flachmotor: Motorträger so ausrichten, daß er genau parallel zum Gebläsekasten liegt (also genau quer zur Fahrtrichtung) und Verschraubungen festziehen.
■ Treten beim Fahren Brummgeräusche auf, ist die Getriebelagerung verspannt. Muttern am vorderen Getriebedeckel etwas lockern, Motor an den Wärmetauschern anfassen und den ganzen Antriebsblock kräftig um seine Längsachse durchschaukeln. Muttern am Getriebe wieder festziehen.

Die Getriebeautomatik

Zwischen ein Dreigang-Planetengetriebe und den Motor ist ein hydraulischer Drehmomentwandler geschaltet, in dem das Drehmoment des Motors auf Schaufelräder übertragen wird. Bei laufendem Motor versetzt das mit ihm gekuppelte Pumpenrad die Wandlerflüssigkeit (ATF) in eine Drehbewegung und schleudert sie nach außen gegen das Wandlergehäuse. Dabei trifft die Flüssigkeit auf das sogenannte Leitrad, das den ATF-Strom in die vorgesehene Richtung lenkt. Dabei wird auch das mit dem Getriebe verbundene Turbinenrad in Drehung versetzt. Weil die Zahnräder des Planetengetriebes dauernd im Eingriff stehen und die Wandlerflüssigkeit bei laufendem Motor immer versucht – durch den Motor in Drehung versetzt – das Getriebe und damit auch die Antriebsräder zu bewegen, »kriecht« der VW im Leerlauf, muß also mit der Fuß- oder Handbremse gehalten werden.
Die Übersetzungsänderung erfolgt beim Automatik-Getriebe durch Zusammenschalten verschiedener Zahnräder unter Betätigung von Kupplungen und Bremsbändern durch das hydraulische Steuersystem. Das geschieht je nach Gaspedalstellung.

Kickdownschalter prüfen
Wartungspunkt Nr. 39

Ob der Kickdownschalter anspricht, merken Sie natürlich im täglichen Fahrbetrieb: Das Getriebe muß bei Geschwindigkeiten unter 73 km/h auf jeden Fall in den zweiten bzw. ersten Gang zurückschalten.
Prüfen im Stand: Zündung einschalten. Gaspedal jetzt voll durchtreten und horchen, ob der Kickdown-Magnet im Getriebe anzieht. Wenn ja, muß ein leises Klicken hörbar sein.

Schaltpunkte kontrollieren

Ob die Getriebeautomatik richtig hoch- oder herunterschaltet, können Sie mit einem geeichten Tachometer (siehe Seite 220) selbst prüfen.

Gaspedalstellung	Schaltpunkte in km/h			
	beim Hochschalten		beim Zurückschalten	
	1.–2. Gang	2.–3. Gang	2.–1. Gang	3.–2. Gang
Vollgas	30–41	69–76	23–27	41–50
Kickdown	44–54	77–83	39–50	73–79

Schrauben der Getriebeölwanne nachziehen
Wartungspunkt Nr. 40

Damit die Ölwanne des automatischen Getriebes immer schön dicht bleibt, müssen alle Befestigungsschrauben mit dem gleichen Drehmoment angezogen sein. Zum Nachziehen deshalb die Schrauben mit einem Drehmoment von 10 Nm über Kreuz anziehen.
Wurde eine neue Dichtung eingebaut, muß der Vorgang mehrmals wiederholt werden, weil sich die Korkdichtung zwischendurch immer wieder setzt. Keinesfalls gleich von Anfang an mit größerem Drehmoment anziehen, sonst leidet die Dichtung.

Fingerzeig: *Bei fortgeschrittenem Alter kann es vorkommen, daß sich die Dichtung nach außen drückt und damit undicht wird. Auswechseln!*

Prüfen der Staubschutzmanschetten durch Auseinanderziehen der Gummibälge (Pfeil). So werden rissige Stellen im Gummi am besten erkannt.

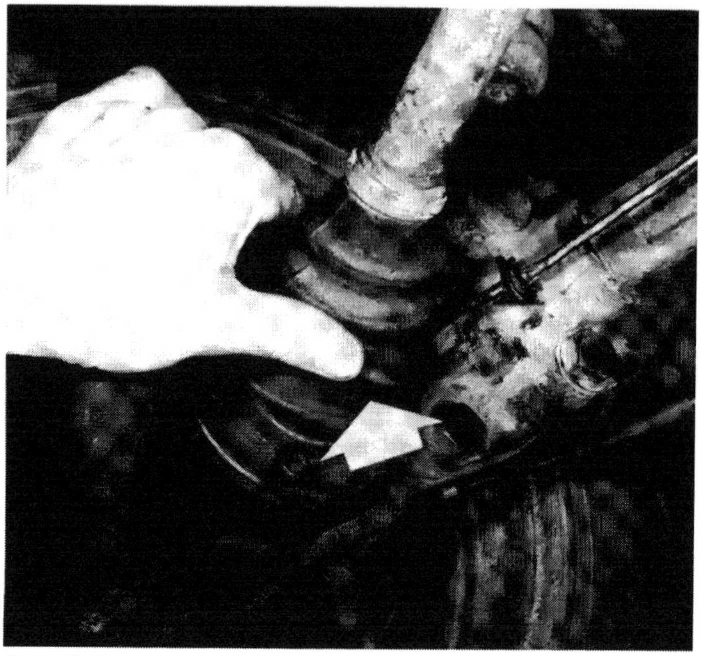

Störungsbeistand Getriebeautomatik

Hier finden Sie nur Störungen beschrieben, die Sie selbst beheben können.

Beanstandung	Ursache
1 Ruckartige Schaltübergänge beim Einlegen der Fahrstufen »D« oder »R« aus der Leerlaufstellung »N« heraus	Leerlaufdrehzahl zu hoch
2 Starkes Kriechen im Leerlauf bei eingelegtem Fahrbereich	Wie unter 1
3 Fahrzeug setzt sich bei eingelegtem Fahrbereich nicht in Bewegung, kein Antrieb in allen Gängen	ATF-Stand zu niedrig
4 Langgezogene, schleifende Schaltübergänge	Wie unter 3

Gefährlich für das automatische Getriebe ist Überfüllung mit ATF. Der Getriebesatz läßt die Flüssigkeit schäumen. Die Getriebeölpumpe muß stärker arbeiten, um das aufschäumende Öl in die Kanäle der hydraulischen Steuerung zu drücken. Temperatur und Druck im Getriebe steigen, dadurch verschieben sich die Schaltpunkte. Dies wiederum bewirkt, daß die Bremsbänder länger schleifen als normal und verbrennen können.

Automatisches Getriebe ausbauen

Hier gelten sinngemäß dieselben Ausbauschritte wie beim Schaltgetriebe. Als zusätzliche Arbeit muß lediglich der Halter des Wählhebelzugs abgeschraubt und der Zug ausgehängt werden. Beachten Sie zusätzlich die Hinweise für den Ausbau des Automatik-Motors auf Seite 62.

Unterdruckdose der Getriebeautomatik wechseln

Wartungspunkt Nr. 46

Erst im November 1975 hat das Werk für die bis Juli 1975 gebauten Modelle mit Getriebeautomatik einen wichtigen Punkt in den Wartungsplan eingefügt. Bei diesen Automatic-Fahrzeugen wird die Stellung des Gaspedals dem Getriebe über eine Unterdruckdose übermittelt. Die Membrane dieser Unterdruckdose kann undicht werden, dann saugt der Motor ATF aus dem Getriebe an. Damit es möglichst gar nicht zu dem eben beschriebenen Defekt und womöglich zu einem Getriebeschaden kommen kann, schreibt das Volkswagenwerk für diese Modelle vor, daß alle 30000 km die Unterdruckdose ersetzt wird. Dazu muß allerdings unbedingt der sogenannte Primärgasdruck eingestellt werden, was mit Heimwerkermitteln leider nicht möglich ist.

Die Antriebswellen

Die Antriebswellen übertragen die Antriebskraft vom Getriebe zu den Rädern. Damit die Federbewegungen der Räder mitgemacht werden können, sitzen an beiden Enden der Antriebswellen gelenkige Verbindungen. Beim VW-Bus handelt es sich dabei um sogenannte homokinetische Gelenke oder, schlichter ausgedrückt, um Gleichlaufgelenke. Diese sehr exakte und aufwendige Kraftübertragung beruht auf 6 Kugeln, die in den speziell geschliffenen Laufbahnen beim Knicken des Gelenks hin und her laufen. So wird bei jedem im Fahrzeug möglichen Beugewinkel der Antriebswelle absolut gleichmäßige Kraftübertragung gewährleistet.

Antriebswellengelenke kontrollieren
Wartungspunkt Nr. 21

Die Gelenke der Antriebswellen sind durch Gummimanschetten vor Feuchtigkeit und Schmutz geschützt. Deshalb sollten Sie diese Manschetten regelmäßig unter die Lupe nehmen, ob sie nicht durch Risse undicht geworden sind.

■ Jeweils ein Antriebsrad hochbocken, Wagen absichern.

■ Betreffende Achswelle langsam durchdrehen und dabei die Manschette auf spröde Stellen bzw. Löcher untersuchen. Auch Fettspuren können auf ein Loch hindeuten.

■ Beschädigte Staubmanschetten baldigst auswechseln (siehe übernächster Abschnitt), sonst zerstört eindringendes Wasser die Gelenke, und die sind teuer.

Antriebsgelenk defekt?

Die Gelenke der Antriebswellen zeigen meist schlagartig Ausfallerscheinungen, die aber zwischendurch wieder völlig verschwinden können. Die »ruhige Phase« kann sich über mehrere Tage und Kilometer erstrecken.

□ Charakteristisch sind rhythmische Schlag- oder Knack-knack-knack-Geräusche beim Gasgeben und im Schiebebetrieb.

□ Einfachste, aber teuerste Reparaturmöglichkeit ist der Einbau kompletter Austausch-Antriebswellen (evtl. vom Zubehörhandel).

□ Billigere Methode: ein einzelnes Gelenk auswechseln. Schwierig ist allerdings, das defekte Gelenk zu lokalisieren. Am besten erkennen Sie den Übeltäter durch konzentriertes Horchen während der Fahrt.

Wer dann schon einmal festgestellt hat, um welche Fahrzeugseite es sich handelt, kann durch Rütteln an der Antriebswelle das defekte Gelenk ermitteln. Es hat geringfügig mehr Spiel.

Antriebswelle ausbauen

Das beste Werkzeug für diese Arbeit ist ein Innenvielzahn-Steckeinsatz SW 8 bzw. ein Innensechskant-Steckeinsatz SW 6. Beide Versionen wurden am VW-Bus verbaut, deshalb erst nachsehen und dann kaufen.

Mit diesen Steckeinsätzen können Sie wesentlich mehr Kraft auf die Schraube übertragen als mit den kleinen Winkelschlüsseln.

■ Die je sechs Schrauben pro Antriebsgelenk herausdrehen. Beachten Sie dazu unbedingt den Text auf Seite 22.

■ Welle beim Abnehmen nicht zu stark knicken; das schadet den Gelenken.

■ Beim Anschrauben die Unterlegplatten nicht vergessen.

Lösen eines Antriebsgelenks mit Hilfe eines Innenvielzahn- oder Inbussteckschlüssels (je nach Ausführung). Die Pfeile zeigen auf vier der sechs Halteschrauben.

Das Antriebsgelenk (2) kann nach Entfernen des Sprengrings (1) von der Antriebswelle (3) abgezogen werden.

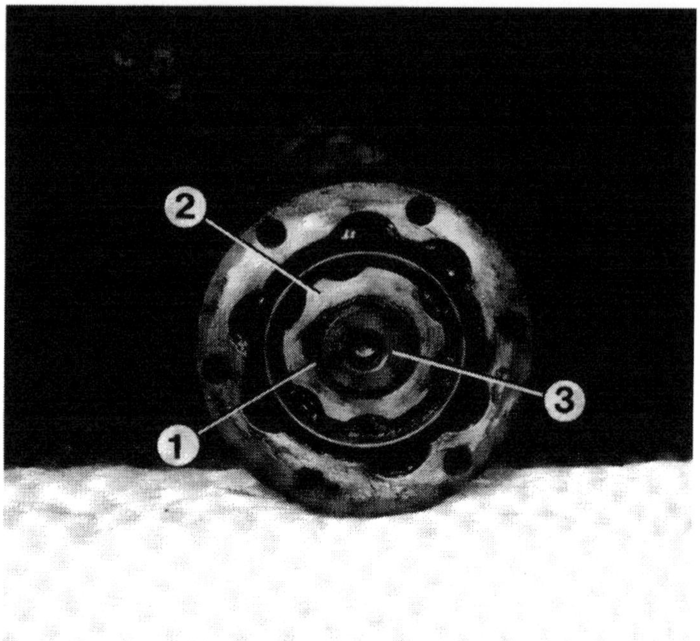

Antriebsgelenk ausbauen

■ Antriebswelle ausbauen.

■ Blech-Schutzkappe mit Gummimanschette mit Durchschlag und Hammer vorsichtig vom Gelenk herunterklopfen. Dabei den Durchschlag an mehreren Stellen rund um das Gelenk ansetzen.

■ Am Wellenende den Sicherungsring, der das Gelenk auf der Antriebswelle hält, mit zwei feinen Schraubenziehern und etwas Geduld aus der Nut popeln und abnehmen.

■ Antriebsgelenk jetzt von der Welle ziehen; notfalls mit dem Hammer etwas nachhelfen.

■ Wird ein neues Antriebsgelenk eingebaut, muß es mit 90 g MoS_2-Schmierfett (VW G 6) gefüllt werden. Alte Gelenke nach Bedarf nachfetten.

Gelenkt und gefedert

Alle VW-Bus-Modelle verfügen über unabhängige Aufhängungen aller vier Räder. Jedes Rad ist für sich gefedert, Stöße des einen Rades können nicht – wie bei den Starrachskonstruktionen an verschiedenen anderen Transporterfabrikaten – auf das andere Rad übertragen werden.

Die Vorderachse

Die VW-Bus-Vorderachse entspricht vom Prinzip her weitgehend der legendären VW-Käfer-Achse: Der Achskörper besteht aus zwei übereinander liegenden Rohren, in denen die Dreh- oder Federstäbe, bestehend aus gebündelten Federblättern, untergebracht sind. Sie sind in der Mitte der Rohre durch je eine Haltenuß gegen Verdre-

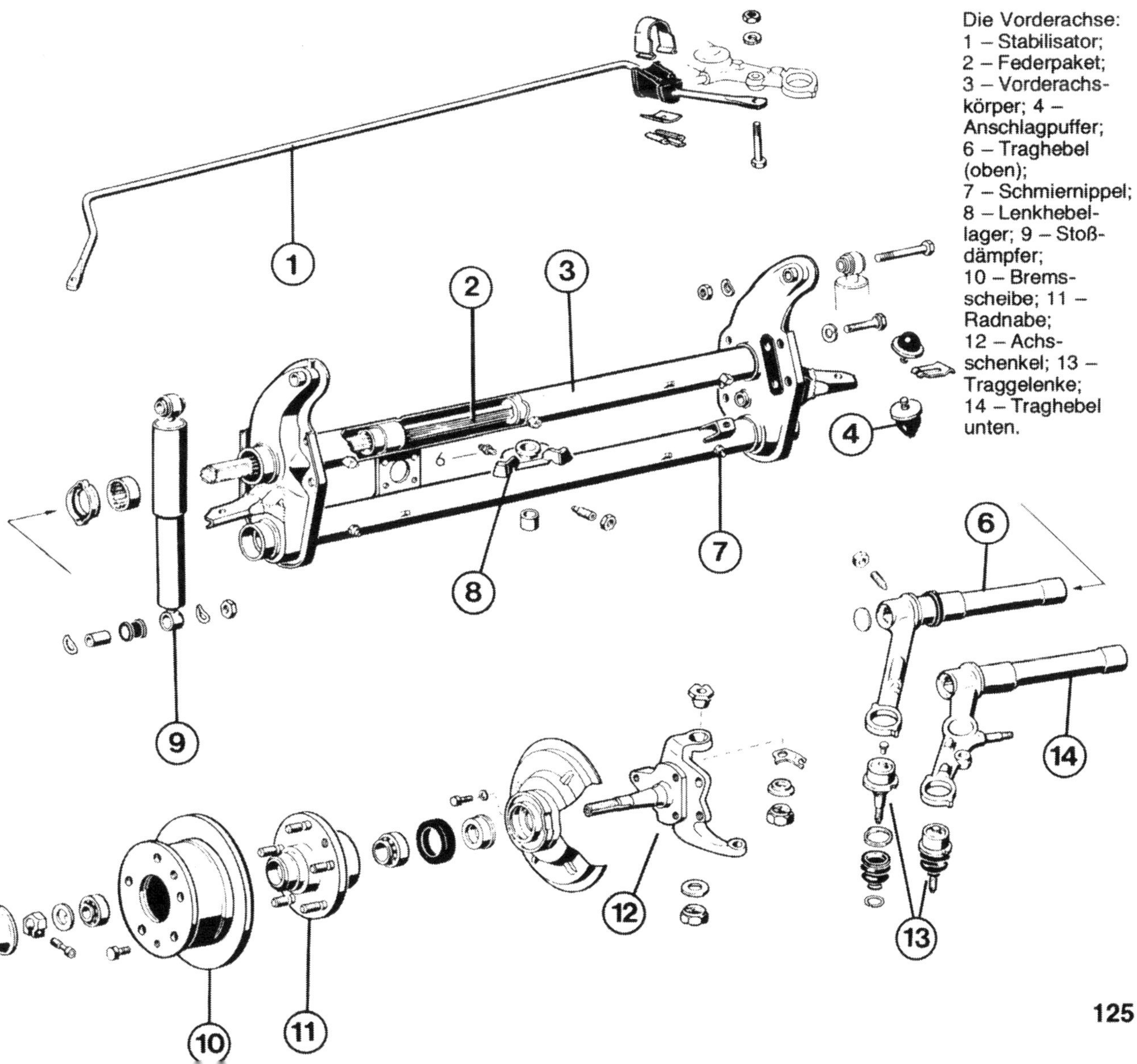

Die Vorderachse: 1 – Stabilisator; 2 – Federpaket; 3 – Vorderachskörper; 4 – Anschlagpuffer; 6 – Traghebel (oben); 7 – Schmiernippel; 8 – Lenkhebellager; 9 – Stoßdämpfer; 10 – Bremsscheibe; 11 – Radnabe; 12 – Achsschenkel; 13 – Traggelenke; 14 – Traghebel unten.

Die Wasserablauflöcher in den Seitenschilden der Vorderachse dürfen nicht verstopft sein, sonst kann es zu Durchrostungen kommen.

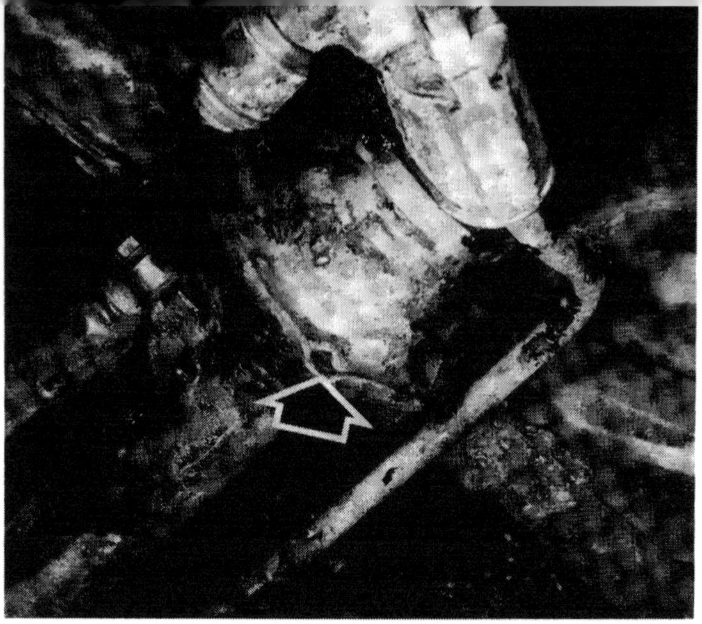

hen gesichert. Aber an den Drehstabenden außen können sich die daran befestigten Traghebel oder Kurbellenker frei um die Federstabachsen verdrehen. Die Federbündel liefern also den Federeffekt. Die Kurbel»lenker« haben übrigens nichts mit der Lenkung zu tun, sondern technisch versteht man darunter Anbauteile, die an einem feststehenden Teil »angelenkt« sind und sich in einer einzigen Bewegungsebene – hier: auf und ab – frei bewegen können.
An den freien Enden der Kurbellenker ist die Aufhängung für das Rad – der Achsschenkel – befestigt. Damit die Räder aus- und einfedern können, dienen Kugelgelenke (auch Traggelenke genannt) als Verbindungselement.

Traggelenke prüfen
Wartungspunkt Nr. 32

Die Kugelgelenke der Vorderachse machen an sich kaum Probleme. Allerdings muß regelmäßig nach den Staubschutzmanschetten dieser Gelenke gesehen werden, denn eindringener Staub schmirgelt die Kugellauffläche ab, und das ergibt Spiel in der Achsaufhängung. Dringt Wasser ein, rostet die Metallkugel, und die Kunststoffschalen quellen auf. Starkes Quietschen in der Vorderachse ist häufig darauf zurückzuführen. Eine gerissene Gummimanschette sollten Sie nur dann einzeln auswechseln, wenn garantiert noch kein Schmutz ins Gelenk eingedrungen ist. Ansonsten lieber gleich das komplette Traggelenk wechseln.

Wasserablauflöcher der Vorderachse kontrollieren
Wartungspunkt Nr. 33

Die beiden übereinanderliegenden Rohre der Vorderachse sind durch sogenannte Seitenschilde verbunden. Diese Schilde bilden jeweils einen Hohlkörper, der wie alle Hohlräume am Wagen den »Rost von innen« zu fürchten hat. Damit sich in den Hohlräumen kein rostförderndes Kondenswasser stauen kann, müssen die Wasserablauflöcher an der Unterseite der Achsschilde immer frei sein.
Oft sind die Löcher durch eine Bördelkante teilweise verdeckt. Deshalb das überstehende Blech mit einer Rohrzange zur Seite biegen und die Löcher freikratzen.
Ist der Achskörper erst einmal durchgerostet, kommen Probleme. Kleine Löcher dürfen in der Werkstatt zugeschweißt werden, doch sollte zuvor der TÜV-Prüfer, der die Sache bei der nächsten Hauptuntersuchung abnehmen muß, zu Rate gezogen werden. Gibt er sein OK, kann mit den Arbeiten begonnen werden. Bei schweren Rostschäden muß dagegen ein neuer oder zumindest ein intakter Achskörper eingebaut werden.

Radeinstellung kontrollieren

Sowohl in horizontaler als auch in vertikaler Richtung muß das Rad in einem bestimmten Winkel zur Karosserie stehen, sonst verschlechtert sich die Straßenlage, der Wagen zieht womöglich in eine Richtung und ganz sicher vergrößert sich der Reifenverschleiß. Gerade an den Reifen läßt sich leicht ablesen, wie es um die Achsgeometrie bestellt ist. Sind sie extrem schräg abgefahren, liegt garantiert ein Fehler in der Achseinstellung vor. Doch die verstellt sich höchst selten von alleine. Meistens ist ein vorausgegangener unsanfter Bordsteinkontakt die Ursache.
Zum Einstellen wird ein spezieller Prüfstand gebraucht. Auf welche Punkte hin dort vermessen wird, beschreiben die folgenden vier Abschnitte.

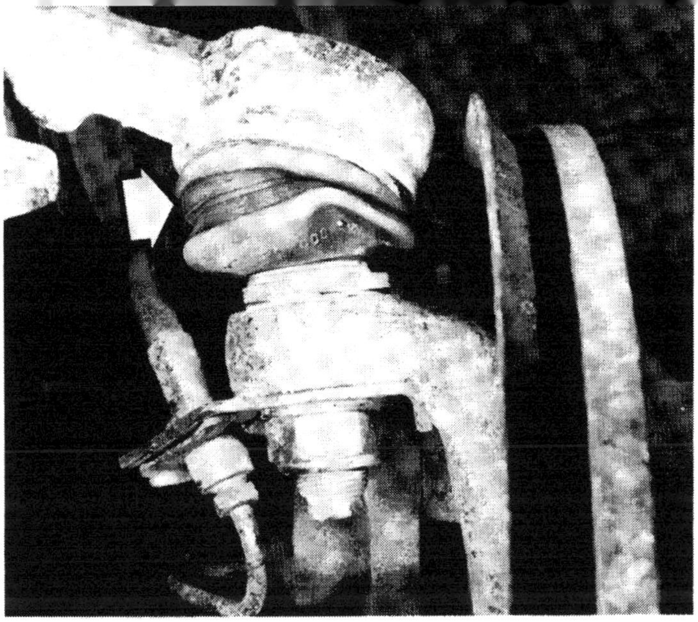

Prüfen der Schutzmanschetten (Pfeil) an den Traggelenken der Vorderachse: Rissige Manschetten lassen Wasser und Schmutz eindringen, so daß das Gelenk unbrauchbar wird.

Fingerzeige: *Leicht schräg abgefahrene Reifen sind beim VW-Bus normal. Die Vorderreifen fahren sich – je nach Temperament des Fahrers – außen stärker ab als an den Innenseiten. Bei den Hinterrädern ist das – je nachdem, wie stark der Bus normalerweise beladen ist – umgekehrt. Deshalb rechtzeitig die Reifen von hinten nach vorn austauschen.*
Normal ist außerdem, daß sich der linke Vorderreifen an der Außenschulter stärker abnutzt als der rechte. Grund: Linkskurven werden mit dem Bus langsamer durchfahren als Rechtskurven, in denen sich der Fahrer gegen die Türe abstützen kann.

Spur

Bei Geradeausfahrt stehen die Vorderräder vorn enger beisammen als hinten. Sie rollen gewissermaßen aufeinander zu. Das ist die Vorspur. Genau parallelstehende Räder haben nämlich das Bestreben, auseinanderzulaufen. Die Reibung zwischen Rad und Straße möchte das linke Rad nach links weg und das rechte nach rechts drücken. Das führt zum Radieren der Reifen und Räderflattern. Durch die Vorspur laufen die Räder sauber parallel und ohne seitliches Auseinanderstreben.
Im übrigen geht beim Hineinlenken des Wagens in eine Kurve die Vorspur durch die trapezförmige Anordnung des Lenkgestänges allmählich in eine Nachspur über. Das kurveninnere Rad schwenkt stärker herum als das kurvenäußere. Dies ist auch notwendig, weil ja in einer Kurve die inneren Räder einen engeren Kreis fahren müssen als die äußeren.

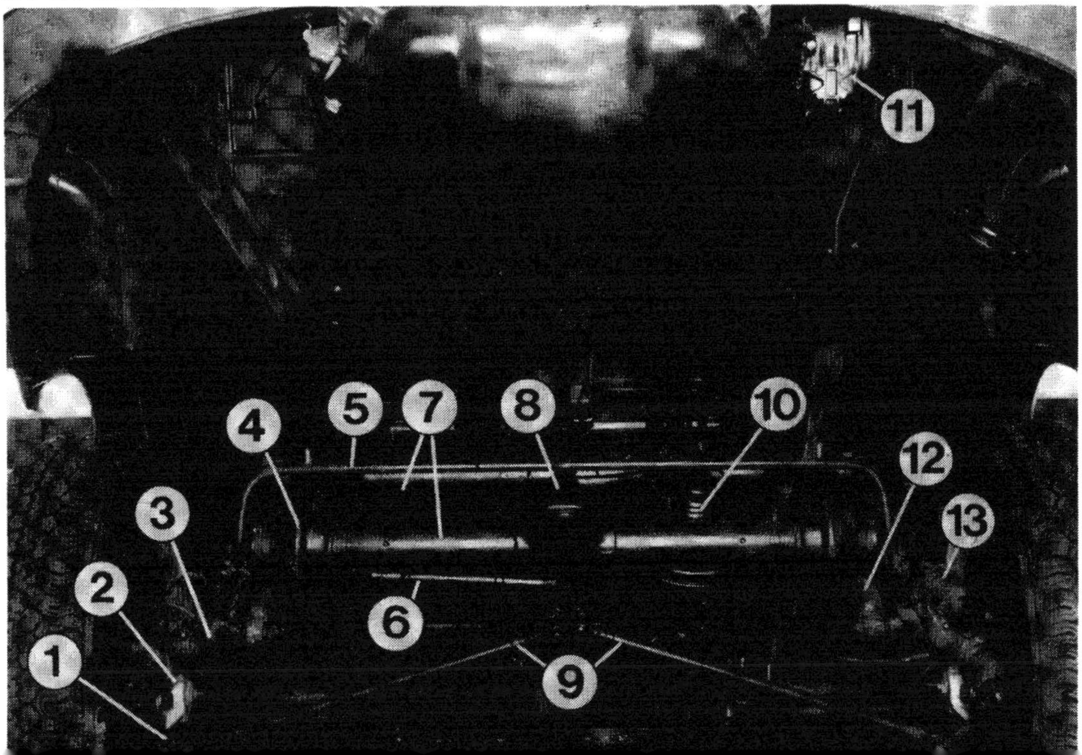

Die Vorderachse: 1 – Lenkhebel; 2 – Bremssattel; 3 – Achsschenkel; 4 – Achsschild; 5 – Stabilisator; 6 – Lenkungsdämpfer; 7 – Achsrohre; 8 – Lenkhebellager; 9 – Spurstangen; 10 – Bremskraftverstärker; 11 – Lenkgetriebe; 12 – Stoßdämpfer; 13 – Traggelenk.

Sturz

Sturz nennt man die leichte Schrägstellung der Räder – also ob das Auto X- oder O-Beine hat. Der VW-Bus hat beides: Vorn stehen die Oberkanten der Räder etwas über die Unterkanten hinaus (O-Beine, also positiver Sturz); hinten ist es umgekehrt (X-Beine, also negativer Sturz).

Spreizung

Zur Einstellung der Vorderachse gehört auch die Spreizung. Das ist die geringfügige Neigung der Schwenkachse, um die beim Lenken die ganze Geschichte schwenkt. Die beiden Schwenkachsen haben oben einen kleineren Abstand voneinander als unten. Sturz und Spreizung zusammen verhindern zusätzlich das Flattern der Räder. Ferner erleichtern sie das Einschlagen der Räder zur Kurvenfahrt.

Nachlauf

Der Nachlauf hilft ebenfalls, das Flattern der Vorderräder zu verhindern und den Radlauf zu stabilisieren. Das Wort »Nachlauf« deutet die Konstruktion schon an: Das Rad läuft seiner Schwenkachse etwas nach – die Achse schleppt das Rad gewissermaßen hinter sich her, wodurch der Lauf des Rades stabilisiert wird. Und schließlich bewirkt der Nachlauf das »Rückstellmoment«, worunter man das Bestreben der Vorderräder versteht, bei oder nach Kurven selbsttätig wieder in Geradeausstellung zu gehen.

Vorderachse abschmieren

An der Vorderachse verlangen fünf hungrige Schmiernippel nach der Fettpresse. Wie und wo abgeschmiert wird, steht auf Seite 46.

Radlagerspiel prüfen

Geprüft wird an den einstellbaren Vorderradlagern. Hinten ist Radlagerspiel äußerst selten. Wenn doch, müssen die nicht einstellbaren Hinterradlager sofort ersetzt werden. So wird das Spiel der Vorderräder geprüft:

■ Auf dem Boden stehendes Rad an der Oberkante packen und quer zum Fahrzeug hin- und herrütteln. Bei richtig eingestellten Lagern darf keine oder nur wenig »Luft« zu spüren sein.

■ Ist Spiel spürbar, vom Helfer kräftig die Fußbremse treten lassen und nochmals am Rad rütteln: Ist kein Spiel mehr vorhanden, lag es nur am Radlager. Trotzdem noch Spiel: Die Achsaufhängung muß kontrolliert werden.

■ Wagen jetzt hochbocken und das Rad durchdrehen: bewegt es sich schwer oder ruckweise, ist das Lager viel zu straff eingestellt. Hören Sie deutliche Mahlgeräusche, muß das Lager ausgetauscht werden.

Radlagerspiel einstellen

■ Wagen hochbocken und sichern, Radkappe abnehmen.

■ Radnabenkappe abnehmen (siehe Bild unten), an der linken Fahrzeugseite vorher den Seegerring der Tachowelle abziehen.

■ Inbusschraube an der Klemmutter lösen und Klemmutter so weit anziehen, bis sich die darunterliegende Druckscheibe gerade noch mit einem Schraubenzieher verschieben läßt. Der Schraubenzieher darf dabei nicht als Hebel eingesetzt werden, sondern die Scheibe muß sich nur durch Fingerdruck auf das Werkzeug bewegen lassen. Übrigens: an der linken Fahrzeugseite hat die Klemmutter des

Zum Abnehmen der Fettkappe einen Meißel zwischen Radnabe und Fettkappe ansetzen (Pfeil) und so die Fettkappe mit leichten Hammerschlägen nach außen treiben. Beim linken Rad den Sprengring am Tachowellen-Ende abheben.

Radlagers ein Linksgewinde, rechts ein Rechtsgewinde.

■ Nach dem Einstellen Innensechskantschraube der Klemmutter mit 15–20 Nm anziehen und Fettkappe wieder aufsetzen.

Vordere Radlager auswechseln

Gebraucht werden pro Seite ein Innen- und ein Außenlager sowie ein Dichtring und etwa 80 g Mehrzweckfett.

■ Wagen hochbocken und sichern, Rad abbauen.

■ Bremssattel abschrauben und an einem Draht aufhängen, der Bremsschlauch bleibt angeschlossen (siehe Seite 143).

■ Fettkappe auf der Radnabe abziehen (siehe Bild unten links) und die Klemmutter darunter nach Lösen der Inbusschraube herausdrehen (Klemmutter links hat Linksgewinde).

■ Bremsscheibe mit Radnabe abziehen, dabei die Druckscheibe und das Außenlager festhalten.

■ Dichtring an der Hinterkante der Radnabe abhebeln, Innenlager herausnehmen und altes Fett aus der Radnabe wischen.

■ Lager-Laufringe beider Lager aus der Radnabe austreiben. Dazu Kupfer- oder Messing-Dorn an unterschiedlichen Stellen jeweils von innen am Laufring ansetzen und den Ring durch sanfte Hammerschläge nach außen schlagen. Achten Sie darauf, daß der Ring nicht verkantet.

■ Neue Lagerringe an der Radnabe ansetzen. Alten Lagerring darüberlegen, damit beim vorsichtigen Einschlagen kein Schaden an der Lauffläche des neuen entsteht. Hinteren und vorderen Lagerring jeweils bis zum Anschlag in die Radnabe einsetzen.

■ Jetzt den zum Schutz aufgesetzten alten Laufring wieder austreiben.

■ Zwischenraum zwischen den beiden Lagerringen mit Fett versehen, auch die Ringe und die Lager selbst werden gut mit Fett gefüllt (pro Seite etwa 80 g).

■ Inneres Lager einsetzen.

■ Dichtring an der Innenseite gleichmäßig mit einem Gummihammer einklopfen.

■ Radnabe auf den Achsstummel schieben.

■ Vorderes Radlager und Druckscheibe aufstecken.

■ Klemmutter von Hand auf den Achsstummel schrauben, dabei Bremsscheibe bzw. Radnabe drehen.

■ Radlager einstellen (siehe voriger Abschnitt).

■ Bremsscheibe von Fettspuren reinigen.

■ Bremssattel einbauen (siehe Seite 143). Anschließend Bremspedal mehrmals durchtreten, damit sich die Beläge an die Scheibe anlegen.

Die Stoßdämpfer

Räder rollen nur dann spurtreu und sicher, wenn sie ständig Kontakt zur Fahrbahn halten. Genau dafür haben die Stoßdämpfer, richtiger eigentlich »Schwingungsdämpfer« zu sorgen. Die Stöße der unebenen Fahrbahn schlucken Reifen und Federn. Die Stoßdämpfer indessen sollen die Schwingungen der Achsen und des Fahrzeugaufbaus unterdrücken bzw. zum Abklingen bringen; erst unter dieser Voraussetzung bleiben auch die Räder am Boden. Ausgediente Stoßdämpfer können allerdings ihre Aufgabe nicht mehr oder nur noch unzureichend erfüllen, und deshalb schwindet die Fahrsicherheit.

Radlager einstellen: Klemmutter (2) so weit anziehen, bis sich die Druckscheibe (1) gerade noch verschieben läßt (siehe Text).

Normalerweise sind im VW-Bus sogenannte Zweirohrdämpfer eingebaut. Sie bestehen aus einem Arbeitszylinder, in dem ein mit einer Kolbenstange verbundener Arbeitskolben auf- und abgleiten kann. Der Arbeitszylinder ist von einem zweiten Zylinder umgeben, der als Vorratsbehälter für das Stoßdämpfer-Hydrauliköl dient. Bei Federbewegungen eines Rades verschiebt sich der Kolben im Zylinder, das in Bewegung versetzte Spezialöl wird durch Ventile hindurchgepreßt, was die Kolbenbewegung verlangsamt und damit die Schwingungen des jeweiligen Rades dämpft.

Stoßdämpfer prüfen

Stoßdämpfer fallen gewöhnlich nicht schlagartig aus, sondern ihre Wirkung läßt allmählich nach, woran man sich unbemerkt gewöhnt. Faustregel: Nach zwei verschlissenen Reifensätzen besitzen die Stoßdämpfer nur noch 50 % ihrer ursprünglichen Wirkung und sind somit zur Erneuerung reif. Im Durchschnitt kann man mit einer Lebensdauer von 40 000 bis 60 000 km rechnen, bei Gasdruckstoßdämpfern etwa mit der doppelten Laufzeit. Es gibt einige untrügliche Anzeichen für nachlassende Stoßdämpferwirkung:

□ Flatternde Lenkung, weil die Räder keinen ständigen Fahrbahnkontakt haben.
□ Nach Unebenheiten schwingt die Karosserie nach.
□ »Schwammiges« Fahrverhalten in Kurven, wobei die kurveninneren Räder nicht stark genug auf den Boden gedrückt und die äußeren nicht genügend entlastet werden.
□ Vielfach unterbrochene Bremsspur bei Vollbremsung.
□ Ungleichmäßige Abnutzung der Reifen und erhöhter Reifenverschleiß.
□ Erhebliche Ölspuren; geringe Leckverluste sind dagegen normal.

Sind die Dämpfer völlig am Ende, erkennen Sie das an folgender Prüfung: Auf die Stoßstange steigen und den Wagen zum Schaukeln bringen. Abspringen und schauen, ob die Karosserie schnell beruhigt wird (sofort wird die Schwingung natürlich nicht abgestoppt). Dann haben die Stoßdämpfer noch Wirkung. Andernfalls austauschen.

Vordere Stoßdämpfer austauschen

■ Wagen hochbocken und sichern, Rad abnehmen.
■ Obere Verschraubung am Stoßdämpfer lösen (Mutter hinter dem Achsschild gegenhalten).
■ Mutter der unteren Stoßdämpferhalterung lösen und Stoßdämpfer vom Bolzen ziehen.
■ Will sich die Metallbuchse nicht vom Bolzen ziehen lassen, Stoßdämpfer nur mit Gummilager unter Drehen abziehen und anschließend die Buchse mit scharfem Meißel auftrennen.
■ Bolzen und beide Stoßdämpferbuchsen vor dem Einbau einfetten.

Hintere Stoßdämpfer ausbauen

■ Wagen aufbocken und sichern, Rad abnehmen.
■ Verschraubungen oben und unten am Dämpfer lösen. Am leichtesten geht es, wenn Sie jeweils an der Mutter drehen und die Schraube gegenhalten.
■ Den Achslenker stabil unterbauen, Wagen wieder ein Stück ablassen und sichern. Die Feder ist jetzt ein wenig zusammengedrückt, und die Stoßdämpferschrauben lassen sich nun herausziehen.
■ Neuen Stoßdämpfer einsetzen und mit 90 Nm anschrauben.
■ Wagen hochbocken, Unterbauung entfernen, Rad montieren und wieder ablassen.

Vorderachse ausbauen

Der Ausbau der Vorderachse wird nötig, wenn der Achskörper der Achse durchgerostet ist und ersetzt werden muß. Wir gehen bei unserer Beschreibung davon aus, daß eine gebrauchte, aber komplette Achse wieder eingebaut wird. Das ist – nach genauer Begutachtung der Achse – wohl die billigste Methode, zu einer intakten Vorderachse zu kommen. Beachten Sie allerdings den Fingerzeig auf Seite 132.
An speziellen Werkzeugen wird zum Vorderachsausbau ein Spurstangenabzieher oder ein kleiner Klauenabzieher gebraucht.

■ Abdeckblech unter dem Fahrerfußraum abschrauben.
■ Wagen vorn hochbocken und sichern.
■ Räder abnehmen, Bremssättel abschrauben (Bremsschläuche bleiben angeschlossen) und mit Draht an der Karosserie aufhängen.
■ Tachowelle am Rad aushängen.

Die Hinterachse: 1 – Achsrohr; 2 – Handbremsseil; 3 – Bremsankerplatte; 4 – Anschlagpuffer; 5 – Antriebsgelenk; 6 – Antriebswelle; 7 – Stoßdämpfer; 8 – Radaufnahme; 9 – Bremsleitung; 10 – Bremsschlauch.

■ Bei Wagen mit Bremskraftverstärker die Druckstange aushängen und Verstärker am Achsträger losschrauben.

■ Vorderes Schaltstangenteil ausbauen. Dazu 1. oder 3. Gang einlegen, Schalthebel ausbauen (2 Schrauben am vorderen Bodenblech) und Schraube an der Schaltstange kurz hinter der Vorderachse herausdrehen. Schaltstangenteile auseinanderziehen.

■ Auch bei Automatik-Fahrzeugen vorderes Schaltstangenteil ausbauen. Die Verbindungsstellen sitzen kurz hinter der Vorderachse in dem normalerweise von der abgeschraubten Bodenwanne verdeckten Teil.

■ Kupplungszug teilweise ausbauen (siehe Seite 115).

■ Handbremsseil am Ausgleichsbügel (siehe Bild Seite 149) losschrauben.

■ Lenkschubstange mit Abzieher am Lenkstockhebel abziehen.

■ Lenkungsdämpfer am Vorderachsträger losschrauben und nach unten drehen.

■ Vorderachse jetzt unterbauen (mit Rädern oder Kisten), Helfer herbeirufen und Vorderachse an ihren Haupt-Befestigungsschrauben lösen.

■ Achse zu zweit nach unten herausnehmen.

Vorderachse einbauen

Der Einbau geht natürlich sinngemäß umgekehrt wie der Ausbau. Auf folgende Punkte sollten Sie jedoch besonders achten:

■ Liegen die Seitenschilde der Achse nicht satt an den Längsträgern der Karosserie an, Zwischenräume mit Distanzplättchen (V.A.G.-Ersatzteillager) ausgleichen.

■ Befestigungsschrauben erst lose eindrehen, Achse an der Unterkante ganz nach hinten ziehen und erst jetzt Schrauben vollends festdrehen. So wird verhindert, daß die Achse beim ersten scharfen Bremsen verrutscht und sich die Schrauben anschließend lockern. Anzugsmoment der Achsschrauben: 90–125 Nm.

■ Lenkschubstange am Lenkhebel mit 30 Nm festschrauben.

■ Lage der Paßschraube am Bremssattel beachten! Sie kommt nach oben. Bremssattelschrauben mit 170 Nm anziehen. So oft die Fußbremse betätigen, bis die Beläge an der Scheibe anliegen.

■ Beim Einbau der Schaltstange die Schraube – sofern sie nicht selbstsichernd ist – mit Bindedraht sichern.

■ Beim Schalthebeleinbau die Rückwärtsgangsperre einstellen.

■ Kupplungsseil nach Einbau einstellen (siehe Seite 114).

■ Druckstange des Bremskraftverstärkers einstellen: Bremspedal hochziehen und die Druckstange so einstellen, daß die Bohrungen in der Stange mit der Bohrung am Pedal fluchten.

■ Handbremse einstellen (siehe Seite 148).

Fingerzeig: *Am einfachsten geht der Achswechsel vor sich, wenn Sie sich eine gebrauchte Achse aus einem gleich alten Bus besorgen. Geht das nicht, müssen Sie vor allem beachten, daß Achsen von Fahrzeugen bis Baujahr 7/69 nicht in die neueren Wagen eingebaut werden können. Soll bei Achsen bis 7/70 von Trommel- auf Scheibenbremse oder von alter Scheibenbremse (bis 7/72) auf die neue (größerer Bremssattel) umgerüstet werden, so ist das zwar möglich, erfordert aber weit größeren Aufwand. Dann muß nämlich der komplette Achsschenkel getauscht werden, und das übersteigt oft die Möglichkeiten des Heimwerkers. Überdies wird eine Spur- und Sturz-Einstellung nötig.*

Die Hinterachse

Die Hinterachse im VW-Bus stellt eine kleine Besonderheit dar. Es handelt sich dabei um eine sogenannte Schräglenker-Hinterachse – eine Achskonstruktion, wie sie auch an hochkarätigen Sportwagen zu finden ist. Diesem Umstand ist es mit zu verdanken, daß sich der Bus eines ausgezeichneten Fahrverhaltens erfreut.
Wie bei der Vorderachse auch, erfolgt hier die Federung durch Federstäbe, die in einem dicken Querrohr stecken und in der Mitte gegen Verdrehen gesichert sind. Die Enden sind frei drehbar; hier greift ein Federstahlblatt an, an dem die Räder aufgehängt sind. Zur zusätzlichen Versteifung und als Schutz gegen Einknicken ist das Stahlblatt durch je eine diagonal verlaufende Strebe versteift. Diese Strebe hat ihren Drehpunkt ein Stück hinter dem Drehpunkt der Federstäbe. Die Drehachse der hinteren Radaufhängungen verläuft also leicht schräg zur Fahrtrichtung – daher auch der Name »Schräglenker«-Hinterachse.
Die Hinterräder besitzen bei dieser Achskonstruktion auch in unbelastetem Zustand einen leicht negativen Sturz (siehe Seite 128), was sich günstig auf die Fahreigenschaften auswirkt. Veränderungen in Spur und Sturz gibt es bei der Schräglenker-Hinterachse praktisch nicht.
An der Hinterachse selbst gibt es nichts zu warten oder einzustellen – lediglich die Staubmanschetten an den Antriebsgelenken müssen regelmäßig kontrolliert werden.

Die Lenkung

Die Lenkradbewegungen werden über das Lenkrohr und über eine elastische Kupplung auf die Lenkspindel im Lenkgetriebe übertragen. Sie ist nichts anderes als eine Schnecke, in die der sogenannte Lenkfinger eingreift. Für leichtes Lenken ist dieser Lenkfinger rollengelagert, so daß er sich auf der Schnecke abrollen kann. Der Lenkfinger verdreht die Fingerhebelwelle, die ihrerseits den Lenkstockhebel schwenkt. Von ihm aus werden die Lenkbewegungen über eine Schubstange und einen an der Vorderachse gelagerten Lenkhebel auf die Spurstangen und damit auf die Vorderräder übertragen. Alle Gelenke mit Ausnahme der Lenkhebellagerung an der Vorderachse sind wartungsfrei.
Am Lenkhebel ist auch der Lenkungsdämpfer befestigt. Er dämpft von den Rädern kommende Stöße, so daß sie nicht im Lenkrad spürbar werden. Sein Aufbau ähnelt dem der Stoßdämpfer an den Rädern.

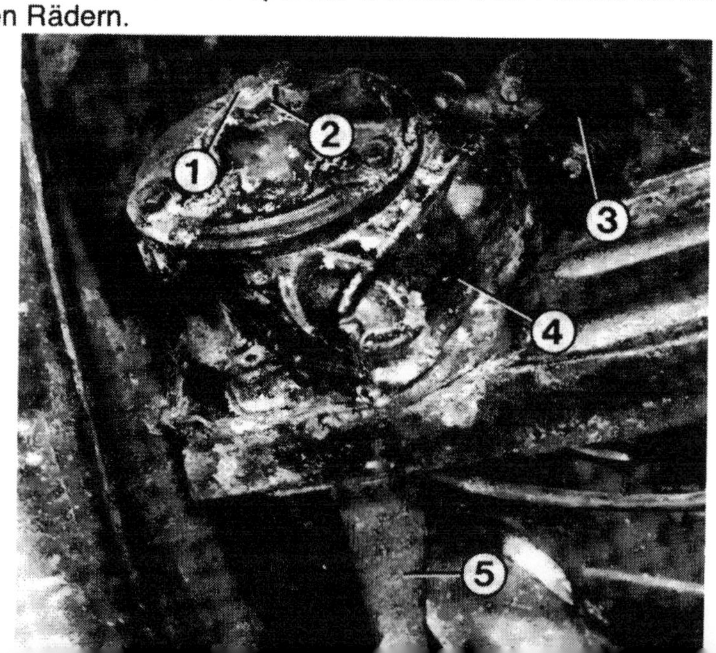

Das Lenkgetriebe: 1 – Einstellschraube; 2 – Kontermutter; 3 – Gelenkscheibe; 4 – Lenkgetriebe; 5 – Lenkhebel.

Lenkungsspiel prüfen

Wartungspunkt Nr. 30

Die Vorderräder werden genau geradeaus gestellt. Dann stellt man sich neben den Wagen und bewegt durch das geöffnete Seitenfenster das Lenkrad in beiden Richtungen hin und her, bis jeweils Widerstand zu spüren ist. Dabei beobachtet man die Vorderräder. Folgen sie der Lenkbewegung direkt oder mit Verzögerung (Spiel)? Das zulässige Spiel darf (am Lenkrad gemessen) höchstens 15 mm betragen.
Spiel am Lenkrad kann auf Spiel in den Spurstangenköpfen, in den Lenkschubstangenköpfen oder in der Lenkhebellagerung zurückzuführen sein, auf Spiel in der Vorderradaufhängung und auf Spiel im Lenkgetriebe selbst. Das Lenkgetriebe läßt sich nachstellen (siehe folgender Abschnitt).

Lenkungsspiel behelfsmäßig einstellen

VW schreibt genaue Durchdrehmomente für das Lenkrad bei abgenommener Lenkschubstange vor. Diese Durchdrehkräfte dürfen nach der Lenkspieleinstellung nicht überschritten werden, die Lenkung klemmt sonst und stellt nach der Kurve nicht mehr richtig in Geradeausstellung zurück. Daher sollte die hier beschriebene behelfsmäßige Lenkspieleinstellung für Notfälle vorbehalten bleiben.

- Wagen vorn aufbocken und sichern (beide Räder müssen frei hängen).
- Lenkrad aus Geradeausstellung 180–200° nach rechts oder links drehen.
- Kontermutter der Einstellschraube am Lenkgetriebe (siehe Bild links) um 1 Umdrehung herausdrehen.
- Einstellschraube gerade so weit in das Lenkgetriebe hineindrehen, bis am Lenkrad kein Spiel mehr spürbar ist.
- Einstellschraube mit Schraubenzieher festhalten und Kontermutter mit Ringschlüssel anziehen.
- Jetzt unbedingt prüfen, ob das Lenkrad in allen Stellungen noch leichtgängig ist. Ist ein Klemmen der Lenkung spürbar, muß die Einstellschraube unbedingt wieder etwas zurückgedreht bzw. das Lenkgetriebe ausgetauscht werden.

Spurstangenkappen und Lenkungsdämpfer prüfen

Wartungspunkt Nr. 31

Die gelenkigen Verbindungen der Spurstangen sind an sich wartungsfrei, da die Gelenke eine Dauer-Fettfüllung besitzen. Durch Steinschlag oder andere mechanische Beschädigungen können jedoch die Gummikappen auf diesen Gelenken schadhaft geworden sein, so daß von außen Schmutz und Feuchtigkeit in die Gelenke eindringen kann, was deren Lebensdauer stark verkürzt. Es liegt also im eigenen Interesse, die genannten Gummikappen der Gelenke an den Spurstangen auf Beschädigungen bzw. auf Dichtheit zu prüfen. Bei dieser Gelegenheit schenkt man auch dem Lenkungsdämpfer einen prüfenden Blick. Er muß trocken sein und darf keine Spuren von Flüssigkeitsverlust zeigen.

Spurstangen auswechseln

Dazu wird als Spezialwerkzeug ein Spurstangenabzieher oder ein kleiner Klauenabzieher gebraucht. Denn der Spurstangenkopf kann nach Lösen der Schraube nicht einfach aus dem Lenkhebel herausgezogen werden; er ist mit einem sogenannten Haftkegel eingesetzt. Die kegligen Ausformungen an Spurstangenkopf und Lenkhebel passen »saugend« ineinander und können dann nicht mehr ohne Abzieher (der sich oft

Wichtige Teile der Lenkungsübertragung: 1 – Lenkhebellager; 2 – Lenkhebel in Achsmitte; 3 – Lenkungs-Schubstange zum Lenkgetriebe; 4 – Lenkungsdämpfer; 5 und 6 – Spurstangen.

Mit einem Spurstangenabzieher (3) läßt sich der Spurstangenkopf (2) leicht vom Lenkhebel (1) trennen.

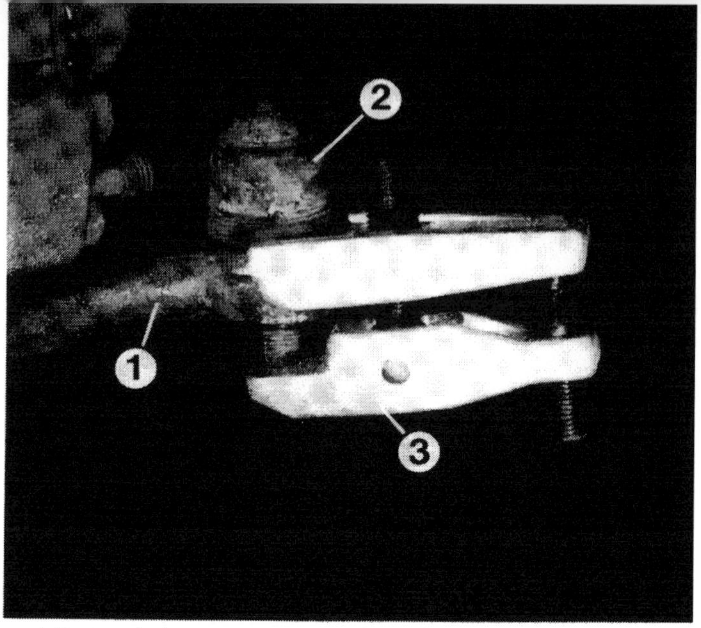

schon beim ersten Einsatz bezahlt macht) getrennt werden. Dann geht die Arbeit so:

■ Splint am Spurstangenkopf herausziehen und Kronenmutter losdrehen.
■ Abzieher ansetzen und Spurstange abdrücken.
■ Beim Einbau der neuen Spurstange die Kronenmutter mit 30 Nm anziehen und dann so lange weiterdrehen, bis das Splintloch sichtbar wird. Neuen Splint einschieben und Enden umbiegen.
■ Vorspur einstellen lassen.

Lenkhebellagerung an der Vorderachse auswechseln

Dort, wo der Lenkhebel in der Vorderachse gelagert ist, sitzen zwei Lagerbuchsen, in denen sich die Lenkhebelwelle dreht. Sind sie ausgeschlagen, was sich durch Rütteln am Lenkhebel feststellen läßt, entsteht Lenkungsspiel. Versierte Bastler können die Buchsen selbst auswechseln (Reparatursatz enthält neben den Buchsen auch eine neue Lenkhebelwelle); die Buchsen brauchen nicht ausgerieben zu werden.

■ Wagen vorn aufbocken und sichern.
■ Fettkappe unten an der Lagerkonsole der Lenkhebelwelle abhebeln.
■ Schraubzwinge oben am Lenkhebel ansetzen und diesen gegen das soeben freigelegte untere Ende der Lenkhebelwelle vorspannen.
■ Klemmschraube am Lenkhebel herausdrehen und, wenn nötig, durchschlagen.
■ Schraubzwinge lösen und Lenkhebel hochdrücken (Spurstangen bleiben dran).
■ Lenkhebelwelle herausziehen und alle Federscheiben, Schutzkappen etc. der richtigen Reihenfolge nach ablegen.
■ Alte Buchsen aus der Lagerkonsole klopfen und neue einsetzen. Beim Schlagen mit dem Hammer alte Buchse als Zwischenlage verwenden. Die obere der neuen Buchsen soll 0,8–1,1 mm überstehen, die untere bündig abschließen.

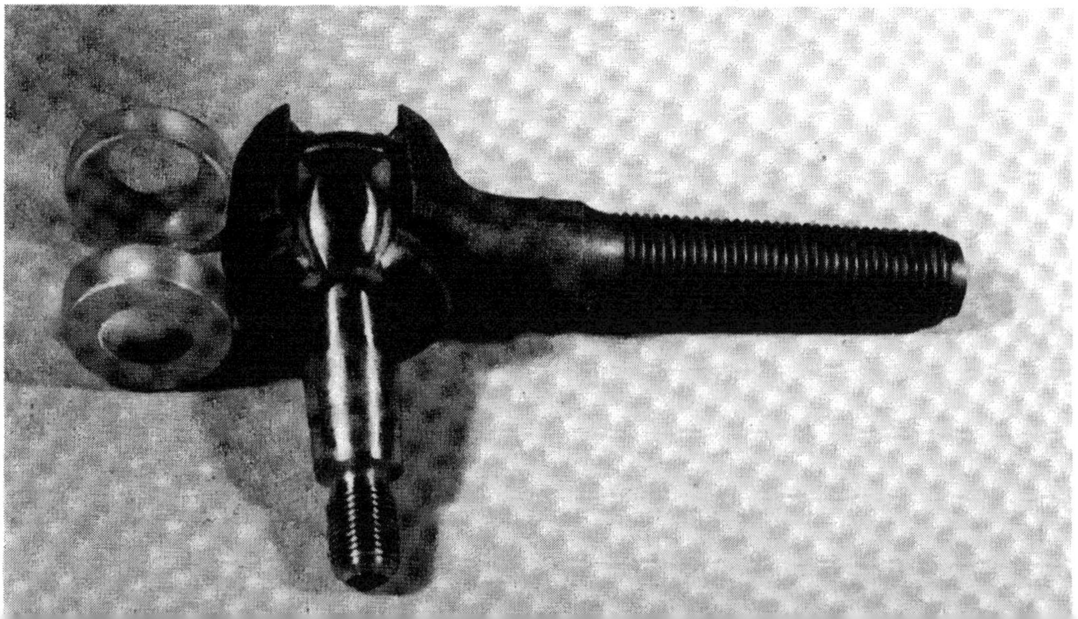

Unser Bild zeigt den gelenkigen Spurstangenkopf im Schnitt. Links daneben sind die beiden wartungsfreien Kunststoffschalen, in die der Kugelkopf eingebettet ist, einzeln abgebildet.

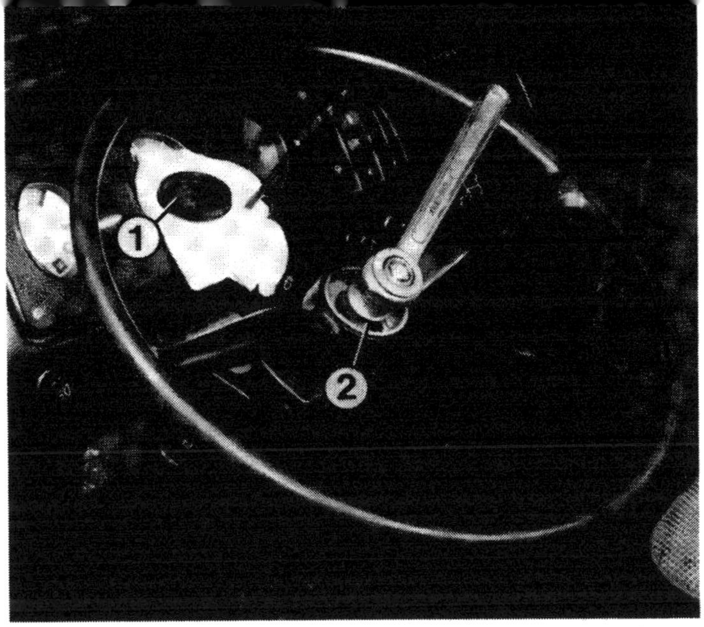

Nach Abhebeln des Hupknopfs (1) kann die Zentralmutter des Lenkrads mit einem Steckschlüssel oder einer Stecknuß (2) losgedreht werden.

■ Neue Lenkhebelwelle mit Federscheibe neu gefettet wieder einsetzen. Von oben die ganzen Scheiben wieder richtig aufsetzen. Achtung: Bei der Gleitscheibe muß die kunststoffbeschichtete Seite nach oben zeigen.
■ Lenkhebelwelle so drehen, daß die Kerbe für die Klemmschraube richtig zu stehen kommt, Lenkhebel aufsetzen und mit Schraubzwinge gegen die Kraft der Federscheibe vorspannen. Klemmschraube jetzt einschieben und mit 75 Nm anziehen.
■ Schraubzwinge abnehmen, Fettkappe aufsetzen und Lager durchschmieren.
■ Spur und Radeinschlag brauchen nicht korrigiert zu werden, da an der Lenkgeometrie nichts verändert wurde.

Lenkrad ausbauen

Der Lenkradausbau ist je nach Baudatum des Wagens unterschiedlich aufwendig. Welcher Version Ihr Wagen entspricht, erkennen Sie am einfachsten an den Lenkstockschaltern, die bei der älteren Version (bis etwa 5/74) einen runden Hebelquerschnitt mit flachen Betätigungsgriffen besitzen. Später war der Hebelquerschnitt etwa quadratisch. Separate Griffflächen besitzen diese Hebelschalter nicht mehr.

Bis Baujahr ca. 5/74

Zum Lenkradausbau wird der VW-Spezialabzieher 235 gebraucht. Ein herkömmlicher Klauenabzieher ist nicht geeignet, da die scharfen Klauen sonst die Kunststoffbeschichtung des Lenkrads zerstören.
■ Hupknopf mit feinem Schraubenzieher abhebeln. Wichtig: Der Chromring bleibt am Lenkrad! Schraubenzieher zwischen Chromring und Hupknopf ansetzen.
■ Braune Leitung zur Hupe abziehen, zentrale Befestigungsmutter herausdrehen, Blinkerschalter abschrauben.
■ Abzieher ansetzen und Lenkrad abdrücken.

Ab Baujahr ca. 6/74

■ Hupknopf abbauen und Mutter lösen, wie im vorigen Absatz beschrieben.
■ Lenkrad von Hand nach oben abnehmen. Es wird selbsttätig von einer Feder abgedrückt.

Fingerzeig: *Vor dem Abnehmen des Lenkrads Lenkspeichen waagrecht stellen. So können Sie das Lenkrad anschließend sofort wieder in der richtigen Stellung aufsetzen.*

Die Bremsen

Verzögerungstaktik

Von der richtigen Funktion der Bremsen in Ihrem VW-Bus hängt Ihr Leben und Ihre Gesundheit ab. Deshalb ist in diesem Bereich des Wagens wirklich keine Kontrolle zuviel. Wenn Sie da zwischendurch mal nach dem Rechten sehen, haben Sie Ihre Wartungsaufgaben weit besser erfüllt, als derjenige, der seinen Wagen nur alle 10 000 km zur Wartung bringt. Gerade bei hohem Fahrzeugalter oder auf großer Fahrt sind verstärkte Kontrollen ratsam.
Andererseits erfordern Reparaturen in diesem Bereich erhöhtes Verantwortungsbewußtsein. In unserem Bremsenkapitel haben wir z. B. auch Arbeiten an der Hydraulik des Bremssystems beschrieben. Da muß jeder für sich entscheiden, was er sich zutraut und welche Reparaturen er mit positivem Erfolg beenden kann.

So funktioniert die Bremse

Wenn Sie auf das Bremspedal treten, preßt eine mit dem Pedal verbundene Druckstange zwei hintereinanderliegende Kolben in den Hauptbremszylinder. Die Kolben übertragen die Kraft auf die dort eingeschlossene Bremsflüssigkeit. Dieser so entstehende hydraulische Druck in der Bremsflüssigkeit gelangt über Rohr- und Schlauchleitungen zu den Radzylindern. In diesen bewegen sich unter dem Druck der Flüssigkeit Kolben nach außen und pressen die Bremsklötze gegen die Bremsscheiben bzw. an den Hinterrädern die Bremsbacken gegen die Bremstrommeln.
Beim VW-Bus wurde schon bei der Konstruktion so weit vorgesorgt, daß die Bremse nie völlig ausfallen kann. Der Flüssigkeitsdruck an die Radbremszylinder wird in zwei

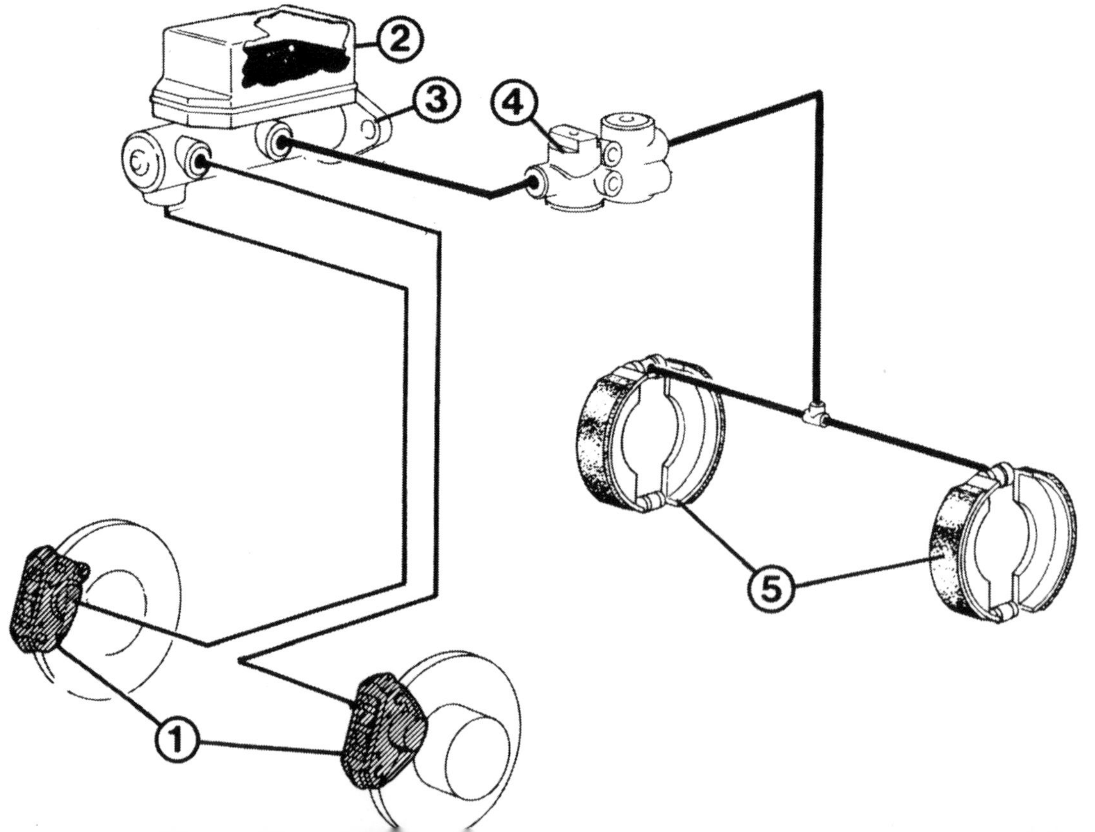

Die beiden Bremskreise der VW-Bus-Bremsanlage sind hier schematisch dargestellt. Es bedeuten: 1 – Scheibenbremsen vorn; 2 – Bremsflüssigkeits-Behälter; 3 – Hauptbremszylinder; 4 – Bremskraftregler; 5 – Trommelbremsen hinten.

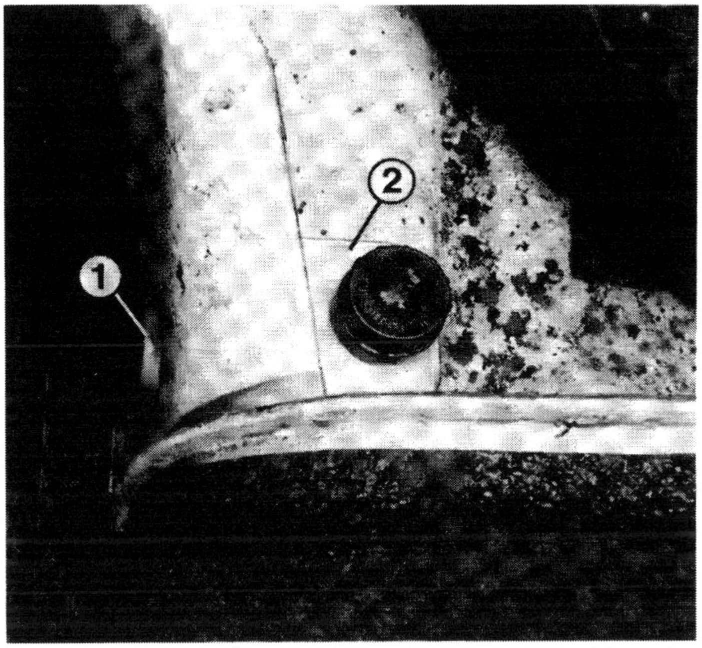

Der obere Bremsflüssigkeitsbehälter (2) ist unterhalb des Fahrersitzes angebracht. Sein Flüssigkeitsstand kann leicht durch das Sichtfenster (1) kontrolliert werden.

getrennten Kreisen übertragen. Ein Kolben im Hauptbremszylinder liefert den Bremsdruck für die Vorderräder, während der zweite Bremszylinder die Bremsen an den Hinterrädern mit Druck versorgt. So bleiben auch bei Ausfall des vorderen Bremskreises immer noch die Hinterradbremsen intakt und damit $^1/_3$ der normalerweise möglichen Bremsverzögerung. Besser ergeht es dem Fahrer, wenn der vordere Bremskreis intakt bleibt, denn dann stehen immer noch $^2/_3$ der Bremswirkung zur Verfügung. Auch ist die Gefahr des Schlingerns des Wagens nicht gegeben wie bei ausgefallenem vorderem Bremskreis.
Generell muß jedoch bei einem ausgefallenen Bremskreis wesentlich stärker auf das Pedal getreten werden. Auch der Pedalweg wird um einiges länger.

Fingerzeig: *Der Druck in verbundenen Gefäßen ist immer der gleiche – das haben wir schon im Physikunterricht gelernt. Genauso ist das bei der hydraulischen Bremse: auf jeden Radbremszylinder bzw. Bremssattel wirkt derselbe Flüssigkeitsdruck. Deshalb ist auch die Annahme irrig, man könne schief ziehende Bremsen durch Nachstellen korrigieren. Vielmehr liegt dann ein Defekt am jeweiligen Bremssattel bzw. Radbremszylinder oder den Bremsbelägen vor.*

Bremsflüssigkeitsstand prüfen
Wartungspunkt Nr. 3

Bequemer als im VW-Bus geht's nimmer: Der Bremsflüssigkeitsstand kann vom Fahrersitz aus geprüft werden. Vorn an der Sitzkonsole unterhalb des Fahrersessels befindet sich eine Aussparung in der Gummiverkleidung, durch die das Sichtfenster des Vorratsbehälters zu erkennen ist. Der Flüssigkeitsspiegel muß zwischen unterer und oberer Kante des Sichtfensters erkennbar sein. Dann ist alles in Ordnung.
Sind die Scheibenbremsbeläge schon etwas abgenutzt, tendiert der Flüssigkeitsspiegel eher zur Unterkante des Sichtfensters, sind sie neu, steht er weiter oben. Das ist völlig normal, denn die bei abgenutzten Belägen schon etwas weiter herausgetretenen Kolben der Scheibenbremse hinterlassen in den Zylindern der Bremssättel ein größeres Volumen, das sich mit Bremsflüssigkeit füllt.
Kritisch wird es dagegen, wenn keine Bremsflüssigkeit mehr sichtbar ist. Da sie nicht verdunstet oder verbraucht wird, muß sie durch ein Leck ausgetreten sein. Also schleunigst nach der Ursache suchen (siehe nächste Seite), bevor Sie irgendwann ins Leere treten. Nachfüllen ist Augenwischerei!

Zwei Bremsflüssigkeitsbehälter

Der Bremsflüssigkeitsbehälter unter dem Sitz ist durch einen Schlauch mit einem zweiten Vorratsbehälter verbunden, der direkt auf dem Hauptbremszylinder unter dem vorderen Wagenboden sitzt und die Hydraulikflüssigkeit vom ersten Gefäß zugeleitet bekommt.

Der unten angebrachte Hauptbehälter ist durch eine Scheidewand in zwei Hälften geteilt, so daß selbst bei einer Undichtigkeit in einem Bremskreis nicht alle Flüssigkeit verloren geht.

Die Bremsflüssigkeit

Bremsflüssigkeit ist klimafest und verändert ihre Viskosität bei unterschiedlichen Temperaturen nicht, sie verhindert Korrosion, hat einen hohen Siedepunkt (290°C) und besitzt Schmierkraft. Aber sie hat auch schlechte Eigenschaften. So wird der Autolack von ihr angegriffen (beim Hantieren aufpassen, sonst gibt es bleibende Lackflecken) und außerdem ist sie stark wasseranziehend – hygroskopisch, wie der Fachmann sagt –, wodurch im Lauf der Zeit ihre Siedetemperatur sinkt. Bei starker Beanspruchung der Bremsen, etwa einer Paßabfahrt im Gebirge mit vollbesetztem Wagen, können sich Dampfblasen in den Leitungen bilden – das Bremspedal läßt sich dann bis zum Bodenblech durchtreten, ohne daß Bremswirkung einsetzt. Dagegen ist auch die Zweikreisbremsanlage des VW nicht gefeit. Bisweilen – aber auch nicht immer – hilft Ihnen in diesem Fall schnelles »Pumpen« mit dem Bremspedal. Damit es aber erst gar nicht so weit kommt, sieht der Wartungsplan den regelmäßigen Wechsel der Bremsflüssigkeit vor (siehe unten).
Bremsflüssigkeit für den VW-Bus muß die Spezifikation DOT 3 oder DOT 4 tragen.

Bremsflüssigkeit wechseln
Wartungspunkt Nr. 49

Wie schon im letzten Abschnitt beschrieben, setzt Wasser in der Bremsanlage den Siedepunkt der Bremsflüssigkeit herab und gefährdet dadurch die Bremswirkung bei hoher Belastung. Doch noch ein weiterer Punkt spricht für den regelmäßigen Wechsel: Das Wasser in der Bremsanlage ruft Korrosion an den Bremszylindern und -kolben hervor. Ferner wird beim Flüssigkeitswechsel auch Metallabrieb aus den Zylindern herausgespült. Der zweijährliche Wechsel ist beim VW-Bus realistisch und andererseits auch nicht zu viel verlangt. Die Arbeit läuft ähnlich ab wie das Entlüften (siehe Seite 154). Hier die abweichenden Punkte:

- ■ Wenn möglich, Vorratsbehälter der Bremsflüssigkeit mit einer alten Injektionsspritze leeren und gleich neu füllen.
- ■ So lange Bremsflüssigkeit durchpumpen, bis frische Bremsflüssigkeit am Entlüfterventil austritt (hellere Färbung).
- ■ Arbeit an den übrigen Entlüftungsventilen wiederholen.
- ■ Wer den Flüssigkeitswechsel nicht selbst vornimmt, kann ihn der Werkstatt überlassen, die ihn mit einem Entlüftungsgerät vornimmt.
- ■ Alte Bremsflüssigkeit nicht zum Altöl kippen, sondern zum Sondermüll geben.

Bremswirkung
Ständige Kontrolle

Dieser Wartungspunkt sei an dieser Stelle nur der Vollständigkeit halber erwähnt und um an die regelmäßige Durchführung zu erinnern. Wie Sie am besten zu Werke gehen, steht auf Seite 12.

Bremsanlage auf Dichtheit und Beschädigungen prüfen
Wartungspunkt Nr. 26

Sämtliche Anschlüsse und Leitungen der Bremshydraulik müssen auf Undichtigkeit überprüft werden. Verfolgen Sie bei trockenem Wagenboden (Auto auf eine Grube fahren oder hochbocken) den Verlauf der Bremsschläuche und -leitungen. Die Schläuche dürfen weder feucht noch aufgequollen sein.
Bremsleitungen mit Rostnarben und solche, die geknickt oder plattgedrückt sind, müssen ersetzt werden.
Bremsschläuche und Bremsleitungen mit Scheuerstellen unbedingt ersetzen lassen. Allgemein läßt schwarzer – also mit Flüssigkeit vollgesogener – Schmutz eine Undichtigkeit vermuten. So können Sie auch einem undichten hinteren Radbremszylinder auf die Schliche kommen: Die Bremsankerplatte ist dann meist mit feuchtem Schmutz bedeckt. Das gleiche gilt natürlich auch für Bremssättel der Scheibenbremse. Entdecken Sie feuchtdunkle Stellen im Bereich der Bodenwanne unter dem Fahrerhaus oder am Hauptbremszylinder, so ist eine Undichtigkeit am Hauptbremszylinder zu vermuten. Sind die Staubschutzkappen auf allen Entlüftungsventilen (sie sitzen an den Bremssätteln und – bei den hinteren Trommelbremsen – an den Radinnenseiten)? Die Bremsdruckprobe können Sie provisorisch selbst machen: Treten Sie mit voller Kraft aufs Bremspedal. Es darf auch nach einigen Minuten der vollen Belastung nicht nachgeben, sonst ist eine Manschette im Hauptbremszylinder defekt. Durch die undichte

Manschette sinkt der Flüssigkeitsstand im Behälter nicht, sondern die unter Druck gesetzte Flüssigkeit mogelt sich am Kolben des Hauptbremszylinders vorbei auf die drucklose Seite.

Funktion der Scheibenbremse

Parallel hinter dem Rad dreht sich eine Stahlscheibe, gegen die von beiden Seiten die Reibklötze mit dem Bremsbelag gepreßt werden. Die Techniker haben sich gern zu dieser Scheibenbremse entschlossen, da sie speziell an der Vorderachse der althergebrachten Trommelbremse in einigen Punkten überlegen ist.

Vorteile der Scheibenbremse

Scheibenbremsen lassen sich besser kühlen, weil Scheiben und Beläge offen im Luftstrom des Fahrtwinds liegen. Deswegen sind sie standfester – bei mehrmaligen Vollbremsungen oder bei anhaltendem Bremsen bergab läßt die Bremswirkung nicht nach (kein »Fading«). Zudem ist die Bremswirkung einer Achse gleichmäßiger als bei Trommelbremsen. Der Belagabrieb wird gleich weggeblasen und außerdem stellen sich Scheibenbremsen selbst nach. Den verschleißenden Bremsbelag schieben die Bremskolben jeweils so weit nach, daß er nur Bruchteile von Millimetern von der Bremsscheibe entfernt ist.

Nachteile der Scheibenbremse

Die Scheibenbremsbeläge verschleißen wegen ihrer relativ kleinen Oberfläche leider sehr schnell – wesentlich schneller als bei den hinteren Trommelbremsen. Einen weiteren Minuspunkt stellt die Tatsache dar, daß Scheibenbremsen – im Gegensatz zu Trommelbremsen – keine selbstverstärkende Wirkung besitzen. Bei einem Bus ohne Bremskraftverstärker muß man deshalb bei voller Beladung zum Bremsen schon ganz schön »in die Eisen steigen«. Andererseits ist bei einem Wagen mit Bremskraftverstärker Vorsicht geboten, wenn die Bremskraftunterstützung ausfällt (etwa beim Abschleppen). Dann erhöhen sich die Pedalkräfte wesentlich.
Durch die relativ offene Bauweise können zwischen Beläge und Scheibe Fremdkörper eindringen (Sand oder kleine Steinchen). Das kann zu lästiger Quietscherei führen. Abhilfe bringt manchmal, bei leicht getretener Bremse rückwärts zu fahren, wodurch der Quietschgeist ins Freie befördert wird. Sonst muß man die Beläge säubern oder auswechseln. Quietschgeräusche entstehen aber auch durch Schwingungen, die beim Bremsen durch die Reibung zwischen der rotierenden Bremsscheibe und den feststehenden Belägen ausgelöst werden. Abhilfemöglichkeiten beschreibt der Fingerzeig auf der folgenden Seite.
Bei Dauerregen wird die offen liegende Bremsscheibe kräftig geduscht, weshalb die Bremswirkung einen Sekundenbruchteil verspätet einsetzt – die Feuchtigkeit zwischen Bremsklötzen und -scheiben muß erst zum Verdampfen gebracht werden. In

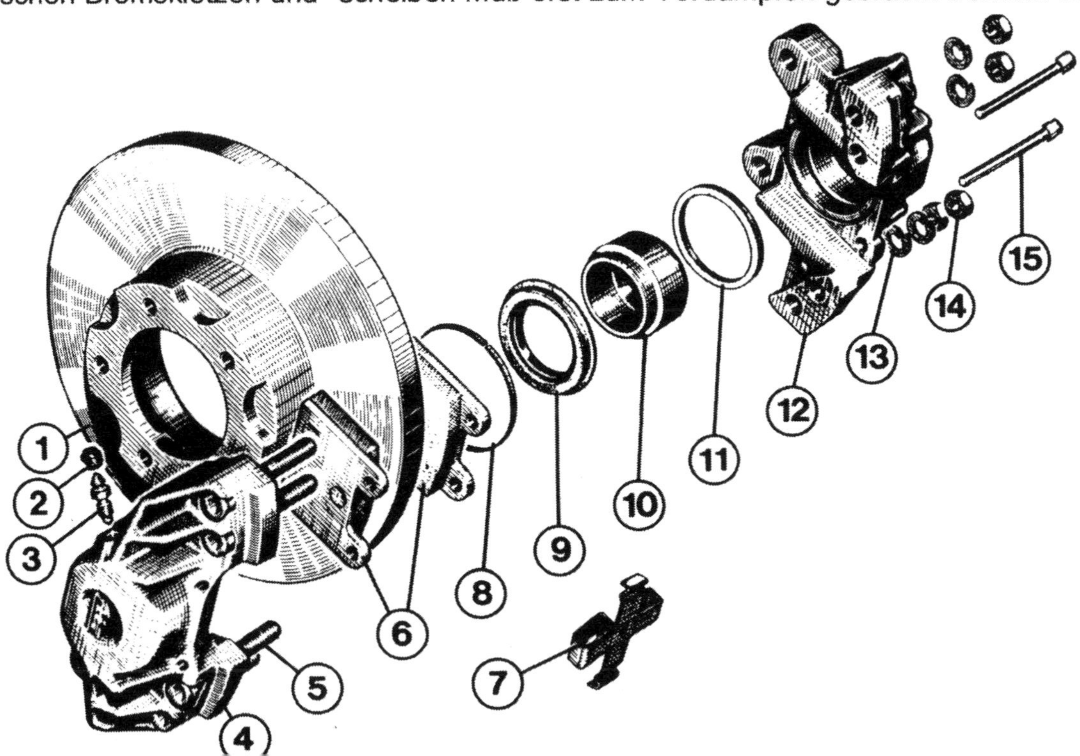

Die Teile der Scheibenbremse: 1 – Bremsscheibe; 2 – Schutzkappe; 3 – Entlüfterventil; 4 – Bremssattelhälfte; 5 – Stehbolzen; 6 – Beläge; 7 – Spreizfeder; 8 – Klemmring; 9 – Schutzmanschette; 10 – Kolben; 11 – Dichtring; 12 – Bremssattelhälfte; 13 – Sprengring; 14 – Mutter; 15 – Haltestift.

streusalzreichen Wintern tritt diese Erscheinung verstärkt auf, wenn die auf Belägen und -scheiben sitzende Salzschicht beim Bremsen erst abgeschliffen werden muß.

Fingerzeig: *Scheibenbremsen neigen bisweilen zu heftigen Quietschgeräuschen, wie schon angesprochen. Abhilfe bringt ein kleines Blech in Form der Belagträgerplatte. Dieses »ATE-Antiphon« ist beidseitig mit einem hochhitzebeständigen und druckfesten Material beschichtet. Es wird zwischen Belagträger und die Bremssattelkolben eingesteckt und dämpft die Schwingungen zwischen Bremsscheibe und Belag.*

Belagstärke der Scheibenbremsen prüfen
Wartungspunkt Nr. 2

Die Scheibenbremsbeläge sind das am schnellsten verschleißende Teil an der Bremsanlage des VW. Wer sich also um die Bremsenwartung selbst kümmert, muß hier besonders häufig nachsehen.
Der Verschleiß der Bremsbeläge hängt stark von der Fahrweise ab. Wird extrem scharf gefahren, kann man davon ausgehen, daß 1 mm Belag runde 1000 km weit reicht. Im ungünstigsten Fall wäre also ein Satz neuer Beläge schon nach 14 000 km fällig, doch wird im Durchschnitt eine deutlich höhere km-Leistung erreicht.
Zur Kontrolle der Bremsbeläge Wagen vorn aufbocken, sichern und das Rad abnehmen. Je nach eingebauter Bremsenversion geht es dann unterschiedlich weiter:

ATE-Bremse

Die ATE-Bremse erleichtert durch ihre kreuzförmige Spreizfeder die Kontrolle der Belagstärke.

- Gemessen wird hier der Abstand zwischen dem senkrechten Steg der Spreizfeder und der Belagträgerplatte (das ist die Platte, durch deren Ösen die beiden Haltestifte gesteckt werden).
- An dieser Stelle muß mindestens noch ein Zehnpfennigstück eingesteckt werden können. Sonst sind die Beläge an der Vorderachse bis auf die Mindeststärke von **2 mm** abgefahren. In diesem Fall alle vier Beläge auswechseln.

Girling-Bremse

Bei der Girling-Bremse verdeckt die breite Spreizfeder die Beläge.

- Spreizfeder mit einem Schraubenzieher abhebeln.
- Belagstärke (ohne Belagträgerplatte) mit einem Meterstab oder einer Schieblehre messen: **2 mm** gelten auch hier als Mindeststärke. Generell alle vier Beläge an der Vorderachse austauschen.
- Spreizfeder wieder aufdrücken. Dazu mit einem Schraubenzieher auf die Haltespangen an der Feder drücken, damit diese satt über die Haltestifte rutschen.
- Unbedingt den richtigen Sitz der Spreizfeder kontrollieren.

Zustand der Bremsscheiben kontrollieren
Wartungspunkt Nr. 27

Sind die Räder gerade zur Belagkontrolle abgenommen, lohnt sich ein prüfender Blick auf die Bremsscheiben: Sie dürfen keine zu tiefen Rillen aufweisen und nicht zu stark eingelaufen sein (meistens erst ab ca. 150 000 km Laufleistung).
Ist das der Fall, können Sie die ursprünglich ca. 13 mm dicke Scheibe auf jeder Seite

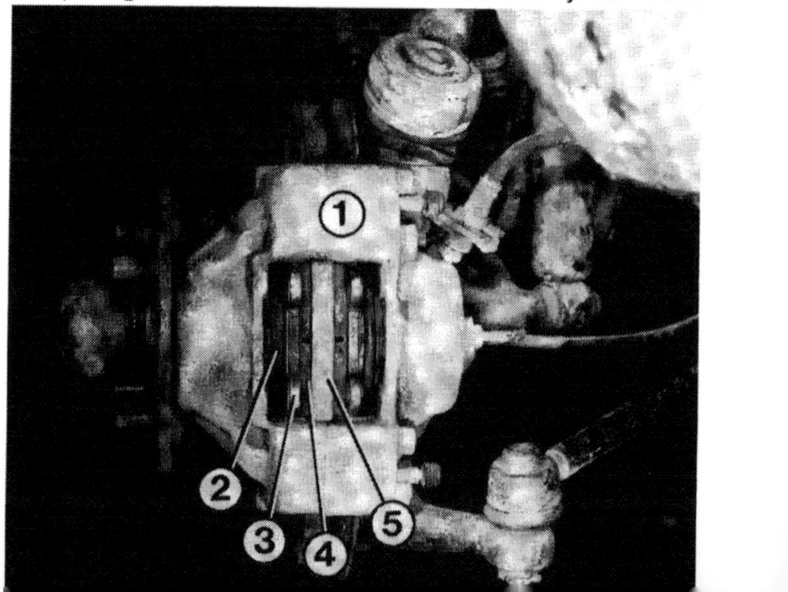

Die Scheibenbremse bei abgenommener Spreizfeder: 1 – Bremssattel; 2 – Bremskolben mit Manschette; 3 – Belagträger mit Belag (4); 5 – Bremsscheibe.

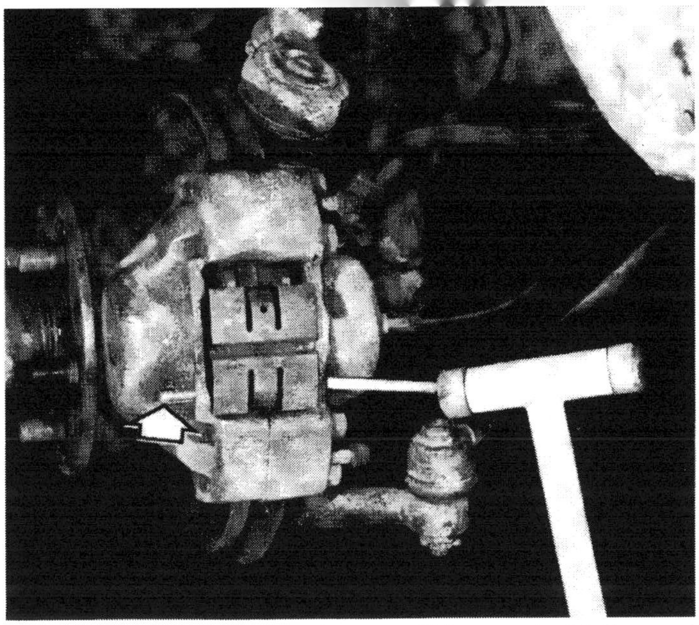

Austreiben der Haltestifte (Pfeil). Mit dem hier gezeigten Kunststoffhammer läßt es sich besonders sanft arbeiten.

um ca. 0,5 mm abdrehen lassen. Dünner als 11,5 mm darf sie nach der Bearbeitung jedoch keinesfalls sein. Sonst beide Bremsscheiben ersetzen.
Weist die Scheibe eine bläuliche Verfärbung – durch Überhitzung entstanden – auf, so ist das nicht weiter bedenklich.

Scheibenbremsbeläge ausbauen

Zum Belagwechsel sollten Sie sich die Original-Bremsbeläge aus dem V.A.G.-Ersatzteillager besorgen. Versuche mit anderen Belägen sind nicht ratsam, da sie möglicherweise den Bremsweg verlängern, schneller verschleißen oder nervtötend quietschen. Ferner sollte vor dem Belagwechsel sichergestellt sein, daß die Bremsscheiben in Ordnung sind. Doch nun zum Ausbau:

■ Wagen aufbocken und sichern, Rad abnehmen.
■ Girling-Bremse: Sicherungsspangen an den Haltebolzen herausziehen.
■ Haltestifte der Bremsklötze mit Hammer und Durchschlag von außen nach innen (ATE-Bremse) bzw. von innen nach außen (Girling-Bremse) herausklopfen (siehe Bild oben) und Spreizfeder abnehmen.
■ Bremsbelag mit einer Wasserpumpenzange ein Stück zurückdrücken.
■ Montiereisen oder kräftigen Schraubenzieher zwischen Belag und Bremsscheibe schieben und durch hebelnde Bewegungen den alten Belag ganz zur Außenkante des Bremsbelagschachts drücken. So wird der Kolben im Bremssattel – er ist ja mit zunehmendem Belagverschleiß immer weiter herausgewandert – wieder in seine Grundstellung zurückgedrückt. **Lassen Sie** dabei immer **den gegenüberliegenden Belag eingesetzt**. Sonst könnte beim Zurückdrükken des einen Kolbens der andere aus seiner Führung herausgeschoben werden.
■ An der anderen Seite des Bremssattels den Vorgang wiederholen und anschließend beide Beläge herausnehmen.

Zurückdrücken der Bremskolben mit einer Rohrzange. Der gegenüberliegende Belag bleibt eingesetzt.

■ Wurde seit dem letzten Belagwechsel Bremsflüssigkeit nachgefüllt (etwa wegen einer Reparatur an der Hydraulik), sollten Sie beim Zurückdrücken der Kolben nachsehen, ob der Vorratsbehälter nicht überzulaufen droht.
■ Kolben-Verdrehsicherungsbleche ebenfalls herausnehmen und reinigen.

Scheibenbremsbeläge einbauen

■ Führungen der Belagträger oben und unten auf beiden Seiten mit einer scharfen Schraubenzieherklinge reinigen. An diesen Stellen setzt sich gern Rost und Belagabrieb fest, und die Bremsklötze klemmen dann im Bremssattel. Folge: Bremse »löst« nicht. Doch Vorsicht beim Kratzen! Die Manschetten der Bremskolben dürfen nicht beschädigt werden.
■ Neuen Bremsbelag versuchsweise in den Bremsbelagschacht stecken, um zu prüfen, ob er in der Führung klemmt. Wieder herausziehen.
■ Kolbenverdrehsicherungen bei der ATE-Bremse so einsetzen, daß die Blechnasen in die Aussparungen am Kolben eingreifen. Geht das nicht, muß der Kolben etwas gedreht werden. Gleiches gilt für die Girling-Bremse: Der Pfeil auf dem Blech zeigt in Vorwärtsdrehrichtung des Rades, und die umgebogene Blechkante muß am Kolben greifen.
■ Beläge einschieben, Spreizfeder einsetzen und Haltestifte sorgsam bis zum Anschlag einklopfen. Bei der Girling-Bremse die Sicherungsfedern einsetzen. Wenn sie nicht mehr fest spannen, neue verwenden. Notfalls ein Drahtende umbiegen.
■ Gesamten Vorgang am anderen Rad wiederholen.
Achtung: Bremspedal jetzt **mehrmals durchtreten**, bis sich das normale Pedalspiel einstellt. Wird das nicht gemacht, bleibt die Bremswirkung bei den ersten Bremsungen aus.
Mit neuen Bremsbelägen sollten Sie, wenn möglich, die ersten 500 km nur behutsam bremsen. Gewaltbremsungen gleich zu Anfang führen zu Brandstellen im Belag, er erreicht nicht die günstigste Bremsverzögerung und verhärtet (»verglast«, wie der Fachmann sagt).

Bremskolben gängig machen

Neben klemmenden Belägen (siehe voriger Abschnitt) kann auch ein unbeweglicher Kolben im Bremssattel einseitige Bremswirkung sowie schwergängige Räder zur Folge haben.
In vielen Fällen ist dann ein neuer Bremssattel fällig, doch ebenso oft läßt sich der Kolben durch mehrmaliges Hin- und Herdrücken wieder gängig machen:
■ Haltestifte und Spreizfeder ausbauen (siehe Vorseite).
■ Belagträger – und damit auch den Kolben – mit Wasserpumpenzange zurückdrücken (siehe Vorseite).
■ Bremsbelag herausziehen, alten Belag einsetzen und Schraubenzieher oder Montiereisen zwischen den alten Belag und die Bremsscheibe stecken. Bremsscheibe durch dünnes Sperrholzbrettchen schützen.
■ Kolben so zurückdrücken. Geht das nicht, mit äußerster Vorsicht das Montiereisen direkt am Kolben ansetzen. Die Manschetten dürfen dabei nicht beschädigt werden.

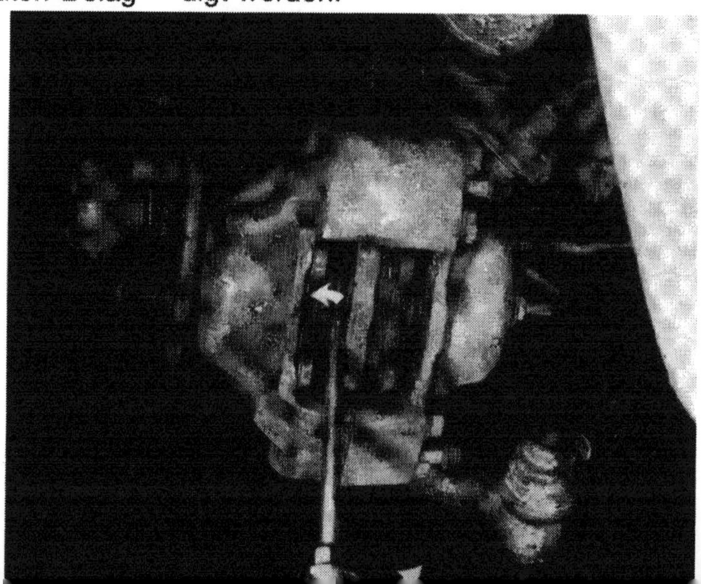

Das letzte Stück kann der Kolben (bei eingesetztem Belag) nur mit Schraubenzieher oder Montiereisen zurückgedrückt werden. Bei größerem Kraftaufwand muß die Bremsscheibe durch ein Sperrholzbrettchen geschützt werden.

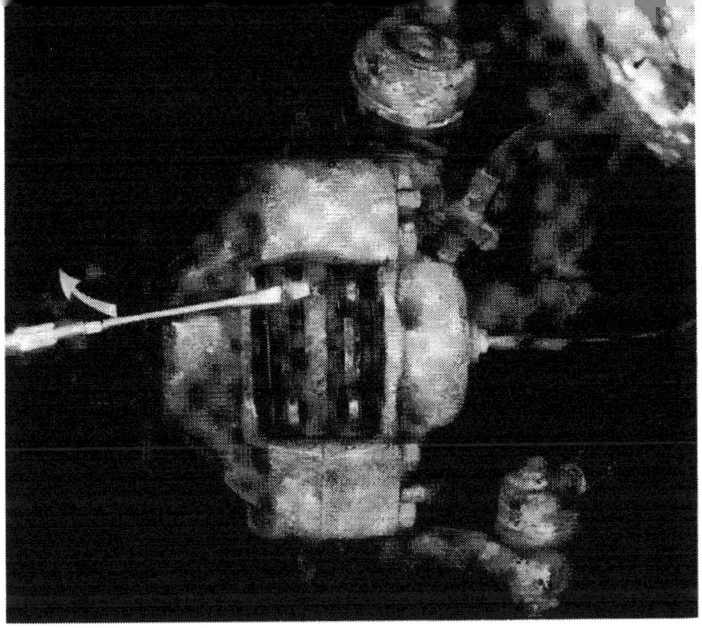

Herausziehen der Beläge mit einem Schraubenzieher. Die Klinge wird dabei abwechselnd in die obere und untere Belagöse gesteckt.

■ Von Helfer den Kolben mit dem Bremspedal wieder »herauspumpen« lassen. Dazu Bremsbelag einsetzen, damit der Kolben nicht ganz herausgedrückt werden kann.

■ Dieses Spielchen mehrfach wiederholen, bis sich der Kolben leicht bewegt.

■ Beläge wieder einsetzen (siehe voriger Abschnitt). **Bremspedal mehrfach durchtreten**.

Bremssattel ausbauen

■ Bremsbeläge ausbauen (siehe Seite 141).

■ Bremsflüssigkeit aus dem Vorratsbehälter absaugen und Bremsleitung am Bremssattel lösen. Wo vorhanden Haltebügel für Bremsschlauch abbauen.

■ Beide Befestigungsschrauben hinten am Bremssattel herausdrehen.

Einbau

■ Ausbau-Arbeiten in sinngemäß umgekehrter Reihenfolge durchführen.

■ Paßschraube (das ist die Schraube mit dem Bund unterhalb des Schraubenkopfes) in das obere Befestigungsloch am Bremssattel eindrehen.

■ Beide Befestigungsschrauben mit 170 Nm anziehen.

■ Bremsanlage entlüften.

■ **Pedal** vor den ersten Metern Fahrt **mehrfach durchtreten**, bis sich normales Bremspedalspiel einstellt.

Fingerzeig: *Wird derselbe Bremssattel wieder eingebaut, können Sie die Bremsleitung angeschlossen lassen und den Bremssattel während der Montagearbeiten mit einem Draht an der Karosserie aufhängen.*

Bremskolben-Staubmanschetten auswechseln

Wurde die Bremskolbenmanschette im Bremssattel beschädigt, müssen Sie baldigst für Ersatz sorgen, sonst klemmt bald der Bremskolben aufgrund von Schmutz und Korrosion. Die Arbeitsreihenfolge lautet:

Wichtig: Das richtige Einsetzen der Kolbenverdrehsicherung (Pfeil). Bei der hier gezeigten Girling-Bremse zeigt der herausgestanzte Pfeil auf dem Blech immer in Vorwärtsrollrichtung des Rads. Die umgebogene Blechkante muß am Kolben eingreifen.

Die Bremsscheibe ist auf der Radnabe lediglich mit zwei Inbusschrauben (1 und 2) festgeschraubt.

- Bremssattel ausbauen.
- Alte Manschette mit Schraubenzieher abhebeln.
- ATE-Bremssattel: Innenlippe der Manschette von Hand in den etwas herausgezogenen Kolben einsetzen.
- Außenkante der Manschette am Bremssattel ansetzen und rundum gleichmäßig aufdrücken. Notfalls ein Holzstückchen und eine Schraubzwinge zu Hilfe nehmen.
- Girling-Bremssattel: Neue Manschette in die Nut am Bremskolben einsetzen und über den Wulst am Bremssattel ziehen.
- Sicherungsring am Wulst ansetzen und dann rundum über die Manschette ziehen. Kleinen Schraubenzieher zu Hilfe nehmen. Nicht verzagen, wenn es nicht gleich beim ersten Mal klappt.
- Kontrolle: Die Manschette muß jetzt rundum gleichmäßig im Bremssattel sitzen. In der Nut des Bremskolbens muß sie einwandfrei anliegen.

Bremsscheibe wechseln

Ist die Bremsscheibe bis auf das zulässige Mindestmaß (siehe Seite 140) abgenutzt, muß sie ausgewechselt werden. Gebraucht wird dazu an zusätzlichem Werkzeug ein Inbusschlüssel 6 mm, möglichst mit Vierkantanschluß für den Drehmomentschlüssel, da die Bremsscheiben-Befestigungsschrauben mit vorgeschriebenem Drehmoment angezogen werden sollen. Arbeitsreihenfolge:

- Bremssattel ausbauen.
- Inbusschrauben zwischen den Rad-Stehbolzen herausdrehen.
- Bremsscheibe durch Schläge mit dem Gummihammer von der Radnabe trennen.
- Anlagefläche auf der Radnabe säubern.
- Neue Bremsscheibe aufsetzen und Inbusschraube mit 25 Nm anziehen.
- Bremssattel montieren.

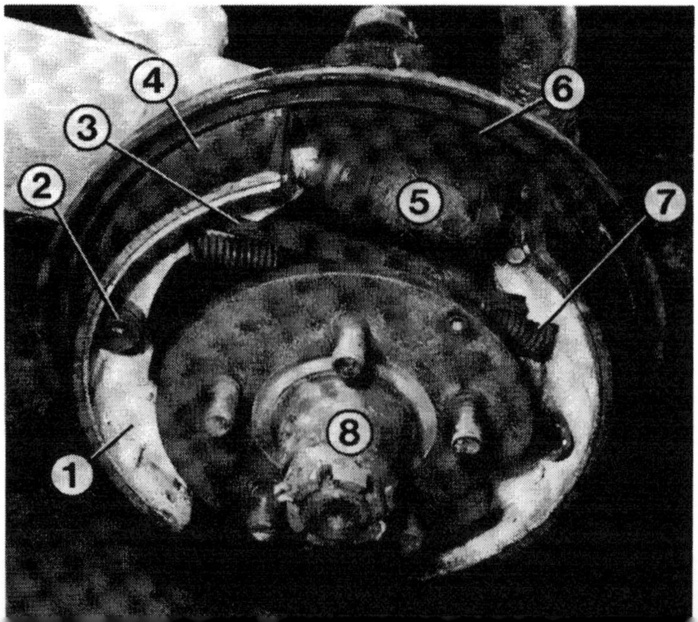

Die Trommelbremse:
1 – Bremsbacken; 2 – Niederhaltefedern; 3 – Druckstange; 4 – Bremsbelag; 5 – Bremszylinder; 6 – Bremsankerplatte; 7 – Rückzugfeder; 8 – Radnabe.

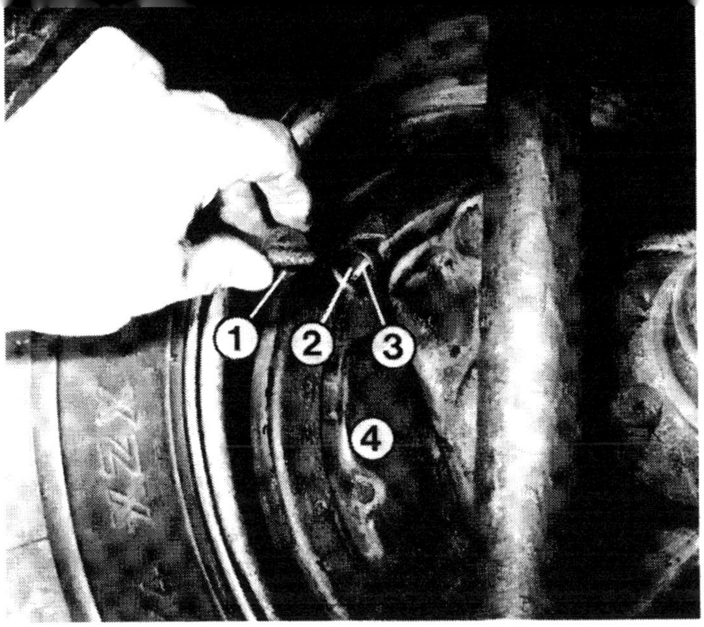

Kontrolle der Belagstärke durch das Sichtfenster in der Bremsankerplatte (4): Es bedeuten: 1 – Verschlußstopfen für Schauloch; 2 – Bremsbelag; 3 – Bremsbacke.

Die Trommelbremse

In den Trommelbremsen der Hinterräder werden zwei Bremsbacken von den Kolben des Radbremszylinders (er sitzt zwischen den oberen Enden der Bremsbacken) gegen die Bremsfläche der Trommel gepreßt. Durch die Anordnung der Bremsbacken wirkt bei der im VW-Bus verwendeten Trommelbremse (Simplex-Bremse = 1 Bremszylinder mit zwei Kolben) eine der beiden Bremsbacken selbstverstärkend. Das bedeutet, daß sich die Backe durch die Drehung des Rades in gewissen Grenzen selbsttätig an die Bremstrommel zieht, was die Pedalkraft vermindert. Beim VW-Bus ist es (Vorwärtsfahrt vorausgesetzt) die vordere Bremsbacke, die selbstverstärkend wirkt. Im Fachjargon wird sie Primärbremsbacke oder Auflaufbacke genannt. Die hintere nennt sich dementsprechend Sekundärbacke oder Ablaufbacke. Logischerweise verschleißt die Auflaufbacke schneller als die Ablaufbacke.

Belagstärke der Trommelbremsen prüfen

Wartungspunkt Nr. 24

■ Mit Taschenlampe unter den Wagen liegen oder Wagen hinten hochbocken und sichern.
■ Gummistopfen oben an der Bremsankerplatte herausdrehen und mit der Lampe die dahinterliegende Bremsbacke mit Belag betrachten.
■ Haben die Beläge eine Stärke von 2,5 mm erreicht, müssen die Bremsen neu belegt werden. Neue Beläge haben 6 mm oder bei Übergröße für ausgedrehte Bremstrommeln 6,5 mm Stärke.
■ Stopfen wieder eindrehen.

Trommelbremsen nachstellen

Wartungspunkt Nr. 25

Läßt sich das Bremspedal weit durchtreten, bis der erste Widerstand spürbar wird, ist es Zeit zum Nachstellen der hinteren Trommelbremsen:
■ Bei neuen Bremsbelägen Bremse mehrmals kräftig treten, damit sich die Backen zentrieren bzw. zur Bremstrommel ausrichten.

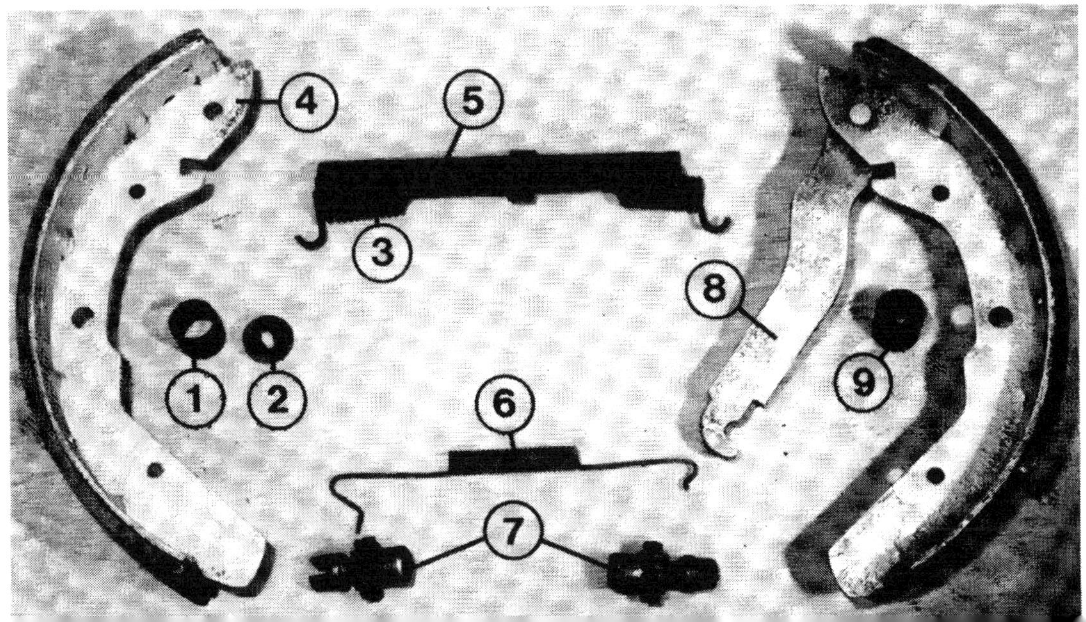

Die Teile der Trommelbremse: 1, 2 und 9 – Niederhaltefedern mit Federtellern; 3 – Rückzugfeder; 4 – Bremsbacke; 5 – Druckstange; 6 – Rückzugfeder; 7 – Nachstellrädchen; 8 – Handbremshebel.

In dieser Zeichnung ist schematisch dargestellt, wie das Nachstellen der Trommelbremsen mit dem Schraubenzieher erfolgt.

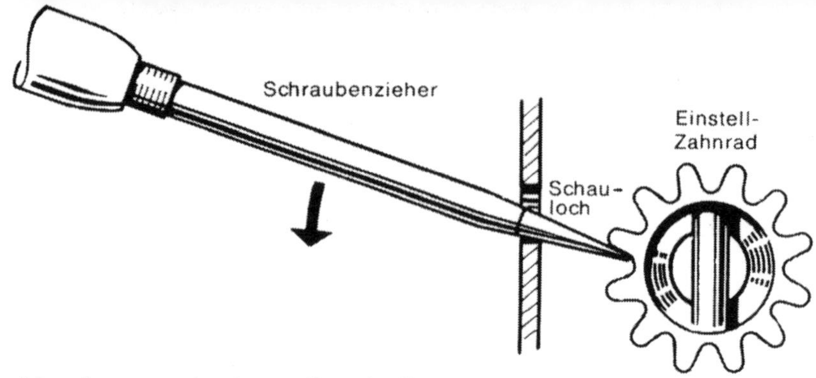

■ Wagen hinten hochbocken und sichern. Das einzustellende Rad muß frei drehbar sein.

■ Beide untere Plastikstopfen aus dem Bremsankerblech ziehen; darunter sitzen die wie Zahnrädchen aussehenden Einstellmuttern.

■ Durch das Schauloch betrachtet müssen die Rädchen zum Nachstellen der Bremsbacken so gedreht werden:

links hinten	links vorn	rechts hinten	rechts vorn
nach unten	nach oben	nach oben	nach unten

■ Am besten geht das Drehen, wenn Sie das Rädchen mit einem Schraubenzieher unter hebelnden Bewegungen Zahn um Zahn weiterdrehen.

■ Ist die Einstellmutter eingerostet, kräftigen Schraubenzieher schräg auf einem Zahn ansetzen und mit einem Hammer vorsichtig auf den Schraubenzieher-Schaft schlagen. Beim nächsten Belagwechsel Einstellmuttern gängig machen oder ersetzen, doch keinesfalls einfetten.

■ Bremsbacke so weit nachstellen, bis sich das Rad nicht mehr dreht. Dann Einstellmutter wieder so weit zurückstellen, bis das Rad gerade frei dreht.

■ Verschlußstopfen wieder aufsetzen.

Bremstrommel abnehmen

■ Bremsbacken ganz zurückstellen; dazu Einstellmuttern in umgekehrter Richtung drehen, als in der Tabelle im letzten Abschnitt angegeben.

■ Kronenmutter SW 46 außen auf der Achsnabe nach Entfernen des Splints losdrehen. Dazu muß das Rad auf dem Boden stehen; Handbremse anziehen.

■ Bremstrommel samt Achsnabe abziehen. Das Rad kann dabei montiert bleiben.

■ Nach dem Wiederaufsetzen der Bremstrommel Kronenmutter mit 350 Nm anziehen und (neuen!) Splint einsetzen.

■ Wer keinen 46er-Ringschlüssel zur Hand hat, kann die Trommel auch ohne Radnabe abnehmen: Rad abbauen. Sechskantschrauben vorn an der Bremstrommel herausdrehen und versuchen, die Bremstrommel bei zurückgestellten Bremsbacken so abzuziehen. Evtl. mit Hammerschlägen nachhelfen. Ein Kunststoffhammer ist hier sehr gut geeignet.

Bremsbacken ausbauen

■ Bremstrommel abnehmen (siehe voriger Abschnitt).

■ Obere und untere Rückzugfeder mit kräftiger Zange aushängen.

Nachstellen der Trommelbremsen mit dem Schraubenzieher. Bei abgenommenen Verschlußstopfen (2) sind die Einstelrädchen (1 und 3) in den Schaulöchern sichtbar. Wie sie am linken Rad zum Nachstellen der Bremse gedreht werden müssen, zeigen die beiden Pfeile.

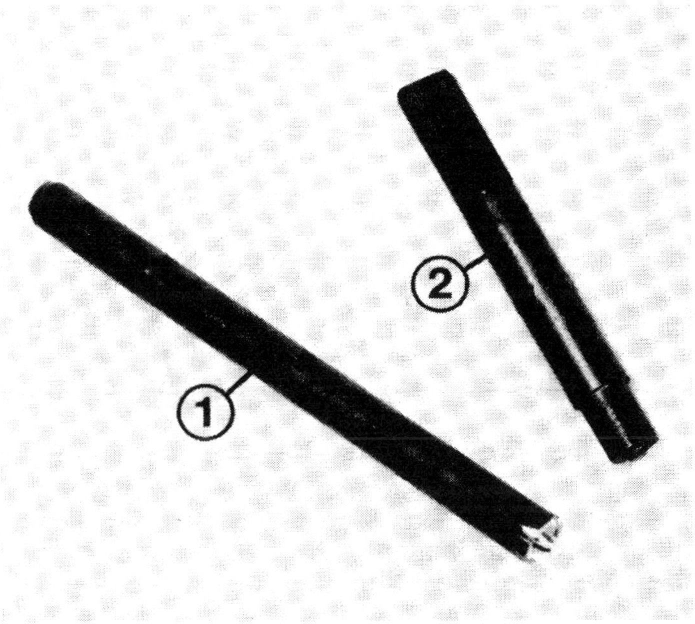

Ein Handnietwerkzeug, bestehend aus Oberteil (1) und Unterteil (2), ist das beste Hilfsmittel zum Aufnieten der hinteren Trommelbremsbeläge. Dieses hier stammt von der Bremsenfirma Jurid und wurde in einem Autozubehörladen gekauft.

■ Handbremszug aushängen; will das nicht gelingen, Handbremszug an der Wippe in Höhe der Vorderachse losschrauben.
■ Die kleinen Federteller der Niederhaltefedern in der Mitte der Bremsbacken ein wenig niederdrücken und um 90° drehen, damit die Feder abgenommen werden kann. Die Haltestifte dabei hinten an der Bremsankerplatte mit der Hand gegenhalten, damit sie sich nicht verdrehen.
■ Bremsbacken jetzt abnehmen.
■ Beim Wiedereinbau darauf achten, daß die Bremsbacken sauber in die Schlitze von Nachstellschraube und Radbremskolben einrasten. Druckstange gewissenhaft einhängen.

Bremsbacken neu belegen

Wie bei der Scheibenbremse müssen auch hier alle Beläge einer Achse gleichzeitig ausgewechselt werden. An speziellen Werkzeugen brauchen wir ein komplettes Handnietwerkzeug, wie es beispielsweise von der Fa. Jurid angeboten wird (siehe Bild oben), ferner einen Meißel und einen Schraubstock.

■ Bremsbacke in den Schraubstock spannen und mit Meißel und Hammer den alten Bremsbelag entfernen. Reste der Nieten aus der Bremsbacke herausklopfen. Sie können auch die Nieten einzeln ausbohren. Achten Sie dabei jedoch darauf, daß nicht gleich die Bremsbacke mit durchgebohrt wird.
■ Nietlöcher entgraten und Oberfläche der Bremsbacke säubern. Bremsbacken mit tiefen Rostnarben nicht mehr verwenden; die Anlagefläche muß eben sein.
■ Unterteil des Nietwerkzeugs in den Schraubstock einspannen.
■ Ersten Niet in eines der mittleren Löcher im Belag einsetzen. Bremsbacke mit auflegen und Niet durchdrücken. Komplette Bremsbacke jetzt mit dem Belag nach unten am Niet auf den Dorn halten. Ein Helfer muß nun mit Hammer und Nietwerkzeug den überstehenden Niet

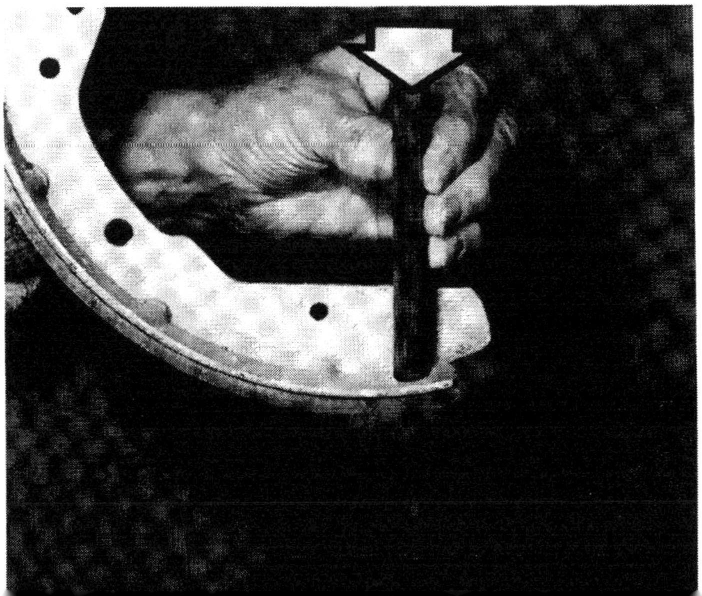

Das Nietwerkzeug im Einsatz: Das Unterteil ist im Schraubstock eingespannt, das Oberteil bekommt einen Hammerschlag (Pfeil) verpaßt. Bremsbacke und Belag sollten von einem Helfer gehalten werden.

Bremsbeläge aufnieten mit dem Nietwerkzeug (Schemazeichnung): Links: Ansetzen des Nietwerkzeugs. Rechts: Stauchen der Niete in einem Arbeitsgang.

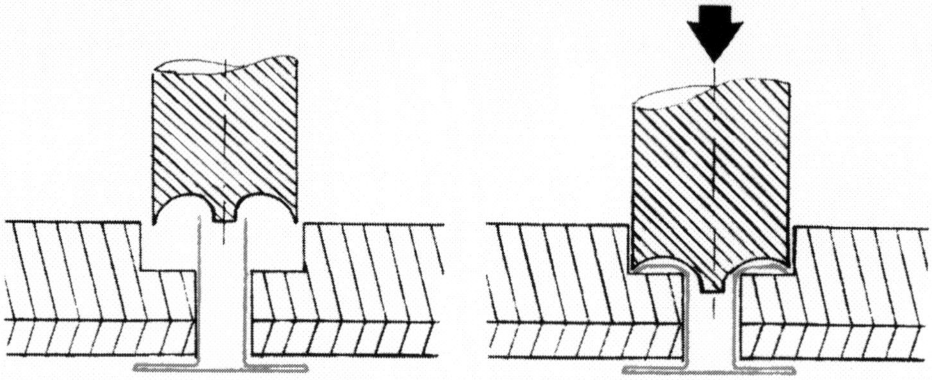

an der Rückseite der Bremsbacke umbördeln. Nicht zu kräftig draufschlagen!

■ Aus der Mitte des Belags beginnend die restlichen Nieten einsetzen.

■ Wird an der Sekundärbacke (hintere Bremsbacke am Fahrzeug) ein verkürzter Belag verwendet, so ist dieser an die Oberkante der Bremsbacke zu rücken.

■ Der Handbremshebel kann – entgegen der VW-Empfehlung – zum Nieten an der Bremsbacke bleiben. Mit einem schlanken Nietwerkzeug kommt man gut daran vorbei.

■ Außenkanten der Beläge mit einer Feile abrunden.

Radbremszylinder ausbauen

■ Bremstrommel abbauen (Seite 146).

■ Bremsbacken ausbauen (Seite 146).

■ Entlüftungsventil abschrauben.

■ Bremsleitung abschrauben. Wird nicht gleich anschließend ein neuer Bremszylinder eingebaut, Bremssystem entleeren, sonst läuft zu viel Bremsflüssigkeit aus.

■ Eine Halteschraube hinten an der Bremsankerplatte herausdrehen und Bremszylinder abnehmen.

■ Neuen Bremszylinder mit 20 Nm festschrauben.

■ Bremsanlage entlüften, siehe Seite 154.

Die Handbremse

Der Handbremsgriff am Armaturenbrett stellt das Ende der Arretierungs-Zahnstange dar, die dafür sorgt, daß die Handbremse – einmal angezogen – auch angezogen bleibt. Deren anderes Ende ist gelenkig mit dem Handbremshebel verbunden, der bis unter den Fahrerhaus-Fußboden reicht. Wird die Bremse angezogen, so zieht er an seinem unteren Ende einen Stahlstab nach vorn – und der reicht jetzt schon bis in Höhe der Vorderachse. Dort ist am Stab eine Art Wippe gelagert, der sogenannte Ausgleichsbügel. In ihm stecken die Enden der Seilzüge (Handbremszüge), die nach hinten zu den Bremstrommeln wirken. Sinn des Ausgleichsbügels ist es, die Kraft, die wir beim Anziehen der Handbremse aufgewendet haben, in möglichst gleichem Maß an die beiden Bremstrommeln der Hinterräder zu verteilen. Leichte Schwankungen im Reibwert der beiden Bremszüge gleicht die Wippe dabei aus. Auch brauchen die Seilzüge nicht besonders genau eingestellt zu werden, doch davon später.
Die schon erwähnten Seilzüge ziehen an den Bremshebeln der hinteren Bremsbacken und drücken diese an die Trommel. Gleichzeitig stützt sich der Bremshebel über die Druckstange an der vorderen Bremsbacke ab. So wird diese ebenfalls nach außen gedrückt und tritt bremsend in Aktion.

Hebelweg prüfen

Wartungspunkt Nr. 23

Die Wirkung der Handbremse sollte beginnen, wenn man sie um ca. 6 Rasten anzieht. Bis sie den Wagen auch an steilem Gefälle blockiert, dürfen dann schon noch ein paar Rasten zugegeben werden. Ebenfalls wichtig: Beim Loslassen der Bremse müssen die Räder frei rollen.

Handbremse einstellen

■ Wagen hinten hochbocken und sichern; beide Hinterräder müssen frei hängen.

■ Trommelbremsen nachstellen (siehe Seite 145).

■ Handbremse um 6 Rasten anziehen.

■ Vierkantmuttern am Ausgleichsbügel (siehe Bild rechts) in Höhe der Vorderachse so weit anziehen, daß sich beide Hinterräder gerade noch von Hand durchdrehen lassen.

■ Achten Sie darauf, daß der Ausgleichsbügel nach dem Einstellen genau quer zur Fahrtrichtung steht.

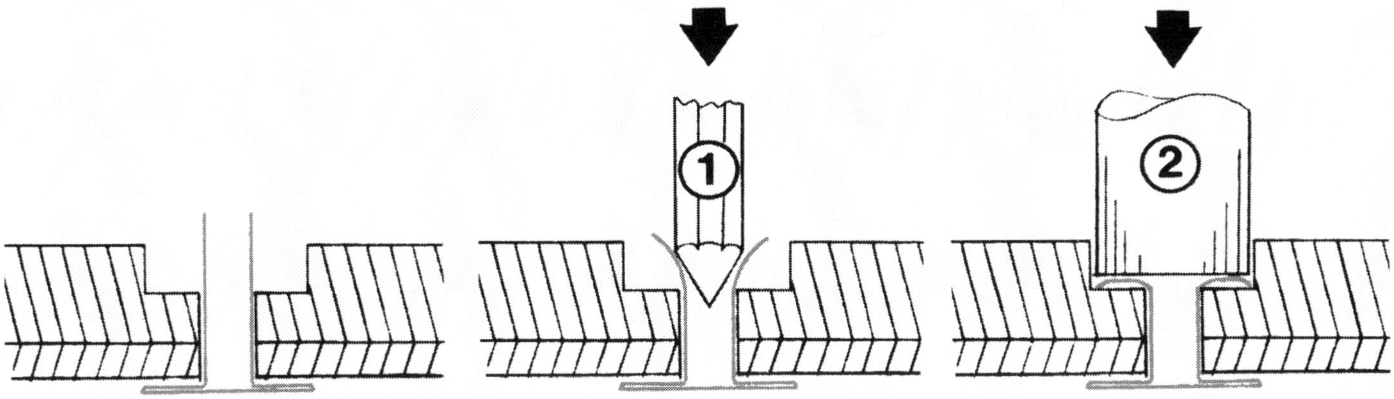

Behelfsmäßiges Nieten mit Körner (1) und rundem Dorn (2): Links: Einsetzen der Niete. Mitte: Vorstauchen der Niete mit dem Körner. Rechts: Umbördeln der vorgestauchten Niete mit dem Runddorn.

Fingerzeig: *Ergibt das Einstellen der Handbremse keine gleichmäßige (Hand-) Bremswirkung an den Hinterrädern, nutzt es nichts, die Einstellmuttern unterschiedlich stark anzuziehen. Bei diesem Defekt sind in nahezu allen Fällen die Hüllen der Handbremsseile von der Karosserie zum Rad oder die Seile selbst schuld. Die Spiralen der Seilzughüllen verschieben sich zueinander und klemmen so den Seilzug ein (Ursache: Zu starkes Anziehen der Handbremse). Oder der Seilzug selbst ist verrostet und klemmt.*
Kontrolle: Handbremse anziehen. Am Rad mit schlechter Bremswirkung die Seilzughülle hin- und herbewegen: Die Bremswirkung verbessert sich. Das gleiche funktioniert auch umgekehrt: Bremse jetzt loslassen. Das Rad klemmt. Rütteln an der Seilzughülle macht es freigängig. Seilzüge komplett auswechseln! Defekte Handbremsseile gehören zu den häufigsten VW-Bus-Mängeln beim TÜV.

Handbremszug wechseln

- Bremstrommel abnehmen (siehe Seite 146).
- Vierkantschraube vorn am Ausgleichsbügel losdrehen. Das vordere Seilende ist damit losgeschraubt.
- Handbremsseil am Handbremshebel der hinteren Bremsbacke aushängen.
- Das bisweilen zwischen der Rückzugfeder am Seilzug und der Bremsankerplatte eingesteckte Sicherungsblech herausziehen (dazu – wenn nötig – die vordere Bremsbacke ausbauen).
- Seilzughülle aus dem Führungsrohr an der Karosserie und aus der Bremsankerplatte herausziehen. Ist sie festgerostet, drehen Sie mit einer Wasserpumpenzange an den Anschlußstücken der Hülle, bis sie sich löst.
- Zug und Hülle zwischen Rad und Karosserie herausziehen.
- Den gut eingefetteten neuen Seilzug wieder zwischen Rad und Karosserie in Bremsankerplatte und Führungsrohr einschieben. Im Bereich der Bremstrommel soll der Bremszug allerdings frei von Fett sein.
- Handbremszug einstellen (siehe voriger Abschnitt).

Der Hauptbremszylinder

Der Hauptbremszylinder ist gewissermaßen der Chef im Bremssystem. Er gibt den Bremssätteln und Radbremszylindern den Befehl, wann sie zu bremsen haben. Mehr über seine Ausführung und Funktion finden Sie auf Seite 136.

Handbremse nachstellen am Ausgleichsbügel (4): Beim Drehen an der Nachstellmutter (3) muß das Seilzug-Gewindestück (2) mit einem Schraubenzieher gegengehalten werden (Pfeil). Die Ziffer 1 deutet auf die Zugstange zum Handbremshebel.

Der Hauptbremszylinder (1) ohne Bremskraftverstärker. Es bedeuten: 2 – Bremsflüssigkeitsbehälter; 3 – Bremslichtschalter.

Hauptbremszylinder ausbauen

■ Bremssystem vollständig entleeren; am besten an je einem Vorder- und Hinterrad die Entlüftungsventile öffnen und die gesamte Flüssigkeit durchpumpen.

■ Alle Bremsleitungen am Hauptbremszylinder losschrauben. Zuleitung zum Vorratsbehälter nicht vergessen. Kabelstecker am Bremslichtschalter abziehen.

■ **Ohne Bremskraftverstärker**: Abdeckwanne unter dem Fahrerhausboden abschrauben.

■ Bolzen an der Druckstange des Hauptbremszylinders ausbauen, dazu Splint herausziehen.

■ Befestigungsschrauben des Hauptbremszylinders losdrehen und Bremszylinder abnehmen.

■ **Mit Bremskraftverstärker**: Hauptbremszylinder lediglich vom Bremskraftverstärker losschrauben und von den Stehbolzen ziehen.

Hauptbremszylinder einbauen

Der Einbau geht natürlich wieder sinngemäß umgekehrt wie der Ausbau, doch sollten Sie dabei die folgenden Punkte beachten:

■ **Fahrzeuge ohne Bremskraftverstärker:** Lagerbolzen der Bremsdruckstange (das ist die Verbindung zwischen Bremshebel und Hauptbremszylinder) mit neuem Splint einsetzen.

■ Bremsdruckstange einstellen. Dazu Kontermutter an der Stange lösen und die Stange um ihre eigene Achse verdrehen, bis das Lüftspiel am Bremspedal stimmt. Und das wird folgendermaßen gemessen: Pedal sanft mit der Hand niederdrücken. Nach 4–7 mm muß sich der Widerstand am Pedal leicht verstärken (nicht verwechseln mit dem Kupplungspedalspiel!), dann stimmt das Spiel zwischen Druckstange und Hauptbremszylinder-Kolben.

■ **Fahrzeuge mit Bremskraftverstärker:** Ist der Bremskraftverstärker beim Hauptbremszylinder-Ausbau am Wagen geblieben, dürften sich die Abstandswerte nicht verstellt haben. Es braucht

Ausbau des Hauptbremszylinders (1) ohne Bremskraftverstärker. Es bedeuten: 2 und 8 – Halteschrauben; 3 – Staubmanschette; 4 – Unterlegscheibe; 5 – Lagerbolzen; 6 – Bremshebel; 7 – Kontermutter der Bremsdruckstange.

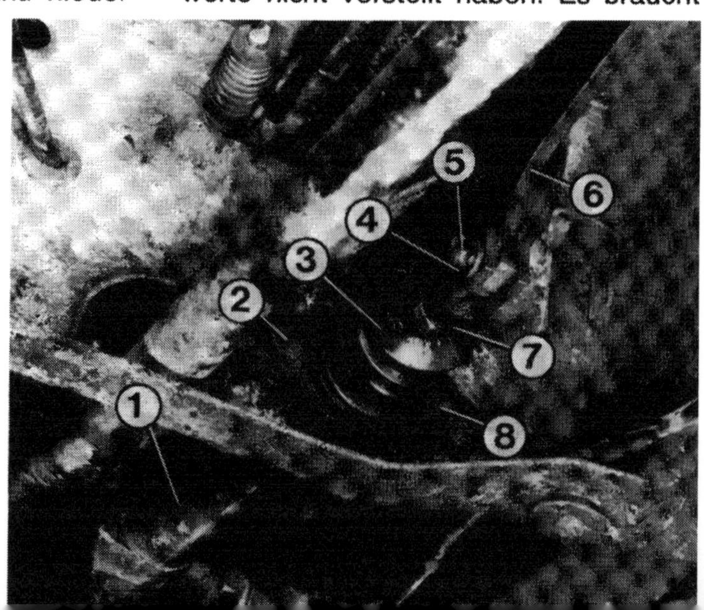

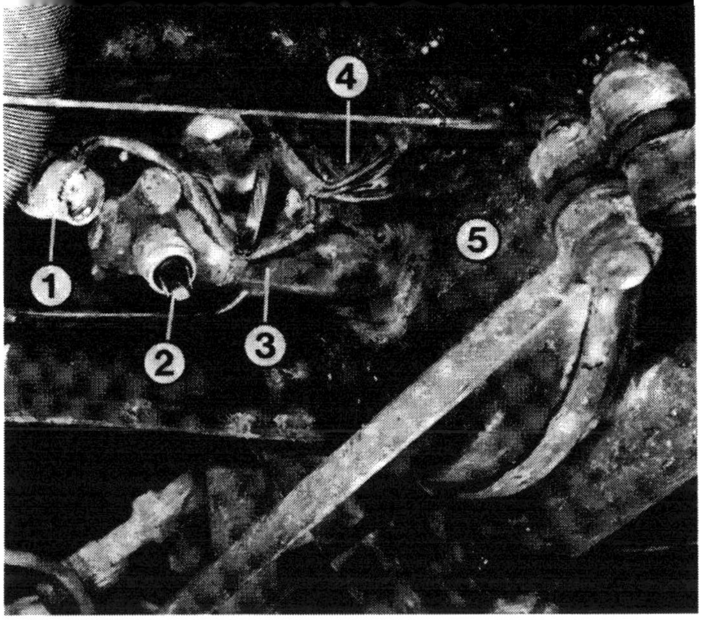

Der Hauptbremszylinder (3) mit Bremskraftverstärker (5). Es bedeuten: 1 – Mehrfachstekker für Bremslichtschalter; 2 – Bremslichtschalter; 4 – zweiter Bremslichtschalter für Zweikreis-Bremskontrolleuchte.

dann auch nichts eingestellt zu werden. Vorsicht! Befestigungsmuttern am Hauptbremszylinder nur mit 13 Nm anziehen, denn wenn ein Stehbolzen überdehnt oder abreißt, muß der Bremskraftverstärker ausgetauscht werden.

Fingerzeig: *Gerade am Hauptbremszylinder kommt es leicht vor, daß eine Bremsleitung schief angesetzt und eingedreht wird. Der Leitungsanschluß wird dann nicht dicht und das Gewinde am Hauptbremszylinder wird beschädigt, wodurch ein neuer Zylinder fällig wird.*

Der Bremskraftverstärker

Scheibenbremsen wirken nicht, wie Trommelbremsen, selbstverstärkend – das haben wir bereits angesprochen. Es ist also zum Abbremsen eine höhere Pedalkraft nötig. Deshalb besitzen alle Wagen mit Flachmotor einen Bremskraftverstärker. Beim 1600er wurde er nur auf Sonderwunsch eingebaut.
Diese Hilfseinrichtung ist – mit dem Hauptbremszylinder verbunden – an der Vorderachse festgeschraubt. Die Bremsbetätigungsstange geht – vom Pedal kommend – durch den Bremskraftverstärker hindurch und ist nach wie vor starr mit dem Hauptbremszylinder verbunden, so daß man auch bei ausgefallenem Hilfsgerät noch bremsen kann. Der notwendige Pedaldruck muß allerdings mehr als verdoppelt werden!
Die Hilfskraft liefert der Unterdruck aus dem Ansaugrohr, der Bremskraftverstärker ist über einen Schlauch mit dem Saugrohr verbunden. Beim Bremsen verschiebt der Druckunterschied zwischen dem äußeren Luftdruck und dem Unterdruck im Ansaugrohr eine große elastische Membrane und drückt zusätzlich auf die Kolben im Hauptbremszylinder.
Wenn der Motor nicht läuft, liefert der Servo keine (zusätzliche) Bremskraft. Deswegen müssen Sie stärker aufs Pedal treten, wenn z. B. Ihr Wagen abgeschleppt wird. Bleibt

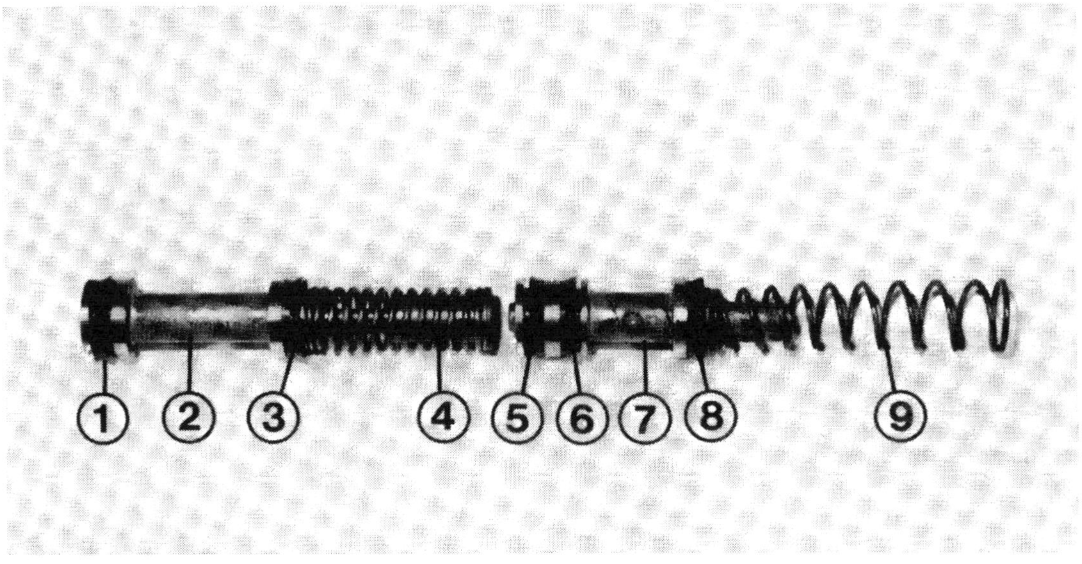

Die Innereien des Hauptbremszylinders: 1 – Sekundärmanschette; 2 – Druckstangenkolben; 3 – Primärmanschette; 4 – Druckfeder mit Anschlaghülse; 5 und 6 – Trennmanschetten; 7 – Zwischenkolben; 8 – Primärmanschette; 9 – Druckfeder.

Diese Kontermutter (Pfeil) muß gelöst werden, wenn die Bremsdruckstange eingestellt werden soll.

der Motor unterwegs plötzlich stehen, haben Sie durch den Unterdruckspeicher noch eine Reserve für einige kurze Bremsungen – erst dann werden die Wadenmuskeln voll beansprucht.

Bremskraftverstärker ausbauen

■ Alle Leitungen am Hauptbremszylinder abbauen (lesen Sie dazu auf der folgenden Seite).
■ Abdeckwanne unter dem Fahrerhausboden abschrauben.
■ Bolzen zwischen Bremsdruckstange des Bremskraftverstärkers und dem Bremshebel ausbauen.
■ Vier Haltemuttern des Bremskraftverstärkers am Vorderachskörper losschrauben.
■ Bremskraftverstärker samt Hauptbremszylinder abnehmen.

Bremskraftverstärker einbauen

An Besonderheiten ist beim Einbau zu beachten, daß die Bremsdruckstange des Bremskraftverstärkers eingestellt werden muß.
■ Dazu am festgeschraubten Bremskraftverstärker die Bremsdruckstange so weit einschrauben, bis die Bohrungen am gegabelten Kopf der Bremskraftverstärker-Druckstange mit der Bohrung am Bremshebel fluchten. Kontermutter zum Einstellen lockern und anschließend wieder festziehen.

Der Bremskraftregler

Der Bremskraftregler ist in die Bremsleitung zu den Hinterrädern zwischengeschaltet. Seinen Platz hat er am linken Längsträger in Höhe der Vorderachse. Wie sein Name schon sagt, regelt er die Bremskraft – allerdings aber nur die der Hinterräder. So soll vermieden werden, daß bei einer scharfen Bremsung – die Hinterachse wird dabei stark entlastet – die Hinterräder blockieren und der Wagen ins Schlingern gerät.

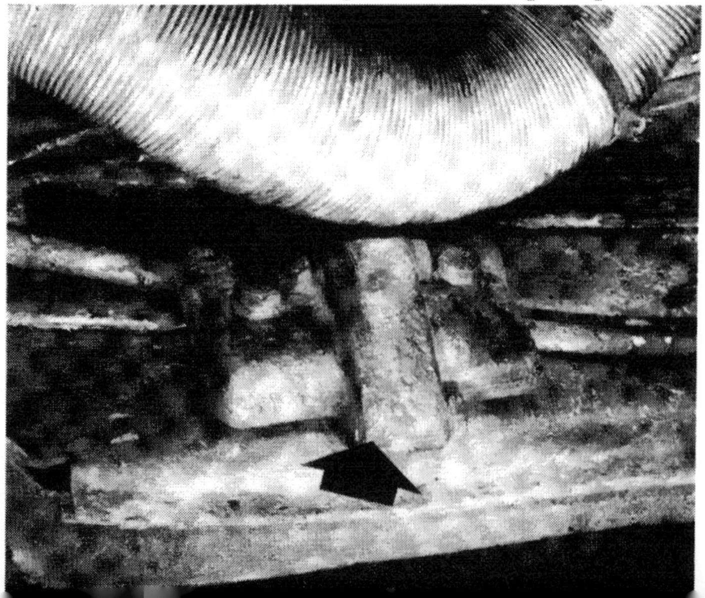

Am linken Längsträger in Höhe der Vorderachse hat der Bremskraftregler (Pfeil) seinen Platz.

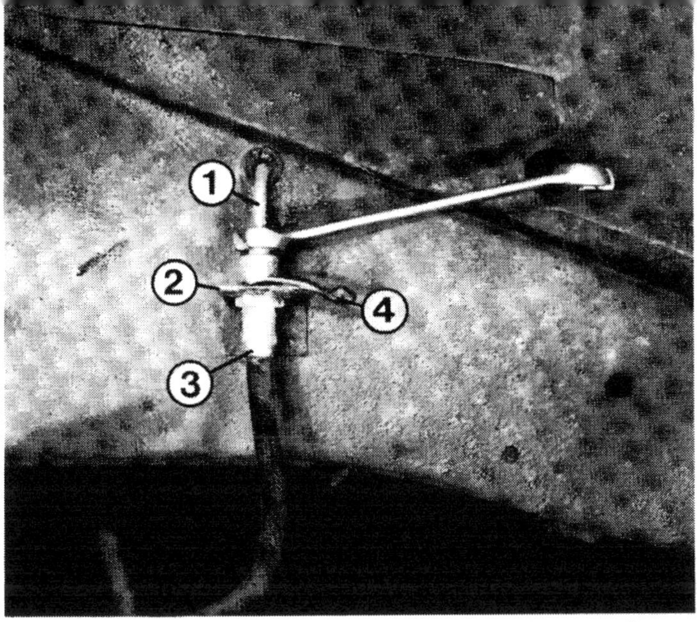

An der Verschraubung sind Bremsleitung (1) und Bremsschlauch (3) grundsätzlich in einem Halter (2) befestigt und mit einer Blechspange (4) gesichert. Das Lösen der Verschraubung geschieht am besten mit einem Spezial-Bremsleitungsschlüssel, wie er hier angesetzt ist.

Die Wirkungsweise des im VW-Bus eingebauten Bremskraftreglers ist verzögerungsabhängig. Wird der Wagen nur leicht abgebremst, gibt der Regler den Weg für den Flüssigkeitsdruck zu den Hinterrädern voll frei. Erfolgt jedoch eine scharfe Bremsung, schiebt sich eine Kugel im Innern des Bremskraftreglers nach vorn und verschließt den Hauptkanal zu den Hinterradbremsen. Der Druck wirkt dann nur noch – etwas abgeschwächt – über einen Umweg im Regler.

Bremsleitungen ausbauen

Sind die Bremsleitungen vom Rost angegriffen, sollten Sie sie schleunigst auswechseln, denn die Wandstärke der dünnen Rohre ist nicht besonders groß. Hier einige Tips:

- Das Lösen der Leitungsanschlüsse bereitet besonders bei rostigen Bremsleitungen erhebliche Schwierigkeiten: Die SW-11-Sechskantmuttern sind dann mit einem Gabelschlüssel kaum zu lösen. Soll das betreffende Leitungsstück ohnehin gewechselt werden, können Sie die Bremsleitung nahe an der Verschraubung absägen und jetzt mit einer Sechskantnuß die widerspenstige Überwurfmutter lösen.
- Wird jedoch die Leitung wiederverwendet, empfiehlt sich der Kauf eines Bremsleitungsschlüssels, wie ihn beispielsweise die Fa. Hazet unter der Bestell-Nr. 05202 im Programm führt. Das ist gewissermaßen ein aufgesägter Sechskant-Ringschlüssel. Durch die Öffnung an seinem Umfang läßt er sich über die Bremsleitung schieben. Wir haben mit einem solchen Schlüssel sehr gute Erfahrungen gemacht.
- Müssen die Leitungen noch etwas zurechtgebogen werden, darf das nur in einem großen Radius geschehen, sonst knickt das dünne Rohr ab. Die Innenseite des Bogens beim Biegen mit dem Daumen unterstützen! So können Sie sich langsam dem Radius entlangarbeiten.

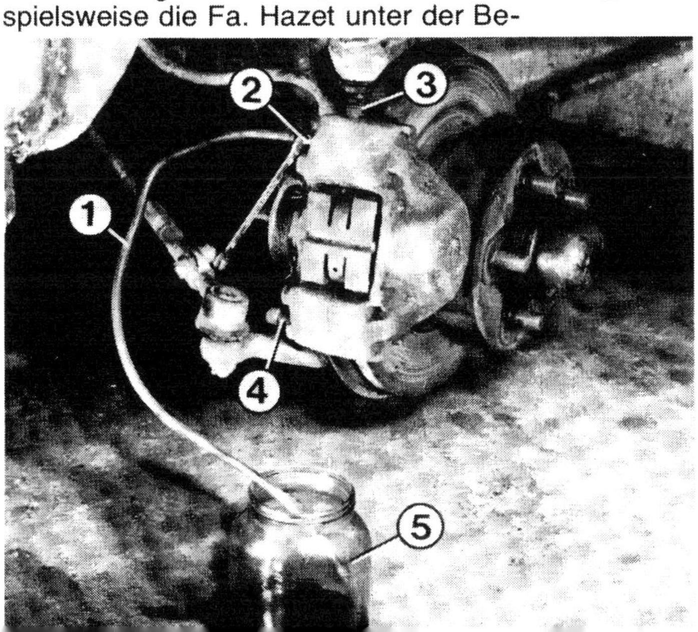

Hier wird die Bremsanlage entlüftet: 1 – durchsichtiger Kunststoffschlauch; 2 – Entlüftungsventil; 3 – Staubkappe für Entlüftungsventil; 4 – unteres Entlüftungsventil (wird nur zum Wechsel der Bremsflüssigkeit geöffnet); 5 – durchsichtiger Behälter für alte Bremsflüssigkeit.

Bremsschläuche ausbauen

Natürlich beschreiben wir auch hier nicht, wie jeder einzelne Bremsschlauch ausgebaut wird. Prinzipiell sollten Sie auf folgendes achten:

■ Sind die Bremsschläuche irgendwo mit einem Blechhalter an der Karosserie befestigt, so steckt parallel zum Halter eine Blechspange, die Sie mit einer Zange herausziehen müssen, nachdem Sie die Verschraubung von Bremsleitung und Bremsschlauch gelöst haben.

■ Beim Einbau den Schlauch immer zuerst an der Seite festschrauben, an der er sein Außengewinde hat. Erst dann die andere Verschraubung festziehen.

■ Der Schlauch darf nicht in sich verdreht eingebaut sein, sondern muß gerade verlaufen. Das kann am Farbstreifen oder Gummi-Anguß entlang des Schlauchs kontrolliert werden.

Fingerzeig: *Bei älteren Wagen (ca. 10 Jahre) kann es vorkommen, daß Bremsschläuche quellen und so den Leitungsquerschnitt im Innern verkleinern oder ganz verschließen. Äußerlich ist diesen Schläuchen nichts anzusehen. Sie bemerken besagte Querschnittsverengung, wenn eine Radbremse erst mit Verzögerung anspricht (Bremsen ziehen erst schief, dann aber völlig gerade). Bisweilen löst die betreffende Bremse dann auch erst mit einer kleinen Verspätung, weil sich der Bremsdruck durch die verengte Leitung nicht sofort wieder abbauen kann. Bremsschlauch (am besten alle) auswechseln.*

Bremsanlage entlüften

Wenn sich das Bremspedal federnd durchtreten läßt und sich der gewohnte Pedalweg erst nach mehrmaligem »Pumpen« einstellt, ist Luft in die Bremsanlage eingedrungen. Es liegt also eine Undichtigkeit vor (siehe Seite 138). Defekt suchen und reparieren. Es ist in diesem Fall nicht damit getan, einfach zu entlüften.

Entlüftet werden muß nach Reparaturen an der Bremshydraulik, wenn Luft in Bremszylinder und Leitungen eingedrungen ist. Die Werkstatt macht das mit einem Entlüftungsgerät, doch es geht genausogut nach der althergebrachten Methode:

■ Bremsflüssigkeits-Vorratsbehälter im Wagen ganz mit frischer Bremsflüssigkeit auffüllen und auch während des Entlüftens immer dafür sorgen, daß rechtzeitig vor Absinken des Spiegels mit frischer Flüssigkeit nachgefüllt wird. Sonst wird wieder Luft angesaugt, und die Arbeit war umsonst.

■ Staubkappe vom Entlüftungsventil nehmen (Arbeitsreihenfolge: hinten rechts; hinten links; vorn rechts; vorn links) und das Entlüftungsventil (SW 7) um $^1/_2$ bis $1^1/_2$ Umdrehungen öffnen.

■ Durchsichtigen Schlauch (wie von der Scheibenwaschanlage) über das saubergeriebene Ventil schieben und das freie Schlauchende in ein teilweise mit Bremsflüssigkeit gefülltes Gefäß stekken.

■ Von Helfer das Bremspedal so lange langsam niedertreten und wieder zurückkommen lassen, bis im Schlauch keine Luftbläschen mehr sichtbar sind. (Bei stark entleerter Hydraulik zwei Entlüftungsdurchgänge am Wagen machen.) So wird Bremsflüssigkeit – und natürlich auch Luft – durch das Entlüftungsventil gepumpt.

■ Kommen keine Luftbläschen mehr, muß der Helfer das Bremspedal in der tiefsten Stellung halten, während Sie das Entlüftungsventil schließen. Mit Gefühl anziehen, sonst reißt das Ventil ab!

■ An den übrigen Radbremsen auf gleiche Weise entlüften.

Störungsbeistand
Bremsen

Die Störung	– ihre Ursache	– ihre Abhilfe
A Bremsen ziehen einseitig	1 Reifendruck ungleichmäßig	Korrigieren bei kalten Reifen
	2 Reifenprofil ungleichmäßig abgefahren	Reifen so untereinander auswechseln, daß auf jede Achse gleichmäßig abgenutzte Reifen kommen
	3 Beläge verschmiert oder ungleichmäßig abgenutzt	Beläge erneuern
	4 Schächte im Bremssattel verschmutzt oder verrostet	Reinigen

Die Störung	– ihre Ursache	– ihre Abhilfe
A Bremsen ziehen einseitig (Fortsetzung)	5 Kolben im Bremssattel oder Radbremszylinder festgerostet	Gängig machen oder erneuern
	6 Bremsbacken liegen in der Trommel nicht richtig an	Kontrollieren, evtl. neue Bremsbacken montieren
	7 Unrunde Bremstrommeln	Ausdrehen oder erneuern
	8 Bremsscheiben aus unterschiedlicher Fabrikation	Beide Bremsscheiben austauschen gegen solche gleicher Herkunft
B Bremsen quitschen oder rattern	1 Staub und Schmutz an den Scheibenbremsen oder in den Bremstrommeln	Beläge ausbauen. Staub und Schmutz mit Preßluft abblasen
	2 Resonanzgeräusche zwischen Bremsscheibe und Belägen	ATE-Antiphon-Geräuschdämpf-platten einbauen
	3 Falsche Beläge	Original-Beläge einbauen
	4 Spreizfeder erlahmt	Erneuern
	5 Bremssattel- und -scheiben-befestigung fluchten nicht	Richten lassen
	6 Bremsscheibe hat Schlag	Erneuern
	7 Siehe A 7	
	8 Neue Beläge liegen nicht plan an	Außenkanten der Beläge mit einer Feile brechen
	9 Lose Belagnieten	Erneuern
C Bremsen rattern und blockieren	1 Siehe B 8	
	2 Überstehende Belagnieten	Erneuern
	3 Siehe A 7	
	4 Rückzugfeder der Bremsbacken zu schwach	Erneuern
D Bremsen werde sehr heiß	1 Ausgleichsbohrung im Hauptbremszylinder verstopft	Säubern lassen
	2 Kein Spiel zwischen Bremspedal (Druckstange) und Hauptbremszylinderkolben	Einstellen
	3 Gummiteile gequollen durch Verwendung falscher Bremsflüssigkeit	Bremsflüssigkeit wechseln und schadhafte Teile erneuern
	4 Belüftungslöcher im Deckel des Vorratsbehälters verstopft	Reinigen
	5 Verrostete Bremssättel	Überholen lassen bzw. austauschen
	6 Spreizfeder gebrochen	Erneuern
	7 Handbremse löst nicht vollständig, evtl. Bremsseile beim Nachstellen verdreht	Schadhafte Teile erneuern
E Pedalweg zu groß	1 Trommelbremsbeläge abgenutzt	Nachstellen oder erneuern
	2 Radlagerspiel zu groß	Einstellen
	3 Siehe B 5	
	4 Siehe A 7	
F Pedalweg zu groß, Pedal läßt sich weich und federnd durchtreten	1 Luft im Bremssystem, evtl. Flüssigkeit im Vorrats-behälter zu tief abgesunken. Falls weiterhin nach dem Entlüften:	Bremsen entlüften, evtl. Bremsflüssigkeit auffüllen
	a) Leck im Bremssystem	Kontrollieren, schadhafte Teile erneuern
	b) Manschette im Haupt-bremszylinder undicht	Erneuern lassen

Die Störung	– ihre Ursache	– ihre Abhilfe
F Pedalweg zu groß, Pedal läßt sich weich und federnd durchtreten (Fortsetzung)	2 Überhitzte Bremsflüssigkeit – Dampfblasenbildung durch zu hohen Wassergehalt der Bremsflüssigkeit oder Überbeanspruchung der Bremsen	Bremsflüssigkeit wechseln
	3 Automatische Belagnachstellung in den Bremssätteln nicht in Ordnung	Bremssättel überholen lassen
G Schlechte Bremswirkung bei hohem Pedaldruck	1 Pedalweg normal: Beläge verölt oder verbrannt	Erneuern
	2 Pedalweg kurz: Bremskraftverstärker arbeitet nicht	Unterdruckschlauch kontrollieren, ggf. auswechseln; sonst Überprüfung in der Werkstatt
	3 Pedalweg lang: Ein Bremskreis ausgefallen durch Undichtigkeit oder Beschädigung	Kontrollieren, schadhafte Teile auswechseln
H Ungleichmäßiger Belagverschleiß	1 Siehe B 3	
	2 Siehe A 4	
	3 Siehe A 5	
	4 Gummiring für Kolbennachstellung gequollen	Bremssättel überholen lassen bzw. austauschen

Runde Sache

Beim VW-Bus gestaltet sich das Thema Reifen etwas anders als bei vielen Standard-Personenwagen, wo man oft versucht ist, durch breitere Reifen und Felgen gewisse optische und fahrtechnische Effekte zu erzielen. Der VW-Bus soll auf robusten Reifen stehen und damit fertig!
Doch ganz so einfach ist es wiederum auch nicht. Auch hier kann man etwas mit Reifengrößen spielen und die für den eigenen Bedarf richtige Reifenbauart heraussuchen. Sie werden das gleich sehen.

Welche Reifen können montiert werden?

Für Ihren speziellen Wagen gelten diejenigen Reifengrößen, die in Ihrem **Kfz-Schein eingetragen** sind. Andere Reifenbezeichnungen dürfen sich an Ihrem Wagen nicht finden, sonst kann es Ärger mit der Polizei geben. Denn die Betriebserlaubnis des Wagens ist dann erloschen. Und das wird teuer!
Hier die Aufstellung der Reifen, die an den verschiedenen Versionen vom Pritschenwagen bis zum L-Bus montiert sein können. Doch Vorsicht, nicht alle Größen sind für jeden Typ zulässig!
7.00-14 8PR: Dieser Diagonalreifen sollte nur für die 50-PS-Modelle verwendet werden. Diagonalreifen haben insgesamt schlechtere Fahreigenschaften als Gürtelreifen, weswegen wir sie für den normalen Straßengebrauch nicht mehr empfehlen. Vorzüge haben sie allerdings auf Schotterpisten: Ihre stabilen Flanken werden von spitzen Steinen längst nicht so sehr in Mitleidenschaft gezogen wie die der Gürtelreifen. Wichtig also für Fahrten in unwegsame Gegenden.
185 R 14 C: Das ist der robuste Gürtelreifen für hohe Tragfähigkeit. Bei Wagen mit 1200 kg Traglast ist er vorgeschrieben. Er hat (je nach Hersteller) ein recht grobes Profil und läuft bisweilen – vor allem bei fortgeschrittenem Alter – relativ laut ab. Auch die Straßenlage ist mit diesem Reifen nicht ganz so gut wie mit dem nachfolgenden »Komfort-Reifen«.
185 SR 14 reinforced (nach neuer Bezeichnung mit Zusatz »94 R«): Ebenfalls ein Gürtelreifen, doch mit deutlicher »Pkw-Auslegung«. Für den Zivilgebrauch in hiesigen Breiten und in Ländern mit gut ausgebautem Straßennetz der am besten geeignete Reifen. Allerdings darf er nicht auf alle Modelle montiert werden, da seine Tragkraft nicht überall ausreicht. Also vorher in den Kfz-Schein sehen.

Umrüstung auf andere Reifengrößen

Wer andere als die im Kfz-Schein angegebenen Reifen montieren will, muß sich diese Größe nach Begutachtung durch einen TÜV-Ingenieur in die Wagenpapiere eintragen lassen. Das VW-Werk hat dazu Richtlinien erstellt, welche Reifen unter welchen Bedingungen genehmigt werden dürfen.
Für den Normalverbraucher kann dabei der Eintrag der Größe 185 SR 14 reinforced bei einem Kombi oder Bus (Typ 22 und 23) mit erhöhter Nutzlast (1200 kg) interessant sein. Bei diesen Modellen muß zur Verwendung der genannten Reifen in den Papieren die Hinterachslast reduziert werden.

Die Reifengröße

Nach international gültigen Regeln wird die Reifengröße in Millimetern oder gemischt in Millimetern und Zoll angegeben. Die erste Zahl in der Größenangabe nennt sich die Reifenbreite; entsprechend ist beispielsweise der Reifen 185 SR 14 in unbelastetem Zustand 185 mm breit.

Was so alles an Bezeichnungen auf eine Reifenflanke paßt, finden Sie hier zusammengestellt.

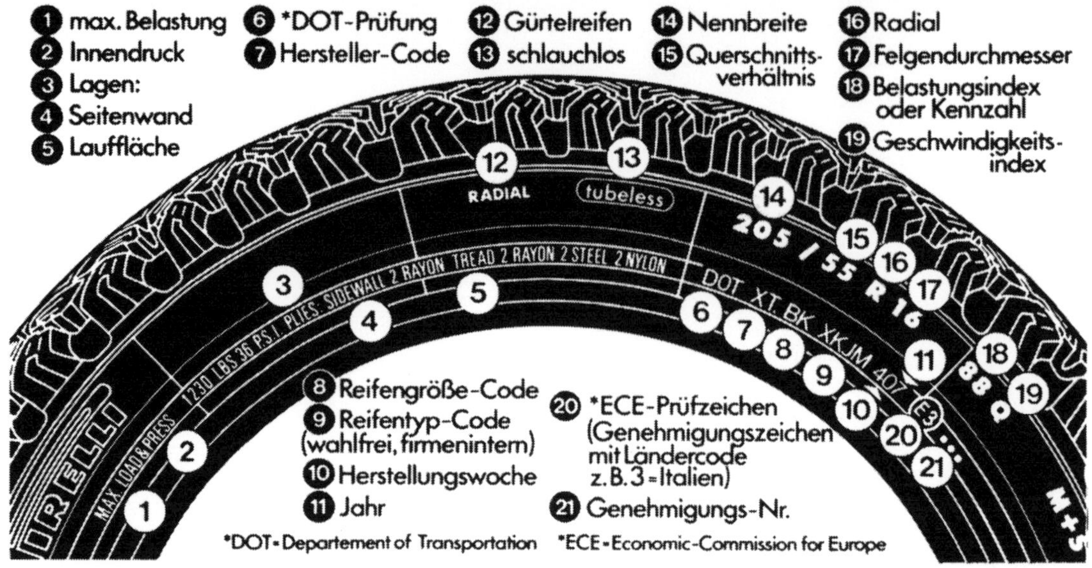

Die zweite Zahl in der Größenangabe nennt den Innendurchmesser des Reifens und zugleich den Durchmesser der dazu passenden Felge. Demnach hat der Reifen 185 SR 14 einen Innendurchmesser von 14 Zoll oder 355,6 mm, und die dazugehörige Felge hat an der Auflage für den Reifenwulst ebenfalls 355,6 mm Durchmesser.

Die Reifenbauart

Die Diagonalreifen tragen zwischen den beiden Größenangaben einen Bindestrich (etwa 7.00-14), während Gürtel- oder Radialreifen am »R« zwischen den Größenangaben (z. B. 185 R 14) zu erkennen sind.
Beide Reifenbauarten unterscheiden sich durch ihren Unterbau – die Karkasse, wie der Fachmann sagt. Der Diagonalreifen besitzt unter seinem Laufstreifen meist vier Gewebelagen, deren Fadenlauf schräg (also diagonal) zur Fahrtrichtung liegt.
Der Gürtelreifen besitzt dagegen eine Karkasse aus Textilfäden, die quer zur Fahrtrichtung von Reifenwulst zu Reifenwulst verlaufen. Dadurch erhält man eine hohe Flexibilität der Reifenflanken, was für die Eigenfederung des Reifens von Bedeutung ist. Die Lauffläche muß dagegen steif und formbeständig sein. Um den Reifen wird daher ein starker Gürtel aus schräg verlaufenden Gewebefäden gelegt. Die Gewebefäden bestehen entweder aus Textil- oder Stahlcord, man unterscheidet daher Textil- und Stahlgürtelreifen. Stahlgürtelreifen sind bekannt für hohe Laufleistungen; die durch den Stahlcordgürtel versteifte Lauffläche walkt und arbeitet nur wenig, wodurch sich der Reifen nur wenig erwärmt, und die Abnutzung bleibt gering.

Die zulässige Geschwindigkeit

In der Reifenbezeichnung 185 SR 14 kennzeichnet der Buchstabe »S« die zulässige Höchstgeschwindigkeit des Reifens. Weitere gebräuchliche Kennbuchstaben sind »H« und »V«, doch die kommen für den VW-Bus nicht in Betracht.
Folgende Geschwindigkeits-Kennbuchstaben können Sie auf dem VW-Bus-Reifen vorfinden:
☐ Q – bis 160 km/h (vorwiegend bei Winterreifen),
☐ S – bis 180 km/h.

Die Tragfähigkeit

Die Tragfähigkeit des Reifens hängt von den Reifenabmessungen und vom Luftdruck ab. Je nach Fahrzeuggewicht ist eine bestimmte Reifentragfähigkeit erforderlich. Diese wird bei unterschiedlichen Reifengrößen leider auch sehr unterschiedlich angegeben:

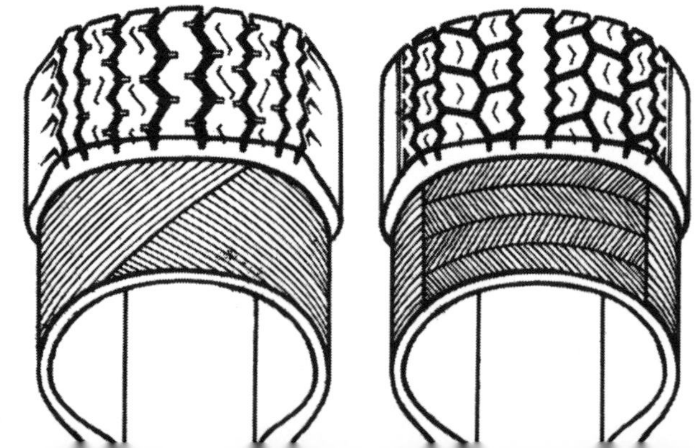

Diagonalreifen und Radialreifen zeigen ihren Gewebe-Unterbau: Beim Diagonalreifen (links) laufen die Gewebelagen schräg, beim Radialreifen (rechts) laufen sie in Längsrichtung und bilden einen »Gürtel« unter der Lauffläche.

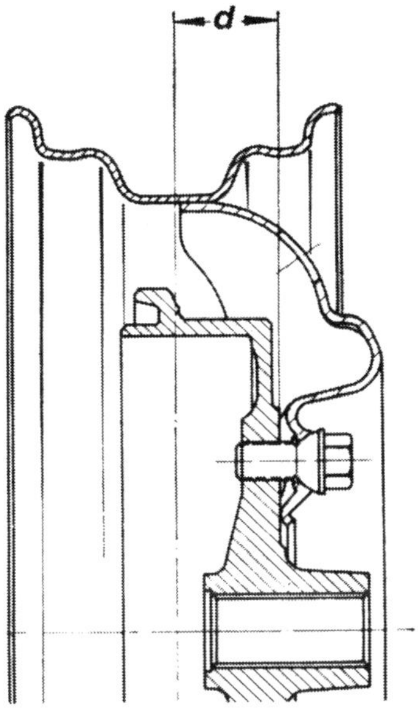

Ein wichtiges Felgenmaß stellt die Einpreßtiefe (d) dar. Damit bezeichnet man den Abstand zwischen der Felgenmitte und der Anlagefläche der Felge an die Radnabe.

□ Bei Diagonalreifen wird die Tragfähigkeit durch die sogenannte Ply-Rating-Zahl angegeben, die sich von der Anzahl der Gewebelagen ableitet. Gebräuchlich sind 4PR für Personenwagen und 6PR und 8PR für Kombiwagen. So hat der für den VW-Bus zugelassene Diagonalreifen 7.00-14 eine PR-Zahl von 8.
Bemerkenswerterweise wird jedoch auch einer der Gürtelreifen – nämlich der 185 R 14 C – bisweilen auch mit einer PR-Zahl gekennzeichnet; hier gelten 6PR.
□ Die Zusatzbezeichnung »reinforced« weist beim Reifen 185 SR 14 auf dessen verstärkten Unterbau hin. Reifen der Größe 185 SR 14 ohne die Zusatzbezeichnung – wie sie ebenfalls im Handel erhältlich sind – dürfen auf dem VW-Bus nicht verwendet werden.
□ Nach der E.C.E.-Regelung Nr. 30 wird grundsätzlich für alle Gürtelreifen die Angabe der höchstzulässigen Tragfähigkeit gefordert. In der Reifenbezeichnung 185 R 14 94 R besagt die Kennziffer 94, daß dieser Reifen bei vorgeschriebenem Luftdruck eine maximale Tragfähigkeit von 640 kg besitzt.

Das Herstellungsdatum

Das Produktionsdatum eines Reifens interessiert vor allem dann, wenn eine Serie Reifen wegen eines Fabrikationsfehlers vom betreffenden Hersteller »zurückgerufen« wird, also gegen einwandfreie getauscht werden soll. An der Reifenflanke finden Sie irgendwo eine dreistellige Zahlenkombination. Sie kann z. B. 412 lauten – dies ist das verschlüsselte Herstellungsdatum und besagt, daß der Reifen in der 41. Produktionswoche des Jahres 1982 hergestellt wurde.

Fingerzeig: *Wenn Sie bislang noch keine Erklärung für den Buchstaben »C« in der Reifenbezeichnung 185 R 14 C gefunden haben, so darf Sie das nicht verwundern. Das »C« steht für das englische Wort »Commercial« und weist den Reifen als Leicht-Lkw-Reifen aus.*

Die Felgen

Alle VW-Bus-Modelle besitzen Felgen der Größe $5^1/_2$ J × 14. Diese Zahlen- und Buchstabenkombinationen bedeuten:
$5^1/_2$ – Felgenmaulweite in Zoll, an der Felgenhornbasis quer zur Laufrichtung gemessen;
J – Felgenhorn in J-Form;
X – Zeichen für Tiefbettfelge;
14 – Felgendurchmesser von Wulst zu Wulst, in Zoll gemessen.
Diese Norm-Bezeichnungen geben nur die Hauptabmessungen der Felge an, nicht aber die Anzahl der Radbefestigungslöcher, deren Lochkreisdurchmesser oder die Einpreßtiefe (Abstand zwischen der Felgenmitte und der Anlagefläche der Felge an die Radnabe).

Reifendruck
Ständige Kontrolle

Völlig luftdichte Reifen gibt es nicht – seien sie schlauchlos oder mit Schlauch. Auch neuwertige Reifen verlieren durch die Porosität des Kautschuks allmählich Luft. Deshalb wird bei der Luftdruckkontrolle meistens ein zu geringer Druck festgestellt.

Unter die genannten Werte sollte der Luftdruck der Serienbereifung bei unseren VW-Bus-Modellen nicht absinken (Angaben in bar):

Modell	Bus (L)	Kasten, Kombi, Pritsche
Reifen	7.00-14 8PR 185 R 14 C	7.00-14 8PR 185 R 14 C
vorn	2,1	2,1
hinten	3,1	3,25
Reifen	185 SR 14 reinforced	185 SR 14 reinforced
vorn	2,1	2,1
hinten	2,9	2,9

Um Verwirrung mit den Druck-Einheiten zu vermeiden: »bar«, »atü« und »kp/cm²« bedeuten hier das gleiche.
Die genannten Luftdruckwerte können Sie je nach Ihren speziellen Einsatzbedingungen (Ladezustand, Fahrtstrecken) noch etwas anheben.

Luftdruck bei kalten Reifen messen

Bereits wenige Kilometer zügiger Fahrt lassen den Reifendruck um 0,2–0,4 bar Überdruck ansteigen. Diese Druckerhöhung durch Erwärmung ist aber von den Reifenherstellern bereits berücksichtigt worden und darf deshalb nicht abgelassen werden. Am günstigsten ist ein eigener Luftdruckprüfer, womit der Reifendruck vor Antritt der Fahrt bei kalten Reifen gemessen werden kann. So sichern Sie stets gleichbleibende Meßgenauigkeit.
Wenn Sie bei der regelmäßigen Prüfung (alle zwei bis vier Wochen) Druckverlust an einem Reifen feststellen, müssen Sie sich ihn etwas genauer anschauen. Entweder kann das Ventil undicht geworden sein oder in der Reifendecke des Reifens sitzt eine Glasscherbe bzw. ein Nagel, wodurch ein kleines Loch entstanden ist. Jedenfalls muß der Ursache des Druckverlusts nachgespürt werden; es hilft nichts, einfach Luft nachzupumpen.

Reifenzustand prüfen
Wartungspunkt Nr. 28

Am besten sehen Sie nach dem äußeren Zustand der Reifen, wenn der VW-Bus in der Tankstelle zum Ölwechsel oder zur Unterwagenwäsche hochgebockt ist. Bei dieser Gelegenheit bohren Sie gleich mit einem kleinen Schraubenzieher Fremdkörper aus der Reifendecke und prüfen nach, ob sie bereits ernsthaften Schaden angerichtet haben. Am interessantesten ist natürlich die Reifenabnutzung. Sie können sehr zufrieden sein, wenn jeweils die Reifen einer Achse über den gesamten Reifenumfang und über die gesamte Profilbreite gleichmäßig abgenutzt sind. Wahrscheinlich werden sich aber die Vorderräder an der Außenkante und die Hinterräder an der Innenkante stärker abgenutzt haben. Das ist beim VW-Bus normal.

Räder am Wagen tauschen

Wie schon gesagt, nutzen sich die Reifen beim VW-Bus oft einseitig ab. Und zwar vorn an der Außenschulter und hinten an der Innenschulter. Damit Sie nun nicht kostbares Reifenprofil verschenken, sollten Sie bei Bedarf die Vorderräder gegen die Hinterräder austauschen.
Für die Reifen ist es übrigens günstiger, wenn sie ihre einmal gewohnte Laufrichtung beibehalten. Deshalb die Räder nicht über Kreuz, sondern nur an einer Wagenseite bleibend von hinten nach vorn tauschen.

Wohin mit den besseren Reifen?

Entgegen der weitverbreiteten Meinung, die Reifen mit dem besseren Profil gehörten auf die Vorderachse, empfehlen Reifen-Ingenieure genau das Gegenteil: Bei paarweisem Ersatz sollen die neuen Reifen auf die Hinterachse montiert werden. Diese Empfehlung geht davon aus, daß kritische Fahrsituationen zumeist bei nasser Fahrbahn auftreten. Verlieren hier die Vorderreifen z. B. durch Aquaplaning ihre Haftung, wird der Wagen zwar kurzfristig lenkunfähig, behält aber im allgemeinen seine Lage und Fahrtrichtung bei. Verlieren dagegen die Hinterreifen den Bodenkontakt, so führt das zum Ausbrechen des Fahrzeugs. Ein hinten ausbrechendes Auto ist für die meisten Fahrer weitaus schwieriger zu meistern als eine kurzfristige Lenkunfähigkeit. Deshalb gehören die neuen Reifen bei paarweisem Ersatz nach hinten.

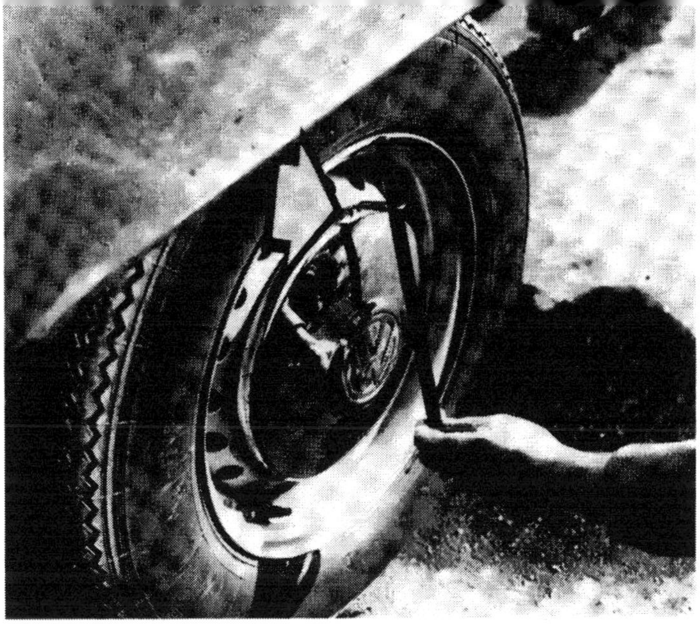

Die Radkappe läßt sich ohne Beschädigung abziehen, wenn die Radkappenkralle (Pfeil) aus dem Bordwerkzeug in die Löcher an der Radkappenkante eingesteckt wird.

Radwechsel

Unterwegs ist der Radwechsel nicht ganz problemlos. Die Radmuttern können festgerostet sein oder sie wurden beim letzten Radwechsel an der Tankstelle oder in der Werkstatt mit einem Schlagschrauber »angeknallt« (statt mit den vorgeschriebenen 130 Nm festgezogen). Dann hilft das Bordwerkzeug nicht mehr weiter, sondern nur ein kräftiger Radmutternschlüssel, wie ihn unser Bild Seite 14 zeigt, oder ein Radkreuz mit aufgestecktem Rohrstück zur Verlängerung der Hebelkraft. Auf keinen Fall dürfen Sie auf dem platten Reifen weiterfahren, sonst wird das Gewebe so verwalkt, daß der Reifen nicht mehr repariert werden kann.

- Handbremse festziehen.
- Räder der anderen Wagenseite mit Steinen oder Holz blockieren.
- Radkappe mit der Abziehkralle des Bordwerkzeugs oder des Radmutternschlüssels abnehmen.
- Radmuttern etwas lockern.
- Wagenheber in das Vierkantrohr unter der Wagenseite bis zum Anschlag einsetzen (siehe Bild Seite 32) und Ersatzrad bereitlegen.
- Fahrzeug hochkurbeln.
- Radmuttern vollends abdrehen.
- Rad abnehmen und auswechseln.
- Radmuttern andrehen und festziehen.
- Wagen ablassen.
- Radmuttern über Kreuz fest anziehen und Radkappe aufsetzen.
- Defektes Rad und Wagenheber verstauen.

Fingerzeig: *Wenn Ihrem VW-Bus der Rost in den Knochen steckt, sollten Sie sich lieber nicht auf die Wagenheberaufnahme für den Bordwagenheber verlassen. Die ist häufig schon so stark angegriffen, daß der Wagenheber mitsamt dem Vierkantrohr ins Schwellerblech einbricht.*
Unser Tip: Legen Sie sich einen stabilen Scherenwagenheber oder einen Hydraulik-

Ohne großen Kraftaufwand lassen sich die Radmuttern mit einem Radkreuz oder einem stabilen ausziehbaren Radschlüssel lösen. Den hier gezeigten Schlüssel vertreibt die Firma Karadium-Werkzeuge, Horst Klein, 5632 Wermelskirchen, Postfach 13 51, unter der Bestell-Nr. 2000/19.

wagenheber mit ausreichender Tragkraft in den Wagen. Der wird dann im Bedarfsfall unter einem Längsträger oder dem Achsrohr angesetzt. Da diese Wagenheber oft zu geringe Hubhöhen besitzen, sollten Sie ein passendes Holzstück zum Zwischenlegen mitnehmen.

Festen Sitz der Radmuttern kontrollieren
Wartungspunkt Nr. 29

Die Radmuttern sollen mit einem Drehmoment von 130 Nm angezogen werden. Da Sie jedoch nach einer Reifenpanne kaum einen Drehmomentschlüssel parat haben werden, sollten Sie sicherheitshalber einmal – vielleicht bei einem Bekannten, der im Besitz eines solchen Schlüssels ist – die Radmuttern mit dem genauen Drehmoment anziehen. Sie bekommen dadurch das nötige Gefühl, um die Muttern zukünftig mit der richtigen Kraft festzudrehen.
Den festen Sitz der Radmuttern sollen Sie laut Wartungsplan alle 10 000 km kontrollieren.

Radmuttern lösen

Die Radmuttern lassen sich oft nur mit Gewalt und unter Zuhilfenahme eines ausziehbaren Radmutternschlüssels oder eines Radkreuzes mit Verlängerung lösen. Oft wird dabei sogar noch das Radkreuz verbogen, bevor sich die Mutter mit lautem Knacken dreht. Will sich die Verschraubung gar nicht lockern, Steckschlüssel SW 19 auf die Radmutter stecken und dann mit dem Hammer kräftig draufschlagen. So wird der Konus der Mutter vom Gegenkonus der Felge losgebrochen. Jetzt Mutter losdrehen.
Damit Sie beim nächsten Radwechseln nicht wieder den selben Ärger haben, bestreichen Sie die Anlagefläche zwischen Mutter und Felge hauchdünn mit Fett oder Öl.

Reifen abnehmen

Unter normalen Bedingungen lohnt es sich nicht, den Reifen in Eigenarbeit von der Felge zu nehmen. Reifenhändler machen das schnell und billig. Lediglich wenn in fernen Landen auch schon der dritte Ersatzreifen eine Panne hat, kann man mit diesem Problem konfrontiert werden. Dann geht man so vor:

■ Der Reifen trennt sich nur schwer von der Felge. Deshalb Bordwagenheber in die Wagenheberaufnahme stecken, Rad so unter den Wagenheberfuß legen, daß der Reifen von der Felge gedrückt wird (siehe Bild rechts oben).
Sie können auch mit dem Vorderrad tangential über die Reifenwand des am Boden liegenden Rads fahren. Dabei wird allerdings der Unterbau stark geknickt, was dem Reifen nicht sonderlich bekommt.

■ Auch auf der Rückseite des Rades den Reifen von der Felge lösen.

■ Mit zwei langen, stumpfen Montiereisen einen Reifenwulst Stück um Stück über die Felge hebeln. Gegenüber vom Montiereisen muß der Wulst immer im Tiefbett der Felge liegen.

■ Eventuell eingelegten Schlauch herausnehmen.

■ Wenn nötig, zweiten Wulst auch über die Felge ziehen.

Schlauchreifen montieren

■ Reifenwulst zum Montieren etwas einseifen. So rutscht er leichter über das Felgenhorn.

■ Der rote oder blaue Punkt an der Reifenflanke muß (so noch vorhanden) direkt am Ventil zu liegen kommen. Der Punkt bezeichnet die leichteste Stelle des Reifens, die dann durch das Gewicht des Ventils wieder ausgeglichen wird.

■ Bei Schlauchreifen den Schlauch einlegen, wenn ein Reifenwulst aufgezogen ist. Dann zweiten Wulst auf die Felge ziehen.

Schlauchlosen Reifen montieren

Hier gelten zunächst dieselben Arbeitsschritte wie im letzten Abschnitt. Doch sollte der montierte schlauchlose Reifen nun mit einem Luftstoß von 4 bar aufgepumpt werden, damit er in die richtige Lage springt und sofort gegen die Felge abdichten kann. Das geht natürlich nur mit dem reichlichen Luftvorrat aus einem Kompressor-Kessel.
Bei einer Panne abseits der Zivilisation können Sie sich jedoch auch anders behelfen, vorausgesetzt, Sie haben ein Seil und eine Fuß-Luftpumpe dabei:

■ Seil mehrmals entlang der Lauffläche um den Reifen schlingen und verknoten.

■ Montiereisen oder Holzknüppel als Knebel eindrehen und Seil so spannen.

■ Die Reifenwülste legen sich dadurch gegen die Felgenhörner und dichten ab, so daß beim Aufpumpen keine Luft entweichen kann.

So läßt sich der platte Reifen bei einer Panne in der Wildnis von der Felge drücken: Der Wagenheber wird an der Reifenflanke angesetzt (Pfeil). Beim Hochkurbeln wird nun der Reifen langsam von der Felge geschoben.

Fingerzeig: *Die Montage von Reifen wird von Werkstatt zu Werkstatt oft sehr unterschiedlich in Rechnung gestellt. Erkundigen Sie sich deshalb vor Auftragsvergabe nach dem Preis für Ummontieren und Auswuchten.*

Die Reifenreparatur

Ein defekter Schlauch wird entweder ausgewechselt oder wie ein Fahrradschlauch geflickt: Schlauch aufpumpen, in Wasser tauchen und die Leckstelle an den Blasen lokalisieren und nach dem Trocknen einen Schlauchflicken aufkleben.
Auch die Reparatur eines schlauchlosen Diagonal- oder Textilgürtelreifens, an dem sich der Anlaß der Plattheit erkennen läßt – ein eingedrungener Nagel etwa –, ist eine Arbeit von nur wenigen Minuten: Das Einstichloch wird aufgebohrt, gereinigt, mit Vulkanisierlösung eingerieben und ein Gummi-Pilz eingeführt, der sich im Reifen spreizt und das Loch dicht verschließt. Man kann eine solche Reparatur auch selbst machen. Den entsprechenden Reparatursatz gibt es beispielsweise von Tip-Top. Die Reparatur hat allerdings nur dann Sinn, wenn man eine Luftpumpe zur Hand hat.
Bei einem schlauchlosen Stahlgürtel-Reifen kann man leider keinen Reparaturstopfen einsetzen, denn die Cordfäden des Stahlgürtels würden den Stopfen anschließend beim Fahren zerscheuern.
Ist das Loch in der Lauffläche (Reparaturen der Seitenwand sind nicht zu empfehlen) nicht größer als 5 bis 6 mm, kann man sich mit einem einfachen Flickzeug zur Reparatur von Autoschläuchen behelfen (vor allem bei Auslandsreisen). Den beschädigten Reifen von der Felge abnehmen, eingedrungenen Fremdkörper entfernen und innen in den Reifen an der Schadensstelle einen Schlauchflicken einsetzen. Diese Reparatur hält tausende von Kilometern. Zu Hause muß man dann den Reifen vom Fachmann vulkanisieren lassen; entsprechende Reparatursätze zum Selbermachen gibt es leider nicht.

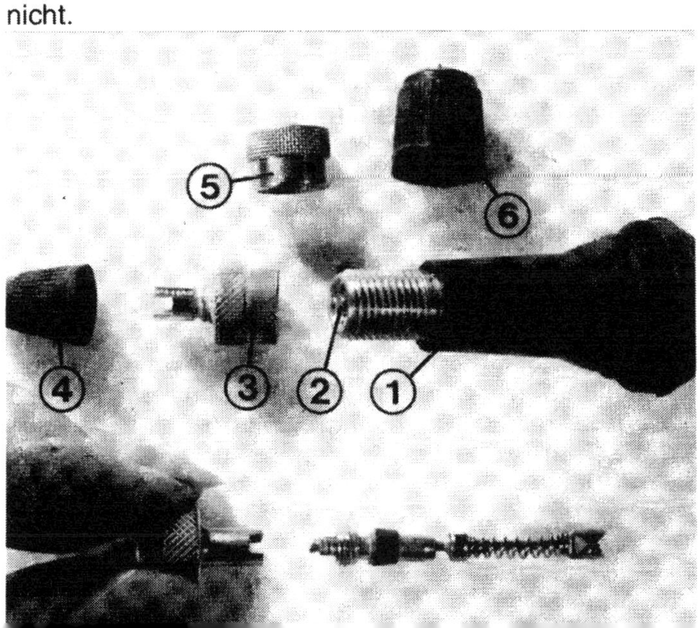

Die Reifenventile (1) müssen immer mit einer Schutzkappe (3, 5 oder 6) verschlossen sein, sonst dringt Schmutz ein und läßt die Ventilnadel (2) klemmen, die dann nicht mehr dicht schließt. Praktisch sind die Ventilkappen (3), die gleichzeitig zum Herausdrehen eines Ventileinsatzes verwendet werden können, wie unten gezeigt. Sie müssen allerdings wegen scharfer Kanten durch ein Gummikäppchen (4) geschützt werden.

Fingerzeig: *Auch durch Einlegen eines Schlauches läßt sich ein platter schlauchloser Reifen notfalls reparieren. Diese Methode ist jedoch auf unseren Straßen unzulässig und sollte deshalb nur bei einer Panne im fernen Ausland angewendet werden. Allerdings muß dann dafür gesorgt werden, daß beim Aufpumpen des Reifens die unter der Reifendecke eingesperrte Luft entweichen kann, sonst können »Luftkissen« zwischen Schlauch und Decke zum Walken des Reifens und Erhitzen bis zum Reifenplatzer führen.*
Entlüftet werden schlauchlose Reifen durch eine besondere Entlüftungsscheibe um das verschraubte Metall-Schlauchventil, die vor dem Einlegen des Schlauches bis zum Ventilfuß aufgeschraubt werden muß. Beim Schlauchkauf darauf achten!

Räder auswuchten

Unwuchtige Räder spürt man durch Vibrationen im Lenkrad oder durch Schütteln der Karosserie; beides tritt bei bestimmten Geschwindigkeiten besonders stark auf. Die Ursache hierfür liegt an ungleichmäßiger Gewichtsverteilung am Rad (siehe Zeichnung rechts). Zum Auswuchten der Räder gibt es zwei Methoden:
□ Wuchten auf der Auswuchtmaschine. Das Rad wird dazu vom Wagen abgebaut und getrennt gewuchtet. Diese Methode ist für den VW-Bus ausreichend genau.
□ Elektronisches Wuchten bei angebauten Rädern. Diese Methode ist die genauere, da sie Unwuchten an Radnabe oder Bremsscheibe mit einbezieht. Der VW-Bus braucht jedoch nicht so genau gewuchtet zu werden, da er ohnehin nicht sehr stark auf Unwuchten reagiert.

Neue Reifen

Welche Reifen beim VW-Bus unter welchen Bedingungen in Frage kommen, haben wir schon auf Seite 157 beschrieben. Bevor Sie allerdings zum Reifenhändler stürmen, sollten Sie sich Ihr Reserverad ansehen. Vielleicht ist das noch ungebraucht. Dann kaufen Sie nur einen Reifen des gleichen Fabrikats und haben bereits eine Achse neu ausgestattet.

Nicht gemischt montieren!

Seit 1980 dürfen Reifen verschiedener Bauarten nicht mehr gemischt an einem Fahrzeug montiert werden. Da diese Regelung oft mehr Verwirrung als Klarheit brachte, sei hier noch einmal aufgezählt, welche Kombinationen möglich sind und welche nicht.
Nicht kombiniert werden dürfen
□ Gürtelreifen und Diagonalreifen; auch nicht bei achsweiser Montage.
Montiert werden dürfen
□ Textil- und Stahlgürtelreifen bei achsweiser Montage. Die Stahlgürtelreifen gehören dabei auf die Hinterachse.
Zulässig, aber fahrtechnisch schlecht sind folgende Kombinationen:
□ Sommer- und Winter-Gürtelreifen bei achsweiser Montage.
□ Sommer- und Winter-Diagonalreifen bei achsweiser Montage.

Reifenpreise

Für Autoreifen gelten, wie überall üblich, »empfohlene Richtpreise«, an die sich aber niemand halten muß. So gibt vielleicht ein Händler 10% Rabatt auf den empfohlenen Richtpreis, und außerdem sind Montage, Auswuchten und die Beseitigung der alten Reifen im Preis inbegriffen. Ein anderer Händler offeriert dagegen 30% Rabatt, dafür muß man aber Montage und Auswuchten extra bezahlen. Lassen Sie sich von hohen Rabattprozenten nicht täuschen, das billigste Angebot kann hinterher teurer als gedacht ausfallen. Es lohnt sich in jedem Fall, erst einige Angebote einzuholen, ehe man Reifen kauft.

Runderneuerte Reifen

Neu besohlte Reifen stehen bei vielen Autofahrern in schlechtem Ansehen, obwohl sie den Beweis ihrer Tauglichkeit in verschiedenen Tests erbracht haben. Solche Reifen sind wesentlich billiger als fabrikneue, allerdings erreichen sie dafür auch nur eine geringere Lebensdauer. Reifen mit »RAL-Gütesiegel« erfüllen eine Reihe von Qualitäts- und Ausführungskriterien, außerdem haben sie Schnellauftests bestanden. Doch müssen Sie normalerweise mit größeren Unwuchten rechnen, und trotz gleich aussehendem Reifenprofil können sich die Fahreigenschaften vom entsprechenden Markenreifen erheblich unterscheiden.
Sie tun gut daran, den Luftdruck an runderneuerten Reifen sorgfältig zu überwachen,

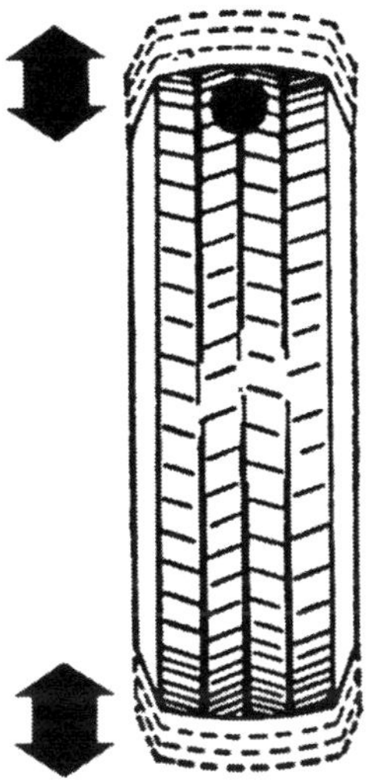

Unsere Skizze erläutert die Auswirkungen der Unwucht:

Die **statische** Unwucht erkennt man, wenn ein freihängendes, drehendes Rad immer mit der gleichen Stelle zu Boden sinkt und sich allmählich auspendelt. Folge: Das Rad hüpft während der Fahrt.

Die **dynamische** Unwucht ist durch Auspendeln des Rades nicht zu erkennen, denn sie liegt irgendwie schräg zur Radachse, so daß das schnellaufende Rad flattert und wackelt. Unausgewuchtete Räder führen zu schnellem Reifenverschleiß, unruhiger Lenkung und vorzeitiger Abnutzung der Radlager.

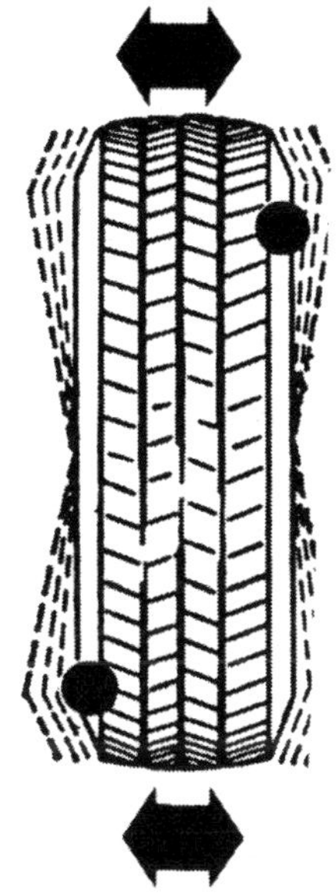

denn viele Defekte an solchen Pneus haben ihre Ursache in zu niedrigem Luftdruck. Neu besohlte Reifen sind in diesem Punkt empfindlicher.
Wenn Sie alle genannten Punkte beachten, können Sie mit Runderneuerten einiges Geld sparen, vor allem bei der Winterbereifung, die es mit Haftgummimischung preisgünstig zu kaufen gibt.

Fingerzeige: *Auch Reifen müssen eingefahren werden! Nicht nur wegen der vom Vulkanisieren her sehr glatten Profiloberfläche und der Reifenwülste, die sich erst während den ersten Fahrkilometern exakt in das Felgenhorn schmiegen. Der anfangs wenig verformungsfreudige Pneu muß sich durch einige Einlaufkilometer geschmeidig walken und vor den ersten harten Bremsmanövern oder starkem Beschleunigen muß das beim Reifenaufziehen verwendete Montagefett austrocknen. Am besten geschieht das Reifeneinfahren auf trockener kurvenreicher Landstraße, aber es genügt auch, wenn Sie die ersten 100 km nur mäßig Gas geben und bremsen.*
Der Reifenverschleiß ist sehr temperaturabhängig und im kalten Winter wesentlich geringer als im Hochsommer. Deshalb werden für spezielle Winterreifen, wie z. B. die Haftreifen, nicht so abriebfeste Gummimischungen genommen, die dafür aber wesentlich griffiger sind. Wegen diesem unterschiedlichen Reifenverschleiß montiert man neue Reifen am besten im Herbst, denn die neuen Reifen mit dem noch sehr dikken Reifenprofil werden durch die Walkbewegung der Reifen wärmer als abgefahrene und erhalten bei herbstlichen Temperaturen eine bessere und reifenschonendere Kühlung.

Gebrauchtreifen

Wird ein Wagen wegen Altersschwäche aus dem Verkehr gezogen, muß deshalb seine Bereifung durchaus nicht auf den letzten Millimeter abgefahren sein. Möglicherweise wurden sogar vor einem Motorschaden noch nagelneue Pneus aufgezogen.
Autoverwerter, Reifenhändler und Gebrauchtreifenverkäufer machen sich diesen Umstand zu Nutze und verkaufen deshalb die gebrauchten Reifen oft zu einem äußerst attraktiven Preis. Bevor Sie zugreifen, sollten Sie allerdings einige Punkte abklären:
□ Stammen die Reifen möglicherweise von einem Unfallwagen? Schnitte in den Reifenflanken oder in der Lauffläche können darauf hindeuten. Bei solchen Beschädigungen lieber einen Reifenfachmann zu Rate ziehen. Im Zweifelsfall: Finger weg! Auch unregelmäßige Verdickungen an Reifenflanke oder Lauffläche verheißen nichts Gutes; ebenso lassen ausgebrochene Gummistücke auf harte Bordsteinkontakte schließen.
□ Der Preis für den Gebrauchtreifen muß stimmen! Wenn er nicht schon auf der für Ihren VW-Bus richtigen Felge sitzt, muß er ummontiert und ausgewuchtet werden. Rechnen Sie also diese Kosten zum Kaufpreis dazu. Andererseits muß möglicherweise die oft gar nicht nötige Felge mitbezahlt werden.
Erkundigen Sie sich also vor dem Gebrauchtreifenkauf nach dem Preis neuer oder runderneuerter Reifen, und setzen Sie dann Preis und Profiltiefe der gebrauchten ins

Die weißen Ausschnitte zeigen, wo der Reifen den Boden berührt. Je mehr »Kette« dort auf der Straße liegt, desto besser. Von links nach rechts: Kantenspurkette, Spurkreuzkette, Kreuzkette, Zickzackkette, Leiterkette.

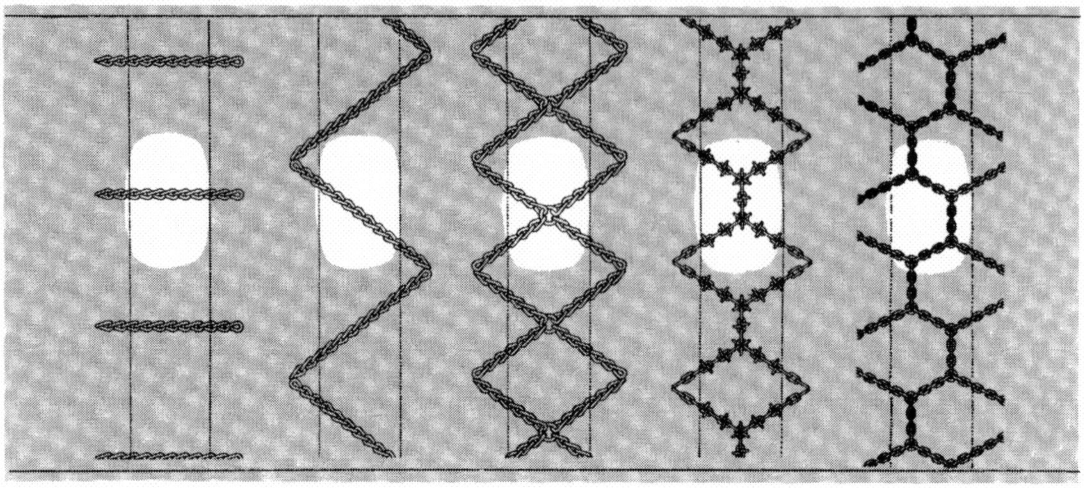

Verhältnis. Kenntnis der Kosten gibt auch eine bessere Position bei den Preisverhandlungen.

□ Achten Sie auf die richtige Reifengröße (siehe Seite 157). Reifen der Größe 185 SR 14 oder 185 HR 14, wie sie beispielsweise auf älteren Mercedes-Typen verwendet wurden, reichen für den VW-Bus nicht aus!

Winterreifen

Die richtige Lösung für Winterbereifung sind vier M + S-Radialreifen, die heute viel feiner profiliert sind als früher und dadurch leiser und komfortabler abrollen. Die Entwicklung, die in den heutigen Winterreifen steckt, hat aber auch ihren Preis. Wer ein wenig sparen will, kann Wintergürtelreifen in runderneuerter Ausführung kaufen. Renommierte Runderneuerer liefern ihre Reifen ebenfalls mit neuen Profilen und für den Winter abgestimmter Gummimischung.

Gleitschutzketten

Wenn auch die griffigsten Winterreifen schon versagen, helfen gegen Schnee und Eis, bei Hochgebirgsfahrten und starken Schneefällen noch Ketten. Offiziell heißen sie Gleitschutzketten und haben bei entsprechender Ausführung vom Kraftfahrt-Bundesamt eine Bauartgenehmigung. Solche Gleitschutzketten sind eine gute Anschaffung, aber sie sind nicht billig. Irgendwelche Sonderangebote können zwar auf den ersten Blick genauso aussehen, aber nach den ersten Fahrkilometern auf trockener Straße, wobei Ketten am stärksten beansprucht werden, merken Sie den Unterschied bald. Eine Qualitätskette übersteht einige Kilometer auf schnee- und eisfreier Straße, die Billigkette löst sich dagegen schnell in ihre Bestandteile auf.
Mit Schneeketten dürfen Sie auf keinen Fall schneller als 50 km/h fahren – schon deshalb wird man auf freier Strecke die Ketten schnellstmöglich abnehmen. Wer das Kettenauflegen vor dem ersten Schnee geübt hat, fürchtet sich kaum vor dem Auflegen und Abnehmen der Ketten und braucht auch nur wenige Minuten.

Altreifenbeseitigung

Altreifen dürfen nicht einfach auf den Müll geworden werden; auch die Müllabfuhr nimmt sie nicht mit. Denn je nach Methode werden abgefahrene Reifen entweder zerschnitten, weiterverwendet oder in speziellen Anlagen verbrannt. Aber wie wird man die Altreifen nun los? Da gibt es verschiedene Möglichkeiten. Je nach Gemeinde fungiert der städtische Bauhof oder der Müllplatz als Annahmestelle. In jedem Fall nimmt jedoch der Reifenhändler die alten Pneus ab. Eine geringe Gebühr für das Loswerden der Reifen müssen Sie jedoch überall entrichten.

Stromereien

Das Auto wäre ohne Elektrizität undenkbar. Klar also, daß wir uns auch bei der Reparatur bisweilen mit Begriffen aus der Elektrik auseinandersetzen müssen. Natürlich kann dieses Buch keinen Elektrik-Profi aus Ihnen machen, doch die wichtigsten Grundbegriffe und einfache Meßvorgänge können Sie selbst als Technik-Laie bewältigen.

So einfach ist Elektrik

Elektrizität ist leider unsichtbar. Deshalb ist alles, was mit Strom zusammenhängt, für viele ein Buch mit sieben Siegeln. Verdeutlichen wir uns doch die Zusammenhänge von Strom und Spannung am Beispiel eines Wasserfalls: Seine Höhe stellt die elektrische Spannung dar (in Volt gemessen), seine Breite – also die herabfließende Wassermenge – symbolisiert den elektrischen Strom (in Ampere gemessen).
Steht am Fuß unseres Wasserfalls ein Mühlrad, so wird dort Leistung (in Watt) erzeugt. Und zwar so viel, wie sich aus dem Produkt von Höhe und Breite des Wasserfalls ergibt. Klar also, daß es egal ist, ob der Wasserfall hoch und schmal oder niedrig und dafür breiter ist. Denn erst das Ergebnis der Rechnung »Höhe mal Breite« (oder »Spannung mal Strom«) entscheidet über die abgegebene Leistung. Einleuchtendes Beispiel: Die 40-Watt-Birne zu Hause brennt genau gleich hell wie die 40-Watt-Birne am Auto, obwohl das Bordnetz statt 220 Volt nur 12 Volt aufzuweisen hat.

Elektronik und Halbleiter

Schon dem Wort nach basiert die Elektronik auf den Elektroden – jenen immens kleinen Bausteinen, aus denen das ohnehin schon kleine Atom zum Teil besteht. Die Elektronen sorgen in allen elektrisch leitenden Werkstoffen (Leiter) dafür, daß Strom überhaupt fließen kann. Die Elektronen wandern dabei im Leiter von Atom zu Atom.
Nicht leitende Werkstoffe besitzen zwar auch Elektronen, doch sind diese sehr stark an den Atomkern gebunden. Sie können also nicht weiterwandern, und somit fließt auch kein Strom.
Die dritte Werkstoffgruppe stellen die sogenannten Halbleiter dar. Das sind Kristalle (meist Germanium oder Silizium), die so nachbehandelt wurden, daß in ihrem Atomaufbau Elektronen fehlen oder überschüssige Elektronen vorhanden sind.
Dadurch ergibt sich der durchaus erwünschte Effekt, daß durch die Kristallplättchen nur unter bestimmten Bedingungen Strom fließen kann. Werden diese Bedingungen nicht erfüllt, baut sich eine Sperrschicht auf, und der Stromfluß wird gehemmt.
Diese Eigenschaft macht man sich beispielsweise bei Dioden und Transistoren zunutze.
Halbleiterbauelemente findet man natürlich nicht nur einzeln in der Fahrzeugelektronik verwendet. Meist sind sie in größerer Stückzahl zu kompletten Schaltungen zusammengefaßt, wie zum Beispiel im Regler des VW-Busses.
Für den Heimwerker erscheint die Elektronik oft kompliziert, doch braucht man nicht gleich zu Anfang verzagen. Auch hier wird nur mit Wasser gekocht, und fast alle Funktionen der Bauelemente lassen sich mit mechanischen Größen erklären, wie die folgenden Beispiele zeigen.

Die Diode

Sie ist nur in einer Flußrichtung für den elektrischen Strom leitend. Kommt der Strom aus der Gegenrichtung, sperrt sie den Durchgang. Ihre Funktion ist vergleichbar mit der des Reifenventils: Luft kann zwar durchgepumpt werden, aber heraus kommt sie nicht mehr.

Der Transistor

Er läßt nur dann Strom durchfließen, wenn an seinem dritten Anschluß eine Spannung anliegt. Ist die angelegte Spannung hoch, fließt viel Strom durch, ist sie niedrig, natürlich weniger. Das Ganze läuft ab wie beim Wasserhahn: Wird das Ventil weit aufgedreht, fließt viel Wasser durch.

Spezielle Halbleiter

Von den hier beschriebenen Grundtypen der Halbleiter gibt es natürlich auch Sonderformen für spezielle Einsatzzwecke, es wären das z. B. Feldeffekttransistor, Fotodiode, Fototransistor, Leistungstransistor, Thyristor, Zenerdiode u. v. m. Auf diese Bauteile wollen wir jedoch hier nicht weiter eingehen, denn die Verbreitung dieser Halbleiter ist im Fahrzeug zu gering.

Passive Bauelemente

In nahezu allen elektronischen Schaltungen kommen zahlreiche Bauelemente vor, die nicht direkt zur Sparte der Halbleiter gehören, ohne die aber die Elektronik undenkbar wäre. Häufigste Vertreter sind Widerstände und Kondensatoren.

Der Widerstand

Seine Aufgabe ist es, den Stromfluß zu hemmen. Er hat in etwa dieselbe Wirkung wie eine Verengung in der Wasserleitung. Bei hohem Wasserdruck kommt verhältnismäßig wenig Wasser durch die Engstelle, bei niedrigem Druck tröpfelt es vorn fast so stark wie am Zufluß.

Der Kondensator

Er wirkt wie eine kleine Batterie und kann Spannungen für eine gewisse Zeit speichern. In der Elektronik wird er zur Glättung von Spannungsschwankungen und zum Dämpfen von Spannungsspitzen verwendet. Wenn eine Zeitverzögerung in einer Schaltung erwünscht ist (z. B. im Blinkgeber), wird der Kondensator mit einem Widerstand zu einem »Zeitglied« zusammengeschaltet.

Integrierte Schaltkreise (IC)

Im kleinen Gehäuse der »ICs« ist eine Vielzahl von elektronischen Bauteilen raumsparend untergebracht. Die meist schwarzen »Käfer« mit oft 14 und mehr Anschlußfüßen gibt es mit allen erdenklichen Funktionen zu kaufen.

Mikroprozessoren

Sie spielen eine wachsende Rolle in der Technik und stellen eine Weiterentwicklung der ICs dar, sind aber wesentlich »intelligenter«. So können sie je nach Art des elektrischen Eingangssignals vorher programmierte Schaltungsvorgänge auslösen.

Wo gibt's Elektronik im VW-Bus?

Selbst in einem so »unelektronischen« Auto wie dem VW-Bus finden sich mehr elektronische Bauelemente, als man bei flüchtiger Betrachtung denkt: Lichtmaschinenregler, Dioden der Lichtmaschine, Spannungskonstanter für die Tankuhr, Blinkrelais und Wischer-Intervallrelais (Sonderausstattung).

Spannung, Strom und Widerstand messen

Mit einem Vielfachmeßgerät, wie es auf Seite 18 beschrieben ist, lassen sich diese elektrischen Größen messen. Wichtig ist dabei lediglich die richtige Wahl des Meßbereichs und das richtige Anklemmen des Meßgeräts im Stromkreis.

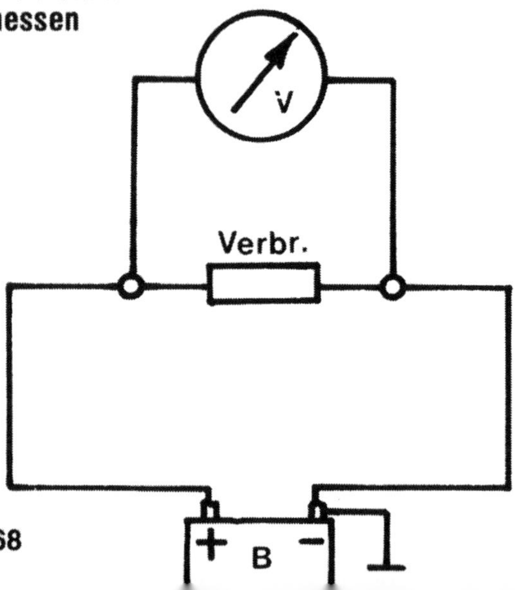

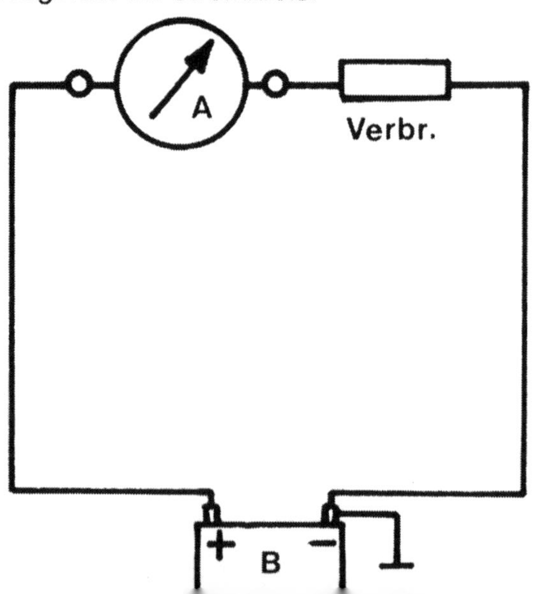

Spannung messen mit Prüflampe

Spannung kann schon mit einer einfachen Prüflampe »gemessen« werden. Die Lampe gibt dabei in erster Linie Auskunft darüber, ob überhaupt Spannung anliegt oder nicht. Praktisch ist eine Prüflampe mit Nadelkontakt (siehe Seite 14), mit deren Prüfnadel einfach die Isolierung des zu kontrollierenden Kabels durchstochen werden kann. Die Klemme am Kabel der Lampe wird einfach irgendwo an Masse angeklipst.
An der Helligkeit der Lampe kann auch in etwa die Höhe der Spannung abgeschätzt werden, doch diese Methode bleibt ungenau.

Spannung messen mit Voltmeter

Exakter ist die Spannungsmessung mit dem Voltmeter bzw. dem entsprechenden Meßbereich des Vielfachinstruments. Damit kann z. B. auch genau die Batteriespannung gemessen werden. Zeigt das Instrument beispielsweise nur 10,4 Volt an, hat eine der Batteriezellen Kurzschluß. Interessant kann es auch sein, die Batteriespannung zu messen, während der Anlasser betätigt wird. Sind dann nur noch 5 Volt abzulesen, steht es mit der Batterie sicher nicht zum besten.
Zum Messen wird das mit »–« gekennzeichnete Kabel mit dem »–«-Pol der Batterie oder mit einer blanken Schraube am Motor oder Karosserie angeklemmt. Das »+«-Kabel des Meßgeräts wird an das zu messende Kabel angehängt oder an den »+«-Pol der Batterie (siehe auch Zeichnung links).

Strom messen

Ob Strom zu einem Verbraucher hinfließt, wird mit dem Amperemeter bzw. dem entsprechenden Meßbereich des Vielfachinstruments gemessen. Dazu muß der Stromkreis aufgetrennt und das Meßinstrument dazwischengeschaltet werden. Im Auto kann dazu einer der Steckkontakte abgezogen und dann das Meßgerät zwischen Stecker und Kontaktzunge geschaltet werden. Die mittige Zeichnung zeigt, wie das aussieht. Strom wird beispielsweise gemessen, wenn der Verdacht besteht, daß ein heimlicher Stromverbraucher irgendwo im Bordnetz sitzt, der über Nacht die Batterie leersaugt. Um diese Leckstelle zu lokalisieren, nehmen Sie eine Sicherung nach der anderen heraus, klemmen statt dessen das Amperemeter an den Kontaktzungen im Sicherungskasten an und können so feststellen, in welchem Stromkreis Verluste entstehen. Anhand der Sicherungstabelle auf Seite 172 vergleichen Sie dann, welche Verbraucher in diesen Stromkreis eingeschaltet sind.

Fingerzeig: *Niemals das Meßgerät zwischen Hauptkabel und Batterie anklemmen, um etwa den Stromverbrauch des Anlassers zu messen! Die dabei auftretenden Ströme (bis zu 50 A) sind für jedes normale Meßgerät viel zu hoch. Wer trotzdem an dieser Stelle messen muß, braucht einen Meßwiderstand (Shunt), der zur Messung in die Leitung eingeschaltet wird.*

Widerstand messen

Die Messung des Widerstands ist für den Autobastler in der Regel nicht von Bedeutung. Trotzdem bringt dieser Meßbereich Vorteile: Denn so kann geprüft werden, ob beispielsweise eine Leitung oder ein Schalter »Durchgang« hat oder ob der Stromweg irgendwo unterbrochen ist.

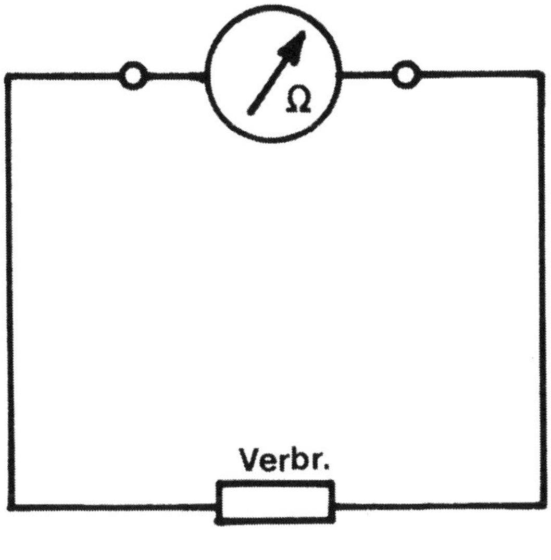

So muß das betreffende Meßgerät zum Messen der elektrischen Größen Spannung, Strom und Widerstand (von links nach rechts) angeschlossen werden. Der Kreis mit Zeiger symbolisiert das Meßgerät, »Verbr.« steht für Verbraucher (z. B. Lampe, Elektromotor usw.) und das Kästchen mit dem »B« steht für Batterie.

Leitungen und Sicherungen

Kontakte knüpfen

Jeder Stromverbraucher im VW-Bus braucht eine Stromzuleitung und eine Rückleitung. Nur so ist der Stromkreis geschlossen und das Licht kann brennen, der Anlasser laufen oder die heizbare Heckscheibe heizen.

Minus an Masse

Die Stromzuführung zum Verbraucher erfolgt durch ein Kabel, das sich auf mehr oder weniger komplizierte Art immer zur Batterie zurückverfolgen läßt, wie das auch der Stromlaufplan auf Seite 174 zeigt. Die Rückleitung besorgen die elektrisch leitenden Metallteile von Karosserie oder Motor. Auf diese Weise wird natürlich eine ganze Menge teures Kupferkabel gespart.
In manchen Fällen ist jedoch trotzdem ein kurzes Stück Kabel für die Rückleitung unumgänglich – nämlich dann, wenn der Stromverbraucher nicht direkt auf Metall sitzt. Allerdings wird dann der kürzestmögliche Weg zu einem Metallteil gewählt, wo dann das Kabel auf eine Steckerzunge gesteckt oder angeschraubt ist.
Auch der Minuspol der Batterie ist natürlich mit der Karosserie – der »Masse«, wie der Autoelektriker sagt – verbunden. Da das bei allen anderen elektrischen Einrichtungen im Wagen genauso ist, lautet der Merksatz »**M**inus an **M**asse«.

Wegweiser durch Normung

Die Elektrik im VW-Bus besteht auf den ersten Blick aus einem Gewirr von bunten Kabeln, die teilweise in schwarzen Kabelschläuchen verschwinden. Glücklicherweise sind aber viele Einzelheiten der Kraftfahrzeug-Elektrik genormt, und die Zahlen neben den Kabelanschlüssen haben in allen deutschen und manchen ausländischen Wagen dieselbe Bedeutung.
□ Klemme 31 ist die sogenannte Masse-Klemme, mit der ein Stromverbraucher zur Fahrzeugmasse verbunden werden muß. Die entsprechenden Kabel sind braun.
□ Klemme 30 erhält dauernd Strom vom Pluspol der Batterie oder der Lichtmaschine – auch bei ausgeschalteter Zündung (deshalb Vorsicht beim Berühren dieser Kontakte, wenn das Minuskabel an der Batterie nicht abgenommen wurde). Diese stets stromführenden Kabel haben meist eine rote Umhüllung, teilweise auch mit zusätzlichen Farbstreifen bei bestimmten Stromverbrauchern.
□ Klemme 15 erhält nur bei eingeschalteter Zündung Strom ab Zündschloß, wodurch neben der Zündspule jene Stromverbraucher versorgt werden, die nur bei Betrieb des Wagens Strom erhalten – beispielsweise die Blinkanlage (sie hat übrigens die Normklemme 49) oder der Scheibenwischer (mit der Normklemme 53). Die Kabel an den Normklemmen 15 sind vielfach schwarz, manchmal auch mit farbigen Zusatzstreifen.
□ Die Klemmen 56 und 58 versorgen die Fahrzeugbeleuchtung mit Strom, für die Hauptscheinwerfer ist die Grundfarbe der Kabelumhüllung weiß oder gelb, für das Standlicht grau, jeweils mit zusätzlichen Farbstreifen.

Die Leitungen

Die im VW-Bus eingebauten Kabel sind nicht deshalb unterschiedlich stark, weil der Monteur am Fließband gerade kein anderes zur Hand hatte. Vielmehr wird der Querschnitt eines Kabels je nach Stromanspruch des betreffenden Verbrauchers gewählt: Ein Kontrollämpchen kommt mit 0,75 mm^2 Kabelstärke aus, der Anlasser braucht dagegen ein 16-mm^2-Kabel. Ein zu dünnes Kabel heizt sich auf, und die Spannung fällt ab. Dann kommen statt der erwünschten 12 Volt z. B. an den Scheinwerfern vielleicht nur 10 oder 9,5 Volt an – das Licht wird trübe.

Alterserscheinungen an der Elektrik

Wenn bei einem betagten VW-Bus die Scheinwerfer nicht mehr so hell strahlen oder das Horn nicht mehr so kernig dröhnt, liegt das oft gar nicht an einer verschlissenen Hupe oder an geschwärzten Glühlampen. Auch an den Leitungen selbst kann es nicht liegen, denn die werden nicht dünner. Vielmehr entstehen Verluste (durch »Spannungsabfall«) an verdreckten, verrosteten oder grünspanigen Übergängen, wie Steckern, Lampenkontakten oder Verschraubungen der Massekabel (siehe Text links) – auch des Batterie-Massekabels. An diesen Stellen entsteht ein elektrischer Widerstand, der den Stromfluß hemmt – und das wollen wir keinesfalls!
Dem hilft man so ab: Nach gründlichem Säubern der Kabelklemmen, -stecker usw. mit einer feinen Drahtbürste auch die Umgebung der Klemme von Schmutz und Rost reinigen. Gereinigte Kontaktstellen mit Isolierspray einsprühen. Nachdem das Isolierspray angetrocknet ist, kann man die Kontaktstellen anschließend noch mit einem glasklaren Motorschutzlack (z. B. »Plastglanz« von Teroson) übersprühen, dann haben Sie auf lange Zeit Ruhe.
Ob Schaltkontakte, die in einem Schaltergehäuse nicht zugänglich sind, durch eine Oxidschicht den Stromfluß hindern, kann man leicht kontrollieren: Stromverbraucher am Schalter einschalten und Stromeingang und -ausgang des Schalters mit einem kurzen dicken Kabelstück überbrücken – zeigt der Verbraucher jetzt bessere Leistung (z. B. Scheinwerfer leuchten heller), liegt es an korrodierten Schalterkontakten.

Fingerzeige: *Bei einem Totalausfall der Elektrik sollten Sie neben den Kabelklemmen der Batterie die Hauptkabel-Verschraubung unten am Anlasser prüfen. Durch Oxidation bricht da bisweilen eine Kabelöse ab, oder die Oxidschicht verhindert die Weiterleitung des Batteriestroms.*
Wenn eine Glühlampe oder etwa die Tankuhr nicht so funktioniert, wie sie soll, liegt dies nicht selten an einer mangelhaften Masseverbindung. Den fehlenden Kontakt zur Fahrzeugmasse holt sich mancher Verbraucher dann über verschlungene Wege und stiftet so Verwirrung. Vergessen Sie bei Montagearbeiten nie die braunen Massekabel, auch wenn sie Ihnen überflüssig erscheinen. Bei der $^{1}/_{10}$-Pfennig-Kalkulation heutiger Autos ist wirklich kein überflüssiger Zentimeter Kabel eingebaut worden.

Die Sicherungen

Jedes elektrische Gerät im Auto braucht nur eine bestimmte, festgelegte Menge an Strom. Entsprechend dieses Stromverbrauchs wurde natürlich auch der Querschnitt des zugehörigen Kabels bemessen. Steigt der Stromverbrauch in diesem Stromkreis – etwa durch zusätzlich eingebaute Verbraucher oder gar durch einen Kurzschluß –, so wird dieses Kabel überlastet. Dabei kann es warm werden oder gar zu glühen beginnen, wenn nicht rechtzeitig der Stromfluß unterbrochen wird.
Um in diesem Moment einzuschreiten, sind die Sicherungen da. Und die sind da sehr kurz angebunden. Wenn der Strom ein gewisses, zuträgliches Maß übersteigt, unterbrechen sie ihn einfach. Damit der VW-Bus bei einem Defekt nicht gleich völlig ohne Strom dasteht, sind die Sicherungen auf verschiedene Stromkreise verteilt, wie bereits angedeutet. Allerdings sind die Schaltungen zwischen Batterie, Generator, Anlasser

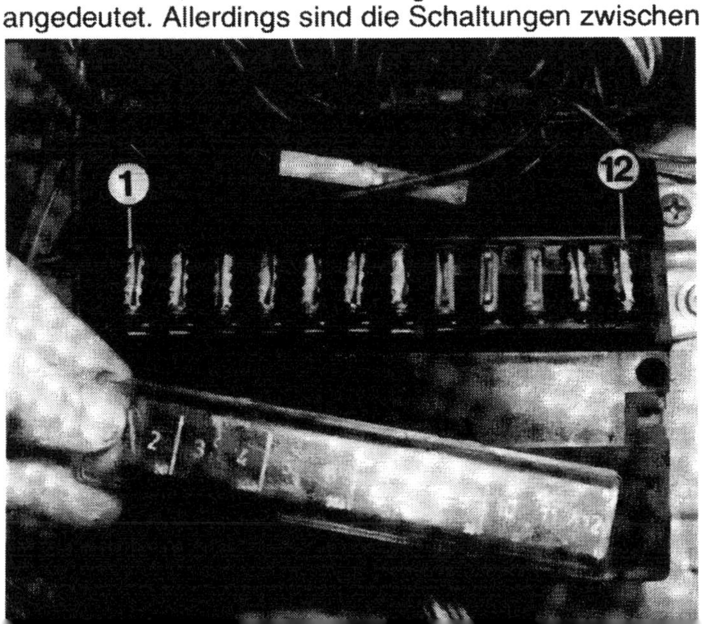

Die Sicherungen Nr. 1 bis 12 finden Sie bei abgenommenem Schutzdeckel im Sicherungskasten links unter dem Armaturenbrett. Für welche Stromverbraucher sie im einzelnen zuständig sind, verrät die Tabelle auf der folgenden Seite.

und Zündschloß nicht von Sicherungen überwacht. Bei einer Störung dieser Teile nützt der Blick in den Sicherungskasten also nichts.
Wenn ein sonstiges elektrisches Aggregat ausgefallen ist, sollten Sie zuerst nach den Sicherungen sehen. Eine defekte Sicherung darf niemals mit Stanniol umhüllt wieder eingebaut oder durch einen Nagel ersetzt werden. Eine derartige »Ersatzsicherung« kann einen Kabelbrand verursachen, für den auch die Teilkasko-Versicherung nicht aufkommt.

Fingerzeige: *Beim Einsetzen einer neuen Sicherung sollten Sie deren Metallstreifen nicht berühren. Gehört die Sicherung zu einem ständig unter Spannung stehenden Stromkreis und ist der Kurzschluß darin nicht behoben, heizt sich der Metallstreifen sofort auf, so daß Sie sich die Finger verbrennen können.*
Wenn ein Stromverbraucher ausfällt, liegt es bisweilen auch daran, daß die Haltezungen der betreffenden Sicherung oxidiert sind, so daß der Strom nicht hindurchfließen kann. Sicherung herausnehmen, Haltezungen zusammendrücken, Schmelzsicherung wieder einsetzen und mehrmals in den zusammengedrückten Zungen drehen, damit sich die Berührungsflächen gegeneinander blank reiben und wieder einwandfreier Kontakt herrscht.

Sicherungstabelle

Stromverbraucher	ab August 1972		ab August 1973		ab August 1975	
	Sicherung Nr.	Kabelfarbe	Sicherung Nr.	Kabelfarbe	Sicherung Nr.	Kabelfarbe
Abblendlicht links	3	ge	3	ge	3	ge
Abblendlicht rechts	4	ge/sw	4	ge/sw	4	ge/sw
Heizluftgebläse[1])	flieg.	rt	flieg.	rt	flieg.	rt
Blinker	11	gn	12	gn	12	gn
Bremslicht	12	sw	11	sw	11	sw
Fernlicht links	5	ws	5	ws	5	ws
Fernlicht rechts	6	ws/sw	6	ws/sw	6	ws/sw
Fernlichtkontrolle	5	bl/ws	5	bl/ws	5	bl/ws
Heckscheibenheizung	11	sw	10	sw	12	sw
Innenleuchte vorn	8	rt	8	rt	8	rt
Innenleuchte hinten	9	rt	9	rt	8	rt
Kennzeichenleuchte	2	gr/rt	2	gr/rt	2	fr/rt
Kontrolleuchten	11	sw	12	sw	12	sw
Kraftstoffanzeige	11	sw	12	sw	12	sw
Rückfahrleuchten	flieg.	sw	flieg.	sw	flieg.	sw
Scheibenwischer	10	sw/gr	10	sw/gr	10	sw/gr
Schlußlicht links	1	gr/sw	1	gr/sw	1	gr/sw
Schlußlicht rechts	2	gr/rt	2	gr/rt	2	gr/rt
Signalhorn	12	sw/ge	11	sw/ge	11	sw/ge
Standlicht links	2	gr	2	gr	2	gr
Standlicht rechts	2	gr	2	gr	2	gr
Warnblinker	8	rt	8	rt	8	rt

[1]) Nur bei Flachmotor
»flieg.«: fliegende Sicherung im Motorraum

Der Lauf der Dinge

In heutigen Autos ist weit mehr Elektrik hineingepackt als in früheren Jahren. Dadurch sind die seither üblichen elektrischen Schaltpläne, aus denen man auch die ungefähre Lage der einzelnen Kabel im Fahrzeug entnehmen konnte, zu einem kaum noch entwirrbaren Kabelsalat geworden. Das hat die Wolfsburger Techniker nicht ruhen lassen, weshalb man sich dort die sogenannten Stromlaufpläne ausdachte. Diese Pläne zeigen die einzelnen Stromkreise der elektrischen Anlage nebeneinander aufgezeichnet, so daß der funktionelle Zusammenhang leichter zu erfassen ist.

Aufbau der Stromlaufpläne

Die Stromlaufpläne sind in eine Vielzahl von Strompfaden aufgeteilt, die unten an der Fußleiste durchnumeriert sind. So lassen sich anhand der Stromlaufplan-Erläuterungen die einzelnen Teile leicht auffinden. Die Fußleiste bezeichnet die Fahrzeug-»Masse« (das Blech der Autokarosserie), über die der Stromkreislauf geschlossen wird.

Die Kabelfarben

In den Stromlaufplänen sind die Kabelfarben abgekürzt angegeben. Es bedeuten: bl–blau; br–braun; ge–gelb; gn–grün; gr–grau; li–lila; ro bzw. rt–rot; sw–schwarz; ws–weiß.

Für welches Baujahr?

Wir haben hier stellvertretend für alle Modelljahre den Stromlaufplan des VW Transporters und Bus ab August 1975 herausgegriffen. Nach diesem Modelljahr wurde an der Elektrik praktisch nichts mehr verändert. Doch auch die vorhergehenden Baujahre unterscheiden sich in der Elektrik nur in Kleinigkeiten.
Auf den Seiten 176/177 finden Sie Stromlaufpläne für bestimmte Mehrausstattungen.

Lesen der Stromlaufpläne

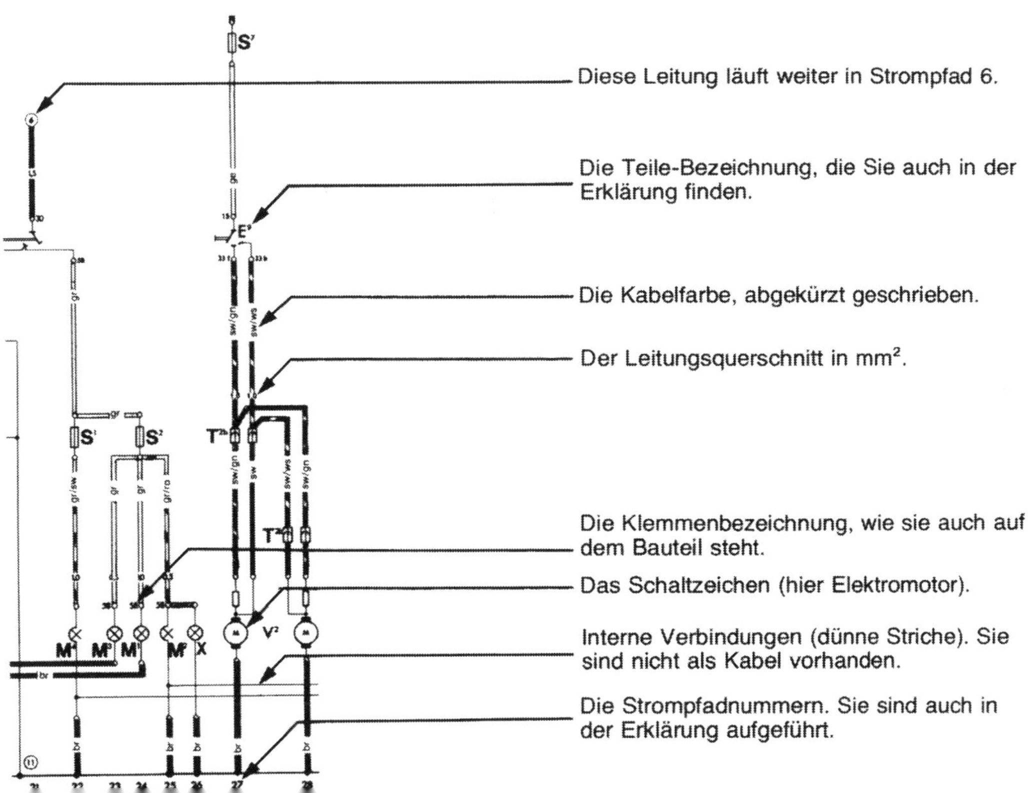

Stromlaufplan VW Transporter/Bus 2,0 Liter

Linker Teil

Bezeichnung der Teile		im Strompfad
A	– Batterie	7
B	– Anlasser	7– 8
C	– Drehstrom-Lichtmaschine	1– 3
C¹	– Regler	1– 3
D	– Zündschloß	8–10
E	– Scheibenwischerschalter	11–12
E¹	– Lichtschalter	16–21
E²	– Schalter für Gebläse vorn	27–28
E¹⁶	– Schalter für Heizluftgebläse	4
J	– Relais für Handabblendung und Lichthupe	14–16
J¹⁴	– Relais für Heizluftgebläse	4– 6
K¹	– Kontrollampe für Fernlicht	16
L¹	– Zweifadenlampe für Scheinwerfer links	14
L²	– Zweifadenlampe für Scheinwerfer rechts	18
L¹⁰	– Instrumentenbeleuchtung	19
M¹	– Lampe für Standlicht links	24
M²	– Lampe für Schlußlicht rechts	25
M³	– Lampe für Standlicht rechts	23
M⁴	– Lampe für Schlußlicht links	22
S¹ bis S¹²	– Sicherungen in der Sicherungsdose	
S¹⁸	– Sicherung für Heizluftgebläse (16 A)	7
T	– Leitungsverteiler	
T¹ᵃ	– Steckverbindung, einfach, im Motorraum rechts	4
T²ᵃ	– Steckverbindung, zweifach, im Motorraum	6
T²	– Steckverbindung, zweifach, hinter dem Schalttafeleinsatz	27–28
T⁸	– Steckverbindung, achtfach, hinter dem Schalttafeleinsatz	
V	– Scheibenwischermotor	10–12
V²	– Gebläsemotor vorn	27–28
V⁴	– Heizluftgebläse	6
X	– Kennzeichenleuchte	26
①	– Masseband von der Batterie zum Aufbau	
②	– Masseband vom Getriebe zum Rahmen	
⑩	– Massepunkt Armaturenbrett	
⑪	– Massepunkt Tachometer	

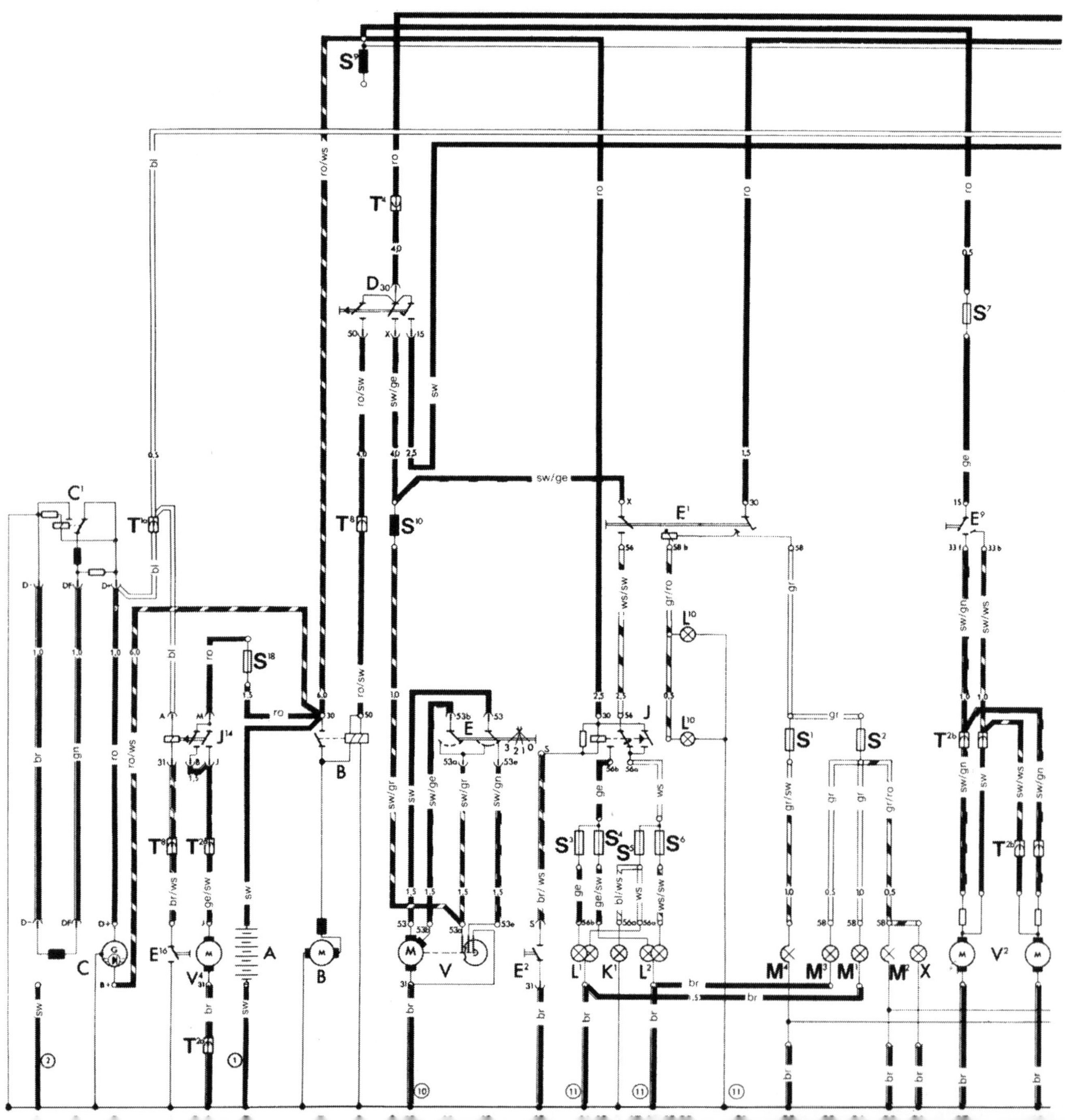

Rechter Teil

Bezeichnung der Teile im Strompfad

E^2	– Blinkerschalter (Abblendschalter und Lichthupe)	38
E^3	– Schalter für Warnblinkanlage	38–42
E^{15}	– Schalter für heizbare Heckscheibe	43–44
F	– Bremslichtschalter	47–49
F^1	– Öldruckschalter	33
F^2	– Türkontaktschalter (Fahrertür)	30
F^4	– Schalter für Rückfahrleuchten	50
F^7	– Türkontaktschalter (Schiebetür)	31
G	– Geber für Benzinuhr	34
G^1	– Benzinuhr	34
H	– Hupenknopf	45
H^1	– Signalhorn	45
J^2	– Warnblinkrelais	38–39
J^6	– Konstanter für Benzinuhr	34
K^2	– Ladekontrolle	35
K^3	– Öldruck-Warnlampe	33
K^5	– Blinker-Kontrollampe	35
K^6	– Kontrollampe für Warnblinkanlage	42
K^7	– Kontrollampe für Zweikreisbremsanlage	48
K^{10}	– Kontrollampe für heizbare Heckscheibe	44
M^3	– Blinklichtlampe vorn links	38
M^6	– Blinklichtlampe hinten links	37
M^7	– Blinklichtlampe vorn rechts	40
M^8	– Blinklichtlampe hinten rechts	41
M^9	– Bremslichtlampe links	48
M^{10}	– Bremslichtlampe rechts	47
M^{16}	– Lampe für Rückfahrleuchte links	51
M^{17}	– Lampe für Rückfahrleuchte rechts	50
N	– Zündspule	55
N^1	– Vergaserstartautomatik li.	58
N^2	– Vergaserstartautomatik re.	60
N^3	– Elektromagnetisches Absperrventil links	57
N^4	– Elektromagnetisches Absperrventil rechts	59
O	– Verteiler	55–56
P	– Zündkerzenstecker	55–56
Q	– Zündkerzen	55–56
S^1 bis S^{12}	– Sicherungen in der Sicherungsdose	
S^{13}	– Sicherung für Rückfahrleuchten	50
T^1	– Steckverbindung, einfach, im Motorraum	33
T^1	– Steckverbindung, einfach, neben dem Tank rechts	34
T^{1d}	– Steckverbindung, einfach, nahe der linken Schlußleuchte	50
T^{1a}	– Steckverbindung, dreifach, im Motorraum	52
T^8	– Steckverbindung, achtfach, hinter der Schalttafel	
W	– Innenleuchte vorn	29–30
W^1	– Innenleuchte hinten	31–32
Z^1	– heizbare Heckscheibe	43
⑩	– Massepunkt Armaturenbrett	
⑪	– Massepunkt Tachometer	

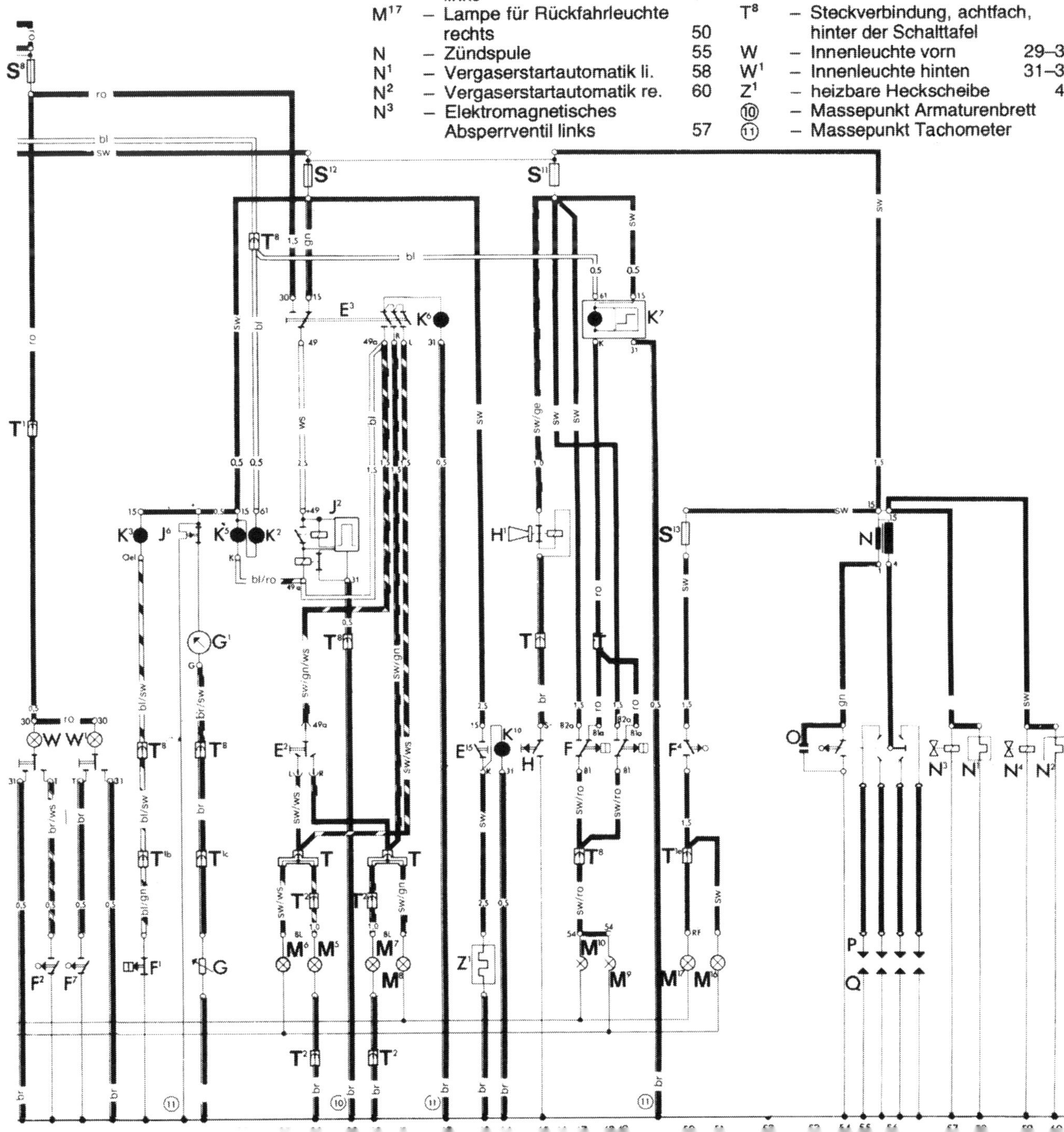

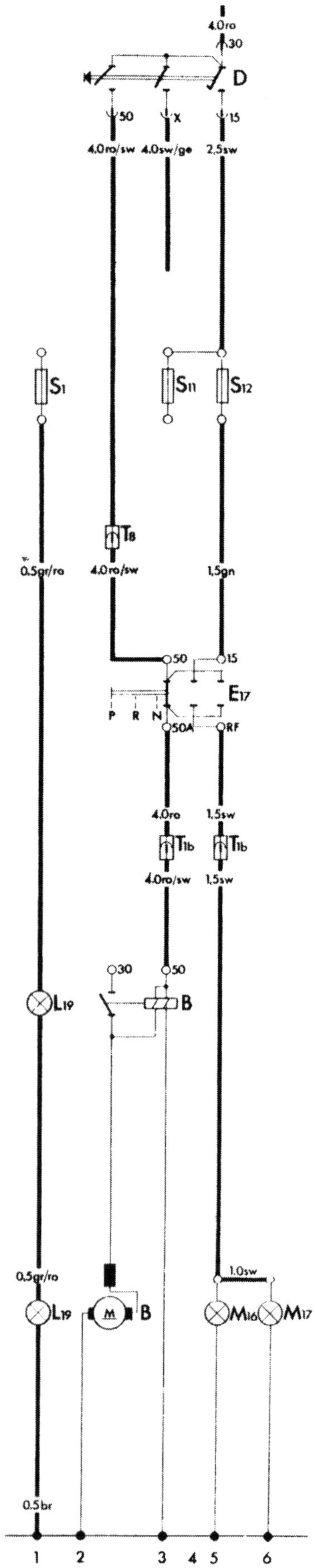

Zusatzstromlaufplan automatisches Getriebe ab August 1975

Bezeichnung der Teile		in Strompfad
B	– Anlasser	2,3
D	– Zündschloß	2, 3, 5
E 17	– Anlaßsperrschalter und Rückfahrleuchtenschalter	3–5
L 19	– Lampe für Skala der Schaltbetätigung	1
M 16	– Lampe für Rückfahrleuchte links	5
M 17	– Lampe für Rückfahrleuchte rechts	6
S 1, S 11, S 12	– Sicherungen im Sicherungshalter	
T 1	– Flachsteckerführung, einfach, hinter der Schalttafel	
T 8	– Steckverbindung, achtfach, hinter der Schalttafel	

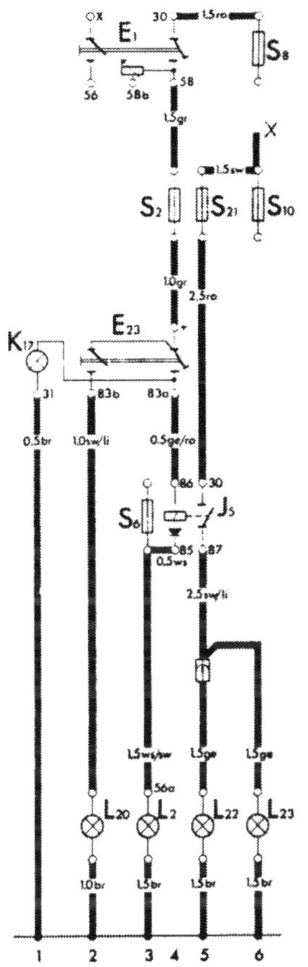

Zusatzstromlaufplan Nebelscheinwerfer und Nebelschlußleuchte ab August 1974

Bezeichnung der Teile		in Strompfad
E 1	– Lichtschalter	2, 4
E 23	– Schalter für Nebelscheinwerfer und Nebelschlußleuchte	1, 2, 4
J 5	– Relais für Nebelscheinwerfer	4, 5
K 17	– Kontrollampe für Nebelscheinwerfer und Nebelschlußleuchte	1
L 2	– Fernlicht rechts	3
L 20	– Lampe für Nebelschlußleuchte	2
L 22	– Lampe für Nebelscheinwerfer links	5
L 23	– Lampe für Nebelscheinwerfer rechts	6
S 2, S 6 S 8, S 10	– Sicherungen im Sicherungshalter	
S 21	– Einzelsicherung für Nebelscheinwerfer (16 A)	5

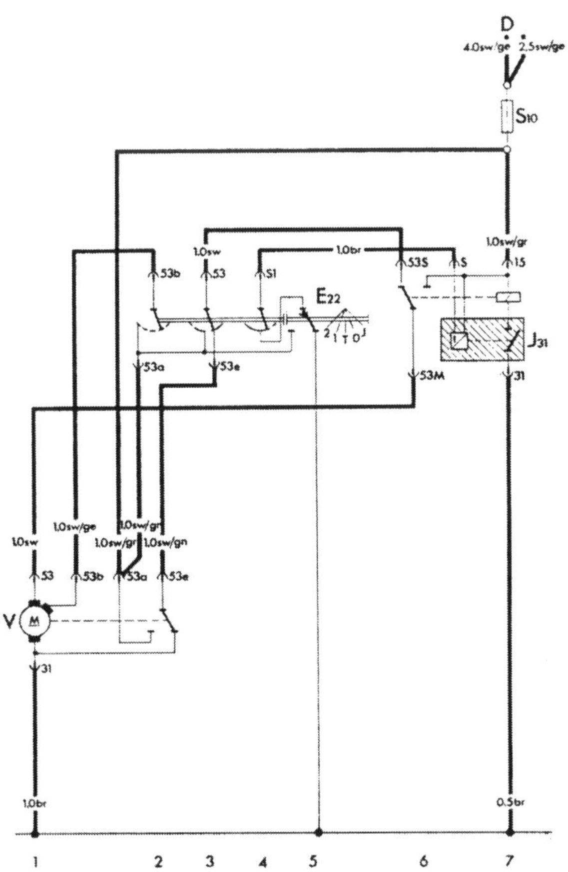

Zusatzstromlaufplan Wischer-Wascher-Intervallschaltung ab August 1975

Bezeichnung der Teile		in Strompfad
D	– zum Zündschloß	
E 22	– Scheibenwischerschalter für Intervallbetrieb	2–5
J 31	– Relais für Wasch-Wisch-Intervallautomatik	6, 7
S 10	– Sicherung im Sicherungshalter – 16 A	7
V	– Scheibenwischermotor	1

Die Batterie

Spannendes Kapitel

Was die Batterie soll, ist einfach gesagt, aber oft schwer getan: Sie muß bei stehendem Motor oder bei nur langsam drehender Lichtmaschine die elektrische Anlage im Wagen versorgen. Und sie gibt den Strom ab, den wir gleich zu Anfang zum Starten des Motors brauchen.

Die Batterie im einzelnen

Im Auto finden wir eine Bleibatterie, auch als Akkumulator bezeichnet. Bei Batterien ist die Energieumwandlung umkehrbar. Das heißt: Beim Entladen wird aus chemischer Energie elektrische Energie gewonnen und beim Laden wird elektrische Energie wieder in chemische Energie umgesetzt. Das geschieht durch stoffliche Umwandlung der in verdünnter Schwefelsäure stehenden Bleiplatten.

Die richtige Batterie

Die für den VW-Bus richtige Batterie trägt die Bezeichnung **12 V/36 Ah** oder **12 V/45 Ah**. Wer es noch genauer wissen möchte, richtet sich nach der Typennummer, die oft etwas kleiner aufgedruckt ist, die aber immerhin von allen deutschen Batterieherstellern einheitlich verwendet wird. Sie muß lauten **53626** oder **54537.**

Was die Bezeichnungen bedeuten

In der Bezeichnung »12 V/36 Ah« gibt die Zahl 12 die Batteriespannung in Volt an. Hinter dem Schrägstrich ist die Stromstärke »in ihrer zeitlich lieferbaren Menge« vermerkt. Ah bedeutet Ampere je Stunde. Das ist die Batterie-Nennkapazität, die nach Norm-Bedingungen während einer 20stündigen Entladung gemessen wird. In der Praxis rechnet man aber besser nur mit $^2/_3$ oder gar nur der Hälfte der angegebenen Kapazität.

Wichtiger als die Kapazität ist die Angabe der Leistungsfähigkeit der Batterie bei Kälte, wobei es der Anlasser besonders schwer hat, den Motor durchzudrehen. Den entsprechenden Meßwert finden Sie ebenfalls auf der Batterie: 175 A oder 220 A. Das ist der Kälteprüfstrom, der bei −18°C gemessen wird.

Die bereits angesprochene fünfstellige Typennummer (z. B. 53626) ergänzt den Bezeichnungs-Wirrwarr. Die erste Ziffer gibt die Spannung an (5 = 12 Volt). Die folgenden beiden Zahlen verraten nochmals die Kapazität (hier 36 Ah), während die letzten beiden Nummern auf Konstruktionsmerkmale, wie z. B. die Befestigungsmöglichkeit an der Batterie-Bodenleiste, hindeuten.

Wie lange reichen die Reserven?

Etwa 28 Watt werden verbraucht, wenn Sie Ihren Wagen mit eingeschaltetem Standlicht abstellen. Bei 12 Volt Spannung fließen dazu (nach der Formel Leistung : Spannung = Strom) 2,3 A, die von der 36-Ah-Batterie theoretisch etwa 15 Stunden lang geliefert werden können. In der Praxis (bei $^1/_2$ bis $^2/_3$ der Nennkapazität) sind es aber nur etwa 10 Stunden, dann ist das Licht aus und die Batterie leer. Bei eingeschalteten Warnblinkern versagt die Stromlieferung nach etwa $3^1/_2$ Stunden.

Am ärgsten wird die Batterie natürlich vom Anlasser gestreßt. Mit einer Leistung von 510 Watt (Automatik: 590 Watt) setzt er der Batterie vor allem in dem Moment zu, in dem der Motor vom Stillstand in eine Drehbewegung versetzt wird. Der Stromverbrauch steigt dann bis auf ein Vielfaches der normalen Werte an. Auch braucht der Anlasser natürlich weit weniger Strom, um den warmen Motor durchzudrehen als den kalten.

Wenn also im Winter die Kontrolleuchten beim Betätigen des Anlassers nur noch glimmen oder der Anlasser den Motor gerade noch mit letzter Kraft durchdreht, können Sie getrost auf weitere Versuche verzichten, denn jetzt helfen nur noch Starthilfekabel oder Anschleppen (siehe folgende Seite) weiter.

Temperatur und Kapazität

Batterien haben die Eigenart, desto unwilliger auf Kälte zu reagieren, je weniger Strom sie gespeichert haben. Völlig leere Akkus sind so empfindlich, daß sie bei Frost einfrieren und platzen können. Ist die Batterie dagegen mit Strom randvoll gepackt, verträgt sie die Kälte verhältnismäßig gut und hat auch nach eiskalten Nächten noch genügend Temperament im Leib, um den Anlasser so lange durchzudrehen, bis der Motor anspringt. Vor der kalten Jahreszeit empfiehlt sich daher die Kontrolle des Ladezustands, siehe unten.
Aber auch eine sehr gut geladene Batterie kann streiken, wenn sie zu kalt wird. Das betrifft eigentlich nur Laternenparker, denn in der Garage bleiben die Temperaturen ja gewöhnlich über dem Gefrierpunkt. Sind Nachtfröste unter –10 bis –15°C angesagt, sollten Sie die Batterie ausbauen und in der warmen Stube – aber nicht direkt auf der Heizung – übernachten lassen. Am nächsten Morgen ist sie schnell wieder eingebaut und besorgt den Motorstart in quicklebendiger Verfassung. Oft hilft das Warmstellen auch noch frühmorgens nach einer frostklirrenden Nacht, allerdings gleich nach dem ersten Startversuch und nicht, wenn der Akku schon leergeorgelt ist.

Batteriesäurestand kontrollieren
Wartungspunkt Nr. 4

Die Batterieflüssigkeit besteht aus Schwefelsäure, die mit destilliertem Wasser verdünnt ist. Während die Schwefelsäure in der Batterie bleibt, verdunstet das Wasser, und deshalb braucht auch nur destilliertes Wasser wieder nachgekippt zu werden. Mit dem richtigen Säurestand beeinflussen Sie entscheidend die Lebensdauer und die Leistung der Batterie. Denn die trocken stehenden Plattenflächen müssen natürlich von der gesamten Batteriekapazität abgezogen werden. Fehlt Wasser, ist die Säuredichte in der Batterie höher, und die Platten werden schneller zersetzt. Der Flüssigkeitsstand der Batterie stimmt, wenn der Pegel **zwischen den Markierungen** oben an der Batterie-Seitenfläche steht.

Fingerzeig: *An tief entladenen Batterien erst nach dem Aufladen destilliertes Wasser nachfüllen! Beim Laden steigt der Säurestand nämlich an, und die vorher befüllte Batterie könnte »überkochen«.*

Destilliertes Wasser nachfüllen

In die Batterie darf nur destilliertes Wasser oder auch entsalztes (ionengetauschtes) Wasser gefüllt werden. Leitungswasser, Regenwasser und auch abgekochtes Wasser enthält leitfähige Salze und andere mineralische Stoffe, die der Batterie schaden.
Wenn Sie destilliertes Wasser nicht umsonst an Ihrer Tankstelle bekommen, kaufen Sie es noch am billigsten in der Drogerie oder Apotheke. Abgepacktes destilliertes Wasser an der Tankstelle ist meist wesentlich teurer.
Mit Batteriesäure, selbst in verdünnter Form beim Abwaschen von Oxidkristallen, kann man sich Kleidungsstücke nachhaltig verderben. Die Wirkung wird meist erst nach Tagen oder beim nächsten Waschen sichtbar – im Stoff prangt ein Loch. Wenn also säurehaltige Flüssigkeit irgendwo auf Ihre Bekleidung spritzte, muß das betreffende Kleidungsstück sofort in Seifenlauge gelegt und möglichst mehrmals durchgespült werden.

Ladezustand der Batterie prüfen

Erscheint die Batterie trotz richtigem Säurestand kraftlos, muß ihr Ladezustand geprüft werden. Mit einem speziellen Hebe-Säuremesser (Aräometer) wird etwas Batteriesäure angesaugt. Im Meßgerät schwimmt eine Spindel mit Skala. Je nach Ladezustand besitzt die Säure ein unterschiedliches spezifisches Gewicht, die Spindel taucht entsprechend tief in die Säure ein, und Sie können den Ladezustand ablesen. Bei 1,28 kg/l ist die Batterie voll geladen, bei 1,20 kg/l halb geladen und bei 1,12 kg/l entladen. Es ist noch kein Unheil, wenn alle sechs Zellen eine gleichmäßig niedrige Säuredichte zeigen. Bei einer nicht zu alten Batterie genügt oft schon Nachladen. Bedenklich wird es jedoch, wenn eine einzige Zelle entladen ist. Hier sollte die Autoelektrik-Werkstatt prüfen, ob die Batterie noch brauchbar ist.

Batterie ausbauen

■ 1600er-Motor: Luftfilter ausbauen. Flachmotor: rechten Luftschlauch abbauen.
■ Erst Minuskabel (erkennbar an den blanken, geflochtenen Kupferdrähten) nach Lösen der Polklemme abnehmen.
■ Jetzt Pluskabel und den evtl. noch vorhandenen Diagnoseanschluß abbauen.
■ Schraube des Halteblechs am Batteriefuß herausdrehen, und Batterie aus dem Motorraum heben.
■ Beim Einsetzen darauf achten, daß der Batteriefuß auf der Rückseite einwandfrei unter dem angeschweißten Halteblech sitzt. Die Batterie muß ferner so eingesetzt sein, daß die Polköpfe zum Betrachter zeigen. Dann können die Anschlüsse auch nicht verwechselt werden.

Kontaktpflege an der Batterie

Oxidkristalle an den Polköpfen der Batterie treten heute längst nicht mehr so häufig auf wie in früheren Tagen. Falls doch, werden die Kabelklemmen von den Polköpfen abgenommen und beide Teile sorgfältig mit einer weichen Drahtbürste gereinigt und anschließend zum Schutz vor Korrosion mit einem Säureschutzfett, wie etwa »Bosch Ft 40 v 1«, bestrichen. Kein Fett erhalten allerdings die eigentlichen Kontaktflächen, also Polkopfseiten und Innenseiten der Klemmen – sonst kann es Kontaktschwierigkeiten geben.

Batterie laden

Auch wenn die Batterie nichts zu leisten hat, will sie gelegentlich geladen werden. Sie hat nämlich die Untugend, sich im Lauf der Zeit selbst zu entladen. Der Ladestrom soll anfangs etwa 10 Prozent der Batteriekapzität betragen, also etwa 3,6 Ampere bei der 36-Ah-Batterie, und sich während der Ladung automatisch heruntersteuern. Die Batterie ist voll geladen, wenn innerhalb von zwei Stunden die Säuredichte nicht mehr ansteigt.
Die Verschlußstopfen der Batteriezellen brauchen Sie zum Laden mit einem kleinen Heimladegerät nicht abzunehmen. Beim Aufladevorgang bilden sich zwar Gasblasen aus Wasserstoff und Sauerstoff (das hochexplosive Knallgas), doch normalerweise kann das Gas durch die Entlüftungsbohrungen in den Batteriestopfen entweichen. Wird dagegen mit dem größtmöglichen Strom geladen, sollten Sie die Stopfen herausschrauben und lose in die Öffnungen stecken. Die Batterie »gast« bei starker Ladung ganz erheblich. Wenn Sie die Stopfen ganz abnehmen, sprüht durch die aufsteigenden und zerplatzenden Gasblasen ein feiner Säurenebel aus der Batterie, der sich in der Umgebung niederschlägt – Umgebung der Batterie mit Plastikfolie oder Zeitungen abdecken.
Wir wollen nochmals darauf hinweisen: Das bei der Batterieladung entstehende Knallgas ist feuergefährlich. Also kein offenes Feuer in die Nähe bringen und den Raum möglichst lüften.

Fingerzeig: *Zum Laden braucht die Batterie natürlich nicht aus dem Auto ausgebaut zu werden. Wird nur mit einem normalen Ladegerät aufgeladen, können auch die Batteriekabel angeschlossen bleiben. Anders beim Schnelladen: Hierbei müssen die Kabel abgeklemmt werden, um die Dioden des Drehstromgenerators und das eventuell eingebaute Radio zu schonen.*

Ist Schnelladen schädlich?

Wem es zu lange dauert, bis das Ladegerät die Batterie wieder aufgeladen hat, kann seinen Akku bei der Tankstelle oder Werkstatt schnelladen lassen. Aber nur ganz gesunde Batterien überstehen diese Roßkur, die etwa eine Stunde dauert und bei der mit 40 und mehr Ampere geladen wird. Ältere Batterien können dagegen durch die Schnelladung vollends ihr Leben aushauchen – das kostet dann eine neue (aber vielleicht ohnehin bald fällige) Batterie.

Start mit leerer Batterie Starthilfekabel

Wenn der Wagen nicht zufälligerweise an einer abschüssigen Straße steht, wo Sie ihn zum Starten des Motors hinunterrollen lassen können, geht es am einfachsten mit einem Satz Starthilfekabel. Sie müssen aber einen genügend starken Querschnitt und kräftige Anschlußklemmen haben, um die notwendige Stromstärke für die Zündanlage und den Anlasser durchzulassen. Der Kabelquerschnitt sollte mindestens 10 mm^2 (ohne Isolierung) betragen. Zu dünne Kabel werden während des Startvorgangs so

heiß, daß die Isolierung schmilzt und Sie sich beim Abnehmen der Klemmen die Hände verbrennen können.
Bitten Sie einen hilfsbereiten Fahrer, mit seinem Wagen so dicht an Ihren VW-Bus heranzufahren, daß die Batterien beider Fahrzeuge durch die Starthilfekabel miteinander verbunden werden können. Kontrollieren Sie noch, ob im VW-Bus sämtliche Stromverbraucher abgeschaltet sind. Ein Kabel an beide Pluspole anklemmen, dann das andere Starthilfekabel am Minuspol der eigenen und danach an der geladenen Fremdbatterie anschließen. Jetzt sollte Ihr Helfer seinen Motor mit mittleren Drehzahlen laufen lassen, damit die Lichtmaschine kräftig Strom spendet. So erhalten die Zündanlage und der Anlasser genügend Leistung für den Motorstart.
Starthilfekabel in dieser Reihenfolge entfernen: Erst das Minuskabel, dann das Pluskabel. Fällt letzteres auf Masse, entsteht kein Funkenregen.

Anschieben oder Anschleppen

Mit zwei Helfern (einer allein wird es wohl nur an einer leicht abschüssigen Straße schaffen) läßt sich der VW-Bus auch anschieben: Zündung einschalten, 1. Gang einlegen (im 2. oder 3. Gang wird der Motor und damit die Lichtmaschine beim Anschieben zu langsam durchgedreht, so daß nicht genügend Strom erzeugt wird). Kupplung durchtreten, Wagen anschieben lassen, bis er in Schwung ist. Jetzt Kupplung schnell kommen lassen, der Wagen macht einen Hopser und wird bei einwandfreier Zündanlage anspringen. Sofort Kupplung treten und den Motor durch Gasgeben am Laufen halten.
Zum Anschleppen Zündung einschalten, 2. Gang einlegen und Kupplung durchtreten. Der Zugwagen muß langsam anfahren und bei einem Schleppseil dieses allmählich straff ziehen. Bei etwa 15 km/h die Kupplung langsam kommen lassen, dabei die rechte Hand an die Handbremse legen. Ist der Motor angesprungen, Kupplung treten und Gas geben, Handbremse sanft ziehen (Sie haben nur zwei Beine und können nicht auch noch die Fußbremse treten), damit Sie dem Vordermann nicht ins Hinterteil fahren, und dem Schleppfahrer Hupsignal geben. Jetzt Gang heraus, Kupplung loslassen und mit der Handbremse zusammen mit dem Schleppwagen langsam abbremsen.

Die Lebensdauer der Batterie

Wenn der Akku im Auto alt werden soll, muß er absolut rüttelfest eingebaut sein (Rütteln verursacht Schäden an den Bleiplatten), der Säurestand darf nicht so weit absinken, daß die Platten oben im Trockenen stehen, und die Batterie sollte immer voll geladen sein, aber nicht überladen werden.
Beim Entladen und Laden verändern vor allem die Plus-Bleiplatten ihr Volumen. Dabei wird jedesmal das Blei in den Plattengittern weiter gelockert, so daß irgendwann einmal dieses Blei ausbröckelt und sich unten im Akkugehäuse als Schlamm ablagert. Je weniger der Ladezustand schwankt, desto geringer fallen die Bleiplatten-Veränderungen aus. Eine überladene Batterie erkennen Sie am Gasen der Akkuflüssigkeit und am warmen Gehäuse nach einer längeren Fahrt. Da hierdurch die Plusplatten verstärkt korrodieren, muß umgehend die Ladespannung nachgemessen werden (siehe Seite 185).

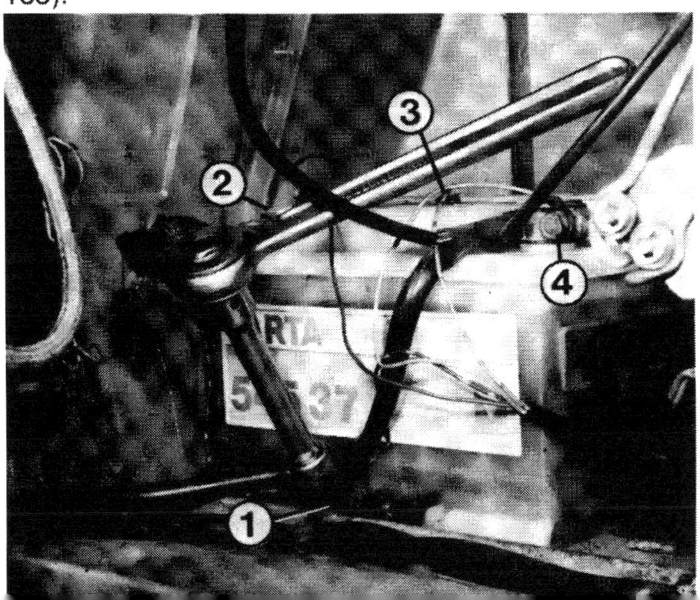

Ausbau der Batterie: Minuspol (4), Diagnosestecker (3; entfallen) und Pluspol (2) abnehmen sowie Halteschraube (1) herausdrehen.

Lichtmaschine und Anlasser

Geben und nehmen

In diesem Kapitel sollen zwei Extreme in der elektrischen Anlage des VW-Busses behandelt werden: der Stromerzeuger und der größte Stromverbraucher. Das sind Lichtmaschine und Anlasser. Die Batterie – wir haben sie im letzten Kapitel angesprochen – macht als Stromspeicher das Zusammenspiel perfekt.

Welche Lichtmaschine ist eingebaut?

□ 1600er bis etwa 1/73: Gleichstrom-Lichtmaschine mit 532 Watt.
□ 1600er von etwa 2/73 bis 7/74: Drehstrom-Lichtmaschine mit separatem Regler, Leistung 700 Watt.
□ 1600er ab 8/74: Drehstrom-Lichtmaschine 700 Watt mit integriertem Regler.
□ Flachmotor: Drehstrom-Lichtmaschine mit 770 oder 980 Watt und separatem Regler.

Die Gleichstrom-Lichtmaschine

Die Gleichstrom-Lichtmaschine ist heutzutage völlig »aus der Mode« gekommen. Grund ist vor allem die weit niedrigere Leistung bei gleichem Gewicht und Raumbedarf. Als Vorzug wäre allerdings ihre Unempfindlichkeit zu nennen und auch die Tatsache, daß sie sofort den für die Fahrzeug-Elektrik richtigen Gleichstrom liefert. Das wird durch den stark unterteilten Kollektor erreicht, auf dem die Schleifkohlen laufen. Durch diese Riffelung ist aber auch ein weit höherer Verschleiß der Kohlen bedingt, was bei der Drehstrom-Lichtmaschine nicht der Fall ist.

Die Drehstrom-Lichtmaschine

Die Drehstrom-Lichtmaschine hat neben ihrer insgesamt höheren Leistung einen entscheidenden Vorzug: sie liefert schon bei Leerlaufdrehzahl des Motors Strom. Ferner halten ihre Schleifkohlen weit über 80000 km.
Getreu ihres Namens erzeugt sie jedoch Drehstrom, den wir im Auto überhaupt nicht gebrauchen können, denn die Batterie kann natürlich nur Gleichstrom speichern. Deshalb sind im Generator drei Gleichrichter-Dioden eingebaut, die den Drehstrom in einen pulsierenden Gleichstrom umwandeln. Diese Dioden sind allerdings gegen hohe Spannungen sehr empfindlich, und deshalb sollten Sie folgende Punkte beachten:
□ Bei laufendem Generator darf kein Kabel zwischen Akku und Lichtmaschine gelöst bzw. angeschlossen werden. Dadurch kann die Spannung schlagartig ansteigen (Spannungsspitzen) und eine Diode »verheizt« werden.
□ Ohne richtig angeschlossene, intakte Batterie darf die Drehstrom-Lichtmaschine nicht laufen. Der Akku dient als Spannungsbegrenzer für den Generator, gewissermaßen als Puffer gegen Überspannungen.
□ Sämtliche Kabelanschlüsse zwischen der Drehstrom-Lichtmaschine, der Batterie und dem Karosserieblech oder dem Triebwerksblock (Masse) müssen ganz fest sitzen. Schon ein Wackelkontakt kann zu gefährlichen Spannungsspitzen führen.
□ Beim Schnelladen der Batterie (nicht beim Aufladen mit dem Heimlader) und beim elektrischen Schweißen an der Karosserie müssen beide Kabel vom Akku abgeklemmt werden, damit kein elektronisches Bauteil im Bordnetz inklusive der Lichtmaschinen-Dioden Schaden erleidet.

Generator ausbauen 1600er-Motor

Obwohl die Sache zunächst kompliziert erscheint, ist es dennoch am einfachsten, zum Generator-Ausbau zunächst den Motor auszubauen. So kommt man am leichtesten an alle Schrauben heran.

■ Gebläsekasten abnehmen, wie beim Zerlegen des Motors auf Seite 64 beschrieben.
■ Vier Schrauben am Gebläsekasten herausdrehen und Lichtmaschine abnehmen.
■ Wenn nötig, Gebläserad abschrauben. Dabei auf die richtige Lage der möglicherweise vorhandenen Distanzscheiben achten und diese beim Einbau wieder einlegen.
■ Abdeckblech hinter der Lichtmaschine abschrauben.
■ Beim Einbau darauf achten, daß zwischen Gebläserad und Abdeckblech hinter der Lichtmaschine ein Spalt von 1,2–2,1 mm bleibt. Ansonsten Distanzscheiben einlegen oder herausnehmen.
■ Ist die Lichtmaschine mit Gebläserad im Gebläsekasten eingebaut, kontrollieren Sie, ob das Windrad nirgends streift.
■ Gebläsekasten einbauen (siehe Seite 66) und Motor wieder einsetzen.

Flachmotor

Beim Flachmotor kann der Motor zum Ausbau der Lichtmaschine eingebaut bleiben, doch der Ausbau ist deshalb nicht weniger kompliziert als beim 1600er:
■ Batterie-Massekabel abklemmen.
■ Leitungsstrang zur Lichtmaschine am Regler und am Anlasser ausstecken.
■ Öleinfüllstutzen und Ölmeßstab abziehen.
■ Keilriemen abbauen.
■ Motorabdeckblech rechts hinten und Lichtmaschinen-Abdeckblech abschrauben.
■ Warmluftführungsblech rechts hinten, Halter für Wärmetauscher und das Anschlußrohr für das Heizluftgebläse ausbauen.
■ Ansaugkrümmer für die Kühlluftzuleitung hinten an der Lichtmaschine abbauen.
■ Lichtmaschine nach oben herausnehmen.
Beim Einbau sollten Sie folgendes beachten:
■ Auf richtigen Sitz der Gummitülle am Kabelstrang achten. Beim 70-A-Generator den B+-Anschluß und die Mehrfachsteckverbindung anschließen.
■ Lichtmaschine einsetzen und den Halter für den Wärmetauscher und das Rohr für das Heizluftgebläse einbauen.
■ Untere Halteschraube der Lichtmaschine lose eindrehen.
■ Ansaugkrümmer der Belüftung sorgfältig an der Lichtmaschine befestigen.
■ Untere Halteschraube wieder herausdrehen, Lichtmaschinen-Abdeckblech anschrauben und Schraube wieder eindrehen.
■ Ansonsten geht's umgekehrt weiter wie beim Einbau.

Schleifkohlen kontrollieren
Gleichstrom-Lichtmaschine

Zur Kontrolle müssen die Schleifkohlen nicht ausgebaut werden. Man schaut einfach in die Aussparung oben und unten in der Lichtmaschine. Austauschreif sind die Kohlen, wenn die Andruckfeder schon direkt auf die Messing-Führungshülse drückt oder kurz davorsteht.

Die Gleichstrom-Lichtmaschine: 1 – Anschlußkabelbefestigung für Schleifkohle (2); 3 – Andruckfeder.

Schleifkohlenlänge messen an der Drehstrom-Lichtmaschine (ältere Version): Von den Kohlen müssen mindestens 5 mm sichtbar sein. Ferner bedeuten: 1 – D+-Anschluß; 2 – Mehrfachstecker mit Schutzkappe; 3 – Bürstenhalter; 4 – Schleifkohlen.

Drehstrom-Lichtmaschine am 1600er

Version mit separatem Regler: Die Schrauben rund um den Anschlußstecker herausdrehen. Jetzt kann der gesamte Bürstenhalter abgenommen werden. Die Kohlen müssen mindestens **5 mm** aus dem Halter herausschauen. Neue Kohlen sind 10 mm lang.

Version mit integriertem Regler: Blech-Abdeckplatte oben an der Lichtmaschine abschrauben. Darunter sitzt der Regler, der gleichzeitig die Kohlebürsten hält. Regler abschrauben und die Länge der Kohlen messen. Auch hier gelten **5 mm** als Mindestlänge.

Lichtmaschine am Flachmotor

Hier sind die Kohlen der Drehstrom-Lichtmaschine nur nach Ausbau und Zerlegen des gesamten Generators zugänglich. Vom Zerlegen der Lichtmaschine raten wir jedoch ab, da hier Abziehwerkzeuge und etwas Geschick vonnöten sind. Wer also über den Zustand der Kohlen unbedingt Bescheid wissen möchte, dem raten wir, die Kontrolle gleich mit einem Austausch der Kohlen zu verbinden und diese Arbeit in der Autoelektrik-Werkstatt vornehmen zu lassen. Geld sparen Sie trotzdem, wenn Sie den aufwendigen Ausbau der Lichtmaschine selbst vornehmen. Lohnend ist dieser Arbeitseinsatz aber nur, wenn Motor und Lichtmaschine schon mehr als 80000 km auf dem Buckel haben und Sie eine Reise planen, bei der Sie kein Risiko eingehen möchten. Ansonsten einfach den Defekt abwarten!

Schleifkohlen austauschen

Zu dieser Arbeit wird ein Lötkolben, Elektrolot und außerdem Kenntnis im Löten gebraucht.

- ■ Regler bzw. Bürstenhalter aus der Lichtmaschine ausbauen, wie vorstehend beschrieben.
- ■ Alte Kohlen auslöten, neue Kohlen einlöten.

Die ausgebaute Drehstrom-Lichtmaschine des Flachmotors ist hier teilweise zerlegt: 1 – Anschlußkontakte; 2 – Diodenplatte; 3 – Gleichrichter-Dioden.

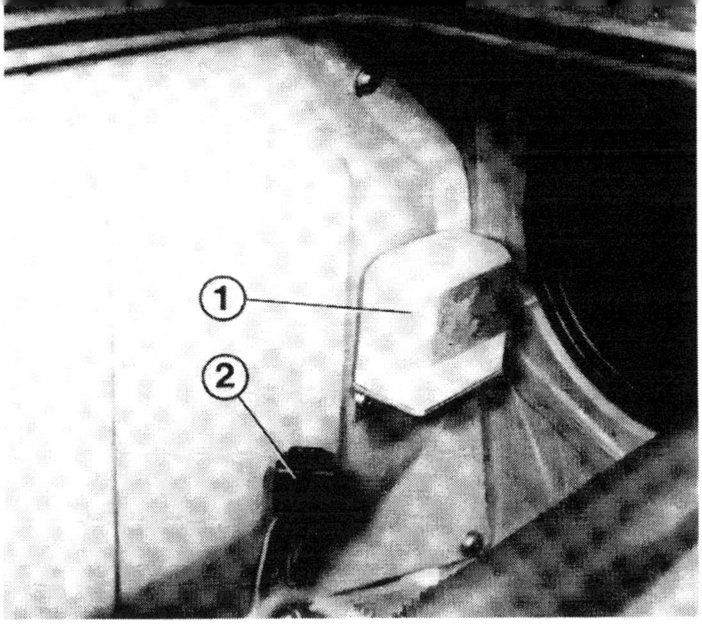

Ist der Regler (1) nicht in die Lichtmaschine integriert, sitzt er wie hier bei einem Wagen mit Flachmotor an der vorderen Motorraumwand. Der Mehrfachstecker (2) ist hier vom Regler abgezogen.

Der Spannungsregler

Die Lichtmaschine kann man mit einem Fahrraddynamo vergleichen: Je schneller sie dreht, um so höher steigt die Spannung und somit auch der gelieferte Strom. Ein derartiges Auf und Ab würden die Stromverbraucher im Auto nicht lange ertragen, deshalb muß ein besonderer Regler die Lichtmaschinenspannung begrenzen und ein Überladen der Batterie verhindern.
Seinen Platz hat der Regler im 1600er-VW-Bus bis etwa 7/74 und in Wagen mit Flachmotor rechts an der vorderen Motorraumwand. Auch der Regler der Gleichstrom-Lichtmaschine sitzt in etwa dort. Lediglich in den seit etwa 8/74 gebauten 1600ern und in entsprechend nachgerüsteten Wagen ist der Regler mit in die Lichtmaschine integriert.

Regler prüfen

Wenn Sie Zweifel an der Spannungsregelung haben, können Sie mit einem Voltmeter zwischen Klemme B + und Masse prüfen, ob bei **2000/min** des Motors **13,5–14,6 V** anliegen. Messen Sie eine höhere Ladespannung, ist der Regler austauschreif; reparieren hilft nicht. Zu niedrige Spannung könnte an abgenutzten Schleifkohlen liegen. Wie die kontrolliert und gegebenenfalls ausgewechselt werden, steht ab Seite 183. Weitere Defekte finden Sie im Störungsfahrplan auf Seite 189 angesprochen.

Keilriemenspannung prüfen

Wartungspunkt Nr. 11

Vom Keilriemen wird beim 1600er-Motor nicht nur die Lichtmaschine angetrieben, sondern auch das auf derselben Welle sitzende Kühlgebläserad, das natürlich für die Motorkühlung von lebenswichtiger Bedeutung ist. Daher ist vor allem bei diesem Motor die Kontrolle der Keilriemenspannung von größter Bedeutung.
Etwa 15 mm soll sich der Keilriemen bei mäßigem Daumendruck in der Mitte zwischen beiden Riemenscheiben an Kurbelwelle und Lichtmaschine durchdrücken lassen. Ist das nicht der Fall, muß der Riemen gestrafft oder gelockert werden.

Prüfen der Keilriemenspannung beim 1600er-Motor: Der Riemen soll sich etwa 15 mm durchdrücken lassen.

Keilriemenspannung prüfen beim Flachmotor: An der gezeigten Stelle soll sich der Riemen etwa 15 mm durchdrücken lassen.

Keilriemen nachspannen 1600er-Motor

■ Mutter vorn an der Lichtmaschinen-Riemenscheibe lösen. Die Riemenscheibe wird dabei durch einen Schraubenzieher gegengehalten, der in die Aussparung am hinteren Riemenscheibenteil gesteckt wird. Scheibe nun ein Stück drehen, bis sich der Schraubenzieher auch gegen das Lichtmaschinengehäuse abstützen kann.

■ Zur Veränderung der Keilriemenspannung dienen Distanzscheiben, die zwischen den beiden Riemenscheibenhälften eingelegt sind. Bei wenigen eingelegten Scheiben läuft der Keilriemen weiter außen an der Riemenscheibe, ist also stärker gespannt. Viele Distanzscheiben verringern die Keilriemenspannung. Übrige Scheiben werden unter das Druckstück an der Haltemutter gelegt.

■ Riemenscheibe wieder zusammenschrauben und Spannung nochmals kontrollieren. Notfalls den Vorgang wiederholen. Zum Schluß die Mutter wieder gut festziehen.

Flachmotor

■ Plastikabdeckung rechts oben an der Lichtmaschine abnehmen.

■ Die darunter sitzende Innensechskant- oder Innenvielzahnschraube 5 mm lösen und die Lichtmaschine mit einem Hebel oder Schraubenzieher nach rechts schwenken.

■ Schraube festziehen und Abdeckkappe wieder aufsetzen.

Keilriemenzustand kontrollieren

Keilriemen sind leider nicht so langlebig, wie vielfach angenommen wird, vor allem, wenn die Riemenspannung zu selten kontrolliert wurde. Zu geringe Spannung bewirkt neben mangelhafter Leistungsübertragung auf Lichtmaschine und (nur beim 1600er) Kühlgebläserad einen hohen Riemenschlupf, dadurch steigende Riementemperatur und frühzeitigen Flankenverschleiß. Ist die Spannung so gering, daß bei scharfem Beschleunigen die Kurbelwellen-Riemenscheibe unter dem Keilriemen durchdreht, zei-

Nachspannen des Keilriemens beim Flachmotor (hier am ausgebauten Motor): Abdeckkappe (1; auf dem Auspuff abgelegt) abhebeln. Spannschraube (2) lösen, Lichtmaschine mit einem kräftigen Schraubenzieher oder Montierhebel nach außen drücken (Spannschraube wandert nach unten in Pfeilrichtung) und Schraube wieder festziehen.

Lösen der Keilriemenscheiben-Zentralmutter zum Keilriemenspannen: Schraubenzieher in die Öffnung an der Riemenscheibe (2) stecken und gegen das Lichtmaschinengehäuse abstützen. Mit Hebel (1) und Zündkerzenschlüssel (3) kann die Mutter nun losgedreht werden.

gen sich ungleichmäßige Schleifspuren auf den Riemenflanken. Wurde dagegen der Keilriemen häufig zu stramm gespannt, führt das zu unnötiger Flankenbelastung, und auch die Lager der Lichtmaschine werden über die Maßen beansprucht. Der Riemen dehnt sich vorzeitig bis zur »Erschlaffung«, dann reicht der Nachspannweg nicht mehr aus. Durch zu stramme Spannung verrichtet der Riemen mehr Walkarbeit, wird ebenfalls zu heiß und kann im Unterbau anbrechen.
Drehen Sie zur Kontrolle des Riemens den Motor einige Male ganz durch, damit Sie auch wirklich alle Flächen des Keilriemens sehen können. Oft hat der Riemen nämlich nur einen einzigen, aber tiefen Riß, der bei der Kontrolle möglicherweise genau auf der Riemenscheibe zu liegen kommt.

Gerissener Keilriemen

Leuchtet plötzlich während der Fahrt die rote Ladekontrolleuchte auf und haben Sie vielleicht gehört, daß im Motorraum kurz etwas gegen das Blech schlug, ist sicher der Keilriemen gerissen – anhalten und nachsehen. Falls ja, herrschen unterschiedliche Alarmstufen:
1600er-Motor: Sie dürfen **auf keinen Fall weiterfahren!** Mit dem Keilriemen wird auch das Kühlgebläse angetrieben. Fällt es aus, ist der Motor nach wenigen Kilometern schrottreif! Sofort neuen Keilriemen montieren.
Flachmotor: Sie können unbesorgt weiterfahren, wenn die Batterie ausreichend geladen ist (siehe auch Seite 178).

Keilriemen montieren

Ein Keilriemen darf auf keinen Fall mit einem Schraubenzieher o. ä. über die Riemenscheiben »gewürgt« werden, sonst ist der nächste Riemenschaden durch Bruchstellen im Keilriemenunterbau bereits »mit eingebaut«. Folgende Keilriemen finden im VW-Bus Verwendung:

Keilriemen spannen beim 1600er durch Einlegen oder Herausnehmen von Distanzscheiben (5) zwischen die hintere (3) und die vordere Riemenscheibenhälfte (2). Die übrigen Ziffern bedeuten: 1 – Haltemutter; 4 – Lichtmaschinen-Achse; 6 – Druckstück.

Motorversion	1600 mit Gleichstrom-Lichtmaschine	1600 mit Drehstrom-Lichtmaschine	Flachmotor
Keilriemengröße	9,7×905	11,3×912	9,5×965
VW-Ersatzteil-Nr.	111 903 137 D	111 903 137 E	021 903 137 A

Wie der Keilriemen montiert wird, ist gewissermaßen schon auf Seite 186 unter »Keilriemen nachspannen« beschrieben.

Behelfs-Keilriemen

Ein Nylon- bzw. Perlonstrumpf oder -strumpfhosenbein kann beim 1600er-Motor noch vor dem Abschleppen retten. Den Strumpf (er darf ruhig Löcher oder Laufmaschen haben) mit aller Gewalt langziehen – keine Angst, er reißt nicht. Gedehnten Strumpf so stramm wie nur irgend möglich über die Keilriemenscheiben legen. Nochmals strammziehen, die Enden sorgfältig verknoten und die überstehenden Teile abschneiden – nicht zu kurz, sonst löst sich der Knoten.
Motor starten und beobachten, ob sich die Lichtmaschine einwandfrei mitdreht. Ist das nicht der Fall, muß der Knoten noch einmal gelöst und straffer angezogen werden.

Fahren mit defekter Lichtmaschine

Wenn die Lichtmaschine oder ihr Regler streikt oder beim Flachmotor der Keilriemen gerissen ist, ist die Weiterfahrt noch nicht gefährdet, denn die Batterie kann hilfreich einspringen.
Bei Tag reicht der Batteriestrom noch eine ganze Weile, obwohl die Zündspule zum Aufbau brauchbarer Zündfunken eine Mindestspannung benötigt und der Akku meist nur zu $^2/_3$ geladen ist. Die Zündanlage braucht aber lediglich rund 25 Watt, was bedeutet, daß je nach Batteriekapazität der Strom für mindestens 5 Stunden (36-Ah-Batterie mit $^1/_3$ Ladung), höchstens aber 14 Stunden (45-Ah-Batterie mit $^2/_3$ Ladung) Fahrt reicht. Im Winter kommt erschwerend hinzu, daß die Batterie schwächer auf der Brust ist. Außerdem brauchen Sie das Licht schon wesentlich früher. Stromsparen heißt also die Devise:

□ Die Fahrt nicht unnötig unterbrechen. Der Anlasser braucht besonders viel Strom. Wenn möglich, den Wagen anrollen lassen.

□ Heizbare Heckscheibe, Heizgebläse, Standheizung und Radio sollten Sie nicht einschalten.

□ Nachts ohne Fernlicht und Nebelscheinwerfer fahren.

□ Mit dem Scheibenwischer möglichst sparsam umgehen.

□ Mehrfachstecker an der Lichtmaschine bzw. Spannungsregler abziehen, damit sich die Batterie nicht über den defekten Generator oder Spannungsregler in kürzester Zeit entladen kann. Ferner B+-Kabel an der Lichtmaschine (1600er) bzw. am Anlasser (Flachmotor) abschrauben und isolieren.

Die Lade-kontrolle

Die Kontrolleuchte im Armaturenbrett hat zwei Plus-Anschlüsse, und zwar einerseits von der Klemme D+ des Generators (blaues Kabel) und andererseits von Klemme 15 vom Zündschloß kommend (schwarzes Kabel). Mit Einschalten der Zündung führt Klemme 15 Strom, die Lichtmaschine steht aber noch, so daß der spannungslose D+-Kontakt als »Minus« wirkt. Die Kontrollampe leuchtet auf, denn zwischen dem von der Batterie versorgten Bordnetz und dem noch stehenden Generator herrscht eine Spannungsdifferenz. Wird der Motor gestartet und hat die Lichtmaschine ihre Ladedrehzahl erreicht, verbindet der Spannungsregler den Stromerzeuger mit der Bordelektrik. Nun kommt der Plusstrom von Klemme 15 und zusätzlich von Klemme D+. Damit besteht keine Spannungsdifferenz mehr, die Kontrolleuchte verlöscht.
Die Ladekontrolle hat noch eine weitere Aufgabe: Sie muß durch Weiterleiten des Batteriestroms beim Einschalten der Zündung den Drehstrom-Generator »vorerregen«, damit dieser schon aus niedrigen Drehzahlen heraus Strom liefern kann. Nur beim ersten Anlaufen der Drehstrom-Lichtmaschine ist die Vorerregung notwendig. Sie bewirkt, daß der Generator schon bei 1000/min statt bei 1600/min (Lichtmaschinen-Umdrehungen) mit der Stromlieferung einsetzt. Die Gleichstrom-Lichtmaschine braucht diese Vorerregung nicht.

Ob die Batterie von der Lichtmaschine geladen wird, beweist das Verlöschen der Kontrollampe nicht, es besagt nur, daß zwischen Batterie und Lichtmaschine keine Spannungsdifferenz mehr besteht. Wenn im Motorleerlauf beispielsweise sämtliche Stromverbraucher eingeschaltet sind, leuchtet die Ladekontrolle nicht auf, obwohl mehr Strom der Batterie entnommen wird, als die Lichtmaschine liefert – aber es besteht keine Spannungsdifferenz zur Batterie.

Fingerzeig: *Vielleicht haben Sie beobachtet, daß manchmal die Ladekontrolle brennen bleibt, wenn Sie den warmgefahrenen Motor ohne Gas starten und er in niedriger Leerlaufdrehzahl weiterläuft. Hierbei ist die Vorerregung der Drehstrom-Lichtmaschine zu schwach, sie liefert noch keinen Strom. Sobald Sie auf das Gaspedal tippen, verlöscht das rote Licht. Diese Erscheinung deutet keinen Schaden an.*

Störungsbeistand Batterie und Lichtmaschine

Da der Drehstrom-Generator und die Batterie eng zusammengehören, haben wir die Störungstabelle auch für beide Aggregate zusammengefaßt.

Die Störung	– ihre Ursache	– ihre Abhilfe
A Rote Ladekontrolle brennt nicht beim Einschalten des Zündschlosses	1 Batterie leer	Mit Starthilfekabeln starten oder Wagen anschleppen
	2 Batteriekabel gebrochen, Kabelklemmen lose oder oxidiert	Batteriekabel und -klemmen kontrollieren
	3 Glühlampe defekt	Ersetzen
	4 Kabelweg zwischen Zündschloß, Kontrollampe und Lichtmaschine unterbrochen	Stromweg mit Prüflampe kontrollieren
	5 Schleifkohlen abgenutzt	Schleifkohlen erneuern
	6 Spannungsregler defekt	Regler austauschen
	7 Lichtmaschine schadhaft	Lichtmaschine instand setzen lassen
	8 Nach zu heftiger Motorwäsche (nur 1600): Eingedrungene Feuchtigkeit hat einen isolierenden Schmierfilm zwischen den Schleifringen und Kohlen gebildet	Lichtmaschine mit Preßluft ausblasen oder Schleifringe und Kohlen sauberreiben
B Ladekontrolle brennt oder glimmt bei laufendem Motor	1 Keilriemen lose	Riemen spannen
	2 Mangelnder Kontakt an Kabelanschlüssen oder unterbrochene Kabel	Kabelanschlüsse und Kabel prüfen
	3 Siehe A 5	
	4 Siehe A 6	
	5 Siehe A 7	
C Batterie gast stark	Siehe A 6	

Der Anlasser

Oben am Getriebe, etwa in Höhe des rechten Hinterrades, hat der Anlasser seinen Platz. Seine Aufgabe ist es, bei ausreichend geladener Batterie den Motor anzuwerfen. Dazu ist er mit etwa halb so viel Kraft ausgestattet wie ein Mofa-Motor, nämlich mit **0,51 kW (0,7 PS)** bei Schaltgetriebe bzw. **0,59 kW (0,8 PS)** bei Automatikgetriebe. Der Anlasser ist ein sogenannter Schub-Schraubtrieb-Starter. Das besagt, daß beim Durchdrehen des Zündschlüssels nach rechts zuerst die Zündschloß-Klemme 50 an die Klemme 50 des oben auf dem Anlasser sitzenden Magnetschalters Strom bringt, wodurch der Einrückhebel der Freilaufkupplung das Zahnritzel des Anlassers auf einem Steilgewinde der Ankerwelle in den Zahnkranz des Motor-Schwungrads schiebt. Beim Eingreifen des Ritzels in den Zahnkranz schaltet der Magnetschalter den vollen Batteriestrom ein, den die dicke Klemme 30 anliefert, so daß der Anlasser den Motor erst nach dem Einspuren des Ritzels kräftig durchdreht. Dreht der Motor von sich aus, wird das Ritzel aus dem Motor-Zahnkranz ausgespurt.

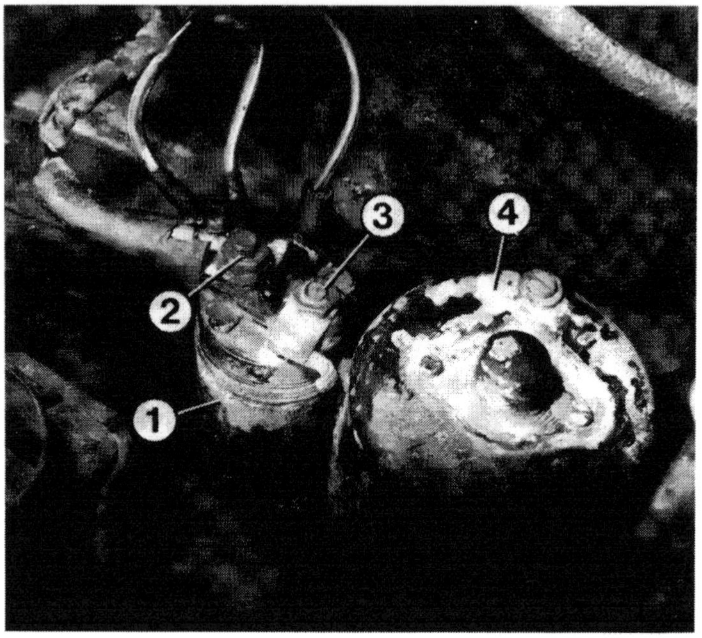

Der Magnetschalter (1) läßt den Strom zum Anlasser (4) fließen. Position 2 bezeichnet das von der Batterie kommende Kabel, 3 das zum Anlasser führende Hauptkabel. Das dünne Kabel darüber ist die vom Zündschloß kommende Steuerleitung (Klemme 50).

Anlasser ausbauen

■ Batterie-Massekabel abklemmen.
■ Im Motorraum die rechte obere Motorhaltemutter (die sitzt ganz vorn an der Trennwand) losschrauben.
■ Unter dem Wagen (evtl. hochbocken und sichern) alle Kabel am Anlasser losschrauben bzw. abziehen.
■ Untere Anlasser-Halteschraube herausdrehen und Anlasser abnehmen.
■ Den Einbau des Anlassers erledigt man am besten zu zweit. Sie können dann den oberen Haltebolzen des Anlassers von unterhalb des Wagens eindrükken (darauf achten, daß sein einseitig abgeschrägter Kopf richtig am Anlasser einrastet), während der Helfer die Haltemutter vom Motorraum her eindreht.

Anlasser-Schleifkohlen wechseln

Wenn der Anlasser streikt, sind möglicherweise nur die Schleifkohlen abgenutzt (siehe Störungsfahrplan Seite 192). Diese Kohlebürsten sind mit ihrem Anschlußdraht entweder angeschraubt oder angelötet. Bei letzterer Version werden Lötkenntnisse, ein Lötkolben und Elektrolot gebraucht. Natürlich muß auch ein Satz neuer Kohlen her, die man entweder in der Autoelektrik-Werkstatt oder im V.A.G.-Ersatzteillager bekommt.

■ Anlasser ausbauen (siehe voriger Abschnitt).
■ An der geschlossenen Seite des Anlassers zwei Schlitzschrauben am Lagerdeckel herausdrehen und Deckel abnehmen.
■ Sicherungsscheibe und Ausgleichsscheiben vom darunterliegenden Wellenstumpf abnehmen.
■ Beide Schrauben (oder Muttern mit Stehbolzen) am hinteren Gehäusedeckel herausdrehen und Deckel abnehmen.

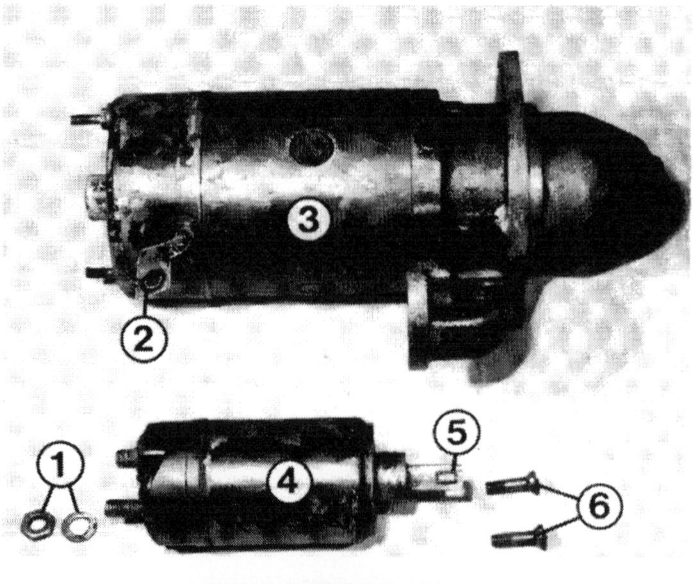

Der Magnetschalter (4) ist hier vom Anlasser (3) abgebaut. Es bedeuten: 1 – Mutter und Beilagscheibe für Anschlußkabel; 2 – Hauptkabel des Anlassers; 5 – Betätigungsstift des Magnetschalters; 6 – Befestigungsschrauben für Magnetschalter.

Die Kohlebürsten-Halteplatte (6) ist hier vom Anlasser abgebaut: 1 – Tülle für Anschlußkabel; 2 und 4 – Andruckfedern für die Kohlebürsten (3 und 5).

■ Nun ist die Halteplatte der Schleifkohlen zugänglich. Je nach Ausführung zwei oder vier Schleifkohlen abschrauben oder auslöten. Die Kohlen gelten als verschlissen, wenn sie ausgebrochen, am Kabelanschluß ausgelötet oder wenn sie so weit abgenutzt sind, daß die Andruckfeder auf dem Blechhalter der Kohle aufsitzt.

Magnetschalter ausbauen

Am Magnetschalter gibt es nichts zu reparieren. Ist er defekt (siehe Störungsfahrplan auf der folgenden Seite), wird er einfach ausgetauscht:

■ Kabel zum Anlasser losschrauben.

■ Zwei Schlitzschrauben vorn am Halteflansch des Magnetschalters losschrauben.

■ Magnetschalter ein Stück zurückziehen, und die Öse aus dem Einrückhebel des Anlassers aushängen.

Fingerzeig: *Nicht selten kommt es vor, daß der Anlasser nach langer Fahrt – vornehmlich bei heißem Wetter – streikt, aber bei abgekühltem Motor dann wieder einwandfrei funktioniert. Dieser Effekt ist auf eine ungünstige Maßpaarung von Anlasserwelle und -ritzel zurückzuführen. Bei Erwärmung klemmen diese Teile aufeinander und das Ritzel kann nicht mehr eingerückt werden. Wagen anschieben oder versuchen, den Anlasser durch einen trockenen Hammerschlag auf die runde Seitenfläche zur Aufnahme der Arbeit zu bewegen. Längerfristig sollte der Anlasser jedoch repariert oder ausgetauscht werden.*

Der Anlasser (1) zerlegt: 2 – Deckel; 3 – Haltebolzen oder -schrauben; 4 – Distanzscheibe; 5 – Sicherungsscheibe; 6 – Lagerdeckel.

Störungsbeistand Anlasser

Nicht immer wird Ihnen unser Störungsbeistand so weit helfen können, daß der Anlasser anschließend den Motor anwirft. Hat der VW-Bus jedoch ein Schaltgetriebe, können Sie ihn immerhin anschieben oder anschleppen lassen, wie auf Seite 181 beschrieben. Bei Wagen mit Getriebeautomatik ist in diesem Fall leider nichts zu machen, hier muß abgeschleppt werden.

Die Störung	– ihre Ursache	– ihre Abhilfe
A Beim Drehen des Zündschlüssels in Startstellung dreht der Anlasser zu langsam oder gar nicht	1 Kontrollampen brennen schwach oder verlöschen:	
	a) Batterie entladen	Mit Starthilfekabel starten
	b) Kabelanschlüsse lose oder oxidiert	Kabelanschlüsse kontrollieren
	c) Anlasser hat Masseschluß	Anlasser überholen lassen
	2 Kontrollampen brennen hell, Klicken aus Richtung Anlasser	Kurz auf den Magnetschalter klopfen. Dreht der Anlasser weiterhin nicht:
	a) Kohlebürsten bzw. deren Anschlüsse im Anlasser gelöst	Kohlebürsten überprüfen
	b) Kontakte im Magnetschalter verschmort	Magnetschalter ersetzen
	c) Anlasserwicklung schadhaft	Anlasser überholen lassen
	3 Kontrollampen brennen hell, keinerlei Geräusche	
	a) Flachstecker der Klemme 50 am Magnetschalter lose	Steckanschluß überprüfen
	b) Klemme-50-Leitung vom Zündschloß zum Magnetschalter unterbrochen	Leitung mit Prüflampe kontrollieren
B Anlasser läuft, ohne den Motor durchzudrehen	1 Einrückvorrichtung klemmt	Anlasser überholen lassen
	2 Verzahnung des Ritzels oder des Motorschwungrads beschädigt	Wagen bei eingelegtem Gang ein Stück vorschieben. Erneut starten. Beschädigte Teile ersetzen lassen
C Anlasser läuft weiter, obwohl Zündschlüssel losgelassen wurde	1 Magnetschalter hängt und schaltet nicht ab	Zündung sofort abschalten, notfalls Batterie abklemmen. Magnetschalter ersetzen
	2 Zünd-/Anlaßschalter defekt	Zünd-/Anlaßschalter ersetzen
D Ritzel spurt nach Anspringen des Motors nicht aus	1 Rückstellfeder des Einrückhebels lahm oder gebrochen	Zündung sofort abschalten. Reparieren lassen
	2 Verzahnung des Ritzels bzw. des Motorschwungrads verschmutzt oder beschädigt	Reinigen bzw. schadhafte Teile ersetzen lassen

Die Zündanlage

Zündende Funken

Was erwarten wir von der Zündanlage? Sie soll zur richtigen Zeit – also wenn der Kolben das Kraftstoff-Luft-Gemisch komprimiert hat – einen Funken im Brennraum überspringen lassen, der das Gemisch entflammt. Das kleine Gewitterchen, das so entsteht, befördert den Kolben im Zylinder zum unteren Totpunkt und treibt so den Wagen an. So einfach ist das.

Wie funktioniert die Zündung?

Elektrischer Strom kann nur in einem geschlossenen Kreislauf fließen, das wissen Sie ja. Bei der Zündanlage haben wir zwei Stromkreise, die gewissermaßen ineinander verschlungen sind: Primär-Stromkreis und Sekundär-Stromkreis.

Fangen wir mit dem Primär-Stromkreis an. Der 12-Volt-Strom vom Pluspol der Batterie und der Lichtmaschine fließt über das Zündschloß zur Zündspule, darin durch eine Wicklung aus dickem Draht – die Primär-Wicklung – weiter zum »Untergeschoß« des Verteilers, der den Primärstrom bei geschlossenem Unterbrecher wieder an Masse leitet. Damit wäre der Primär-Stromkreis geschlossen. In der dicken Drahtwicklung der Zündspule entsteht hierbei ein magnetisches Feld, das sich durch einen Eisenkern in der Mitte noch verstärkt. Wird nun vom Unterbrecher im »Untergeschoß« des Verteilers der Primär-Stromkreis unterbrochen, fällt das Magnetfeld um die Primär-Wicklung der Zündspule schlagartig zusammen. Dabei entsteht (durch Induktion) in der zweiten Drahtwicklung der Zündspule – der Sekundär-Wicklung, die aus vielen Lagen dünnen Drahts gewickelt ist – Hochspannung von rund 15 000 Volt. Diese Spannung leitet das Hauptzündkabel von der Zündspule in das »Obergeschoß« des Verteilers an den Verteilerfinger, der den Strom jeweils an eine Zündkerze weiterschickt. Dort springt der hochgespannte Sekundärstrom als Zündfunke zwischen den Zündkerzenelektroden über, womit auch dieser Stromkreis geschlossen ist.

Die 15 000 Volt Zündspannung an unserem VW-Bus sind übrigens – im Gegensatz zu den Spannungen an Transistorzündanlagen von neueren Wagen – für den menschlichen Körper ungefährlich.

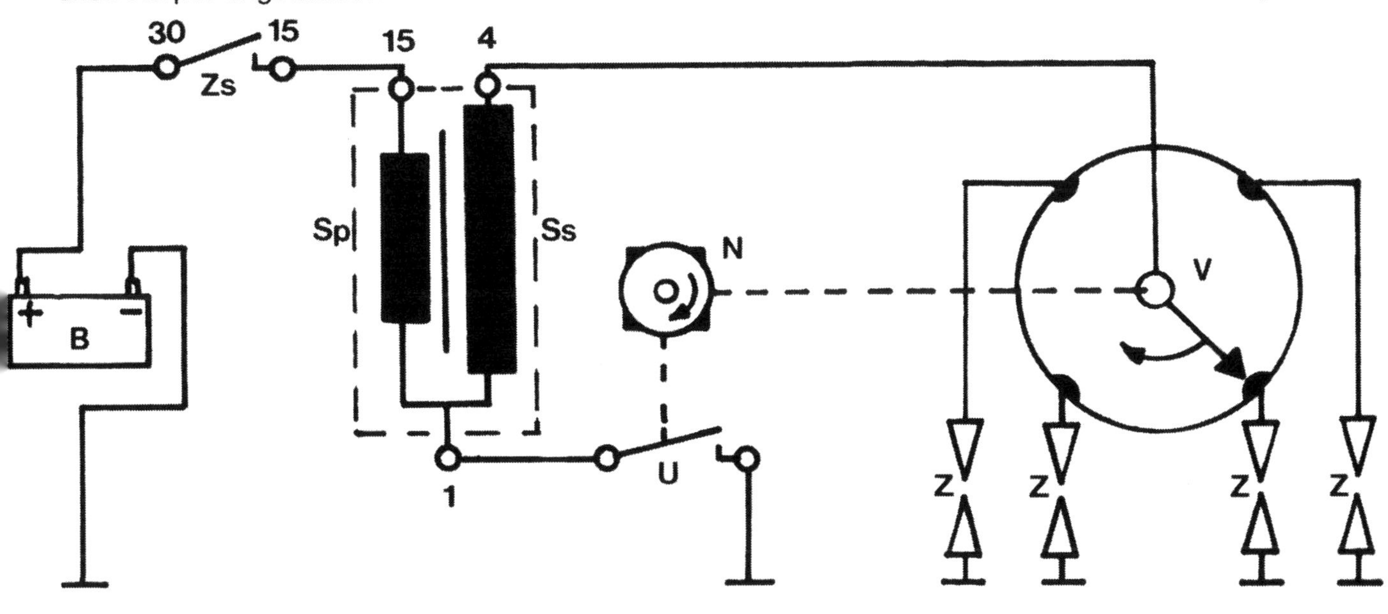

Das Prinzipschaltbild der Zündanlage: Die Buchstaben bedeuten: B – Batterie; N – Nockenbahn der Verteilerwelle; Sp – Primärwicklung der Zündspule; Ss – Sekundärwicklung; U – Unterbrecher; V – Verteiler; Z – Zündkerzen; Zs – Zündschloß. Die Zahlen entsprechen der Klemmenbezeichnung.

Wann wird gezündet?

Oberer Totpunkt und Frühzündung

Der Funke muß im richtigen Augenblick überspringen – davon hängt die volle Leistung des Motors ab. Diesen Augenblick herauszufinden, ist allerdings nicht ganz einfach. Am wirkungsvollsten ist die Verbrennung, wenn das Kraftstoff-Luft-Gemisch in dem Moment entzündet wird, da dieses auf engsten Raum zusammengepreßt ist. Diese höchste Verdichtung herrscht beim Viertaktmotor in jenem Augenblick, in dem der Kolben bei Beendigung des Kompressionshubs von der Aufwärtsbewegung in eine Abwärtsbewegung (beim VW-Bus wäre richtiger: in eine Bewegung zur Motormitte hin) übergehen will.

Bevor sich die Bewegungsrichtung des Kolbens umkehrt, steht er einen winzigen Sekundenbruchteil lang am höchsten (hier: am äußersten) Punkt in seiner Bewegungsbahn still. Diesen Punkt nennt man den »Oberen Totpunkt« (OT). Das entsprechende Gegenstück dazu – der untere Umkehrpunkt – ist der »Untere Totpunkt« (UT), der uns jedoch hier nicht interessiert (sehen Sie sich zu dieser Erklärung die Zeichnung rechts oben an).

Wieder zurück zum richtigen Zeitpunkt für den Zündfunken: Idealer Zündzeitpunkt ist also der Moment, in dem der Kolben gerade seine Abwärtsbewegung beginnt. Die Verdichtung ist am höchsten, und der Kolben kann mit Kraft und Schwung zum Motorblock hinuntergedrückt werden.

Trotzdem wäre es falsch, den Zündzeitpunkt genau auf OT zu legen. Denn das Kraftstoff-Luft-Gemisch braucht eine gewisse Zeit (rund $^{1}/_{3000}$ s), bis es sich entzündet hat und den vollen Verbrennungsdruck entwickelt. Also wird der Zündzeitpunkt vorverlegt. Wir haben »Frühzündung«. Der Startschuß für den Funken erfolgt deshalb noch während der Aufwärtsbewegung des Kolbens, der Verbrennungsdruck setzt jedoch erst knapp nach dem OT ein.

Richtiges Zünden bei höheren Drehzahlen

Mit steigender Motordrehzahl muß der Zündfunke früher überspringen, denn – wir haben das im letzten Abschnitt schon angesprochen – das Kraftstoff-Luft-Gemisch braucht ja immer die gleiche Zeit zur Entzündung. Nur so erfolgt die Verbrennung wieder genau zur richtigen Zeit, nämlich dann, wenn der Kolben gerade wieder beginnt abwärts zu laufen.

Das Verbrennen des Kraftstoff-Luft-Gemisches hängt aber auch von dessen Zusammensetzung ab. Bei nur gering durchgetretenem Gaspedal (bei »Teillast«) ist das Gemisch in den Brennräumen weniger zündfähig; es verbrennt daher langsamer und muß auch aus diesem Grund früher gezündet werden.

Diese Zündverstellung in Richtung »früh« übernehmen beim VW-Bus die Frühzündungs-Unterdruckverstellung und die Frühzündungs-Fliehkraftverstellung. Doch auf diese Einrichtungen wollen wir erst auf Seite 204 eingehen.

Die Teile der Zündanlage

Nach den theoretischen Grundlagen wollen wir uns nun – ihrer Funktionsreihenfolge nach – mit den einzelnen Teilen der Zündanlage und ihrer Wartung befassen. Fangen wir mit der Zündspule an:

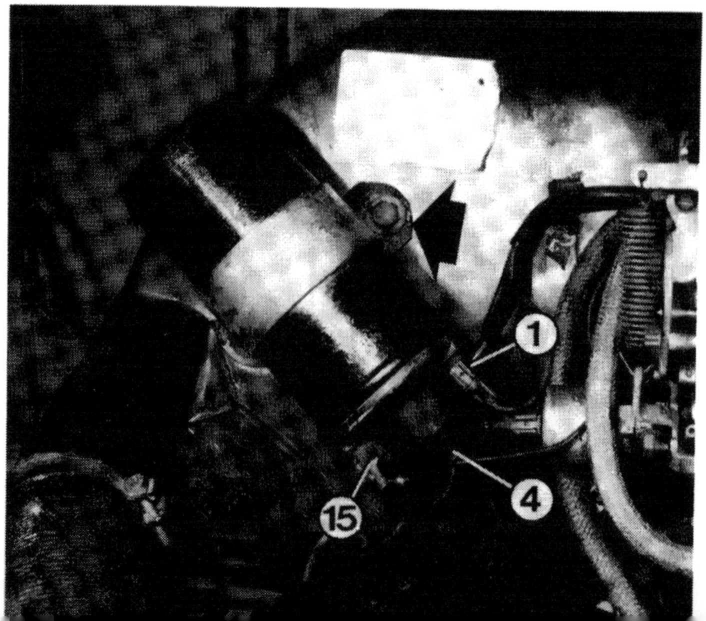

Beim 1600er ist die Zündspule mit zwei Schrauben (Pfeil) am Gebläsekasten befestigt. Die Zahlen auf dem Bild geben die Klemmenbezeichnungen der Zündspule an.

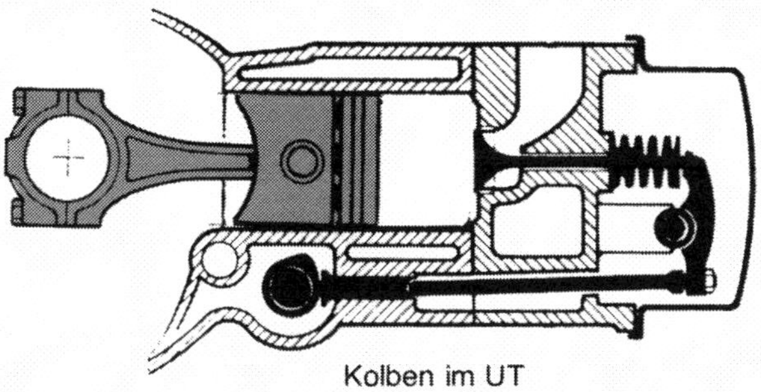

Kolben im UT

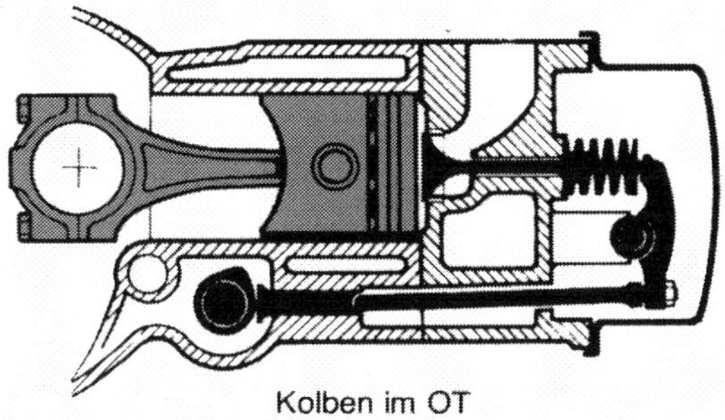

Kolben im OT

Die Zündspule

Für die Zündspule sind keine Wartungsarbeiten vorgesehen, doch Sie sollten darauf achten, daß sie immer sauber und trocken ist. Sonst fließt ein Teil der für den Zündfunken benötigten Energie als »Kriechstrom« über das Spulengehäuse ab, und die volle Zündspannung wird nicht erreicht.
Wie die Zündspule prinzipiell funktioniert, haben wir schon auf Seite 193 beschrieben. Ihren Primärstrom erhält sie an Klemme 15 (vom Zündschloß her). Der Strom fließt von dort durch die Primärwicklung der Zündspule zu Klemme 1 an der Spule. Von da aus geht es im grünen Kabel weiter zum Unterbrecher, der je nach Öffnen oder Schließen seiner Kontakte die Verbindung zu »Masse« herstellt.
Die Zündspannung von etwa 15 000 Volt kommt aus der mittleren Klemme 4 an der Spule. Klemme 4 stellt das eine Ende der Sekundärwicklung dar. Das andere Ende ist ebenfalls über Klemme 1 an »Masse« gelegt.
Die Zündspannung gelangt durch das Hauptzündkabel zur Mittelbuchse des Verteilers, von wo aus sie zu den vier Zündkerzen geleitet wird.

Zündspule prüfen

Ob die Zündspule ordnungsgemäß funktioniert, kann Ihnen die Autoelektrik-Werkstatt genau sagen, denn dort wird die Spule auf den Prüfstand genommen und genau durchgetestet. Doch auch nach der Heimwerker-Methode lassen sich zwei Prüfungen durchführen, die recht verläßliche Aussagen über die Zündspule zulassen:

Die Hochspannungsprüfung

Hier wird geprüft, ob überhaupt hochgespannter Zündstrom durch das dicke Hauptzündkabel »herauskommt«:

- Hauptzündkabel aus der Mittelbuchse des Zündverteilers herausziehen.
- Anlasser von Helfer betätigen lassen und Hauptzündkabel mit einer Wäscheklammer oder isolierter Zange auf etwa 10 mm Abstand gegen blankes Motorblockmetall halten.
- Springen kräftige Funken über, ist die Zündspule wahrscheinlich intakt. Sie kann aber dennoch für Aussetzer bei hohen Drehzahlen verantwortlich sein.

Prüfung der Spulen-Wicklung

War die Hochspannungsprüfung unbefriedigend, müssen Sie feststellen, ob an den Kontakten der Zündspule überhaupt Strom anliegt. Dazu eignet sich am besten eine aus einer alten Scheinwerferbirne selbstgebastelte Behelfsprüflampe (zwei ausrei-

Hochspannungsprüfung der Zündspule: Das herausgezogene Ende des Hauptzündkabels muß in etwa 10 mm Abstand an ein blankes Motorteil gehalten werden.

Zum Öffnen des Verteilers müssen die beiden Halteklammern mit einem Schraubenzieher abgedrückt werden (Pfeile).

chend lange Kabel andrillen oder festlöten, daß ein Lichtfaden brennt). Der Eigenverbrauch der Scheinwerferbirne (mindestens 40 Watt) gibt durch unterschiedlich helles Leuchten den Hinweis, ob der Widerstand der Zündspule noch groß genug ist oder ob sich ein Kurzschluß eingeschlichen hat. Noch genauer ist ein parallel zur Behelfsprüflampe geschaltetes Voltmeter. Weniger geeignet ist eine gewöhnliche Elektrik-Prüflampe, denn deren geringer Eigenverbrauch zeigt nur, ob überhaupt Strom da ist, sagt aber nichts über die Widerstandswirkung.
Als Vorbereitung zur Prüfung an Klemme 1 der Zündspule das grüne Kabel zum Unterbrecher lösen, damit der Stromweg über die Unterbrecherkontakte unterbrochen ist und durch die Behelfsprüflampe fließen muß.

■ Zündung einschalten; Öldruck- und Ladekontrolle müssen brennen.

■ Ein Ende des Prüflampenkabels und Plus-Klemme des Voltmeters an Klemme 15 der Zündspule drücken, das andere Ende und Minus-Klemme des Voltmeters an Masse: Die Lampe muß hell brennen, das Voltmeter zeigt etwa 11,5 Volt. Brennt sie nicht, liegt der Fehler an der Zuleitung vom Zündschloß her.

■ Bei derselben Prüfung an Klemme 1 der Zündspule muß die Behelfsprüflampe sehr trübe brennen, das Voltmeter zeigt etwa 5 Volt. Brennt nichts, ist die Primärwicklung der Zündspule unterbrochen. Brennt sie recht hell, herrscht Kurzschlußüberbrückung in der Zündspule. In beiden Fällen Spule ersetzen.

■ Sind die Leucht- und Meßergebnisse gut, gibt es aber trotzdem keinen ausreichenden Zündfunken, kann die Sekundär-(Hochspannungs-)Wicklung der Zündspule defekt sein. Oder es liegt am Kondensator (siehe Seite 200).

Fingerzeig: *Wenn Ihnen unterwegs in fernen Landen die Zündspule ausfällt, brauchen Sie, im Gegensatz zu vielen anderen Teilen Ihres Wagens, nicht ganz genau die serienmäßig eingebaute Zündspule zu beschaffen, sondern es geht mit jeder anderen Zündspule ebenso. Sie muß nur auf 12 Volt ausgelegt sein.*
Nicht verwendet werden dürfen jedoch solche Zündspulen für 12 Volt, für die ein »Vorwiderstand« notwendig ist, es sei denn, man baut den Vorwiderstand ebenfalls mit ein. Ist nun auch kein Vorwiderstand zur Hand, kann man sich behelfen, indem man zwischen die Klemme 15 und den Anschlußdraht eine Scheinwerferbirne schaltet.

Der Zündverteiler

Der Zündverteiler trägt seinen Namen eigentlich zu Unrecht, denn er erfüllt weit mehr Funktionen, als nur die Zündspannung zu verteilen:

□ In seinem Hochspannungsteil verteilt der Verteilerfinger die Zündfunken an die vier Zündkerzen.

□ Im Verteilerfinger ist der Drehzahl-Begrenzer eingebaut (siehe Seite 56).

□ Etwas weiter unten hat der Unterbrecher seinen Platz (siehe Seite 193 und 198).

□ Außen am Verteiler sitzt der Funkenlösch-Kondensator des Unterbrechers (siehe Seite 200).

Der zerlegte Verteiler:
1 – Verteilerfinger;
2 – Verteilerdeckel; 3 – Schutzdeckel; 4 – Verteiler-Unterteil.

□ Die Verteilerwelle selbst besteht nicht aus einem Stück. Sie ist zweigeteilt und beinhaltet die Fliehkraft-Zündverstellung (siehe Seite 205).
□ Seitlich am Verteiler ist die Unterdruckdose der Unterdruck-Zündverstellung angebracht. Die wirkt über eine Betätigungsstange auf die Unterbrecher-Grundplatte.

Verteilerdeckel, -finger und Staubschutzdeckel abnehmen

Bevor man z. B. an den Unterbrecher herankommt, müssen diese Teile abgenommen werden. Wie das geht, wissen die meisten schon; für die anderen sei es hier erklärt:

■ Der Verteilerdeckel wird von zwei Blech-Haltespangen auf dem Verteilergehäuse gehalten. Diese Haltespangen mit einem Schraubenzieher abhebeln und Verteilerdeckel abnehmen – die Zündkabel bleiben aufgesteckt.

■ Der Verteilerfinger ist nur aufgesteckt – nach oben abziehen.

■ Der Staubschutzdeckel – sofern überhaupt vorhanden – ist nur lose aufgelegt und kann nach Abziehen des Verteilerfingers abgenommen werden.

Verteiler wieder zusammenbauen

■ Staubschutzdeckel auflegen; darauf achten, daß die Nase an seinem Umfang in die Aussparung am Verteilergehäuse paßt.

■ Verteilerfinger aufsetzen; er hat in der Bohrung, mit der er auf die Verteilerwelle aufgesetzt wird, einen Anguß und der muß in die Aussparung der Verteilerwelle einrasten. Das geht ganz einfach, wenn man den Verteilerfinger beim Aufsetzen auf die Welle bei gleichzeitigem Drehen nach unten drückt. Dann hakt er ganz von selbst in der richtigen Stellung ein.

■ Auch der Verteilerdeckel kann nur in einer Stellung richtig eingebaut werden. Er hat – wie der Staubschutzdeckel – an seinem äußeren Rand eine Nase angegossen, die in die Aussparung am Verteilergehäuse passen muß.

Bei geöffnetem Verteiler ist zu sehen: 1 – Unterdruckdose; 2 – Kondensator; 3 – Halteklammer; 4 – Unterbrecher; 5 – Halteschraube für Unterbrecher; 6 – Einstellwarzen für Unterbrecher; 7 – Anschlußkabel für Unterbrecher; 8 – Verteilerwelle; 9 – Zugstange für Unterdruck-Zündverstellung; 10 – Nockenbahn der Verteilerwelle; 11 – Anschluß für Unterdruckschlauch.

Zündverteiler kontrollieren

Wie der Zündverteiler geschmiert wird, finden Sie auf Seite 45 beschrieben. Doch mit der Schmierung allein ist es nicht getan:

■ Die Verteilerkappe muß innen und außen sauber sein, damit keine Strombrücke über Schmutz, Abrieb oder Feuchtigkeit den Zündstrom ableitet.

■ Die Kontaktkohle muß innen in der Mitte des Verteilerdeckels glatt und glänzend sein, sich leicht einfedern lassen und ohne zu klemmen wieder zurückfedern, denn sie hat den Hochspannungs-Zündstrom vom Hauptzündkabel zum Mittelkontakt des Verteilerfingers weiterzuleiten.

■ Der Verteilerfinger darf an seiner Kontaktzunge und über der Vergußmasse des Entstörwiderstands zwischen seinem Mittelkontakt und der Zunge nicht verschmort sein. Was zur Funktion des Verteilerfingers als Drehzahlbegrenzer zu sagen ist, finden Sie auf Seite 56 beschrieben.

■ Entdecken Sie innen im Verteilerdeckel bleistiftartige Striche, so muß er ausgetauscht werden. Diese »Striche« sind die Brandspuren von Kriechströmen, die sich dort über Schmutz oder Feuchtigkeit einen Weg gebahnt und eingebrannt haben. Solche Kriechströme setzen die Spannung des Zündstroms natürlich stark herab. Steht jedoch keine neue Verteilerkappe zur Verfügung, können Sie als Behelf die »Bleistiftstriche« mit einem Schraubenzieher oder Messer tief auskratzen und mit Alleskleber, Lippenstift oder Nagellack die Kratzspuren kriechstromsicher überstreichen.

Verteiler aus- und einbauen

■ Motor so weit durchdrehen, bis der Verteilerfinger zur Zylinder-1-Kerbe zeigt (siehe Bild rechts oben).

■ Keilriemenscheibe des Motors genau auf OT-Stellung bringen (siehe Bilder auf Seite 203).

■ SW-13-Mutter am Blechhalter neben dem Verteilerfuß herausdrehen und Verteiler nach oben abziehen (zuvor Verteilerdeckel komplett oder Zündkabel einzeln abnehmen).

■ Vor dem Einbau des Verteilers den richtigen Sitz der kleinen Distanzfeder in der Mitte der Verteiler-Antriebsachse am Motor kontrollieren.

■ Beim Einsetzen des Verteilers darauf achten, daß sich die OT-Stellung des Motors und die des Verteilers nicht verändert hat. Dann rasten die Keile an der Verteilerwelle leicht in die Schlitze des Verteiler-Antriebs am Motor ein. Eventuell leicht an der Verteilerwelle »spielen«, bis Sie spüren, daß die Keile einhaken.

■ Schließwinkel und Zündzeitpunkt einstellen.

Der Unterbrecher

Der Unterbrecher sitzt ziemlich zugebaut im Verteiler. Um ihn zu sehen, müssen Sie Verteilerdeckel und -finger sowie den Staubschutzdeckel abnehmen (siehe Vorseite). Gegen Masse isoliert, sitzt er auf der Unterbrecherplatte und löst bei seinem Abheben den Zündfunken aus (siehe Seite 193).
Das ständige Öffnen und Schließen des Stromkreises bewirkt an den Kontakten des Unterbrechers (Hammer und Amboß) unvermeidbaren Verschleiß durch Abbrand, Verschmoren oder Metallwanderung. Am Hammer bilden sich durch den Gleichstrom kleine Krater und am Amboß Höcker, die sich in die Krater einfügen.

Unterbrecherkontakte prüfen
Wartungspunkt Nr. 6

Je nach Fahrbedingungen und Zustand der Zündanlage hält der Unterbrecher unterschiedlich lange durch. Wir empfehlen deshalb erst einmal eine Kontrolle der Kontakte. Dazu Verteilerdeckel, -finger und Staubschutzdeckel abnehmen (siehe Vorseite). Das Aussehen der Kontakte bedeutet:

□ Kontakte silberartig, wie hell poliert: Zündanlage in Ordnung.

□ Kontakte sauber, doch leichte Höcker- und Kraterbildung: leichter Verschleiß – Kontakte können weiterverwendet werden.

□ Kontakte sauber, aber starke Höcker- und Kraterbildung: Kontakte normal abgenutzt – ersetzen.

□ Grauer Überzug auf den Kontaktflächen: Oxidation durch zu geringen Kontaktabstand, zu schwache Feder oder klemmenden Unterbrecherhebel – ersetzen.

□ Kontaktflächen blau angelaufen: Zündspule oder Kondensator funktionieren nicht einwandfrei.

□ Materialablagerungen oder schwarze Verkrustungen auf den Kontakten: Öl, Fett

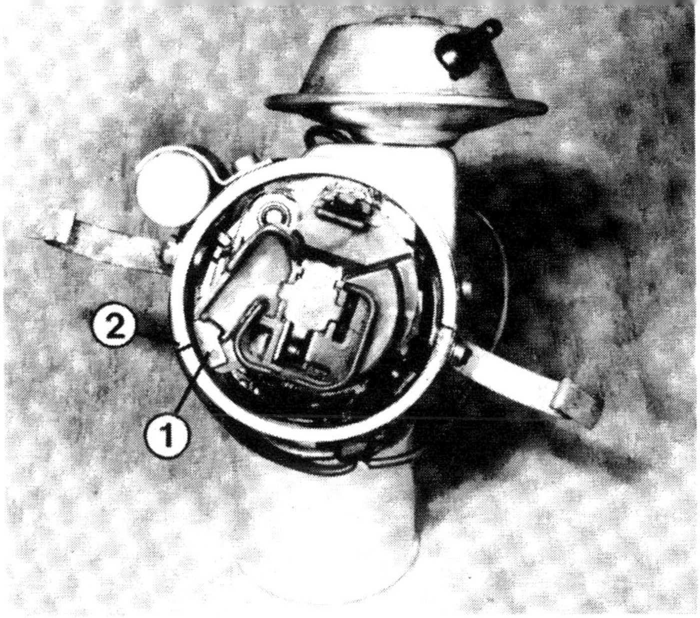

Zylinder 1 befindet sich in OT-Stellung, wenn die Kontaktplatte (1) des Verteilerfingers der Kerbe (2) am Verteilerrand gegenübersteht.

oder Schmutz auf die Kontakte geraten – mit einem scharfkantigen Schraubenzieher oder Taschenmesser den Schmutz abschaben (keine Feile oder Schmirgelleinen dazu verwenden). Anschließend ein Läppchen um einen dünnen Holzstab wickeln und mit Tetrachlorkohlenstoff (als Reinigungsmittel in der Drogerie erhältlich) tränken. Damit die Kontakte abwischen.

Unterbrecherkontakte austauschen

Unterbrecherkontakte mit starken Höckern und Kratern auf der Kontaktfläche müssen ausgetauscht werden. Leichte Unebenheiten sind dagegen unbedenklich. Sind allerdings die Kontakte blau angelaufen oder verschmort, so muß neben dem Austauschen des Unterbrechers auch noch nach dem Fehler in der Zündanlage gesucht werden. Kondensator oder Zündspule sind dann defekt.

Auswechseln des Unterbrechers:

- ■ Verteilerdeckel, -finger und Staubschutzdeckel abnehmen (siehe Seite 197).
- ■ Kabelschuh des Verbindungskabels zum Unterbrecher innen am Verteiler abziehen.
- ■ Beim Einbau des neuen Kontaktsatzes darauf achten, daß der Zapfen unten an den Kontakten in die Bohrung in der Verteiler-Grundplatte einrastet.
- ■ Lagerwelle des Unterbrechers mit einem Tropfen Öl und Nockenbahn der Verteilerwelle sparsam mit etwas Heißlagerfett (z. B. Bosch-Fett Ft 1v4) oder Mehrzweckfett versehen.
- ■ Schließwinkel und Zündzeitpunkt einstellen.

Der Unterbrecher-Schließwinkel

Bauen Sie Verteilerdeckel, Verteilerfinger und Staubschutzdeckel ab, wie auf Seite 197 beschrieben, und lassen Sie den Motor von einem Helfer mit dem Anlasser durchdrehen. Sie können jetzt genau beobachten, wie die Nocken der Verteilerwelle den Unterbrecherhammer jedesmal vom Amboß abheben. Wie lange die beiden Unterbrecherkontaktflächen bei jeder Viertelumdrehung der Unterbrecherwelle, also jeweils zwischen den einzelnen Nocken, geöffnet und geschlossen sind, hängt vom Abstand der beiden Unterbrecherkontakte ab, der früher mit der Fühlerlehre gemessen wurde (siehe Seite 200). Ist dieser Abstand beim vollen Abheben nur gering, bleiben die Unterbrecherkontakte bis zum nächsten Abheben verhältnismäßig lange geschlossen. Ist der Kontaktabstand dagegen groß, ist die »Schließzeit« bis zum nächsten Abheben nur gering. Den Winkel, um den sich die Unterbrecherwelle vom Beginn bis zum Ende der »Schließzeit« dreht, nennt man den Schließwinkel.

Diese Zeichnungen zeigen den Einfluß des Unterbrecher-Kontaktabstands (A) auf den Schließwinkel (S): links ist der Kontaktabstand zu klein und der Schließwinkel entsprechend zu groß, in der Mitte zu großer Kontaktabstand und zu kleiner Schließwinkel, rechts stimmen Kontaktabstand und Schließwinkel.

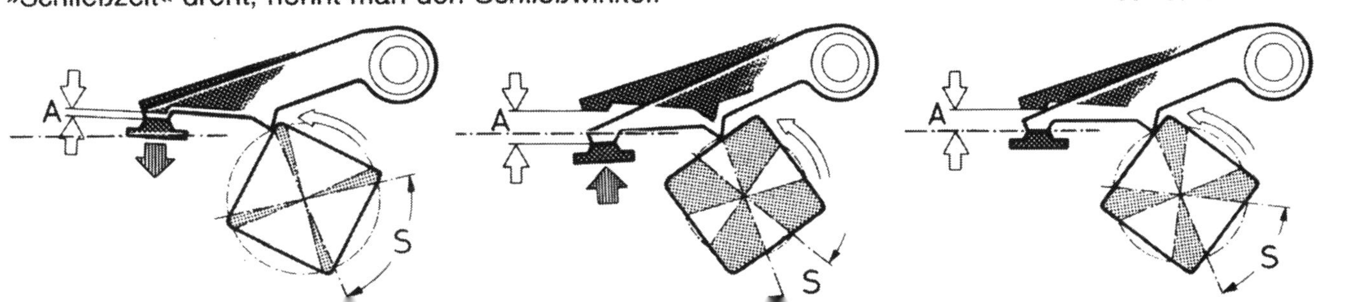

Schließwinkel einstellen
Wartungspunkt Nr. 7

Der Unterbrecher-Schließwinkel wird bei Leerlaufdrehzahl und bei rund 2000/min mit dem Schließwinkeltester (siehe Seite 18) gemessen.
Da sich der Kontaktabstand und damit der Schließwinkel theoretisch über den gesamten Drehzahlbereich des Motors nicht ändern kann, deuten stark unterschiedliche Meßergebnisse bei diesen Drehzahlen auf eine verschlissene Verteilerwelle hin – Verteiler austauschen.
Der **Schließwinkel** soll in beiden Fällen **44–50**° (entsprechend **49–56%**) betragen. Ist das nicht der Fall, muß er eingestellt werden:

- Halteschraube des Unterbrecherkontaktsatzes etwas lockern und Schraubenzieher zwischen Einstellwarzen und Einstellkerbe (Bild rechts unten) stecken.
- Motor jetzt von Helfer mit dem Anlasser durchdrehen lassen, und Unterbrechergrundplatte so lange verdrehen, bis der Schließwinkel stimmt.
- Sind neue Unterbrecherkontakte eingebaut worden, Schließwinkel auf den unteren Toleranzwert einstellen, denn durch Abrieb am Unterbrecher-Gleitstück wird im Lauf der Zeit der Schließwinkel größer bzw. der Unterbrecher-Kontaktabstand geringer.
- Verteiler wieder zusammenbauen, Motor starten und Schließwinkel nachmessen.

Kontaktabstand behelfsmäßig einstellen

Ist kein Schließwinkeltester zur Hand, geht die Messung des Schließwinkels auch so – nämlich über das Nachmessen des Unterbrecher-Kontaktabstands. Nach dieser Methode wurde der Unterbrecher vor der Einführung der Schließwinkel-Meßgeräte eingestellt. Und das geht folgendermaßen:

- Der Abstand zwischen den geöffneten Kontakten des Unterbrechers sollte **0,4 mm** betragen. Zur Messung muß das Kontaktpaar geöffnet sein – d. h. das Unterbrecher-Gleitstück muß genau auf dem Gipfelpunkt einer Verteilerwellen-Nocke stehen. Motor entsprechend weit durchdrehen oder Wagen mit eingelegtem Gang vorwärtsschieben.
- Fühlerlehrenblatt 0,4 mm zwischen die Kontakte stecken. Es muß sich bei richtigem Abstand mit ganz leichtem Widerstand einschieben lassen. Bei gebrauchten Kontakten nur am Rand messen! Höcker und Krater auf der Kontaktfläche würden sonst die Messung verfälschen.
- Stimmt das Spiel nicht, Klemmschraube am Unterbrecheramboß öffnen, Schraubenzieher zwischen die Einstellwarzen und die Einstellkerbe stecken und damit den Amboß sanft verschieben, bis das Spiel stimmt.
- Klemmschraube festziehen und Abstand nochmals mit der Fühlerlehre messen.
- Natürlich stimmt jetzt der Zündzeitpunkt nicht mehr. Einstellen!

Der Kondensator

Der Kondensator ist beim VW-Bus außen am Verteilergehäuse angeordnet. Aussehen tut er wie eine Kleinbild-Filmrolle. Er hat die Aufgabe, den beim Öffnen des Unterbrechers entstehenden Funken so weit als möglich zu unterdrücken – er ist also ein »Funkenlöschkondensator«. In seltenen Fällen löscht er aber nicht nur den Funken, sondern die ganze Zündanlage (siehe Seite 196).

Kondensator prüfen

Eine genaue Prüfung des Kondensators kann nur durchführen, wer ein entsprechend ausgelegtes Meßgerät hat. Andere sind auf die Werkstatt angewiesen oder halten sich an die nachstehenden behelfsmäßigen Prüfmethoden. Doch zuvor noch ein Tip: der Kondensator ist nicht teuer; es lohnt deshalb oft nicht, lange daran herumzuspielen. Auswechseln ist kraft- und zeitsparender.

- Ein total ausgefallener Kondensator läßt sich eventuell bei abgenommenem Verteilerdeckel an überspringenden starken Funken zwischen den Unterbrecherkontakten erkennen. Von einem Helfer den Motor starten lassen.
- Auch bei stark verschmorten Unterbrecherkontakten, die noch nicht lange in Betrieb sind, besteht der Verdacht, daß der Kondensator defekt ist.
- Prüfung: Grünes Kabel von Klemme 1 der Zündspule abziehen und zwischen das abgezogene Kabel und die jetzt freie Klemme 1 eine Prüflampe schalten. Von Helfer Motor (ohne Gas) mit dem Anlasser durchdrehen lassen. Blinkt die Lampe in gleichmäßigem Rhythmus, hat der Kondensator zumindest einmal keinen Kurzschluß.

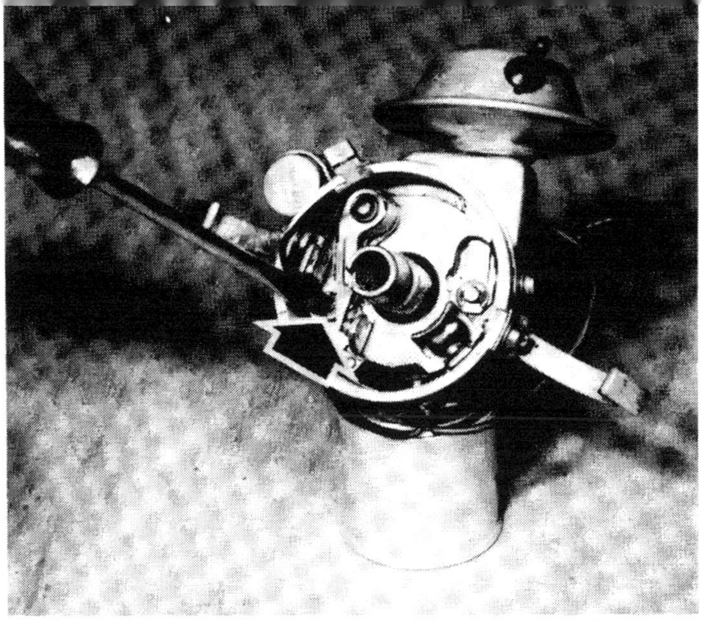

Zum Einstellen des Schließwinkels bzw. des Unterbrecher-Kontaktabstands wird die Unterbrecher-Halteschraube (Pfeil) gelockert.

Zündzeitpunkt einstellen

Wartungspunkt Nr. 8

Der Zündzeitpunkt muß alle 10 000 km überprüft werden, doch auch bei neu eingestellten bzw. ausgetauschten Unterbrecherkontakten sowie bei aus- und wieder eingebautem Verteiler wird eine Korrektur der Einstellung nötig. Gerade der VW-Bus reagiert schnell mit schlechter Leistung und höherem Benzinverbrauch auf eine verstellte Zündung.

Gemessen wird grundsätzlich bei warmem Motor. An speziellem Werkzeug wird lediglich die auf Seite 17 beschriebene Zündlichtpistole (Stroboskoplampe) gebraucht.

■ Unterdruckschlauch am Verteiler abziehen.

■ Motor starten. Wer einen genauen Drehzahlmesser hat – ist z. B. im Schließwinkeltester eingebaut –, muß jetzt die Meßdrehzahl (siehe Tabelle Seite 202) einstellen. Dazu die Zusatzgemisch-Regulierschraube entsprechend verdrehen. Meistens wird es jedoch genügen, den Motor im Leerlauf drehen zu lassen (Startautomatik bei warmem Motor nicht mehr im Einsatz). Das ist auch unsere Empfehlung an diejenigen, die keinen Drehzahlmesser besitzen.

■ Auslösekabel der Stroboskoplampe an das Zündkabel zu Zylinder 1 (das ist der rechts vorn) anschließen. Pluskabel der Lampe an Klemme 15 der Zündspule, Minuskabel irgendwo am Motorblock festklemmen.

■ Richten Sie den Schein der Stroboskoplampe auf die Markierung am Motor (siehe Bilder Seite 203). Die Kerbe an der Keilriemenscheibe muß jetzt genau unter der Gehäusetrennfuge bzw. unter der Einstellmarke sichtbar sein. Durch den flackernden Schein der Stroboskoplampe entsteht der Eindruck, als würde die Kerbe der Riemenscheibe an einem Fleck stehenbleiben, was das Einstellen vereinfacht.

■ Stimmt die Einstellung nicht, Klemmschraube unten am Verteilerfuß (siehe Bild Seite 202 unten) lockern und Verteiler ein kleines Stück nach rechts oder nach links um seine eigene Achse dre-

So wird der Schließwinkel bzw. der Unterbrecher-Kontaktabstand eingestellt: Stecken Sie den Schraubenzieher zwischen die beiden Einstellwarzen. Mit der anderen Seite der Schraubenzieherklinge können Sie nun die Grundplatte des Unterbrechers etwas hin- und herhebeln, wodurch sich der Kontaktabstand verändert.

Anschließen der Stroboskoplampe (4) zum Einstellen des Zündzeitpunkts: Massekabel (1) an blankes Motorblockmetall anklemmen, das Pluskabel (2) kommt an Klemme 15 der Zündspule, und das Impulskabel (3) wird an das Zündkabel zu Zylinder 1 angeklemmt.

hen, bis die Kerbe der Keilriemenscheibe unter der richtigen Marke steht. Wichtig: Wenn sich die Motordrehzahl während des Einstellens verändert, muß sie natürlich wieder nachreguliert werden!

■ Klemmschraube am Verteiler festziehen, Zündung nochmals nachmessen und zum Schluß die Unterdruckschläuche wieder aufstecken.

■ Da Sie gerade die Stroboskoplampe zur Hand haben, können Sie auch kurz die automatische Zündverstellung kontrollieren (ab Seite 204).

Einstelldaten

Motoren	1600er	Flachmotoren			
Motor-Kennbuchstabe	AD*, AS	CE	CA*	AP	CJ
Leistung (PS)	50	62	66	68	70
Einstelldrehzahl $^{1}/min$	750–900	900–1000	800–900	800–950	800–950
Zündzeitpunkt	7,5° vor OT				
Unterdruckschlauch	während der Messung abziehen				

* Diese Tabelle bezieht sich auf die hier im Buch behandelten Baujahre. Früher gebaute Motoren hatten andere Einstelldaten. So mußten beispielsweise 1600er und 1700er mit dicker Unterdruckdose (2 angeschlossene Schläuche für Früh- und Spätverstellung) auf 5° nach OT eingestellt werden. Die Unterdruckschläuche blieben zur Messung angeschlossen. Werden die Verteiler dieser Motoren ausgetauscht, gelten die neuen Werte.

Einstellmarken

Die hier beschriebenen Motoren haben jeweils nur eine Markierung an der Kurbelwellen-Keilriemenscheibe (früher waren es mehrere).

□ Beim 1600er-Motor ist diese Markierung in Form einer Kerbe 7,5° rechts der OT-

Zum Einstellen des Zündzeitpunkts wird der Verteiler bei gelockerter Klemmschraube (Pfeil) nach Bedarf ein Stück nach rechts oder links um seine eigene Achse gedreht.

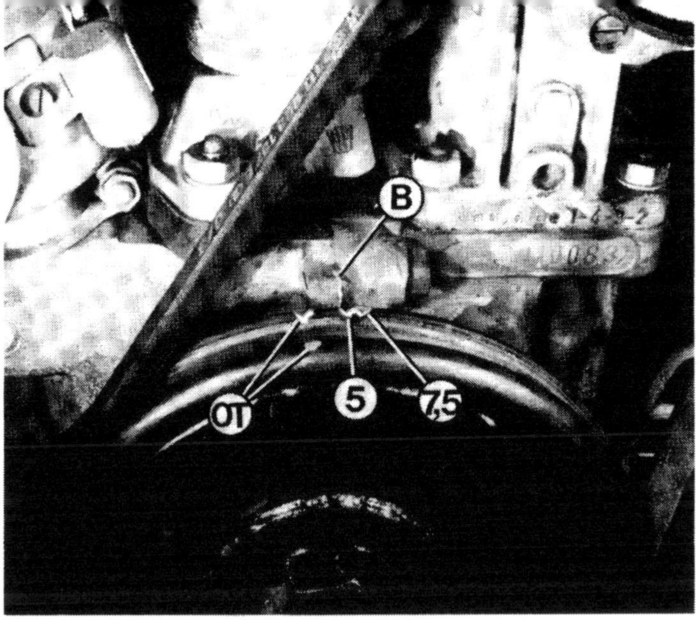

Die Zündzeitpunkt-Markierungen an einem älteren 1600er-Motor: Wir sehen Marken für OT (Oberer Totpunkt), für 5° vor OT und für 7,5° vor OT. Die OT-Marke ist zusätzlich an einer kleinen Delle auf der hinteren Riemen-Scheibenhälfte zu erkennen. Neuere Wagen besitzen nur noch eine einzige Kerbe für den jeweils richtigen Zündzeitpunkt (und die OT-Delle). Bezugspunkt ist in jedem Fall die Trennfuge des Motorgehäuses (B).

Anzeichnung. Das ist eine kleine Delle auf der gegenüberliegenden – also hinteren – Riemenscheibenflanke.
Zum Einstellen der Zündung muß diese Kerbe mit der Motorgehäuse-Trennfuge fluchten. Diese Trennfuge ist übrigens auch Bezugspunkt für die eben angesprochene OT-Delle.

□ Beim Flachmotor ist die Kerbe auf der Riemenscheibe genau im OT-Punkt angebracht. Mit Hilfe der Skala am Gebläsegehäuse können wir nun genau ablesen, in welchem Winkel die Kurbelwelle steht. Wird die Kerbe mit der »0« auf der Skala zu Dekkung gebracht, steht Zylinder 1 auf OT. Steht die Kerbe vor dem roten Punkt, ist der Zündzeitpunkt von 7,5° vor OT »eingestellt«.

Zündzeitpunkt behelfsmäßig einstellen

Ist im Notfall keine Stroboskoplampe zur Hand, kann der Zündzeitpunkt behelfsmäßig bei stehendem Motor eingestellt werden. Diese Methode ist leider etwas ungenau, weshalb ein so eingestellter Motor möglichst mit einer Zündlichtpistole nachkontrolliert werden sollte. So stellen Sie den Motor statisch ein:

■ Motor durchdrehen, bis die Kerbe auf der Keilriemenscheibe mit der Motorgehäuse-Trennfuge bzw. beim Flachmotor mit der Zündzeitpunktmarkierung fluchtet.

■ Prüflampe an Klemme 1 der Zündspule anschließen, andere Klemme irgendwo am Motorblock an »Masse« anklemmen. Zündung einschalten.

■ Motor etwa 1/4 Umdrehung nach links drehen. Die Prüflampe brennt jetzt nicht. Danach Motor langsam nach rechts durchdrehen, bis die Kerbe der Riemenscheibe unter der Gehäuse-Trennfuge bzw. der Zündmarkierung durchwandert.

■ Genau in diesem Moment muß die Prüflampe aufleuchten. Tut sie das früher oder erst später, ist der Zündzeitpunkt verstellt.

■ Klemmschraube am Verteiler (siehe

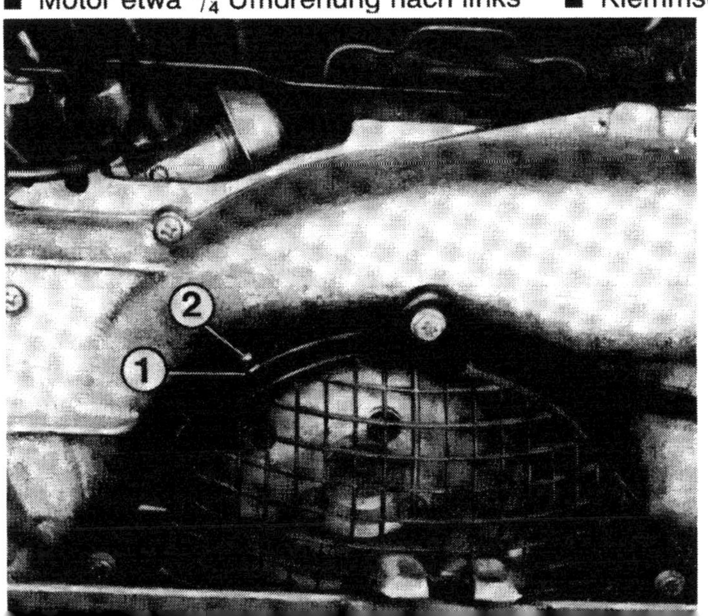

Beim Flachmotor muß die Kerbe (1) auf der Keilriemenscheibe der Zündzeitpunktmarke auf der Gradskala gegenüberstehen. Der richtige Einstellwert ist dort mit einem roten Farbpunkt (2) gekennzeichnet.
Soll der Obere Totpunkt eingestellt werden, muß die Kerbe unter die OT-Marke der Skala gedreht werden.

Bild Seite 202 unten) lösen, und Verteiler ein kleines Stück nach rechts oder links um seine Achse drehen.
■ Motor wieder eine Vierteldrehung zurückdrehen, und anschließend Kerbe wieder langsam unter der Marke verbeiwandern lassen.
■ Verteiler so lange verdrehen, bis der Zündzeitpunkt stimmt. Wichtig dabei ist, daß der Motor vor jedem Versuch weit genug zurückgedreht wird, sonst wird das Spiel der Verteilerwelle nicht eliminiert und das gibt Einstellfehler.
■ Da der Motor hierbei nicht läuft, ist es egal, ob der Unterdruckschlauch aufgesteckt bleibt oder ob er abgezogen wird.
■ Verteilerklemmschraube wieder festziehen.

Zündeinstellung für schlechten Kraftstoff

Klingelt der Motor bei Verwendung von niederoktanigem Kraftstoff, kann der Zündzeitpunkt laut Empfehlung des VW-Werks um bis zu 5° zurückgenommen werden. Der richtige Zündzeitpunkt liegt also dann bei **2,5° vor OT** (siehe dazu auch die Tabelle auf Seite 202).
Beim 1600er muß dazu erst eine Zündmarkierung geschaffen werden, nach der eingestellt wird. Da die Sache nicht hundertprozentig genau sein muß, machen wir das folgendermaßen:
OT-Markierung (siehe Bild Seite 203 oben) in gleicher Höhe von der hinteren Riemenscheibenflanke auf die vordere übertragen (einritzen mit Schraubenzieher oder mit Farbstift anzeichnen). Die Strecke zwischen der selbst angebrachten OT-Marke und der schon vorhandenen 7,5°-vor-OT-Kerbe unterteilen wir nun durch zwei weitere Striche in drei gleichlange Segmente. Neben der werksseitig angebrachten Kerbe haben wir nun – von rechts nach links – Anzeichnungen für 5° vor OT, für 2,5° vor OT und für OT. Nun kann in herkömmlicher Weise auf die neue Markierung eingestellt werden. Beim Flachmotor wurde die Grad-Skala schon ab Werk mitgeliefert. Beim Einstellen muß die Kerbe der Riemenscheibe ganz einfach unter der gewünschten Gradzahl stehen.

Automatische Zündverstellung

Wieso bei steigenden Drehzahlen der Zündfunke früher überspringen muß, haben wir schon auf Seite 194 erklärt. Hier wollen wir uns mit der technischen Ausführung der Frühverstellung befassen.

Frühzündungs-Unterdruckverstellung

Zur Unterdruckverstellung in Richtung »Frühzündung« dient eine seitlich am Verteiler angebrachte Blechdose, die durch eine dünne Saugleitung mit dem Vergaser verbunden ist. Unterhalb der Drosselklappe herrscht ein Unterdruck, der hauptsächlich von der Drosselklappenstellung abhängig ist. Bei geschlossener Drosselklappe ist der Unterdruck im Vergaser gleich Null, er steigt mit zunehmender Öffnung und steigender Drehzahl unter Teillast auf einen Höchstwert, um bei voll geöffneter Drosselklappe wieder auf etwa $^1/_5$ des Höchstwerts abzufallen. Wenn nun bei nur teilweise durchgetretenem Gaspedal ein kräftiger Unterdruck entsteht, zieht dieser über die Saugleitung in der Unterdruckdose eine Membrane an, von der eine kleine Zugstange in den Verteiler hineinreicht und dort die drehbare Unterbrecherplatte anzieht. Hierbei wird die Unterbrecherplatte entgegen der Drehrichtung der Verteilerwelle gezogen und die Zündung erfolgt so entsprechend früher. Die Unterdruckverstellung bewirkt zwischen 8 und 12 Grad Frühzündung zusätzlich zur Fliehkraftverstellung (auf die wir noch zu sprechen kommen).

Unterdruckverstellung prüfen

Ob die Unterdruck-Zündverstellung funktioniert, läßt sich – allerdings ohne genaue Meßwerte – leicht kontrollieren:
■ Motor starten und mit leicht erhöhter Drehzahl (ca. 1500–2000/min) laufen lassen.
■ Unterdruckschlauch am Zündverteiler abziehen und mit dem Finger zuhalten: Hat sich – ohne Veränderung der Gaspedalstellung – die Drehzahl des Motors gesenkt, ist die Unterdruckverstellung in Ordnung.
■ Läuft der Motor mit oder ohne Schlauch am Verteiler gleich schnell, ist die Unterdruckverstellung defekt.

Unterdruckverstellung defekt

Dafür kommen in Betracht:
□ Defekte Unterdruckmembran am Verteiler. Unterdruckschlauch am Vergaser ab-

ziehen (an der Unterdruckdose aufgesteckt lassen) und mit dem Mund daran saugen: Kann Luft angesaugt werden, ist die Dose defekt. Austauschen! Nur wenn sie luftdicht ist, kann sie eingebaut bleiben.

□ Die drehbare Unterbrecherplatte läßt sich durch die Zugstange der Membran nicht bewegen. Mit Rostlöserspray gängig machen. Übrigens: Sprühöl sorgfältig aus dem Verteiler entfernen! Sonst kommt es zu Zündstörungen.

□ Der Unterdruckschlauch ist undicht oder der Unterdruckanschluß verstopft.

Frühzündungs-Fliehkraft-verstellung

Der Fliehkraftregler wirkt »innerlich« auf die Verteilerwelle. Diese besteht nicht etwa aus einem Stück, sondern ist in Antriebs- und Verteilerwelle geteilt und beweglich ineinander gesteckt.

Die Trägerplatte des Fliehkraftverstellers sitzt nun im Verteilergehäuse unter der Unterbrecherplatte fest auf der Verteiler-Antriebswelle. Je schneller sich diese dreht, um so intensiver drücken die Fliehgewichte auf ihrer Trägerplatte gegen einen Mitnehmer, der seinerseits die eigentliche Verteilerwelle mit den Nocken zusätzlich in ihrer Drehrichtung bewegt. Dadurch werden mit zunehmender Drehzahl die Unterbrecherkontakte früher geöffnet und zunehmende Frühzündung erreicht. Bei abnehmender Drehzahl machen dies kleine Spiralfedern wieder rückgängig. Insgesamt bewirkt die Fliehkraftverstellung bei Drehzahlen bis 3600/min bis zu 25° Frühzündung (je nach Motor). Entsprechend der Motorbelastung und Drehzahlen wirken Fliehkraft- und Unterdruckverstellung gemeinsam.

Fliehkraft-verstellung kontrollieren

Auch die Fliehkraftverstellung kann der Heimwerker nur ohne genaue Meßwerte prüfen, doch das genügt in den meisten Fällen:

■ Unterdruckschlauch am Verteiler abziehen, Motor starten.

■ Stroboskoplampe anschließen wie zum Einstellen der Zündung.

■ Jetzt Drehzahl des Motors langsam steigern. Die Zündmarkierung auf der Riemenscheibe muß im Schein der flakkernden Zündlichtpistole langsam zur Seite wegwandern. Bleibt sie trotz Drehzahlsteigerung von Anfang an am gleichen Fleck »stehen«, ist die Fliehkraftverstellung defekt.

■ Verstellt sich die Kerbe nicht gleichmäßig, sondern ruckartig, hängen die Fliehgewichte fest.

Fliehkraftverstellung defekt

■ Durch Besprühen des Schmierfilzes in der Verteilerwelle mit Rostlöser (siehe Bild Seite 46) können Sie die Fliehgewichte wieder gängig machen.

■ Ansonsten hilft nur der Einbau eines gebrauchten oder eines Austausch-Verteilers.

Die Zündkabel

Zündkabel machen im VW-Bus kaum Probleme. Achten Sie lediglich darauf, daß sie sauber in ihren Kunststoffhaltern sitzen und so nicht am Motor scheuern können. Außerdem sollten sie nicht gerade in Öl und Dreck gebadet sein.

Zündkabel mit Durchschlag – Sie hören dann sogar, wie der Funken überspringt – müssen Sie unbedingt austauschen, bevor der Wagen abbrennt. Wenn Sie nicht wissen, um welches Kabel es sich handelt, sehen Sie nachts in den Motorraum; der überspringende Funke ist dann deutlich sichtbar.

Achten Sie auch darauf, daß keiner der Kerzenstecker ausgebrochen ist und daß die Gummitüllen um die Zündkabel am Verteilerdeckel nicht porös sind.

Zündkerzen kontrollieren

Wartungspunkt Nr. 5

Wie auch beim Unterbrecherkontakt empfehlen wir bei den Zündkerzen eine Kontrolle alle 10000 km. Je nach Zustand der alten Kerzen können Sie dann über deren Schicksal entscheiden.

Wenn sie nach einer Überlandfahrt die richtige Färbung aufweisen (nach einer kurzen Stadtfahrt sind die Kerzen meist etwas rußig) und wenn die Elektroden noch nicht rundgebrannt sind, besteht kein Grund, sie auszuwechseln. Lesen Sie im übernächsten Abschnitt, wie das »Kerzengesicht« aussehen muß.

Normalerweise lohnt ein »Reinigen« der Kerzen nicht. Denn bei defekter Zündkerze oder verstelltem Vergaser währt die Sauberkeit ohnehin nicht lange. Das Übel muß dann an der Wurzel bekämpft werden.

Auch kann generell gesagt werden, daß jegliche Reinigungsversuche dem Speckstein – das ist die Isolationsschicht um die Zündkerzen-Mittelelektrode – schaden. Wer sich dennoch mit einem feinen Schraubenzieher oder mit einer kleinen Messingbürste über die Kerzen hermachen will, sollte wenigstens äußerst vorsichtig zu Werke gehen.
Nur eine wirklich sinnvolle Tätigkeit können Sie an der Kerze ausüben: das Einstellen des Elektrodenabstands. Der soll beim VW-Bus **0,6 mm** betragen. Zum Messen passendes Fühlerlehrenblatt oder Zündkerzenlehre zwischen Mittel- und Stirnelektrode einschieben und diese gegebenenfalls nachbiegen.
Doch um die Kerze ansichtig zu werden, muß sie erst einmal ausgebaut werden.

Zündkerzen ausbauen

Obwohl diese Tätigkeit ganz einfach scheint – man braucht die Kerze schließlich nur herauszudrehen –, birgt sie doch bisweilen Tücken in sich:
Beim 1600er-Motor sitzen die Kerzen ziemlich versteckt unter der Motorverblechung und sind zudem schlecht erreichbar. Hier empfiehlt sich ein ausziehbarer Kerzenschlüssel (z. B. Hazet Best.-Nr. 2505-1) oder eine Kerzenschlüssel-»Stecknuß« (siehe auch Seite 15).
Der Einbau der Kerzen ist auch nicht ganz unproblematisch, denn sie müssen – eben weil sie so tief unter der Verblechung sitzen – mit dem Kerzenschlüssel eingesetzt werden. Da ist schon etwas Gefühl nötig, um das Gewinde nicht schräg anzusetzen. Deshalb auf jeden Fall die Kerze ein paar Gewindegänge von Hand eindrehen, und erst dann das Betätigungswerkzeug ansetzen.
Die Kerzen am Flachmotor sind dank der oberen Motorraumklappe ganz gut zu erreichen. Hier ist jedoch wichtig, daß im Kerzenschlüssel ein Haltegummi sitzt. Sonst macht sich die Kerze beim Herausziehen oder beim Ansetzen selbständig.
Generell dürfen die Kerzen nicht mit aller Gewalt angezogen werden. Als Anhaltswert dient folgendes: Zündkerze mit leichter Hand bis zum Anliegen des Dichtrings eindrehen und dann anschließend eine Vierteldrehung (90°) anziehen. So stimmt das Drehmoment. Keinesfalls dürfen kalte Zündkerzen in einen warmen Motor eingeschraubt werden. Sie sitzen sonst anschließend wie eingenietet. Werden bereits gebrauchte Kerzen wieder eingesetzt, sollten Sie das Gewinde peinlich genau mit der Drahtbürste säubern. Sonst machen die Verbrennungsrückstände an den Gewindeflanken den nächsten Kerzenwechsel schwer.

Fingerzeige: *Um den nächsten Kerzenwechsel zu erleichtern, streichen Sie das Kerzengewinde mit der auf Seite 19 angesprochenen hitzefesten Spezialpaste ein. Auch Graphit – von einem Bleistift auf das Kerzengewinde geschabt – kann zum Schmieren des Kerzengewindes verwendet werden. Nachteil ist allerdings, daß der Graphitstaub auf dem Gewinde schon beim Einschrauben der Kerze teilweise abfällt. Kein Öl oder Fett nehmen! Das backt zu einer unlösbaren Kruste zusammen.*
Läßt sich eine Kerze nur schwer herausdrehen, keine Gewalt anwenden! Probieren Sie es so: Motor durch scharfe Fahrt heißfahren und Kerze erst unter vorsichtigem Hin- und Herdrehen langsam herausschrauben, sonst kann das Kerzengewinde im Zylinderkopf ausreißen.
Ein defektes Gewinde im Leichtmetall-Zylinderkopf des VW-Bus ist keine Seltenheit. Deshalb gibt es bei der V.A.G.-Werkstatt spezielle Gewindebüchsen, die nach Vergrößerung des alten Gewindelochs eingesetzt werden können. In vielen Fällen braucht der Motor dazu nicht einmal ausgebaut zu werden.

Das »Zündkerzengesicht«

Das »Zündkerzengesicht« gibt Aufschluß darüber, ob Sie die richtige Zündkerzensorte – den richtigen Wärmewert – eingebaut haben. Aber auch Rückschlüsse über Vergaser- und Zündeinstellung können gezogen werden:
□ Mittelbraun bis mittelgrau: gute Vergasereinstellung, Motor und Zündkerzen arbeiten richtig.
□ Schwarz: Vergaser zu fett eingestellt oder Zündkerze durch überwiegenden Kurzstreckenbetrieb zu kalt. Evtl. »Mehrbereichswärmewert«-Zündkerzen probieren, wenn Vergasereinstellung stimmt. Falls nur bei einem Zylinder, mangelhafte Kompression.
□ Silbrig: Zündkerze wird zu heiß durch zuviel Frühzündung oder scharfe Langstrekkenfahrten. Evtl. Zündkerzen mit breiterem Wärmewertbereich nehmen.

□ Hellgrau: Vergaser zu mager eingestellt.
□ Verölt: Zündkerze setzt aus. Evtl. Kolbenringe undicht; wenn bei allen Zündkerzen, Fehler in der Zündanlage.

Der Wärmewert der Zündkerze

Je nach Verdichtung und Leistungsausbeute entwickeln Benzinmotoren recht unterschiedliche Temperaturen in ihren Verbrennungsräumen. Darauf müssen die Zündkerzen abgestimmt sein. Diese Eigenschaft wird durch den sogenannten Wärmewert gekennzeichnet. Bekannt sind die älteren Wärmewertangaben von Beru und Bosch, wie 145 oder 175, während andere Kerzenhersteller schon früher den Wärmewert auf andere Art verschlüsselten. Doch auch Beru und Bosch sind zwischenzeitlich zu einer neuen Kennzeichnung übergegangen. Die Kennzahl 8 steht für Wärmewert 145 und 7 für 175. Eine hohe Wärmewert- oder niedrige Kennzahl besagt, daß diese Zündkerze viel Hitze ertragen, d. h. ableiten kann, ohne selbst heiß zu werden. Leitet die Kerze zu viel Wärme ab, erreicht sie nicht ihre »Selbstreinigungstemperatur«. Die liegt bei etwa 500° C und besagt, daß sich die heißen Zündkerzenelektroden selbst von Rußansatz freibrennen können.

Das Kerzengewinde

Der Gewindedurchmesser aller Zündkerzen im VW-Bus beträgt 14 mm. Die Gewindelänge ist jedoch unterschiedlich: der 1600er-Motor braucht eine Kurzgewindekerze mit 12,7 mm Gewindelänge, der Flachmotor hat dagegen Langgewindekerzen mit einem 19 mm langen Gewinde.

Die richtigen Zündkerzen

Nicht zuletzt spielt auch die Form der Zündkerzen-Elektroden eine wichtige Rolle. Unter den beiden hauptsächlich verwendeten Elektrodenformen wurde vom Werk die »normale Funkenlage« gewählt. Die Elektroden ragen dabei nicht sonderlich weit über das Kerzengewinde hinaus, wie das beispielsweise bei der »vorgezogenen Funkenlage« der Fall wäre.
Durch Einschrauben einer anders geformten Kerze werden Sie keine Verbesserung im Betrieb erreichen (beispielsweise besseres Anspringen). Verbesserte Zündwilligkeit der Kerzen unter bestimmten Betriebsbedingungen erreichen Sie eher durch Spezialzündkerzen mit breiterem Wärmewert – sogenannten »Mehrbereichs-Zündkerzen«. Hierzu zählen die »Beru ultra« und die »Bosch thermo-elastic Super«. Eine noch höhere Qualitätsstufe stellt die »Beru RS dynaflex« mit Silber-Mittelelektrode dar. Allerdings werden Sie diese Kerzen bei den genügsamen VW-Bus-Motoren kaum brauchen.
Nachstehend die neuesten Zündkerzenempfehlungen von VW:

Motor	1600er überwiegend unter +25° C Außentemp.	1600er überwiegend über +25° C Außentemp.	Flachmotor
Zündkerze			
Beru	14–8 A	14–7 A	14–8 C
Bosch	W 8 A	W 7 A	W 8 C
Champion	L 88 A	—	N 288, N 7
Elektrodenabstand	0,6 mm		

Die Beleuchtung

Im Lichterglanz

Die Beleuchtungsanlage am VW-Bus hat natürlich nicht nur die Aufgabe, Ihnen selbst des Nachts mehr Weitsicht zu verleihen. Auch die anderen Verkehrsteilnehmer sollen durch den Lichterglanz an Ihrem Wagen zu früherer Einsicht gelangen – nämlich, daß ihnen ein Auto entgegenkommt oder vorausfährt. Diese allseits »erhellende« Einrichtung an Ihrem Wagen wartet natürlich auf regelmäßige Kontrolle.

Beleuchtungsanlage prüfen
Ständige Kontrolle

Der Gesetzgeber schreibt zwar vor, daß vor Beginn jeder Fahrt die gesamte Beleuchtungsanlage kontrolliert werden soll, doch das ist unrealistisch.
Besser ist, Sie machen sich zur Angewohnheit, die Kontrolle automatisch bei einer Nachtfahrt vorzunehmen. Dann brauchen Sie nämlich nicht einmal ums Auto zu laufen: Vor der Ampel wartend, reflektiert der Lack Ihres Vordermanns das Abblendlicht beider Scheinwerfer. Sie können natürlich auch vor eine helle Wand fahren oder in der Garage beobachten, ob zwei Lichtpunkte zu sehen sind. Ebenso prüft man die vorderen Blinker. Zur Kontrolle der hinteren Blinker, der Brems- und Rückleuchten beobachten Sie die Reflexionen wieder an einem anderen Wagen oder einer hellen Wand. Lediglich zur Kontrolle der Kennzeichenleuchte müssen Sie aussteigen – deren Schein wird sich nirgends deutlich genug abzeichnen.

Ersatzlampen

Als wichtigste Ersatzlampen brauchen Sie für Ihren VW-Bus:
□ Zweifadenlampe, 40/45 Watt, Sockel P 45 t, DIN-Form A (Serienscheinwerfer).
□ Nur bei Halogenscheinwerfern (erkennbar am Schriftzug »H 4« auf der Streuscheibe des Scheinwerfers): Halogen-Zweifadenlampe H 4, 60/55 Watt, Sockel P 43 t, DIN-Form H 4.
□ Kugellampe 21 Watt, Sockel BA 15 s, DIN-Form RL (Blinker vorn und hinten, Rückfahrscheinwerfer).
□ Zweifaden-Kugellampe 21/5 Watt, Sockel BAY 15 d, DIN-Form SL (Brems-/Schlußleuchten).
□ Kugellampe 10 Watt, Sockel BA 15 s, DIN-Form G (Kennzeichenleuchte).
□ Kleinlampe 4 Watt, Sockel BA 9 s, DIN-Form BA 9 s (Standlichtlampen).
□ Soffittenlampe 10 Watt, Sockel S 8,5, DIN-Form K (Innenleuchten).

Halogenlampen

Im Auto haben die Glühlampen eine wesentlich kürzere Lebensdauer als etwa im Haushalt. Daran sind nicht nur die ständigen Erschütterungen schuld, sondern auch die hohen Temperaturen in den relativ kleinen Glaskolben. Diese große Hitze läßt das Glühwendelmaterial verdampfen. Der Metallnebel schlägt sich dann bei den herkömmlichen Glühbirnen innen auf dem Glas nieder.
Bei Halogenlampen ist es anders: Durch die spezielle Gasfüllung dieser Birne kehren die verdampften Metallteilchen zur Glühwendel zurück und setzen sich dort in kristalliner Form nieder. Gealterte Halogenglühlampen erkennt man daher an einem gewissen Glitzereffekt am Glühfaden. Die Wendel wird hierdurch spröder und bricht besonders leicht ab. Halogenlampen leben deshalb nicht länger als herkömmliche, aber sie brennen bis zur letzten Leuchtstunde mit voller Kraft.

Lampen auswechseln

Im VW-Bus kamen unterschiedliche Scheinwerferversionen zum Einsatz. Entsprechend unterschiedlich gestaltet sich der Lampenwechsel:

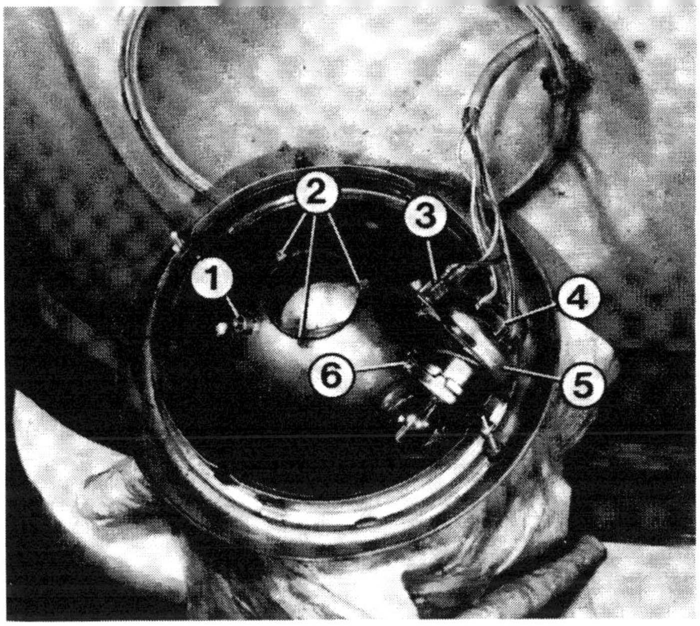

Der Scheinwerfer bis 7/73:
1 – Standlichtlampe; 2 – Blechnasen für Haltering (5); 3 – Anschlußstecker für Standlicht; 4 – Mehrfachstecker für die Scheinwerferbirne (6).

Bis Baujahr 7/73

■ Halteschraube des Scheinwerfers (siehe Bilder Seite 212/213) herausdrehen, Scheinwerfer abnehmen – evtl. mit einem lappenumwickelten Schraubenzieher nachhelfen.

■ Dreifachstecker auf der Lampe abziehen, Haltering etwas nach unten drücken, dann nach links drehen und abziehen. Scheinwerferlampe herausnehmen.

■ Neue Scheinwerferlampe so einsetzen, daß die Blechnase am Lampensockel in die Kerbe am Scheinwerferspiegel einrastet.

■ Lampenhaltering wieder aufdrehen, und dabei auf den richtigen Sitz der Standlichtbirne achten.

Ab Baujahr 8/73

■ Scheinwerferzierring losschrauben und evtl. abhebeln.

■ Drei Kreuzschlitzschrauben am Scheinwerfer-Haltering herausdrehen, und Scheinwerfer aus dem Lampentopf der Karosserie nehmen.

■ Scheinwerferlampe ausbauen. Je nach Modelljahr und Ausführung führen dabei unterschiedliche Methoden zum Ziel:

■ **Bis 7/74:** Haltering etwas nach unten drücken und nach links drehen.

■ **Ab 8/74:** Haltering etwas nach links drehen.

■ **Bei Halogenscheinwerfern:** Haltefeder aushängen.

■ Neue Scheinwerferlampe so einsetzen, daß die Blechnase am Lampensockel in die Aussparung an der Lampenfassung einrasten kann. Bei Halogenlampen müssen die Blechzungen des Lampensockels genau in die Aussparungen der Fassung passen.

■ Glaskolben der Lampe nicht mit bloßen Fingern berühren.

■ Haltering bzw. -feder wieder aufsetzen; bei der Version bis 7/74 auf den richtigen Sitz der Standlichtlampe achten.

Der Halogenscheinwerfer:
1 – Standlichtlampe mit Fassung; 2 – Mehrfachstecker für Scheinwerferbirne; 3 – Haken für Haltefeder (6); 4 – Loch für Standlichtlampe; 5 – Scheinwerferbirne.

Standlichtlampe auswechseln

■ Scheinwerfer ausbauen, wie in den letzten beiden Abschnitten beschrieben.

■ **Bis 7/74** Haltering der Scheinwerferbirne ein wenig nach hinten drücken und linksdrehen. Haltering abnehmen und Standlichtbirne herausziehen.

■ Neue Birne so einsetzen, daß die beiden Stifte am Lampensockel in den dafür vorgesehenen Kerben zu liegen kommen.

■ **Ab 8/74** (Halogenscheinwerfer ab 8/73): Die separate Fassung der Standlichtbirne einfach aus dem Loch im Scheinwerferspiegel bzw. in der Lampenfassung ziehen. Wenn nötig, Fassung an der Steckerzunge anfassen. Bei neueren Modellen mit Kunststoff-Lampenfassung erst die Fassung etwas nach links drehen und dann herausziehen. Beim Einbau umgekehrt verfahren.

■ Die Birne ist in die Lampenfassung mit einem Bajonettverschluß eingesetzt, d. h. sie muß erst unter leichtem Druck nach links gedreht werden, bevor man sie herauszieht.

Scheinwerfer zerlegen

Das Zerlegen eines Scheinwerfers wird vornehmlich dann nötig, wenn der Rost sich des Reflektors bemächtigt hat oder dieser ganz einfach durch Alterung trübe geworden ist. Wer einen Bus der Baujahre bis 7/73 fährt, ist da fein heraus, denn bei diesen Wagen kann der Reflektor einzeln ausgetauscht werden. Ab 8/73 bilden Reflektor und Scheinwerferglas eine Einheit – diese Teile können also nur im Verbund ausgetauscht werden.

Bis Baujahr 7/73

■ Halteschraube herausdrehen, Scheinwerfer abnehmen. Kabelstecker abziehen oder Lampen ausbauen.

■ Gewindeplättchen der Einstellschrauben aus der Gummitülle am Scheinwerferreflektor heraushebeln (siehe Bild unten). Gummilager aus dem feststehenden Befestigungspunkt herausheben und Reflektor abnehmen.

■ Haltespangen am Zwischenring abhebeln. Jetzt lassen sich Scheinwerferglas (der Fachmann sagt Streuscheibe), Zwischenring und Zierring voneinander trennen.

■ Vor dem Einbau den Zustand des Dichtrings um die Streuscheibe prüfen; ebenso den Reflektor. Er darf nicht matt oder verrostet sein.

■ Anschließend Scheinwerfer einstellen.

Ab Baujahr 8/73

■ Scheinwerfer ausbauen, wie auf der Vorseite beschrieben.

■ Haltering vom Scheinwerfereinsatz trennen. Dazu Feder aushängen, die Blechlaschen am Scheinwerfereinsatz – sie halten die Einstellschrauben – aufbiegen und Einstellschrauben abdrücken. Ferner die Haltezungen des Kunststoff-Lagerstücks aushängen. Scheinwerfereinsatz abnehmen.

■ Schwarzes Kunststoff-Lagerstück durch 90°-Drehung vom Scheinwerfer-Einsatz trennen.

Fingerzeig: *Wer sich einen Scheinwerfer oder Teile davon vom Schrottplatz besorgen will, braucht nicht ausschließlich nach VW-Bussen Ausschau zu halten. Re-*

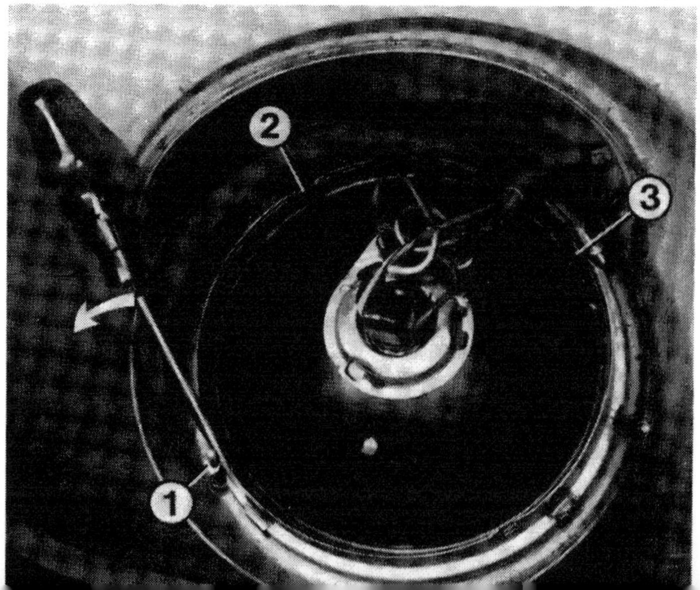

Ausbau des Reflektors bei Scheinwerfern bis 7/73: Gewindeplättchen (1 und 3) mit Schraubenzieher aus den Gummitüllen am Reflektor heraushebeln und Gummilager aus dem Festpunkt (2) herausheben.

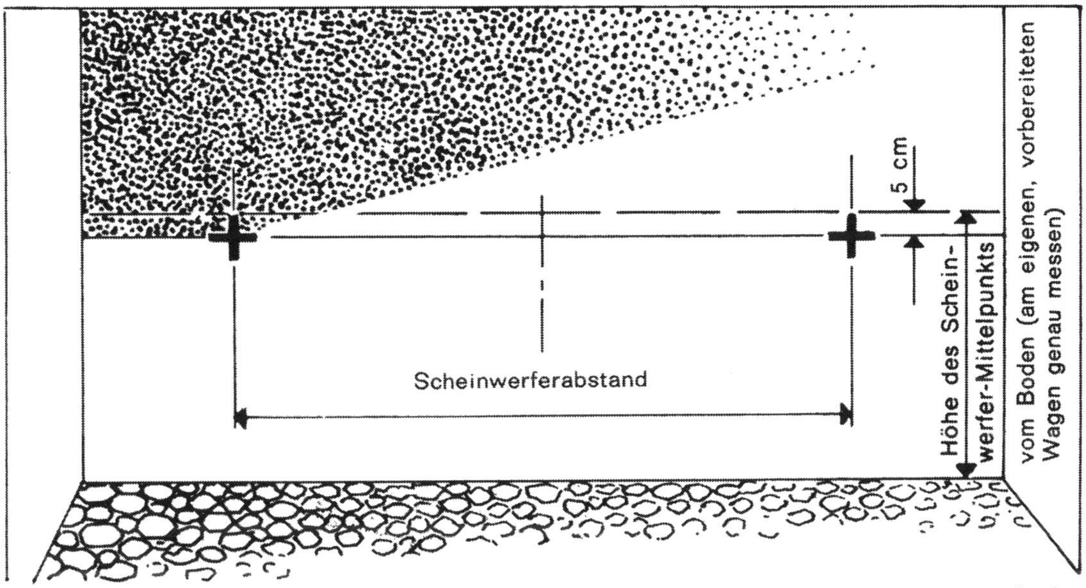

Wer's ganz genau machen will, stellt die Scheinwerfer nach dieser Skizze ein. Günstig ist es, den jeweils nicht benötigten Scheinwerfer während des Einstellens abzudecken. Wichtig: Der Wagen muß in genau 5 m Abstand vor der Wand stehen.

flektoren und Streuscheiben, wie sie im VW-Bus bis 7/73 eingebaut waren, finden sich auch im VW-Käfer oder im VW 1600 (Variant). Bei den Reflektoren müssen lediglich die Gummistöpsel, die als Halterung dienen, in andere Löcher am Reflektorrand umgesteckt werden. In die späteren Baujahre passen dagegen bis auf wenige Ausnahmen die Scheinwerfer des VW Golf.

Scheinwerfereinstellung kontrollieren

Von selbst wird sich ein Scheinwerfer kaum verstellen. Wenn jedoch eine Glühlampe, ein Reflektor oder gleich der ganze Scheinwerfer ausgewechselt wurde, muß die Einstellung des Scheinwerferstrahls kontrolliert werden. Das gleiche gilt natürlich, wenn nach einem Unfall die Vorderfront in Mitleidenschaft gezogen wurde oder nach dem Einsetzen neuer Federungsteile. So wird eingestellt:

■ Wurde nur einer der Scheinwerfer beschädigt oder ausgewechselt, genügt es fürs erste, wenn Sie in einigem Abstand vor eine helle Wand fahren, das Licht einschalten und dann die Höhe des Lichtstrahls am neu bestückten Scheinwerfer dem Strahl des unveränderten Scheinwerfers angleichen.

■ Wurden die Scheinwerfer gerade mit einem Werkstattgerät neu eingestellt, können Sie die Höhe der Lichtpunkte beispielsweise an der Garagenwand markieren. Wichtig ist natürlich auch der Abstand, in dem der Bus zur Wand steht. Also anzeichnen. Mit Hilfe dieser Markierungen kann dann, wann immer nötig, die Scheinwerfereinstellung am VW-Bus in Eigenregie kontrolliert werden.

■ Sie können sich natürlich auch die Mühe machen, die Scheinwerfer nach der Skizze oben von Grund auf selbst einzustellen.

■ Die genaueste Methode, die Scheinwerfer einzustellen, ist nach wie vor die Justierung mit einem Einstellgerät, wie es Tankstellen, Autoelektrik-Dienste und Werkstätten besitzen.

Scheinwerferreflektor und Haltering ab 8/73: 1 und 3 – Aufnahmepunkte für die Einstellschrauben (7 und 10); 2 und 9 – Einhängepunkte für die Feder (8); 4 und 6 – Einhängepunkte für das Lagerstück (5).

Wo sitzen die Einstell-schrauben?

Zum Justieren des Scheinwerferstrahls wird zuerst die Höheneinstellschraube gedreht. Erst dann erfolgt die Seiteneinstellung. Die Einstellschrauben sitzen:

■ Bis Baujahr 7/73 auf dem Scheinwerfer-Zierring. Die obere Schraube dient der Höheneinstellung, die untere der Seiteneinstellung (siehe auch Bild unten).

■ Ab Baujahr 8/73 muß zum Einstellen der Zierring abgeschraubt werden. Hier sitzt die Seiteneinstellschraube oben und die Höheneinstellschraube unten (siehe Bild unten rechts).

Lampen-wechsel

Bevor Sie eine in Verdacht geratene Lampe in den Mülleimer werfen, sollten Sie sich erst vergewissern, ob sie überhaupt der Übeltäter war. Denn es gibt zahlreiche Möglichkeiten, die einer intakten Lampe das Aufleuchten verwehren:

□ Der Lampensockel oder die Lampenfassung ist oxidiert. Beide Teile mit Schleifpapier oder einem scharfkantigen Schraubenzieher reinigen. Vor allem aber die Abdichtung des Lampengehäuses kontrollieren.

□ Die Masseverbindung der Lampenfassung ist schlecht. Das kann beispielsweise an einem abgefallenen Kabelstecker oder an einer oxidierten Verschraubung des Massekabels an der Karosserie liegen.

□ Die Stromzufuhr ist durch eine defekte oder oxidierte Sicherung gehemmt. Sicherung in der Fassung drehen, um die Oxidschicht abzuschaben und um zu sehen, ob der Sicherungsdraht durchgeschmolzen ist.

□ Ein Kabelstecker der Stromzuführung ist am Sicherungskasten oder an der Lampenfassung von der Anschlußzunge gerutscht.

Blinkleuchten vorn

Wenn die Blinker-Kontrollampe in schnellem Rhythmus aufblitzt, ist die Ursache eine defekte Blinker-Glühlampe (weitere Blinkerstörungen finden Sie auf Seite 215). Als Ersatz darf nur eine 21-Watt-Lampe verwendet werden, Lampen mit anderer Leistung stören den Blinkrhythmus:

■ Drei Kreuzschlitzschrauben im Blinkerglas herausdrehen.

■ Blinkerlampe leicht in die Fassung drücken, linksdrehen und herausziehen (Bajonettverschluß).

Die Kabelfarben der Stromzuführung sind schwarz/weiß (links) bzw. schwarz/grün (rechts). Die Masse-Leitung ist braun ummantelt.

Heckleuchten

Unter dem Heckleuchten-»Glas« verbirgt sich die Blinkleuchte, die Schluß- und Stoppleuchte (kombiniert) und die Rückfahrleuchte. Um an eine dieser Lampen heranzukommen, muß das gemeinsame Abdeckglas abgeschraubt werden (3 Kreuzschlitzschrauben).

■ In die Blinkleuchte gehört eine 21-Watt-Birne. Sie ist mit einem Bajonettverschluß eingesetzt (linksdrehen, herausziehen). Kabelfarben: Hinten links: Schwarz/weiß. Hinten rechts: Schwarz/grün.

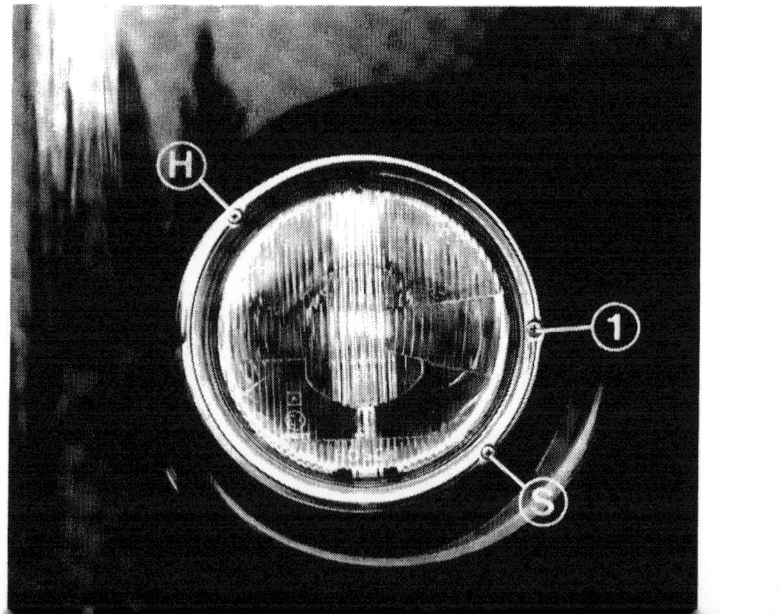

Scheinwerfer-Einstellschrauben bis 7/73: H – Höheneinstellschraube; S – Seiteneinstellschraube; 1 – Befestigungsschraube.

Das Blinkerglas vorn läßt sich nach Lösen von drei Kreuzschlitzschrauben abnehmen. Beim Einbau die Schrauben nicht zu fest anziehen!

■ Bremslicht und Rücklicht sind in einer Lampe und deshalb auch in einer Fassung kombiniert. Eingesetzt werden muß eine 21/5-Watt-Lampe, also eine Zweifadenbirne. Damit sie nicht verkehrt eingedreht werden kann, besitzt sie einen asymmetrischen Bajonettverschluß. Läßt sie sich also beim Einsetzen in die Fassung nicht drehen, muß sie noch einmal herausgezogen und um eine halbe Drehung versetzt wieder eingesteckt werden. Anschließend zur Sicherheit prüfen, ob beide Rückleuchten gleich hell brennen, sonst ist die Birne verkehrt eingesetzt. Kabelfarben: Schlußlicht links: Grau/schwarz. Schlußlicht rechts: Grau/rot. Bremslicht rechts und links: Schwarz/rot.

■ Die Rückfahrscheinwerfer-Lampen haben – wie die Blinkleuchten – eine Leistung von 21 Watt. Auch sie stecken in einem Bajonettverschluß. Die Kabelfarbe ist für beide Leuchten schwarz.

Die Masseleitung an die Heckleuchtenkombination ist – wie überall – braun ummantelt.

Fingerzeig: *Falls unterwegs eine der Blinkerlampen ausfällt, können Sie sich vorübergehend eine der Rückfahrscheinwerfer-Birnen aus der Heckleuchte »leihen«.*

Kennzeichenleuchte

Die Kennzeichenleuchte hat ihren Platz oben in der Motorraumklappe. Gebraucht wird eine Kugellampe mit 10 Watt.

■ Motorraumklappe aufstellen und die beiden Kreuzschlitzschrauben am Lichtfenster der Kennzeichenleuchte herausdrehen.

■ Lichtfenster samt Lampe und Fassung herausziehen. Lampe auswechseln (Bajonettverschluß).

Kabelfarben: Stromzuleitung in einem grau/roten Kabel vom rechten Schlußlicht her. Masseleitung: Braun.

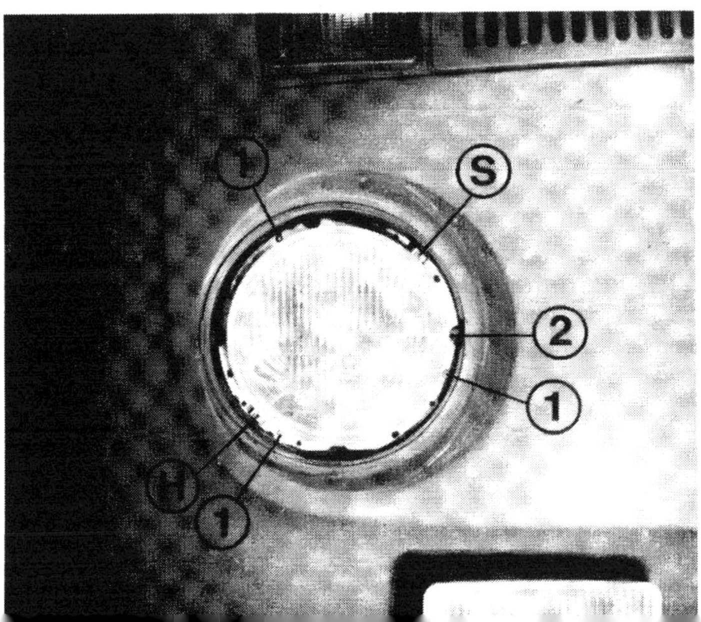

Schrauben am Scheinwerfer ab 8/73: H – Höheneinstellschraube; S – Seiteneinstellschraube; 1 – Halteschrauben für den kompletten Scheinwerfer-Einsatz; 2 – Loch für Zierring-Befestigungsschraube (Zierring hier abgenommen).

Lampenwechsel am Rücklicht: Die Rücklicht-Leuchtscheibe ist mit drei Kreuzschlitzschrauben befestigt.

Innenleuchten

In beide Innenleuchten passen Soffittenlampen, 41 mm lang mit 10 Watt Leistung.

■ Einen breitflächigen Schraubenzieher oder einen Löffelstiel an jener Stelle hinter die Gehäusekante schieben, an der die kleine Metallzunge vorsteht. Jetzt die Lampe vorsichtig ruckelnd vollends herausziehen.

Da die Leuchte ständig unter Strom steht, dürfen die Kontakte die Karosserie nicht berühren, sonst gibt's einen Kurzschluß mit durchgebrannter Sicherung.

■ Lampe in den Federhaltern etwas zur Seite schieben und aushängen.

■ Lampengehäuse wieder sorgfältig einsetzen, denn das empfindliche Kunststoffteil reißt schnell.

Kabelfarben: Stromzuleitung: Rot. Masse: Braun. Leitung von den Türkontaktschaltern der Vordertüren an die vordere Leuchte: Braun/weiß. Leitung vom hinteren Türkontaktschalter an der Schiebetür (wo vorhanden) zur Innenleuchte: Braun. Bei Fahrzeugen ohne hinteren Türkontaktschalter kann die Laderaumleuchte durch einen Zugschalter vom Armaturenbrett aus eingeschaltet werden.

Störungen am Türkontaktschalter

Brennt die Innenleuchte in der entsprechenden Schalterstellung bei geöffneter Tür nicht, gerät der Türkontaktschalter in Verdacht. Er stellt die Masseverbindung zu der ständig unter Strom stehenden Innenleuchte her und schließt damit den Stromkreis – die Lampe kann brennen. Störungen am Schalter können sich ergeben, wenn

□ der Druckstift des Schalters in der Führung klemmt oder verbogen ist. Reinigen, zurechtbiegen oder am besten gleich einen neuen Schalter besorgen;

□ der Kabelstecker vom Schalter abgefallen ist. Stecker zum besseren Halt etwas zusammenbiegen und wieder aufstecken;

□ die Kontaktfläche des Schalters oder der Steckeranschluß oxidiert ist. Oxidschicht wegkratzen mit Schleifpapier oder einem scharfkantigen Schraubenzieher.

Der Türkontaktschalter selbst ist nur mit einer Kreuzschlitzschraube an den Türpfosten angeschraubt. Zum Ausbau Schraube herausdrehen und Schalter herausziehen.

Instrumentenbeleuchtung

Wie Sie an die Beleuchtung von Tankuhr, Tachometer und Zeituhr herankommen, ist auf Seite 219 beschrieben. Die Helligkeitsregelung der Instrumentenbeleuchtung erfolgt durch einen variablen Widerstand im Lichtschalter. Der läßt je nach Drehung am Lichtschalter, bei eingeschaltetem Fahr- oder Standlicht mehr oder weniger Strom zu den Glühbirnen fließen. Kabelfarbe zur Instrumentenbeleuchtung: Grau/rot.

Nebelscheinwerfer einbauen

Wenn Sie Schalter und Relais aus dem V.A.G.-Ersatzteillager besorgen, dann können Sie stur nach dem Schaltplan Seite 177 Nebelscheinwerfer und evtl. auch Nebelschlußleuchten anschließen.

Tuten und Blasen

Signaleinrichtungen wie Bremslicht, Blinker oder Hupe müssen natürlich funktionieren, wenn wir uns in den hiesigen Straßenverkehr stürzen. Schließlich wollen unsere automobilen Mitmenschen wissen, welche Fahrmanöver wir in nächster Zeit vorhaben.

Blink- und Warnblinkanlage kontrollieren
Ständige Kontrolle

Die Warnblinkanlage wird ständig mit Strom versorgt. Wenn Sie den Schalter rechts am Armaturenbrett herausziehen, müssen alle vier Blinkleuchten und die Kontrolllampe im transparenten Schalterknopf in gleichem Rhythmus aufleuchten. Schalten Sie nunmehr die Zündung ein, blinkt zusätzlich die grüne Blinkerkontrolle im Gegentakt mit. Den Grund für den Gegentakt der Blinkerkontrolle erfahren Sie auf Seite 223. Zur Kontrolle der Blinkanlage wird die Zündung ein- und die Warnblinkanlage ausgeschaltet. Bleibt die Warnblinkanlage eingeschaltet, überlagert sie die Richtungsblinker. Bei gedrücktem Blinkerhebel muß eine Blinkerseite und – im Gegentakt – die grüne Blinkerkontrolle brennen.

Blinker-Störungen

□ Blitzt die Blinkerkontrolle nur kurz auf, ist meist eine Blinkerlampe ausgefallen. Wie sie ausgetauscht wird, steht auf Seite 212.
□ Brennen bei eingeschalteten Blinkern oder Warnblinkern die Blinkleuchten dauernd, ist das Blinkrelais (siehe Bild Seite 229) der Störenfried.
□ Leuchten die Blinker mal in langsamer Folge, mal schnell (z. B. nach dem Ein- und Ausschalten von Scheibenwischer, heizbarer Heckscheibe oder Beleuchtung), zunächst die Leitungen, die sich in unmittelbarer Nähe des Blinkrelais (siehe Bild Seite 229) befinden, vom Relais wegdrücken. Hilft das nicht und sind alle Steckverbindungen einschließlich der Massekabel der Heckleuchten in Ordnung, muß das Relais erneuert werden.
□ Leuchten die Warnblinker auf, während die Richtungsblinker bei eingeschalteter Zündung dunkel bleiben, ist die Sicherung 8 defekt. Im umgekehrten Fall – kein Warnblinken, dafür aber Richtungsblinken – kommt die Sicherung 12 (bis 7/73: Sicherung 11) in Betracht. Es kann in beiden Fällen aber auch der betreffende Schalter defekt oder der Stromweg zum Schalter unterbrochen sein; Schalterausbau siehe Seite 225 und 226.
□ Wenn weder Warn- noch Richtungsblinken funktioniert, ist das Blinkrelais schuld. Die ganze Blinkerei ist etwas kompliziert, weil vorschriftsmäßig die Warnblinkanlage ständig funktionieren muß – der Warnblinkschalter bezieht den Strom durch ein rot/weißes Kabel über Sicherung 12 (bis 7/73: Sicherung 11) direkt von der Batterie. Die Richtungsblinker erhalten dagegen nur bei eingeschalteter Zündung Strom durch ein schwarz/blaues Kabel über Sicherung 8 von Klemme 15.

Fingerzeig: *Mit einem ausgefallenen Blinkrelais ist die Weiterfahrt nicht ganz ungefährlich, denn im dichten Verkehr und vor allem bei Dunkelheit bleibt anderen Autofahrern Ihre Abbiegeabsicht trotz heftigem Winken zum Autofenster hinaus wahrscheinlich unsichtbar. Sie können sich jedoch selbst weiterhelfen: Sicherungskasten abschrauben, und Blinkrelais (siehe Seite 229) leicht ruckelnd aus dem Sockel ziehen. Am Relais jetzt mit einer Büroklammer oder einem anderen Drahtstück die Kontaktzungen 49 und 49a verbinden und festzurren. Blinkrelais wieder einstecken. Sie* *haben jetzt das Relais überbrückt. Bei gedrücktem Blinkerhebel leuchtet eine Blinkerseite nun dauernd auf. Durch Ein- und Ausschalten mit dem Blinkerhebel erhalten Sie einen Blinker-Rhythmus.*

Bremsleuchten prüfen
Ständige Kontrolle

Die Bremsleuchten prüfen Sie am schnellsten, wenn der Wagen nachts mit dem Heck vor einer Wand steht. Wird bei eingeschalteter Zündung die Bremse getreten, muß die Wand hellrot aufleuchten. Ist der Lichtschein asymmetrisch, brennt sicher nur noch eine der Leuchten. Diese Prüfung läßt sich auch vor einer roten Ampel durchführen. Dann reflektiert das nachfolgende Auto die Bremslichter.

Störungen am Bremslicht

Ist nur eine Glühlampe der Bremslichter ausgefallen, sollte sie umgehend ersetzt werden. Brennen jedoch beide Bremslichter nicht, kommen folgende Möglichkeiten in Betracht:

□ Sicherung Nr. 11 (bei Wagen bis 7/73: Nr. 12) ist defekt. Einfache Kontrolle: Die Hupe funktioniert in diesem Fall auch nicht.

□ Der Bremslichtschalter ist defekt. Zur Kontrolle Stecker am Bremslichtschalter abziehen und die beiden Kontakte im Stecker mit einem Drahtstück verbinden.
Bei Fahrzeugen mit zwei Bremslichtschaltern sind die Stecker dreipolig ausgeführt. In diesem Fall jeweils das schwarze und das schwarz/rote Kabel verbinden. Der zweite Bremslichtschalter wird nur für die Zweikreisbrems-Kontrolleuchte gebraucht.

□ Die letzte Möglichkeit – neben abgefallenen Kabelsteckern – ist die unwahrscheinlichste: beide Bremslicht-Glühlampen sind durchgebrannt.

Hupe prüfen
Wartungspunkt Nr. 34

Ein Druck auf den Hupknopf im Lenkrad und bei eingeschalteter Zündung muß die Hupe tönen. Der Hupknopf schafft die Masseverbindung zum Horn, während die 12-Volt-Spannung am anderen Pol ständig anliegt. Die Hupe wird also über Masse gesteuert – bei den meisten anderen Verbrauchern im Auto ist das nicht der Fall.
Der Strom zur Hupe kommt von Klemme 15 am Zündschloß und fließt durch die Sicherung Nr. 11 (bis Baujahr 7/73: Nr. 12). Dieses »+«-Kabel ist schwarz/gelb ummantelt. Das Masse-Kabel vom Hupknopf her hat dagegen eine braune Isolation.

Störungen an der Hupe

Das Signalhorn kann während der Fahrt plötzlich lostuten, obwohl Sie den Hupknopf nicht berührt haben. Dann hat das braune Kabel an der Hupe oder diese selbst Kurzschluß zur Masse. Wenn Sie die Zündung ausschalten, hat der Lärm ein Ende.

□ Erste Kontrolle, ob es am braunen Haupenkabel liegt: dieses am Horn abziehen und Zündung einschalten. Bleibt alles ruhig, hat das Kabel Masseschluß. Kabel erneuern oder isolieren.

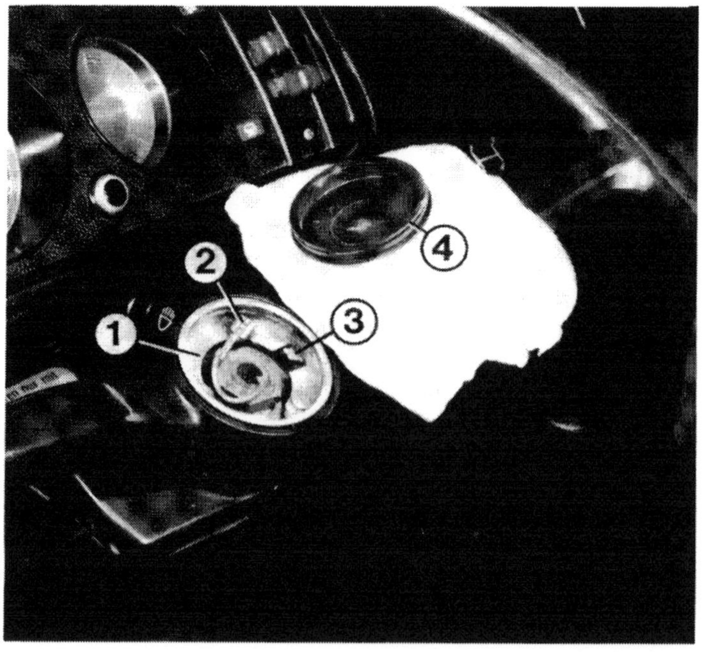

Der Hupenkontakt (1) in Lenkradmitte ist bei abgenommenem Hupknopf (4) zugänglich. Hier im Bild ist der Stecker des Hupenkabels (2) von seiner Steckerzunge (3) abgezogen.

□ Hupt es dagegen weiter, hat das Horn selbst (in seinem Innern) Kurzschluß zur Masse. In diesem Fall das schwarz/gelbe Kabel am Signalhorn abziehen und (im Notfall mit Heftpflaster aus dem Verbandskasten) isolieren.
Natürlich kann auch der andere Fall eintreten, daß die Hupe gar keinen Ton von sich gibt.
□ Zuerst die Sicherung Nr. 11 kontrollieren (bis Baujahr 7/73: Nr. 12).
□ Ist die Sicherung in Ordnung, kontrolliert man mit einer Prüflampe, ob das schwarz/gelbe Kabel an der Hupe bei eingeschalteter Zündung Strom liefert. Kommt kein Strom, liegt es an diesem Kabel.
□ Brennt jedoch die Prüflampe (ist also Strom vorhanden), liegt es an der Hupe selbst. Kontrolle: Zündung einschalten und den Anschluß des braunen Kabels an der Hupe mit einem Kabelstück direkt mit der Fahrzeugmasse verbinden – es bleibt ruhig.
□ Tönt das Horn dagegen bei der eben beschriebenen Prüfung, liegt der Fehler zwischen Hupkontakt und dessen Kabel zur Hupe.

Fingerzeige: *Die Hupe sitzt beim VW-Bus fast direkt im Spritzwasserbereich des linken Vorderrades. Für diesen benachteiligten Platz rächt sie sich durch häufige Ausfälle. Um wenigstens der Oxidation an den Steckern vorzubeugen, sollten Sie darauf achten, daß die Gummitüllen an den Kabelenden ordentlich über die entsprechenden Stutzen an der Hupe gezogen sind, was häufig nach dem Auswechseln des Horns »vergessen« wird.*
Ein krächzendes Horn läßt sich unter Umständen wieder »stimmen«, wenn Sie die mit Vergußmasse oder einem Plastikkäppchen gesicherte Einstellschraube (siehe Bild unten) etwas verdrehen, während ein Helfer auf den Hupknopf drückt.
Ist das Horn defekt, helfen Reparaturversuche kaum weiter, denn Wasser und Streusalz machen ihm in der Regel den Garaus. Kaufen Sie besser gleich ein neues oder suchen Sie ein brauchbares bei einer Autoverwertung.

Lichthupe kontrollieren

Wartungspunkt Nr. 35

Gleichgültig, ob die Zündung oder die Scheinwerfer eingeschaltet sind oder nicht, Fernlicht und Fernlichtkontrolleuchte flammen immer auf, wenn Sie den Blinkerhebel zum Lenkrad hin hochziehen. Da Lichthupe und Abblendschaltung der Scheinwerfer in einem Relais zusammengefaßt sind, kontrollieren Sie durch diese Prüfung gleich beide Funktionen. Wie das im einzelnen funktioniert, steht in den folgenden Absätzen.

Das Abblendrelais

Die Lichthupenfunktion

Betrachten wir zuerst den Schaltkreis des Abblend-Relais. Der Magnet, der im Relais die Kontakte öffnet oder schließt, wird durch Hochziehen des Blinkerhebels betätigt. Strom von Klemme 30 liegt ständig am Relais an (Kabelfarbe: Rot). Durch den Blinker-

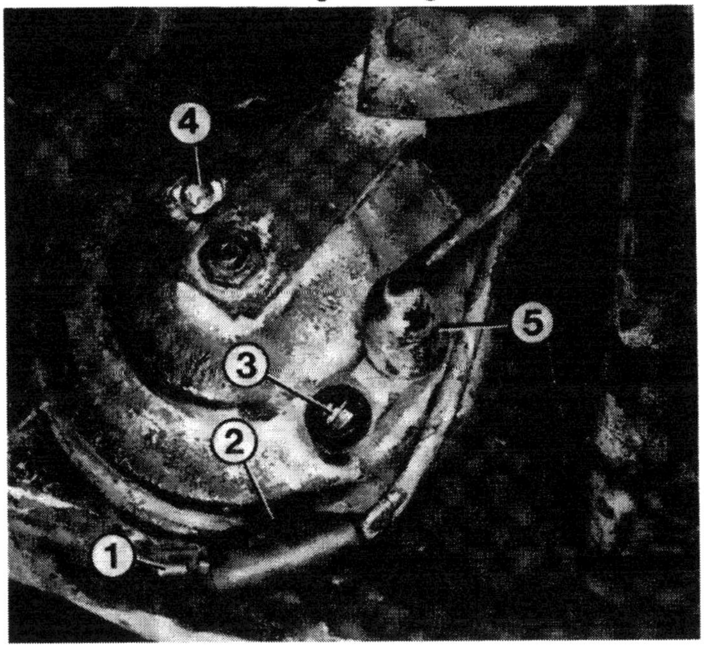

Stecker (1) und Steckerzungen (3) der Hupe sind durch Gummimanschetten (2 und 5) gegen Spritzwasser geschützt. Ein krächzendes Horn läßt sich häufig an der Einstellschraube (4) wieder stimmen.

hebel wird die Massezuleitung zum Relais hergestellt. Von der Karosserie zum Blinkerhebel ist das Kabel dabei braun ummantelt, vom Blinkerhebel zum Relais hat es eine braun/weiße Isolation.
Wie fließt nun beim Lichthupen der Strom zu den Fernlichtfäden der Scheinwerfer? Die Stromwege im Abblendrelais sind so angelegt, daß bei jedem Betätigen des Relais Strom von Klemme 30 – die führt ständig Strom, auch bei ausgeschalteter Zündung – zur Klemme 56a fließt. Dort sind beide Fernscheinwerfer angeschlossen. Das bedeutet, daß bei ausgeschaltetem Licht durch Hochziehen des Blinkerhebels das Fernlicht aufflammt.

Die Umschaltfunktion

Das Abblendrelais sorgt bei jedem Hochziehen des Blinkerhebels (was dabei geschieht, steht im letzten Abschnitt) dafür, daß der Stromweg zu den Scheinwerfern geändert wird. Entweder sind dann die Abblendfäden der Scheinwerfer »eingeschaltet« oder die Fernlichtfäden. Wirklich aufleuchten tun die Scheinwerfer natürlich nur, wenn der Lichtschalter gezogen und die Zündung eingeschaltet ist.
Der Strom für die Scheinwerfer kommt dann von der Klemme X des Zündschlosses (siehe Seite 227) und läuft zum Lichtschalter. Von dort aus fließt er zur Klemme 56 des Abblendrelais. Weiter geht es dann ab Klemme 56b zum Abblendlicht oder ab Klemme 56a am Relais zum Fernlicht.
Kabelfarben: Zündschloß Klemme X zum Lichtschalter Klemme X: Schwarz/gelb. Von Lichtschalter Klemme 56 zum Relais Klemme 56: Weiß/schwarz. Von Relais Klemme 56b zu Sicherung 3 und 4: Gelb. Von Sicherung 3 zu Abblendlicht links: Gelb. Von Sicherung 4 zu Abblendlicht rechts: Gelb/schwarz.
Von Relais Klemme 56a zu Sicherung 5 und 6: Weiß. Von Sicherung 5 zum Fernlicht links: Weiß. Von Sicherung 5 zur Fernlichtkontrolle: Blau/weiß. Von Sicherung 6 zum Fernlicht rechts: Weiß/schwarz.

Störungen am Abblendrelais

Funktioniert die Lichthupe nicht (Prüfung siehe Vorseite), schrauben Sie den Sicherungskasten ab. So kommen Sie an die Kontaktstecker des Relais heran und können mit einer Prüflampe kontrollieren, welche Kabel Strom führen:
□ Schaltkreis prüfen. Am roten Kabel (Klemme 30) muß immer Spannung anliegen. Sonst ist es irgendwo ausgesteckt, oder die rot/weiße Zuleitung zum Sicherungskasten ist defekt (siehe Fingerzeig Seite 171).
Ist dort alles in Ordnung, wird die Massezuleitung geprüft, Dazu ein Kabel an einer blanken Stelle der Karosserie befestigen und an die Klemme des braun/weißen Kabels (Klemme S) halten. Das Relais muß jetzt anziehen, die Scheinwerfer leuchten auf. Ist das nicht der Fall, Relais austauschen.
Hat dagegen die Lichthupe mit dem Drahtstück funktioniert, ist die Kontaktzunge am Blinkerschalter defekt oder muß nachgebogen werden (siehe Seite 226). Vielleicht ist aber auch nur ein Kabel abgefallen.
□ Funktioniert das Auf- und Abblenden nicht, obwohl das Relais klickt, muß die Stromzufuhr bei eingeschalteter Zündung und voll gezogenem Lichtschalter am weiß/schwarzen Kabel (Klemme 56) kontrolliert werden. Auch nachprüfen, ob jeweils nach dem Hochziehen des Blinkerschalters abwechselnd das weiße (Klemme 56a) bzw. das gelbe (Klemme 56b) Kabel Strom führt.
□ Weitere Möglichkeit: Das Relais bleibt in einer Stellung »hängen« und schaltet trotz Klickgeräusch nicht um. In diesem Fall Relais austauschen.

Alles unter Kontrolle

Mit Instrumenten ist der VW-Bus eher spärlich bestückt. Der Fahrer kann also das wenige, das es zu kontrollieren gibt, mit Leichtigkeit unter Kontrolle halten.
Doch nicht nur von den Überwachungshilfen handelt dieses Kapitel. Hier werden beispielsweise auch Schalter, Zündschloß, Wischer und heizbare Heckscheibe angesprochen.

Kontrollinstrumente und -leuchten prüfen

Wartungspunkt Nr. 36

Diese Einrichtungen werden natürlich ganz automatisch im täglichen Gebrauch überprüft. Wer's jedoch ganz bewußt tun möchte, verfährt so:

■ Zündung einschalten: Ladekontrolle und Öldruckwarnleuchte müssen brennen; ebenso die möglicherweise eingebaute Zweikreisbrems-Kontrolleuchte. Mit etwas Verzögerung muß die Tankanzeige über die Skala wandern.

■ Blinker einschalten: Die grüne Blinkerkontrolleuchte (bis Baujahr 7/73 sind es zwei Kontrolleuchten) muß rhythmisch aufleuchten. Warnblinkanlage anschalten: Die rote Kontrolleuchte im Schalterknopf und die grüne Blinkerkontrolle blitzen auf.

■ Blinkerhebel nach oben ziehen: Die blaue Fernlichtkontrolle muß leuchten.

■ Prüfen Sie weiter die Kontrolleuchten in den evtl. vorhandenen Schalterknöpfen für heizbare Heckscheibe, Nebellampen und Nebelschlußleuchten.

■ Motor starten: Ladekontrolleuchte, Öldruckwarnleuchte und Zweikreisbrems-Kontrolleuchte müssen verlöschen.

■ Während einer kurzen Fahrt kann der Tachometer kontrolliert werden.

Kombiinstrument ausbauen

Das Kombiinstrument komplett auszubauen, wird eigentlich nur dann nötig, wenn Tachometer oder Tankuhr ausgebaut werden sollen oder wenn der Spannungskonstanter überprüft wird. Die einzelnen Glühlampen lassen sich mit etwas Verrenkung auch von unterhalb des Armaturenbretts auswechseln. Der Ausbau geht folgendermaßen:

■ Betätigungshebel für Heizung und Lüftung mit einem kräftigen Ruck nach vorn herausziehen.

■ Unter dem Armaturenbrett die Tachowelle an ihrer großen Überwurfmutter von Hand vom Tachometer losschrauben.

Zum Ausbau des Kombiinstruments müssen unter anderem die Heizungs- (3) und Lüftungshebel (5) abgezogen und die Halteschrauben (1, 2, 4, 6) herausgedreht werden.

Ein Arbeitsschritt zum Ausbau der Tachowelle: Abnehmen des Sicherungsrings an der Fettkappe des linken Vorderrads.

■ Vier Kreuzschlitzschrauben vorn am Kombiinstrument herausdrehen. Dabei fallen auf der Rückseite vier Halteklammern ab – kein Grund zur Besorgnis.
■ Kombiinstrumentenplatte jetzt herausziehen und noch mit angeschlossenen Kabeln umdrehen, damit die Rückseite zugänglich wird. Darauf achten, daß keine Kabelstecker abgerissen oder Steckerzungen verbogen werden.
■ Beim Einbau Haltewinkel von hinten gegenhalten, wenn die Schrauben eingedreht werden. Vierkant der Tachowelle mit Geduld am Tachometer einschieben, bevor die Überwurfmutter festgedreht wird.

Kombiinstrument zerlegen

■ Kombiinstrument ausbauen (siehe Vorseite).
■ Kontrollampen und Instrumentenbeleuchtung markieren und die Lampenfassungen herausdrehen.
■ Alle Sechskantschrauben am Umfang des Blechdeckels herausdrehen und Deckel mit beiden Instrumenten abnehmen.
■ Zwei Schlitzschrauben herausdrehen und Tachometer abnehmen.
■ Spannungskonstanter abschrauben.
■ Anschlußzungen der Tankuhr losschrauben, drei weitere Sechskantschrauben an der Lampenblende herausdrehen und Tankanzeige samt Blende abnehmen.

Der Tachometer

Dieser Geschwindigkeitsmesser zeigt die Fahrtgeschwindigkeit gewissermaßen auf elektrischem Weg an, nämlich durch Erzeugung von Wirbelströmen, die eine Aluminiumtrommel rund um die Zeigerachse gegen den Widerstand einer Spiralfeder verdrehen.
Der Tachometer kann nicht die genaue Entfernung oder Geschwindigkeit messen, sondern er mißt die Umdrehungen des linken Vorderrads und setzt sie dann in Kilometerangaben um. Nach wieviel Tachowellenumdrehungen ein Kilometer auf der Straße zurückgelegt wurde, hängt von der Reifengröße und Profilstärke ab. Die entsprechende Tachometerantriebs-Anpassung wird mit der »Weg-Drehzahl« gekennzeichnet. Der Tachometer trägt beim VW-Bus die Kennzahl 0,51.

»Tachoeichung«

Sie brauchen dazu eine zufällig nur mäßig befahrene, ebene Autobahnstrecke, Beifahrer mit Stoppuhr oder Uhr mit Sekundenanzeige. Rechts am Autobahnrand stehen alle 500 m kleine Täfelchen mit Kilometerangaben. Die Tachoprüfung geht dann so: »Anlauf« nehmen, bis die Tachonadel ruhig und stetig auf die zu messende Geschwindigkeit zeigt. Beim Passieren der nächsten km-Tafel, die z. B. haargenau über einen Fenstersteg angepeilt wird, drückt der Beifahrer die Stoppuhr. Nach einem Kilometer Fahrt (die Tachonadel darf sich während der Messung nicht bewegen) bei gleicher Anpeilung der km-Tafel wieder die Stoppuhr drücken. Ergebnis notieren. Messung mindestens zweimal, besser dreimal wiederholen, da kleine Ungenauigkeiten bei der km-Tafel-Aufstellung oder Tachonadelschwankungen möglich sind. Durchschnittswert aus den Messungen ermitteln.

Die echte Geschwindigkeit in Kilometer pro Stunde (= 3600 Sekunden) ergibt sich, wenn Sie 3600 durch die gestoppte Zeit (in Sekunden) teilen. Beispiel: Tachonadel zeigte auf 100 km/h; 1 Kilometer wurde in 37,4 Sekunden zurückgelegt. 3600 : 37,4 = 96,26. Ergebnis: Bei Tachoanzeige 100 wurden echte 96 km/h gefahren. Bei entsprechenden Ambitionen können Sie so natürlich auch die »echte« Höchstgeschwindigkeit Ihres VW-Busses messen. Luftfeuchtigkeit, Reifenprofil und -luftdruck sowie das Motoralter beeinflussen jedoch das Meßergebnis. Also nicht gleich in Panik verfallen, wenn der Sollwert nicht erreicht wird.

Tachowelle wechseln

Eine zitternde Tachonadel weist gewöhnlich darauf hin, daß die Tachowelle einen Knick hat und bald brechen wird. Überhaupt ist diese flexible Welle stark knickempfindlich, weshalb sie auch beim Einbau keinesfalls eingeknickt werden darf. Der Ausbau geht folgendermaßen:

■ Radkappe links vorn abnehmen und den Sicherungsring in der Mitte der Fettkappe abdrücken.

■ Tachowelle hinter dem Rad aus dem Achsschenkel ziehen. Das geht oftmals etwas schwer.

■ Abdeckwanne unterhalb des Fahrerhausbodens abschrauben.

■ Tachowelle aus den Befestigungsklammern aushängen und Haltebänder durchtrennen.

■ Welle durch die Blech-Zwischenwand durchziehen.

■ Im Wageninnern die vordere linke Fußraumverkleidung abnehmen.

■ Überwurfmutter der Tachowelle am Tachometer abschrauben.

■ Tachowelle jetzt nach innen durchziehen.

■ Neue Welle von innen nach außen durchschieben. Beim Befestigen der Wellenenden darauf achten, daß der Vierkantanschluß genau in das entsprechende Gegenstück am Rad bzw. am Tachometer paßt. Nicht mit Gewalt arbeiten.

■ Dort, wo die Welle hinter dem Rad in den Achsschenkel verschwindet, müssen Sie besonders auf den runden Abdichtgummi achten. Der muß einwandfrei eingesteckt sein, sonst läuft Wasser ins Radlager.

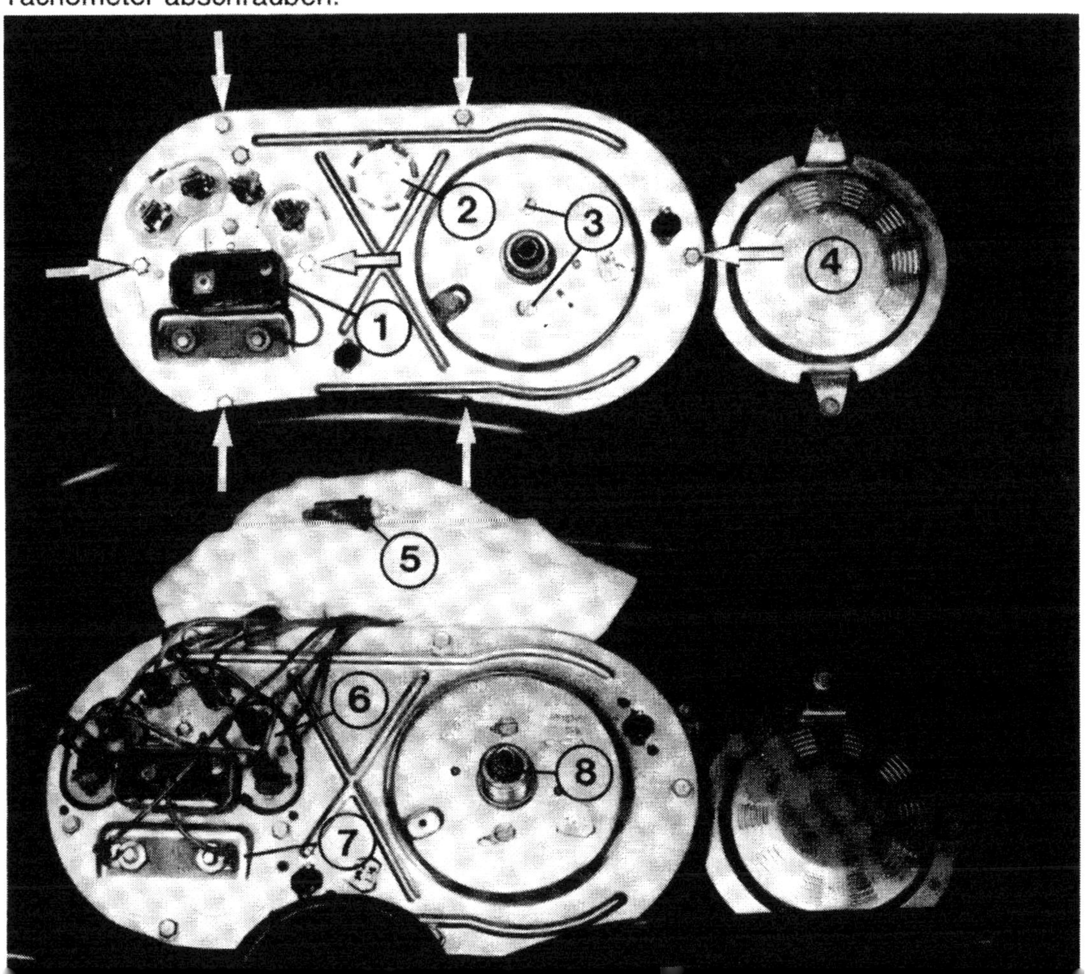

Kombiinstrumente von hinten; oben die neuere, unten die ältere Version: 1 – Spannungskonstanter; 2 – Steckerzungen; 3 – Halteschrauben für Tachometer; 4 – Blinddeckel (Uhr); 5 – Kontrollleuchtenfassung mit Birne; 6 – Kontrollleuchten; 7 – Anschluß für Tankuhr; 8 – Anschluß für Tachowelle. Die Pfeile zeigen auf die Halteschrauben der Grundplatte.

Die Tankuhr

Der Benzinstand wird am Armaturenbrett elektrisch angezeigt. Die Tankuhr ist also nichts anderes als ein Voltmeter, an dem bei eingeschalteter Zündung volle Spannung anliegt. Damit die Spannung am Instrument immer gleich hoch ist, wurde in der Stromzuleitung ein Spannungskonstanter vorgeschaltet, auf den wir noch zu sprechen kommen.

Der Zeigerausschlag der Tankuhr wird über den Massekontakt variiert. Das besorgt der Tankgeber, der je nach Tankfüllung einen höheren oder niedrigeren Widerstand hat. Den Tankgeber finden Sie auf Seite 90 beschrieben.

Störungen an der Tankuhr

Zeigt die Tankuhr ungenau oder überhaupt nicht an, kann der Fehler folgendermaßen gefunden werden:

■ Kombiinstrument ausbauen oder hinter das Armaturenbrett greifen. Kabel an einem blanken Punkt der Karosserie befestigen, und das freie Ende an denjenigen Anschluß der Tankuhr halten, auf dem das braun/schwarze Kabel steckt. Schlägt die Tankuhr jetzt voll aus, ist entweder das Kabel zum Tankgeber unterbrochen oder der Tankgeber selbst ist defekt (Ausbau siehe Seite 90).

■ Möglicherweise ist die Stromzuleitung auf der »+«-Seite des Instruments defekt. Zuerst Sicherung Nr. 12 (bis Baujahr 7/73 Nr. 11) kontrollieren. Ist diese in Ordnung, kann es nur noch am Spannungskonstanter liegen (siehe Text unten).

■ Zuletzt bleibt nur noch das Instrument als Übeltäter übrig. Austauschen (siehe Seite 220).

Der Spannungskonstanter

Er hat die Aufgabe, Spannungsschwankungen, wie sie öfters im Bordnetz auftreten, von der Tankuhr fernzuhalten. Auf diese Weise soll eine genaue Anzeige des Kraftstoffvorrats gewährleistet werden.

Der Konstanter besteht aus einer sogenannten Zenerdiode und aus einer Glühlampe. Diese beiden Bauelemente sind zu einer »elektronischen« Schaltung zusammengefaßt, die an der Klemme J, die ja direkt mit der Tankuhr verbunden ist, eine stets konstante Spannung anliegen läßt.

Spannungskonstanter defekt

Zeigt die Tankanzeige nicht mehr an, ist möglicherweise die Glühlampe im Spannungskonstanter defekt. Das prüfen wir mit einem Voltmeter so:

■ Kombiinstrument ausbauen (siehe Seite 219), Zündung einschalten.

■ Mit einem Voltmeter – keine Prüflampe verwenden! – an Klemme J gegen Masse Spannung messen. Dazu das aufgesteckte Kabel zum Instrument abziehen.

■ Liegt keine Spannung an, ist die Glühlampe im Konstanter defekt und muß ausgewechselt werden.

Glühbirne im Konstanter wechseln

■ Kombiinstrument ausbauen (siehe Seite 219), Konstanter abschrauben.

■ Kunststoffhaken an der Metallplatte des Konstanters nach unten drücken und Metallplatte abklappen.

■ Neue Sofittenlampe 12 Volt/5 Watt einsetzen.

Störungen an der Zeituhr

Läuft die Zeituhr überhaupt nicht, kann das nur drei Ursachen haben:

□ Sicherung ist defekt.

□ Stromzuleitung ist unterbrochen.

□ Die Zeituhr selbst ist defekt. Ausbauen (je eine Schraube an Ober- und Unterkante) und in einer Spezialwerkstatt oder bei Moto Meter, Postfach 346, 7250 Leonberg 1 reparieren lassen.

□ Geht die Uhr vor oder nach, kann sie an der kleinen Stellschraube an ihrer Rückseite etwas nachreguliert werden. Zum Beobachten betreiben Sie die Uhr am besten ca. eine Woche lang in ausgebautem Zustand an einer Batterie oder am Ladegerät.

Glühlampen im Kombiinstrument wechseln

Die 1,2-Watt-Glassockellampen (W 2 × 4,6d; DIN-Form W) erreichen Sie mit einigen Verrenkungen von unterhalb des Armaturenbretts her. Schwieriger ist es da schon, gleich auf Anhieb die richtige zu erwischen (siehe Bild auf der Vorseite).

■ Die Kunststoff-Fassungen der Birnchen für Instrumentenbeleuchtung und Warnlampen müssen zum Ausbau eine Vierteldrehung linksgedreht werden. Erst dann kann die Fassung samt Lampe herausgezogen werden.

■ Das Lämpchen ist in die Fassung eingesteckt und wird mit den Fingern oder einer kleinen Zange herausgezogen.

■ Neues Lämpchen einstecken und Fassung so ins Kombiinstrument einsetzen, daß die Haltenasen in die Aussparungen am Instrument passen. Fassung eine Vierteldrehung rechtsdrehen – fertig.

Blinkerkontrolle

Die Blinkerkontrolle ist einerseits an Klemme 49a des Blinkrelais angeschlossen und erhält von dort die Blinkimpulse. Auf der anderen Seite hängt sie von Sicherung 12 her (bis 7/73: Nr. 11) an Klemme 15, die aber nur bei eingeschalteter Zündung Strom liefert. Ist diese Klemme abgeschaltet, reagiert die Blinkerkontrolle nicht auf die Impulse der Warnblinkschaltung. Kommt dagegen bei eingeschalteter Zündung Strom von Klemme 15, ist in der Pause zwischen den Blinkimpulsen der Stromkreis über den »toten« (= Minus-)Relaiskontakt geschlossen, die Kontrolleuchte blinkt im Gegentakt auf.

Warnblinkkontrolleuchte

Nach Losschrauben der roten Lichtscheibe im Schalterknopf der Warnblinkanlage kommen Sie an das Glassockellämpchen heran, das nur eingesteckt ist. Mit einer feinen Zange herausziehen. Wer das Auswechseln nicht am Armaturenbrett erledigen will, kann den kompletten Schalterknopf abschrauben.

Fernlichtkontrolle

Bei eingeschaltetem Fernlicht oder beim Lichthupen erhält die Fernlichtkontrolle von Sicherung 5 her Strom. Ob die Fernlichtfäden in den Scheinwerfern wirklich brennen, kann sie aber nicht anzeigen, das muß man selbst kontrollieren.

Ladekontrollleuchte

Bei laufendem Motor darf die Ladekontrolle weder glimmen noch aufleuchten. Sonst sitzt ein Fehler in der Stromversorgung, siehe den Störungsbeistand auf Seite 189. Brennt das rote Lämpchen beim Einschalten der Zündung nicht, ist vermutlich die Glühbirne durchgebrannt oder aber der Steckkontakt im Motorraum hat sich gelöst. Eine defekte Glühbirne sollten Sie möglichst bald ersetzen, denn bei Wagen mit Drehstromlichtmaschine läuft die sogenannte Vorerregung über diese Glühlampe (siehe Seite 188).

Öldruckkontrollleuchte

Bei eingeschalteter Zündung liegt an der Öldruckkontrolle Spannung an. Solange kein Öldruck aufgebaut wird, ist ihr Stromkreis durch den Öldruckschalter geschlossen – sie brennt. Bei steigendem Öldruck im Motor öffnet der Öldruckschalterkontakt, der Stromkreis wird unterbrochen und die Kontrolle verlöscht. Kaltes Motoröl ist ziemlich zähflüssig. Das ergibt hohen Öldruck, der die Kontrolle schon beim oder gleich nach dem Anlassen des Motors verlöschen läßt. Im heißgefahrenen Motor im Hochsommer ist das Öl dünnflüssiger, und bei dem entsprechend niedrigeren Öldruck verlöscht die Kontrolle erst bei höheren Drehzahlen.

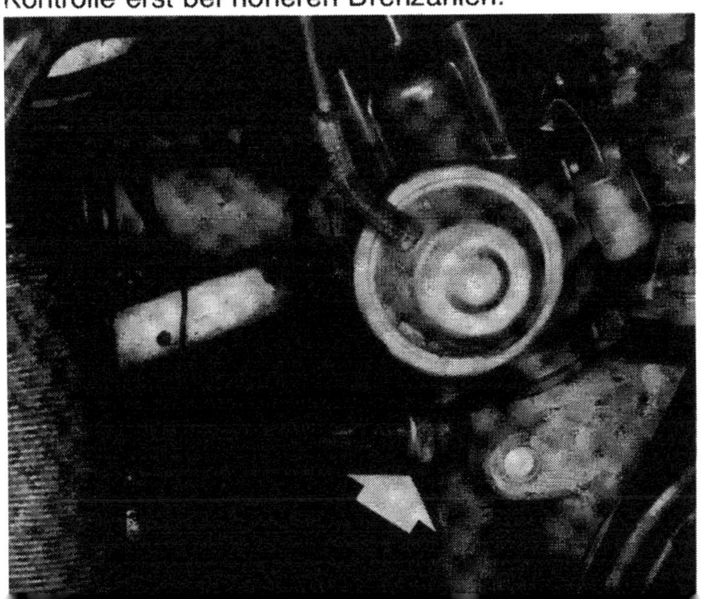

Im Gegensatz zum Flachmotor ist der Öldruckschalter (Pfeil) beim 1600er gut zugänglich. Festgeschraubt werden darf er nicht mit aller Gewalt, sondern nur mit 10 Nm.

Störungen Öldruckkontrolle

Leuchtet die Öldruckkontrollampe plötzlich während der Fahrt auf, ist das grundsätzlich ein Alarmzeichen.

□ Brennt sie nur kurz bei scharfem Bremsen oder in schnell gefahrenen Kurven, dürfte der Ölstand unter die Minimalmarke abgesunken sein – Ölstand prüfen und, wenn nötig, Öl nachfüllen.

□ **Leuchtet die Lampe dauernd, müssen Sie sofort anhalten!**
Dann zuerst kontrollieren, ob das blau/grüne oder blau/schwarze Kabel vom Öldruckschalter zur Warnlampe Kurzschluß hat: Zündung einschalten, Kabelstecker am Öldruckschalter abziehen – beim Flachmotor der Einfachheit halber den Steckverbinder im Motorraum trennen. Die Lampe muß nun bei stehendem Motor verlöschen; das beobachtet am besten ein Helfer. Brennt sie dagegen weiter, ist das Kabel irgendwo durchgescheuert und hat Massekontakt. Das ist harmlos für den Motor – Sie können weiterfahren.
Normalerweise zeigt jedoch das Aufleuchten der Öldruckkontrolle, daß in den Schmierstellen des Motors der nötige Öldruck nicht aufgebaut wird. Das liegt jedoch meistens nicht an einem Defekt an der Ölpumpe, sondern weit öfter an schlagartigem Ölverlust. In Betracht kommt da eine lose Ölablaßschraube, ein loser Ölsiebdeckel, eine defekte Ölkühlerdichtung und vieles mehr. Stellt sich der Fehler als gefährlich für den Motor heraus, muß der VW-Bus abgeschleppt werden.

□ Bei ständig leuchtender Ölkontrolle ist nicht selten ein defekter Öldruckschalter schuld. Regelrecht nachgeprüft werden kann das aber nur durch Auswechseln des Schalters. Behelfsmäßige Kontrolle: Steckerzunge des Öldruckschalters etwas hin- und herbewegen, sofern sie sich gelockert hat. Verlöscht die Lampe jetzt, wenn der Motor kurz gestartet wird? An den Öldruckschalter des Flachmotors ist leider etwas schwer heranzukommen. Sie müssen dazu die Gummitülle im linken Luftleitblech heraushebeln.

□ Bleibt die Öldruckkontrolle beim Zündschlüsseldreh dunkel? Zündung einschalten, Kabel am Öldruckschalter abziehen (bzw. Steckkontakt trennen) und an blankes Metall halten: Brennt nun das Warnlicht, liegt es am Öldruckschalter. Öldruckschalter austauschen. Leuchtet nichts, ist die Zuleitung oder die Glühlampe selbst defekt.

Öldruckschalter auswechseln

■ Das konisch verlaufende Gewinde des Öldruckschalters dichtet sich beim Eindrehen selbsttätig ab. Er darf deshalb nicht mit Gewalt eingeschraubt werden. Anzugsdrehmoment: 10 Nm.

■ Beim Flachmotor liegt der Öldruckschalter im linken Luftleitblech versenkt und ist mit einer Gummitülle abgedeckt. Zum Einsetzen sollte ein langer Steckschlüssel verwendet werden, in den der Schalter fest eingesetzt werden kann (evtl. mit Klebstoff sichern). Sonst kullert der neue Öldruckschalter unwiederbringlich unter der Motorverblechung davon.

Standlichtkontrolle

Diese grüne Kontrolleuchte war bis Baujahr 7/73 eingebaut. Sie ist durch ein grau/schwarzes Kabel mit Klemme 57 des Lichtschalters verbunden und leuchtet nur auf, wenn Standlicht eingeschaltet ist.

Nebellampenkontrolleuchte

Wie bei der Warnblink-Kontrolleuchte sitzt hier ein Glassockellämpchen im Schalterknopf. Lesen Sie dazu auf der Vorseite.

Heiz-Heckscheibenkontrolle

Hier gilt dasselbe wie für Warnblink-Kontrolleuchte und Nebelleuchten-Kontrolle. Lesen Sie deshalb auf der Vorseite nach.

Zweikreisbrems-Kontrollleuchte

Die Zweikreisbrems-Kontrolleuchte wurde nur gegen Aufpreis eingebaut. Sie soll beim Tritt auf die Bremse aufleuchten, wenn einer der beiden Bremskreise ausgefallen ist. Die Sache hat natürlich nur dann einen Sinn, wenn schon vor Beginn der Fahrt bei laufendem Motor einmal kräftig auf die Bremse getreten wurde, um die Prüfung durchzuführen. Fällt unterwegs ein Bremskreis aus, haben Sie bestimmt Wichtigeres zu tun, als das rote Lämpchen zu beachten.
Um die Funktion zu verdeutlichen, sehen wir uns die Strompfade 47,48 und 49 im Stromlaufplan auf Seite 175 an. Dort sind die beiden Bremslichtschalter – einer für den vorderen, einer für den hinteren Bremskreis – zu sehen. Ist einer der beiden Brems-

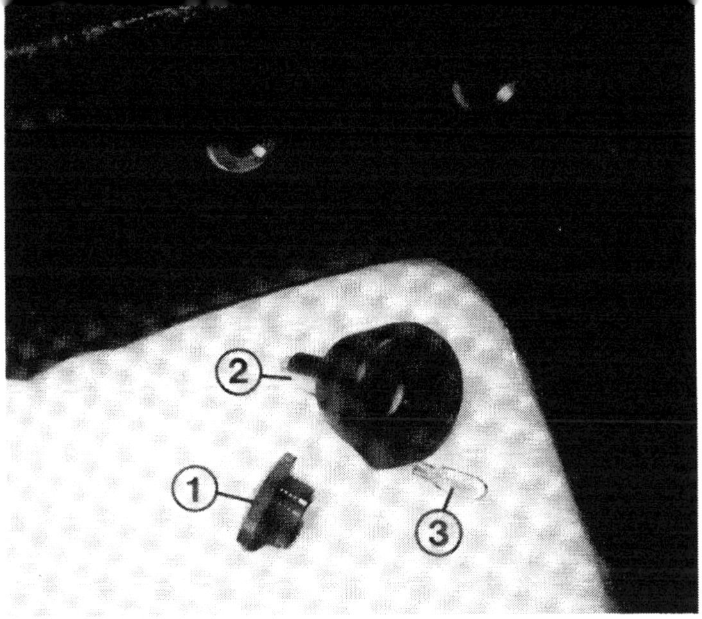

Zum Auswechseln der Kontrolllampe (3) im Schalterknopf (2) muß lediglich das Lichtfenster (1) losgedreht werden. Der Schalterknopf läßt sich aber auch komplett herausschrauben.

kreise undicht, bleibt der Kontakt des zugehörigen Bremslichtschalters zu Anschluß 81a geschlossen.
Der Bremslichtschalter des intakten Kreises dagegen schließt den Strompfad zu Kontakt 82a. So fließt der Strom zur Kontrollampe erst über den beim Bremsen geschlossenen Bremslichtschalter. An der Verzweigung T8 fließt der Strom nun zurück über den offenen Bremslichtschalter des defekten Bremskreises bis hin zur Kontrolleuchte an Kontakt K.
Masse erhält die Kontrollampe über das braune Kabel an Kontakt 31. Das blaue Kabel an Kontakt 61 und das schwarze Kabel an Klemme 15 sind für die Kontrollschaltung der Lampe zuständig, die bewirkt, daß die Leuchte beim Einschalten der Zündung brennt, aber bei laufendem Motor verlöscht.

Zweikreisbrems-Kontrollleuchte prüfen

Wenn die Kontrolleuchte bei eingeschalteter Zündung brennt und bei laufendem Motor verlöscht, kann davon ausgegangen werden, daß sie auch im Ernstfall funktioniert. Wer es aber ganz genau wissen will, kann – unter Beachtung der Hinweise über Arbeiten an den Bremsen (Seite 136) – folgendermaßen vorgehen:

- Ein Entlüftungsventil an den vorderen Bremsen öffnen, Schlauch daraufstekken und in ein Glas halten.
- Motor starten und auf die Bremse treten: Die Kontrollampe muß aufleuchten.
- Entlüftungsventil schließen und erst dann das Bremspedal wieder loslassen. Andernfalls Bremsen entlüften.
- Gleichen Vorgang an einem der Hinterräder wiederholen.

Die Schalter

Die Zugschalter

Das Fahrlicht, bei älteren Wagen das Laderaumlicht, die Warnblinkanlage, die Nebelleuchten, die Nebelschlußleuchte und anderes Zubehör wird beim VW-Bus über Zugschalter betätigt. Die werden alle auf gleiche Weise ausgebaut:

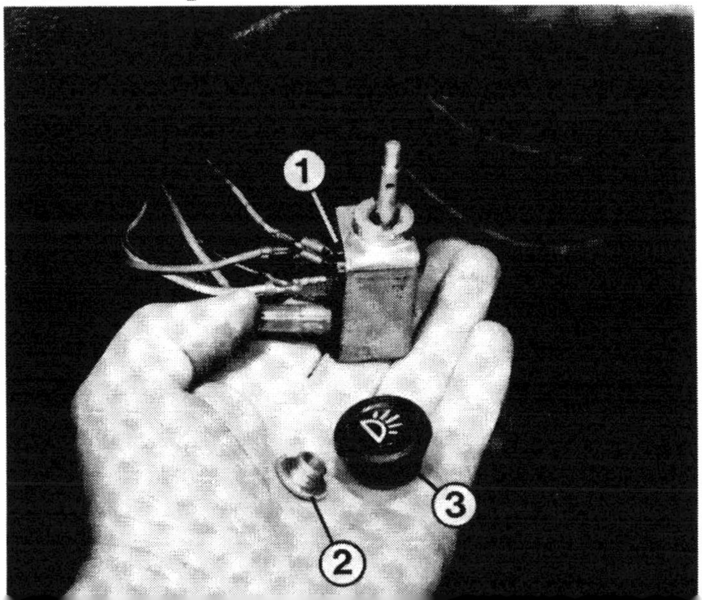

Ein ausgebauter Zugschalter: 1 – Lichtschalter; 2 – Haltemutter; 3 – Schalterknopf.

■ Schalter ohne Kontrollampe: Schalterknopf ziehen. An der Schalterachse findet sich eine Bohrung, durch die ein passender Nagel oder Durchschlag gesteckt werden kann. Damit die Achse festhalten und Schalterknopf abdrehen.
■ Schalter mit eingebauter Kontrolllampe (etwa Warnblinkschalter): Schalterknopf komplett mit Schalterachse herausschrauben.
■ Alle Schalter: Haltemutter losdrehen. Das geht oft von Hand, wenn man gleichzeitig hinter das Armaturenbrett greift und das Schaltergehäuse etwas hin- und herdreht. Will das nicht gehen, stecken Sie zwei feine Schraubenzieher in die Aussparungen an der Haltemutter und kreuzen deren Griffe. Jetzt kann die Mutter abgeschraubt werden.
■ Ob der Schalter funktioniert, können Sie in ausgebautem Zustand am besten kontrollieren. Nehmen Sie sich dazu den Stromlaufplan auf Seite 174 zur Hand und kontrollieren Sie mit einer Elektrik-Prüflampe, wo bei gezogenem Schalterknopf überall Spannung anliegen muß. Die Klemmenbezeichnungen im Schaltplan sind dabei dieselben wie die im Schalter eingeprägten.
Wie eine defekte Kontrollampe im Schalterknopf ausgewechselt wird, steht auf Seite 223 bzw. 225.

Die Hebelschalter

Im VW-Bus der hier behandelten Baujahre kamen zwei unterschiedliche Hebelschalter-Versionen zum Einsatz. Dementsprechend unterschiedlich gestaltet sich auch der Ausbau dieser Schalter an der Lenksäule:

Bis Baujahr ca. 5/74

■ Blinkerschalter: Kabel zum Schalter unter dem Armaturenbrett ausstecken. Schaltergehäuse von der Lenksäule bzw. vom gegenüberliegenden Wischerschalter abschrauben. Kabel durch die Lenksäulenverkleidung ziehen, und Schalter von seinem Gehäuse trennen.
■ Beim Einbau die halbrunden Blechspangen nicht vergessen.
■ Wischerschalter: Ausbau wie beim Blinkerschalter. Allerdings ist dieser Schalter mit dem Waschwasserventil kombiniert. Also entweder das Ventil vom Schalter losschrauben oder Druck aus dem Wasser-Vorratsbehälter ablassen und die Schläuche vom Ventil abziehen.
■ Beim Einbau darauf achten, daß der Schlauch vom Behälter auf dem unteren Ventil-Anschluß sitzt und im Bereich des Ventilstutzens durch einen zweiten übergestülpten Schlauch gesichert ist (siehe Bild rechts unten).

Ab Baujahr ca. 6/74

■ Lenkrad abbauen (siehe Seite 135).
■ Vier Schlitzschrauben oben auf der Schalterplatte herausdrehen.
■ Vielfachstecker für beide Schalter unterhalb der Lenksäulenverkleidung abziehen.
■ Beide Hebelschalter jetzt hochziehen.
■ Waschwasserventil am Wischerschalter abschrauben oder Druck im Vorratsbehälter ablassen und Schläuche am Ventil abziehen.
■ Beide Schalter nach dem Ausbau trennen.
■ Beim Einbau den vom Behälter kommenden Wasserschlauch am Stutzen des Ventils mit einem zuätzlichen

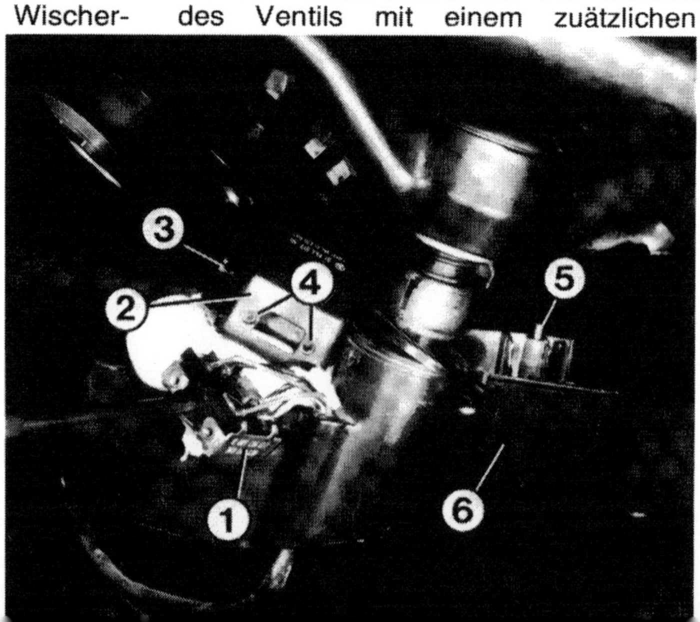

Ausgebaute Hebelschalter (Version bis ca. 5/74): 1 – Blinkerschalter; 2 – Blinkerschaltergehäuse; 3 – Loch für Halteschraube zum gegenüberliegenden Hebelschalter; 4 – Löcher für Halteschrauben Blinkerschalter an Gehäuse; 5 – Halteschraube zum gegenüberliegenden Hebelschalter; 6 – Wischerschaltergehäuse.

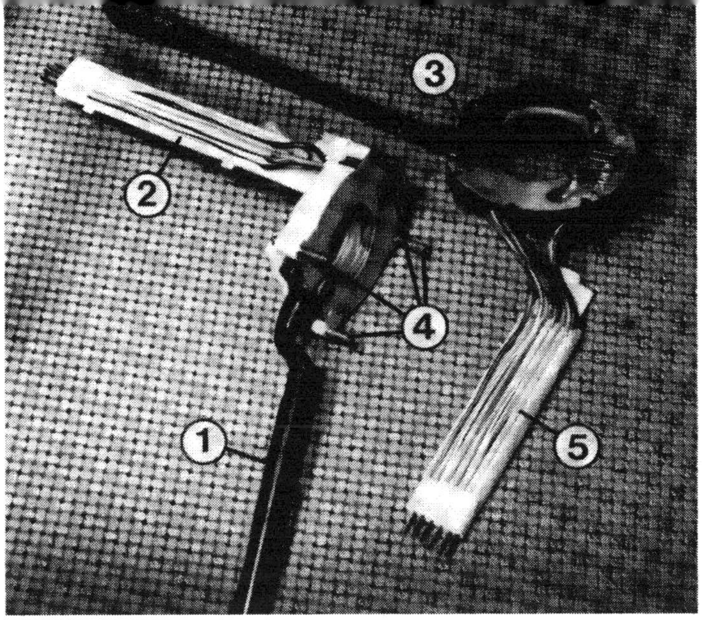

Ausgebaute Hebelschalter (Version ab ca. 6/74): 1 – Wischerschalter; 2 – Kabelführung; 3 – Blinkerschalter; 4 – Bolzen zum Ineinanderstekken beider Schalter (gleichzeitig Distanzhülsen); 5 – Kabelführung.

Schlauchstück überziehen, damit der Wasserdruck den Schlauch nicht abdrückt. Auf das schräg stehende Anschlußstück des Wasserventils muß der Schlauch zu den Spritzdüsen gesteckt werden.

Das Zündschloß

An dieser Stelle wollen wir uns nur mit dem elektrischen Teil des Zündschlosses befasse. Die Reparatur des Schließzylinders muß dagegen die Werkstatt vornehmen; denn zum Ausbau muß an einer bestimmten Stelle des Gehäuses gebohrt werden.

Zündschloß prüfen

Um die Funktion des Zündschlosses zu prüfen, brauchen Sie eine Prüflampe mit Nadelkontakt (siehe Seite 169):

■ Die Klemme 30 erhält ständig Strom über das dicke rote Kabel. Brennt die Prüflampe nicht, so kann keine Sicherung durchgebrannt sein, diese Leitung ist nicht abgesichert. Der Fehler muß an den Steckverbindungen der Zuleitung liegen (das Kabel verläuft über den Sicherungskasten zum Zündschloß) oder an der Verschraubung der Kabel am Anlasser, über den die Stromversorgung des Fahrzeugs läuft.
Die Kabelfarbe vom Anlasser zum Sicherungskasten ist rot/weiß, vom Sicherungskasten zum Zündschloß ist die Umhüllung rein rot.

■ Die Klemme 15 ist die »Zündung«, sie führt Strom, wenn der Zündschlüssel in Fahrt- oder Anlaßstellung steht. Kabelfarbe: Schwarz.

■ Die Klemme 50 am Zündschloß steht nur in der Start-Stellung des Zündschlosses unter Strom. Über sie wird der Anlasser betätigt. Die richtige Funktion prüft man am rot/schwarzen Kabel.

■ Die Klemme X erhält ausschließlich in Fahrt-Stellung des Zündschlüssels Strom von Klemme 30. Bei ausgeschalteter Zündung und beim Start wird die Klemme X stromlos. Ihre Funktion prüfen Sie am gelb/schwarzen Kabel.

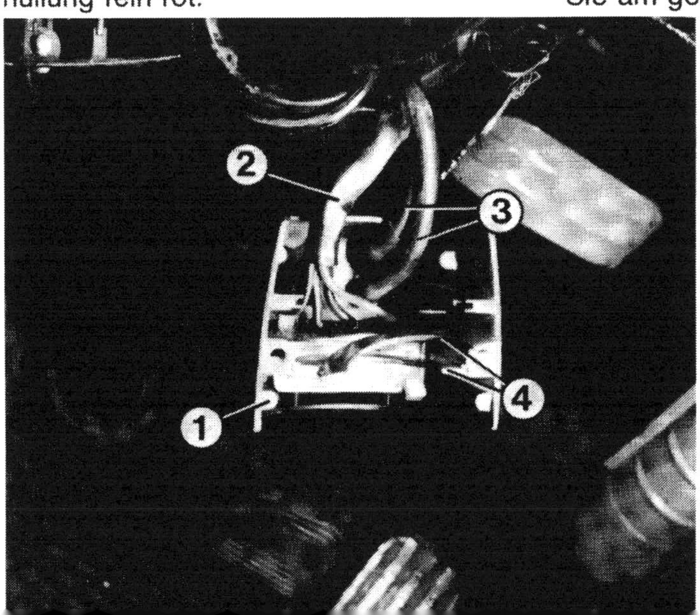

Der ausgebaute Wischerschalter (Version bis ca. 5/74) von hinten: 1 – Schaltergehäuse; 2 – Anschlußkabel; 3 – Wasserschläuche; 4 – Blechspangen (siehe Text).

Zündung kurzschließen

Diese Beschreibung soll keinen Autodieb aus Ihnen machen, sondern Ihnen vielmehr helfen, bei defektem Zündschloß weiterfahren zu können. Der Zündschlüssel muß natürlich trotzdem vorhanden sein, und er muß sich natürlich im Zündschloß drehen lassen, damit die Lenksperre entriegelt werden kann. Bei Defekten am Lenkschloß selbst sollten Sie möglichst nicht mehr weiterfahren, denn die Lenkradsperre könnte sonst während der Fahrt einrasten, was den VW-Bus veranlaßt, eigene Wege zu gehen.

■ Bis Baujahr ca. 5/74 lassen sich die zum Zündschloß führenden Kabel an einem Vierfach-Leitungsverbinder trennen. Ziehen Sie die vom Zündschloß kommenden Kabel ab. Bei späteren Baujahren (Wagen mit senkrecht stehendem Zündschloß) kann unterhalb der Zündschloßverkleidung ein Vierfachstecker abgezogen werden. Die Kabel, an denen kurzgeschlossen werden soll, liegen also jetzt frei.

■ Verbinden Sie nun, z. B. mit einer Büroklammer, die Kontakte des roten und des schwarzen Kabels. Ladekontrolle und Ölkontrolleuchte müssen jetzt brennen.

■ Zum Starten mit dem Anlasser kann nun das rot/schwarze Kabel aus dem Stecker oder Leitungsverbinder gezogen werden. Oder Sie basteln eine zweite Drahtbrücke.

■ Das Kabel oder die zweite Brücke nun kurz gegen die bereits bestehende Drahtbrücke drücken und sofort wieder wegziehen: Der Anlasser wirft den Motor an.

■ Freie Kabelenden so unterbringen, daß sie kein blankes Karosserieteil berühren können oder am besten gleich isolieren.

Zündschloß ausbauen

Wie der elektrische Teil des Zündschlosses ausgebaut wird, finden Sie nachfolgend beschrieben:

■ Bis Baujahr ca. 5/74: Vier große Kreuzschlitzschrauben unten an der Lenkschloßkonsole herausdrehen, und Lenksäule vorsichtig nach hinten ziehen, damit keine Kabel abgerissen oder ausgesteckt werden. Siegellack an der Madenschraube am Schloßgehäuse (siehe Bild unten) entfernen und Schräubchen herausdrehen. Jetzt kann das Zündschloßteil zur Seite herausgezogen werden.

■ Beim Einbau darauf achten, daß der Betätigungsstift des Schloßteils richtig in das Gegenstück einrastet. Madenschraube wieder eindrehen und mit einem Lacktupfer sichern.

■ Ab Baujahr 6/74 brauchen Sie zum Ausbau eine neue Abreißschraube aus dem V.A.G.-Ersatzteillager und einen Linksgewindebohrer (siehe Seite 22) zum Herausdrehen der alten Abreißschraube. Der Ausbau geht dann so:

■ Hebelschalter ausbauen (siehe Seite 226) und Mehrfachstecker für Zündschloß abziehen.

■ Abreißschraube – sie ist in dem Loch links unten an der Lenkstockverkleidung sichtbar – mit Bohrer von ca. 4 mm Durchmesser anbohren und mit Linksgewindebohrer herausdrehen.

■ Kreuzschlitzschrauben unter der Lenkstockverkleidung herausdrehen. Lenkschloßgehäuse nach oben abziehen.

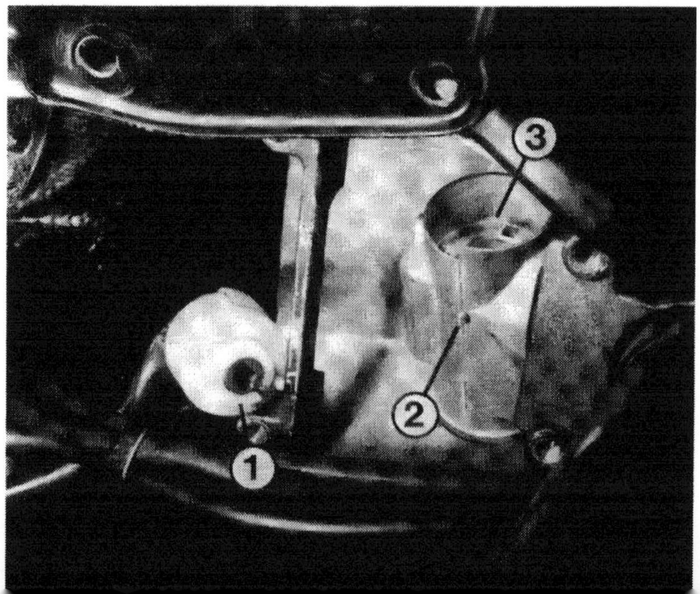

Von unten auf die abgebaute Lenkschloßkonsole geblickt, sehen wir das Zündschloß (1). Es kann nach Lösen der Madenschraube (2) aus dem Lenkschloßgehäuse (3) gezogen werden.

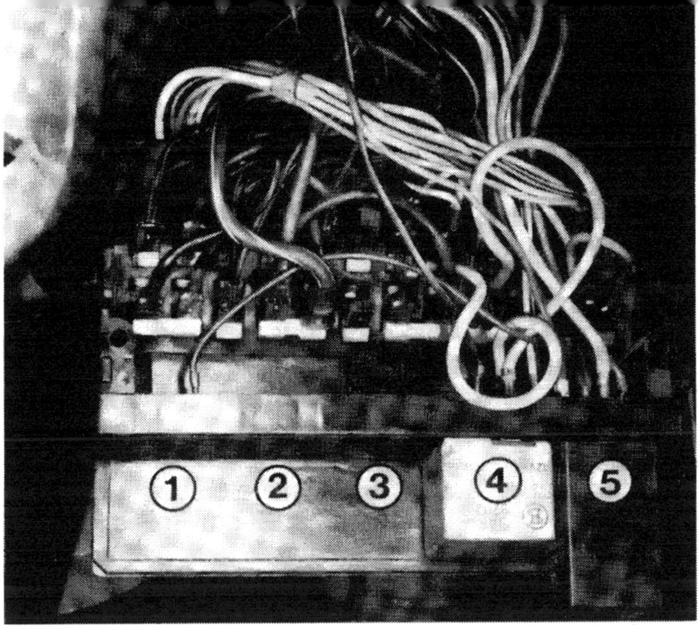

Der Sicherungskasten mit Relaiskonsole ist hier abgeschraubt und umgedreht: 1 – Platz für Nebelscheinwerfer-Relais; 2 – Platz für Summer-Relais; 3 – Platz für Wischer-Intervallrelais; 4 – Abblendrelais; 5 – Blinkrelais.

■ Die kleine Schraube neben dem Zündschloßteil am Lenkschloßgehäuse herausdrehen, und Zündschloß nach unten herausziehen.
■ Beim Einbau darauf achten, daß der Betätigungsstift des Schloßteils richtig in das Gegenstück einrastet. Kleine Schraube wieder einsetzen und festdrehen.
■ Lenkschloßgehäuse wieder auf die Lenksäule schieben, dabei Kontaktring zwischen Kugellager und Lenkrohr nicht vergessen. Darauf achten, daß die Kunststoffverkleidungen richtig sitzen.
■ Hebelschalter einbauen, Lenkrad festschrauben.
■ Lenkschloßgehäuse mit Verkleidung jetzt so weit nach oben schieben, bis zwischen den Hebelschaltern und dem Lenkrad ein Spalt von 2–3 mm bleibt.
■ Abreißschraube jetzt festziehen, bis der Kopf abgedreht wird.

Die Relais

Unterhalb des Sicherungskastens können beim VW-Bus Relais mit den unterschiedlichsten Funktionen eingesteckt sein.
Von links nach rechts sind das folgende Relais:
□ Blinkrelais für Warn- und Richtungsblinken. Störungsbeistand siehe Seite 215.
□ Abblendrelais für Auf- und Abblenden und Lichthupe. Störungsbeistand siehe Seite 218.
□ Intervallrelais für Scheibenwischer (Sonderausstattung). Störungen siehe Seite 233.
□ Nur in Krankenwagen bzw. USA-Fahrzeugen: Summer.
□ Schaltrelais für Nebelscheinwerfer (Sonderausstattung). Störungen siehe folgender Abschnitt.
□ Relaisadapter für Transistorleuchte (Krankenwagen).

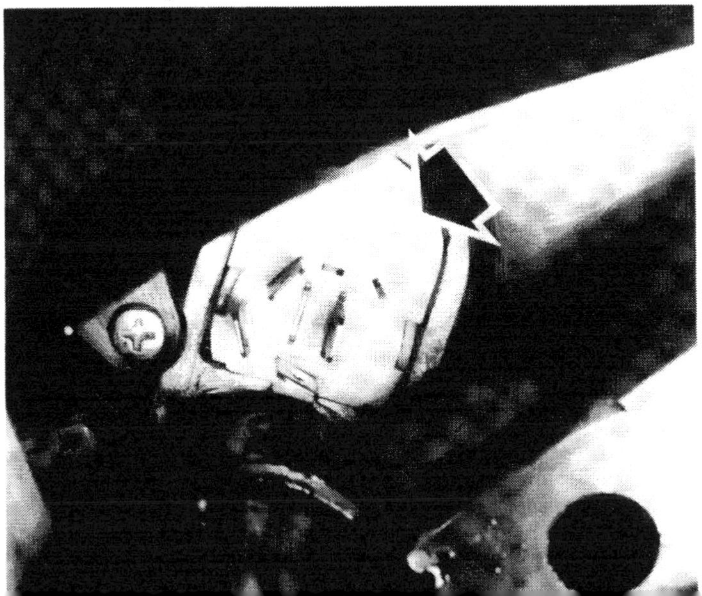

Das Zündschloßteil (Pfeil) ist bei Wagen ab Baujahr ca. 6/74 unterhalb der Lenkstockverkleidung zu sehen. Hier wurde bereits der Mehrfachstecker abgezogen.

Schaltrelais

Schaltrelais werden eingebaut, wenn zum angeschlossenen Stromverbraucher so hohe Ströme fließen, daß die Kontakte eines normalen Schalters am Armaturenbrett leiden würden. In diesem Fall können die Schalterkontakte nicht mehr den ganzen »Saft« weiterleiten, und der Verbraucher wird dann nicht mehr mit der vollen Bordspannung versorgt. Solch ein Schaltrelais wird beispielsweise bei ab Werk eingebauten Nebellampen oder bei nachträglich eingebauten Zusatzhupen, Fernscheinwerfern etc. verwendet.

Funktion

Beim Ziehen des betreffenden Schalters am Armaturenbrett fließt Strom zu Klemme 86 des Relais. An Klemme 85 liegt Masse. Der Stromkreis ist damit geschlossen, und die Magnetspule im Relais schließt einen kräftigen Kontakt gegen den Federdruck einer Rückholfeder. Das war der »Schaltstromkreis«.
Der »Arbeitsstromkreis« sieht folgendermaßen aus: Von der ständig stromführenden Klemme 30 am Sicherungskasten führt ein Kabel zu Klemme 30 am Relais. Hat die eben beschriebene Magnetspule die Arbeitskontakte zusammengedrückt, fließt der Strom weiter zu Klemme 87 am Relais und von dort aus zum Verbraucher.
Sehen Sie sich zu dieser Erklärung den Stromlaufplan auf Seite 177 an. Für Nebelscheinwerfer und -schlußleuchten wird ein solches Schaltrelais verwendet.

Schaltrelais-Störungssuche

□ Klemme 30 muß immer Strom führen. Zur Kontrolle Relais ein Stück aus dem Sicherungskasten herausziehen und mit einer Prüflampe Klemme 30 antippen.
□ Relais abziehen, Klemme 86 mit Batterie-Plus und Klemme 85 mit Masse verbinden, hierbei muß die Magnetspule den Relaiskontakt deutlich hörbar anziehen, sonst ist das Relais defekt.
□ Behelf unterwegs bei defektem Relais: Mit Büroklammer oder kurzem Drahtstück Klemme 30 und 87 überbrücken. So hat der Verbraucher Dauerstrom, man kann ihn nun nicht mehr mit dem Schalter ausschalten, sondern muß die Kurzschlußbrücke abnehmen.

Heizbare Heckscheibe

Die heizbare Heckscheibe wird direkt über den Schalter am Armaturenbrett aus- und eingeschaltet. Strom gelangt bei eingeschalteter Zündung über Sicherung Nr. 11 (bis 7/73) bzw. Nr. 10 (8/73–7/75) bzw. Nr. 12 (ab 8/75) zum Schalter. Von dort aus geht es – wieder in einem schwarzen Kabel – weiter zur Heckscheibe.

Störungen

Falls die heizbare Heckscheibe kalt bleibt, kommen folgende Möglichkeiten in Betracht:

■ Sicherung defekt. Zuständige Sicherung: Bis Baujahr 7/73: Nr. 11. Von 8/73 bis 7/75: Nr. 10. Ab 8/75: Nr. 12.

■ Schalter defekt. Bei eingeschalteter Zündung und gezogenem Schalterknopf mit Elektrik-Prüflampe kontrollieren, ob beide Stecker mit schwarzem Kabel unter Spannung stehen. Wenn nicht, ist der Schalter defekt.

■ Zuleitung zur Heckscheibe defekt. Mit Elektrik-Prüflampe kontrollieren, ob hinten am schwarzen Anschlußkabel der

Nach dem Befüllen des Waschwasserbehälters wird bei aufgeschraubtem Deckel Luft in den dafür vorgesehenen Schlauch (Pfeil) gepumpt. 3 bar soll der Betriebsdruck im Wasserbehälter betragen.

Scheibe Spannung anliegt. Defekte an der Zuleitung treten meistens am letzten Kabelstück auf.

■ Einige oder alle Heizfäden der Scheibe sind defekt. Die Schadensstellen sind mit bloßem Auge zu erkennen. Abhilfe beschreibt der folgende Fingerzeig.

Fingerzeige: *Die Zuleitungskabel zur heizbaren Heckscheibe können durch das ständige Öffnen und Schließen der Heckklappe ermüden und abbrechen. Zum Reparieren dieses Kalbelbruchs sollten Sie kein herkömmliches Autoelektrikkabel nehmen, sondern »hochflexibles« Kabel, wie es beispielsweise für Meßstrippen in der Autoelektrik verwendet wird. In Hobbyelektronikläden ist solches Kabel vorrätig. Durchtrennte Leiterbahnen der heizbaren Heckscheibe lassen sich durch einen Leitsilberlack wieder verbinden. Den gibt es beispielsweise von der Fa. Doduco, Postfach 480, 7530 Pforzheim, über den Zubehörhandel zu kaufen.*

Scheibenwischer und -wascher prüfen

Ständige Kontrolle

Diese Funktionskontrolle führen Sie zwar bei schlechtem Wetter ständig durch, doch anläßlich eines Wartungsdienstes an Ihrem Wagen schadet bewußte Kontrolle nicht:

□ Funktioniert die Scheibenwaschanlage beim Hochziehen des Wischerschalters? Spritzt das Wasser rechts und links etwa in halber Höhe auf die Scheibe?

□ Läuft der Wischer in beiden Geschwindigkeitsstufen und in der – evtl. eingebauten – Intervallstufe? Stoßen die Wischerblätter nirgends an das Fenstergummi an? Laufen die Wischer nach dem Abschalten einwandfrei in die Parkstellung zurück? Sind die Wischergummis noch geschmeidig und elastisch oder sind sie rissig?

Scheibenwaschwasser auffüllen

Ständige Kontrolle

Der serienmäßige Scheibenwascher im VW-Bus funktioniert mit Druckluft, die an der Tankstelle durch ein Ventil in den Waschwasserbehälter eingepustet wird. Natürlich geht das auch mit einer Fußluftpumpe, doch die hat sicher nicht jeder zu Hause. Der Überdruck im Behälter befördert dann das Wasser – vorbei am gezogenen Wascherhebel, der als Ventil fungiert – durch die Spritzdüsen an die Scheibe. Ein äußerst einfaches System also, an dem deshalb nicht viel kaputtgehen kann.

Das Einfüllen des Waschwassers funktioniert demgemäß so:

■ Ovale Abdeckkappe im rechten Fußraum abziehen und den Deckel des Waschwasserbehälters langsam lokkern, um den Restdruck abzulassen.

■ Wasser bis zum Überlaufen einfüllen.

■ An der Tankstelle durch das Ventil am Ende des Luftschlauchs – der versteckt sich manchmal hinter dem Wasserbehälter – den Behälter auf **3 bar** Überdruck aufpumpen.

Fingerzeig: *Ein geplatzter Schlauch der Waschanlage kann ein ziemliches Chaos im Fahrerhaus zaubern, denn der Wasserbehälter entleert sich dann unerbittlich bis auf den letzten Tropfen. Letzte Rettung: Behälterdeckel öffnen!*

Scheibenwischer auswechseln

Die Gummis der Scheibenwischer halten etwa ein halbes Jahr. Danach können Sie sich entscheiden, ob Sie ein komplettes Wischerblatt oder – billiger – nur das Wischer-

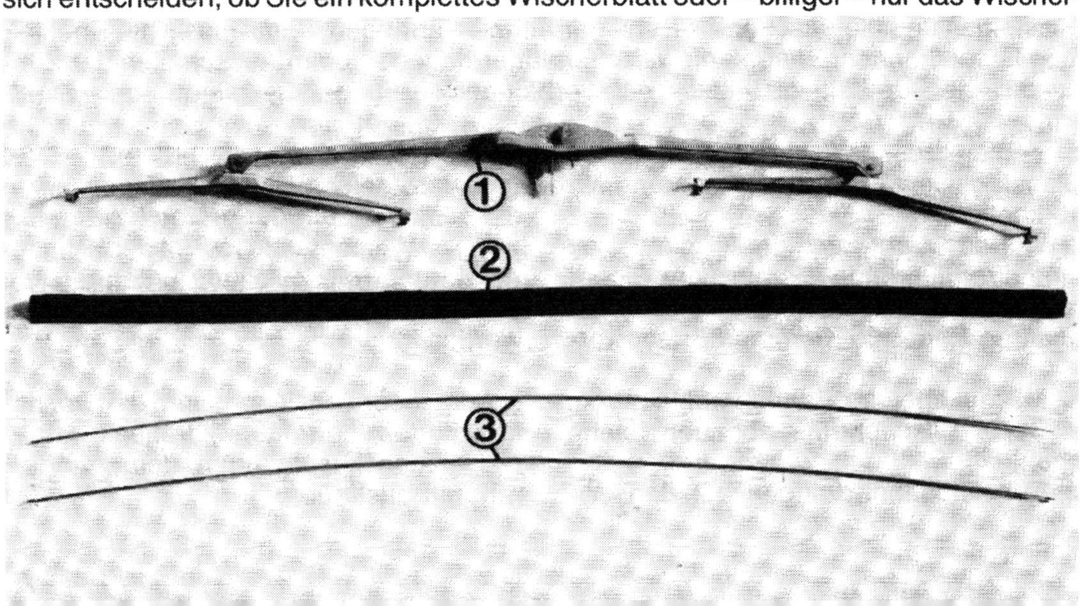

Das zerlegte Wischerblatt: 1 – Wischerblattgestänge; 2 – Wischergummi; 3 – federnde Metallstreifen.

gummi erneuern wollen. In jedem Fall muß das Wischerblatt vom Wischerarm abgebaut werden:

■ Wischerarm von der Windschutzscheibe abklappen.

■ Arretierungsfeder an der Achse des Wischerblatts (aus Metall oder Kunststoff) zusammendrücken, bis ihre Nocke aus der Aussparung des Wischerarms austritt und das Wischerblatt aus dem oben gekrümmten Wischerarm gezogen werden kann.

Wischergummi auswechseln

Ist das Metallgestänge des Wischerblatts noch in Ordnung, braucht nur das Wischergummi ausgewechselt zu werden:

■ Wischergummi nach Muster im Zubehörladen kaufen (Werkstätten haben sie kaum vorrätig).

■ Halteklammer um das Wischergummi an einem Ende des Wischerblatts aufbiegen.

■ Altes Gummi herausziehen und die beidseits eingelegten Metallstreifen am neuen Gummi einsetzen. Darauf achten, daß die Krümmung nach unten (zur Scheibe hin) zeigt.

■ Neues Wischergummi einschieben und Halteklammer wieder zusammenquetschen.

Wischerarme abbauen

■ Schwarze Schutzkappe vorn auf der Wischerachse abhebeln und die Sechskantmutter darunter herausdrehen. Unterlegscheibe abnehmen.

■ Wischerarm jetzt mit ruckelnden Bewegungen von der Kerbverzahnung der Wischerachse abziehen. Geht der Wischerarm noch nicht abzuziehen, setzen Sie zwei mit Lappen umwickelte Schraubenzieher unten am Wischerarm an und hebeln ihn so von der Welle.

■ Wischerarme beim Einbau so einstellen, daß das rechte Ende des rechten Wischerblatts 10 cm, das linke Ende des linken Wischerblatts 8 cm von der unteren Scheibenkante entfernt steht.

■ Befestigungsmuttern mit 4–6 Nm anziehen.

Der Wischermotor

Die Kabelklemmen am Wischermotor haben folgende Bedeutung: Über Klemme 53 kommt bei eingeschalteter Zündung Spannung für die erste Wischergeschwindigkeit, Klemme 53b führt Strom für die zweite Geschwindigkeitsstufe. Klemme 53a liefert Strom für die Wischer-Endabschaltung und über Klemme 53e wird der Wischermotor beim Ausschalten abgebremst, damit die Wischerblätter nicht über ihre Parkstellung hinauslaufen. Wenn beim Ausschalten der Scheibenwischer die Wischerarme noch nicht in Parkstellung stehen, wird dem Scheibenwischermotor unabhängig vom Wischerschalter über Klemme 53a so lange Strom zugeführt, bis die Wischer in Ruhestellung gelaufen sind.

Das kann sich im Winter bei starkem Schneetreiben oder Eisregen aber zum Nachteil auswirken, wenn die Wischerblätter durch den dicken Schnee ihre Endstellung beim Ausschalten nicht erreichen. Klemme 53a führt dann weiterhin Strom, und da der Wischermotor sich nicht drehen kann, brennt er durch (die Sicherung reagiert in solchen Fällen meist erst zu spät). Deshalb bei steckengebliebenen Wischerblättern anhalten, aussteigen und die Wischerarme von der Scheibe abheben, damit sie in ihre Endstellung laufen können. Bleiben die Wischerblätter dagegen beim Ausschalten der Zündung stehen, droht keine Gefahr, dann erhält auch Klemme 53a keinen Strom mehr.

Störungen am Wischermotor

■ Versagt der Wischermotor seinen Dienst, sollten Sie zuerst Sicherung Nr. 10 kontrollieren.

■ Will das nicht fruchten, Hilfskabel an eine stromführende Klemme am Sicherungskasten anklemmen, und mit dem anderen Ende die Klemme 53 (schwarzes Kabel) oder die Klemme 53b (schwarz/gelbes Kabel) berühren. Läuft der Motor jetzt in der ersten bzw. in der zweiten Wischerstufe los, ist der Schalter defekt oder die Zuleitung unterbrochen. Läuft er nicht, muß er ausgewechselt werden.

Scheibenwischermotor ausbauen

■ Massekabel der Batterie abklemmen.

■ Beide Wischerarme abbauen (siehe oben).

■ Kunststoffabdeckungen auf den Wischerachsen abziehen und die Sechskantmuttern darunter losdrehen.

■ Heizungskanäle unter dem Armaturenbrett ausbauen.

■ Handschuhkasten ausbauen, evtl. auch das Radio.
■ Kabelstrang zum Scheibenwischermotor ausstecken.
■ Untere Befestigungsschraube des Scheibenwischermotors herausdrehen, und Wischermotor samt beiden Wischerachsen nach rechts unten herausziehen.
■ An der ausgebauten Wischereinheit die Kurbelstangen von der Antriebskurbel am Motor abdrücken.
■ Einbaulage von Motor und Antriebskurbel am Rahmen anzeichnen und Motor abschrauben. Neuen Motor in gleicher Weise einbauen.
■ Motor samt Rahmen wieder einsetzen. Darauf achten, daß die Wischerachsen genau im rechten Winkel zur Scheibe stehen.

Das Wisch-Intervallrelais

Als Sonderausstattung kann der VW-Bus eine zusätzliche Intervallstufe für den Scheibenwischer eingebaut haben. Die Impulse zum Loslaufen der Wischer kommen vom Wisch-Intervallrelais, das seinen Platz neben den übrigen Relais am Sicherungskasten hat.
Mit Intervallrelais sieht die Verdrahtung des Scheibenwischers etwas anders aus (siehe Stromlaufplan Seite 177). Grundlegendes Unterscheidungsmerkmal ist, daß die Leitung vom Schalter zu Klemme 53 am Wischermotor (erste Geschwindigkeitsstufe) gewissermaßen durch das Intervallrelais unterbrochen wird, wenn vom Schalter aus Intervallbetrieb gewählt wurde. Das Relais schließt dann in regelmäßigen Abständen den Kontakt und bewirkt so ein rhythmisches Anlaufen der Wischer.
Bleibt die Intervallfunktion aus, während die anderen Wischerstufen funktionieren, muß das Relais ausgetauscht werden.

Radio

Die ab Werk eingebauten Radios lassen sich auf höchst einfache Weise ausbauen:
■ Batterie-Massekabel abklemmen.
■ Antennenkabel, Lautsprecherkabel, Stromzuführungskabel und Massekabel am Radio abziehen.
■ Befestigungsmutter hinten am Gehäuse abschrauben.
■ Jetzt hält das Radio nur noch an zwei Federspangen, die an der Schmalseite des Radiogehäuses genau hinter dem Armaturenbrett sitzen. Federspangen rechts und links zum Gehäuse hin drükken und Radio komplett nach vorn durch den Ausschnitt ziehen. Drehknöpfe und Blende bleiben angebaut.
Bei nachträglich eingebauten Radios wurde meist ein Halteblech in den Ausschnitt am Armaturenbrett eingebaut, in das dann anschließend das Radio eingeschraubt wurde. In diesem Fall Drehknöpfe abziehen und die darunterliegenden Muttern abschrauben.

Radioblende entfernen

Wer nachträglich ein Radio in den VW-Bus einbauen will, muß zuerst die Blende am Armaturenbrett entfernen:
■ Unter das Armaturenbrett fassen und die Blechspange in der Mitte der Blende mit ruckelnden Bewegungen ein Stück nach unten ziehen.
■ Blechspange drehen und Blende abnehmen.

Lautsprecher

Der Lautsprecher wurde werksseitig oben in Armaturenbrett-Mitte eingebaut. Er ist auf einen stoffbespannten Halterahmen montiert, der seinerseits an der Vorderkante mit einer Kreuzschlitzschraube von oben am Armaturenbrett festgeschraubt ist. An der Hinterkante ist der Halterahmen mit Gummipuffern von unten in den Wulst am Armaturenbrett eingesteckt.
■ Zum Ausbau lediglich die Kreuzschlitzschraube vorn in Armaturenbrettmitte herausdrehen.
■ Lautsprecher samt Rahmen jetzt nach unten herausnehmen.

Anzugsfragen

Die Einzelteile der selbsttragenden VW-Bus-Karosserie sind leider ausnahmslos miteinander verschweißt, so daß die Reparatur eines größeren Unfallschadens nur mit einem Schweißgerät durchzuführen ist.
Doch auch wer weniger profihaft ausgestattet ist, findet an den Stoßstangen, den Vordertüren, der Schiebetür, den Heckklappen und Scheiben noch ein breites Tätigkeitsfeld. Denn gerade mit den Türen und Schlössern gibt es beim VW-Bus in der Praxis immer wieder Probleme.

Stoßstange vorn

Die vordere Stoßstange läßt sich leicht demontieren:

- Je nach Ausführung die Gummileiste auf der Stoßstange losschrauben oder die vier Schutzkäppchen auf den Schrauben abhebeln.
- Vier Befestigungsschrauben lösen und Stoßstange abnehmen.

Stoßstange hinten

Die hintere Stoßstange wird am besten komplett mit Halterung (oder mit Anhängerkupplung) von der Karosserie abgeschraubt und erst anschließend vom Halter getrennt:

- Insgesamt vier Halteschrauben (bei Wagen mit Anhängerkupplung sind es sechs) an den Stoßstangenhaltern (siehe Bild unten) herausdrehen und Stoßstange komplett abnehmen.
- Halter (bzw. Anhängerkupplung) vom Stoßstangenblatt losschrauben.
- Stoßleiste – wenn vorhanden – losschrauben.
- Auspuff-Abdeckblech (nur bei Wagen mit Flachmotor) abschrauben.

Vordertüren ausbauen

Gebraucht wird ein Helfer zum Halten der Tür und je nach Baujahr ein Inbusschlüssel 6 mm bzw. ein Ring- oder Steckschlüssel SW 13. Sehr gut geeignet ist ein Inbusschlüssel zum Einstecken in ein $^1/_2$"-Betätigungswerkzeug, doch es geht auch mit einem einfachen Schlüssel.

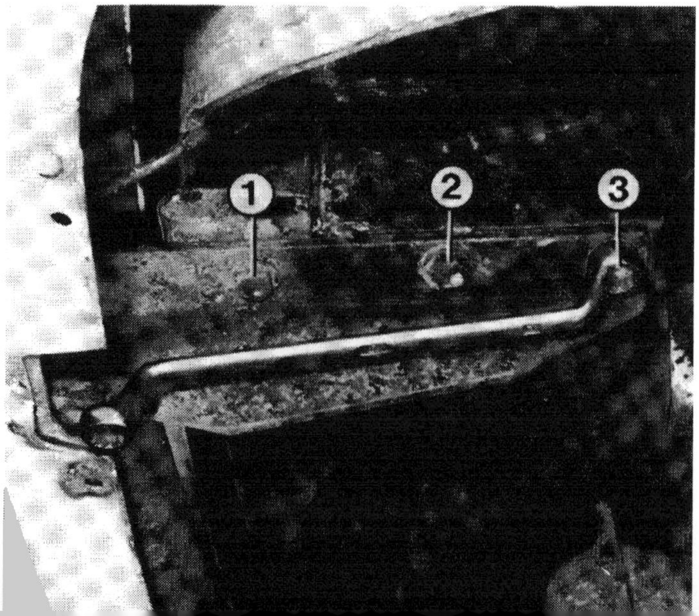

Bei Wagen mit Anhängekupplung ist die hintere Stoßstange mit je drei Schrauben (1 bis 3) auf jeder Seite an die Karosserie angeschraubt. An Wagen ohne Kupplung sind es je zwei.

■ Sicherungsscheibe am Haltebolzen des Türfeststellers (auch Türhalteband genannt) mit feinem Schraubenzieher heraushebeln. Bolzen herausziehen.
■ Türhalteschrauben herausdrehen, während ein Helfer die Tür festhält. Wie die Schrauben am leichtesten gelockert werden können, steht auf Seite 22 im Kapitel »Arbeitstips«.
■ Einbau der Tür in sinngemäß umgekehrter Reihenfolge, anschließend Tür einstellen.

Vordertüren einstellen

Klemmt die Tür beim Zuschlagen, schließt sie zu stramm oder zu locker bzw. sitzt sie nicht genau im Türausschnitt der Karosserie, muß sie eingestellt werden:
■ Schließplatte am hinteren Türpfosten ausbauen, Halteschrauben der Tür lokkern, damit sie samt den jetzt beweglichen Gewindeplatten an der Scharniersäule nach Bedarf verschoben werden kann.
■ Tür durch Verschieben an der Scharniersäule so einstellen, daß ihre Gummidichtung rundum satt am Türausschnitt anliegt. Außerdem muß sie sich ohne zu streifen oder zu klemmen einwandfrei öffnen und schließen lassen.
■ Stimmt die Flucht der Gürtellinie noch nicht (an der Blechsicke des Wulsts unterhalb der Fenster entlangpeilen), kann die Hinterkante der Tür durch einen kräftigen Ruck nach oben oder unten etwas korrigiert werden.
■ Schließplatte jetzt wieder einbauen und so oft verschieben, bis sich die Tür ohne allzu großen Kraftaufwand öffnen und schließen läßt. Ferner soll die Außenfläche der Tür mit der Fläche des hinteren Türpfostens fluchten.

Innenverkleidung der Vordertüren abnehmen

Um an den Schloß- und Fensterhebermechanismus heranzukommen oder um Rostvorsorge im Türkasten zu betreiben, muß die Türverkleidung abgenommen werden:
■ Kunststoffabdeckung auf der Fensterkurbel mit kleinem Schraubenzieher abhebeln und Kreuzschlitzschraube darunter herausdrehen. Fensterkurbel von der Verzahnung abziehen.
■ Türgriff abschrauben.
■ Griffschale des Türöffners abschrauben. Dazu ab Baujahr 8/73 die eingelegte schwarze Kunststoffschale mit einem feinen Schraubenzieher heraushebeln.
■ Bei Fahrzeugen mit Frischluftkanal an der Vordertür die bisweilen eingeschraubten Kreuzschlitzschrauben an der Luftführung herausdrehen.
■ Verkleidung an einer Ecke mit breitem Schraubenzieher oder Löffelstiel von der Tür abhebeln. Mit der Hand hinter die Verkleidung fassen und die restlichen Halteclips ablösen. Mit Gefühl und niemals ruckartig ziehen, sonst reißen Sie die Clips aus der Pappe der Verkleidung.
■ Die auf die Tür geklebte Kunststoffolie vorsichtig abziehen, damit sie anschließend wieder angeklebt werden kann.
■ Beim Zusammenbau muß die Folie unbedingt wieder eingeklebt werden. Sie hält Schwitzwasser aus dem Türkasten von der Türverkleidungspappe fern, so daß diese nicht aufquellen kann. Die aufgeschweißten Lappen an der Folie müssen in den Türkasten zeigen. War die alte Folie zerrissen, kann man sich aus Meterware ein Stück zuschneiden.

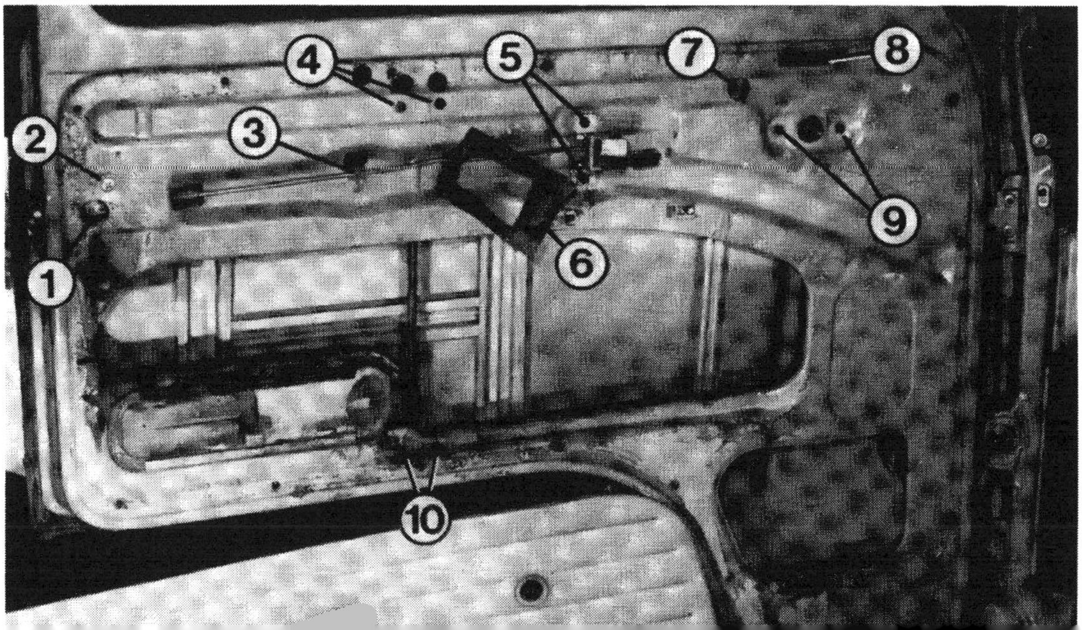

Die Fahrertür ohne Verkleidung: 1 – Türöffner-Gelenk; 2 – Türschloß-Halteschraube; 3 – Halter für Türöffner-Stange; 4 und 10 – Fensterheber-Halteschrauben; 5 – Türöffner-Schrauben; 6 – Dicht-Schaumstoff für Türöffner; 7 – Schraube für Fensterführungsschiene; 8 – Montageöffnung für Drehfenster-Bremse; 9 – Schrauben für Fensterkurbel.

■ Zum Einsetzen der Türverkleidung einen Halteclip nach dem anderen an den vorgesehenen Löchern in der Tür ansetzen und eindrücken. Die Clips können in der Pappe der Verkleidung etwas verschoben werden, so daß sie immer in die Löcher passen. Zum Eindrücken müssen die Clips genau vor den Löchern stehen. Wer blind drauflosschlägt, zerquetscht die Halteclips.

Türgriff außen abbauen

Zum Abbauen des Türgriffs außen an einer Vordertür brauchen Sie lediglich einen Inbusschlüssel 5 mm.

■ Türverkleidung und Innenfolie abbauen (siehe letzter Abschnitt).

■ Zwei Inbusschrauben im Türkasten herausdrehen.

■ Beim Einbauen die richtige Lage der Dichtungen unter dem Türgriff beachten.

Türgriff zerlegen

Das Zerlegen des Türgriffs kann nötig werden, wenn der Schließzylinder defekt ist oder der Türdrücker aufgrund von Oxidation klemmt. Beide Teile können einzeln ausgebaut werden:

Türdrücker

■ Schlitzschraube am Halteplättchen des Türdrückers herausdrehen und Plättchen und Drücker abnehmen. Achten Sie auf die im Türgriff eingesteckte Rückholfeder.

■ Beim Zusammenbau alle Teile mit reichlich Fett versehen; was herausdrückt, wird anschließend abgewischt.

Schließzylinder

■ Kreuzschlitzschraube am Exzenterstift hinten am Schließzylinder herausdrehen und Exzenterstift samt der darunterliegenden Drehfeder abnehmen.

■ Bisweilen vorhandene Madenschraube an der Flanke der Schließzylinder-Führung herausdrehen.

■ Schlüssel ins Schloß stecken (sonst fallen die Teile des Schließzylinders auseinander) und Schließzylinder samt Dichtring zur Vorderseite des Türgriffs durchdrücken.

■ Beim Einbau ist besonders zu beachten, daß der Dichtring am Schließzylinder in Ordnung sein muß. Die Drehfeder muß so eingehängt werden, daß der Schließzylinder aus der Mittelstellung heraus ein Stück rechts- und ein Stück linksgedreht werden kann.

Türschloß ausbauen

■ Zum Ausbau des Türschlosses an einer Vordertür muß zuerst die Innenverkleidung samt Folie entfernt werden. Ferner Türgriff, inneren Türöffner samt Stange abbauen und – wo vorhanden – den Sicherungsknopf herausdrehen.

■ Fenster hochkurbeln und hintere Fensterführungsschiene im Türkasten abbauen und nach vorn biegen.

■ Schloßfalle senkrecht stellen.

■ Zwei Kreuzschlitzschrauben oberhalb und unterhalb des Schlosses an der Hinterkante der Tür und eine weitere an der Innenkante der Tür herausschrauben,

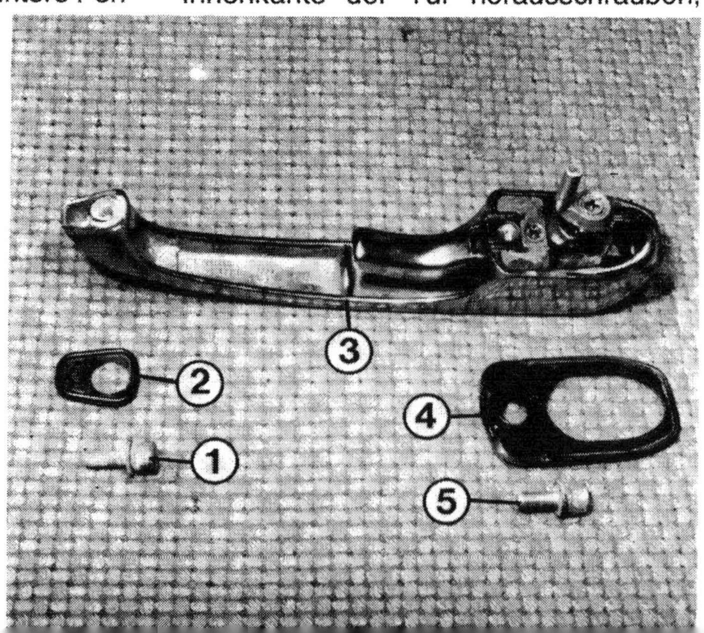

Der ausgebaute Türgriff (3): 1 und 5 – Inbus-Halteschrauben; 2 und 4 – Dichtungen.

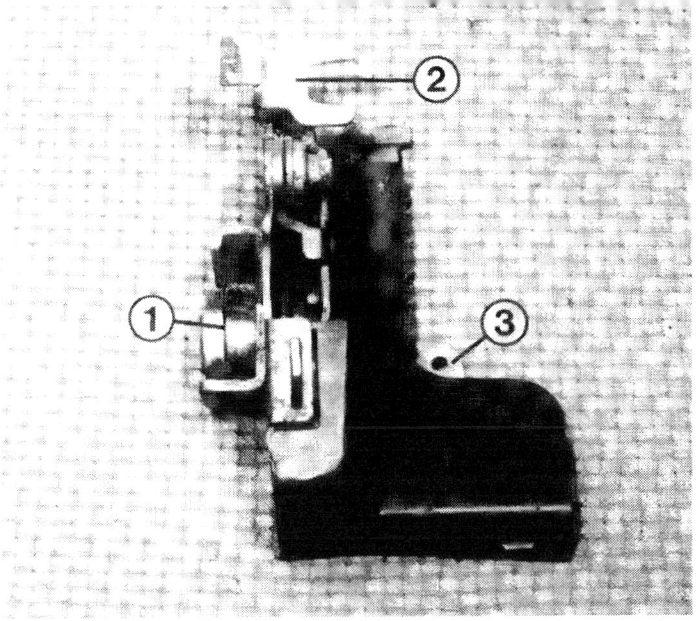

Das ausgebaute Türschloß (Version ohne Sicherungsknopf): 1 – Schloßfalle; 2 – Betätigungshebel für Türdrücker und Türschloß; 3 – Betätigungshebel für Türöffner innen.

und Schloß jetzt mit Geduld nach unten herausziehen.

■ Das ausgebaute Schloß kann bei dieser Gelegenheit gleich ordentlich durchgeschmiert werden.

■ Beim Einbau nach dem Festschrauben der Fensterführungsschiene die Filzführung wieder richtig in die Blechschiene drücken.

■ Vor dem Aufsetzen der Verkleidung Funktion des Schlosses von innen und außen prüfen.

Fensterheber ausbauen

■ Türverkleidung und Folie abnehmen (siehe Seite 235).

■ Sechskantschraube in der Montageöffnung nahe der Fensterkurbelachse (siehe auch Bild Seite 235) herausschrauben.

■ Fenster herunterkurbeln und die zwei Sechskantschrauben an der jetzt sichtbaren Fensterunterkante herausdrehen. Fenster wieder hochschieben und mit Holzkeil sichern.

■ Kunststoff-Führungsrohr im unteren Bereich aus dem Tür-Innenblech herausziehen.

■ Beide Sechskantschrauben an der Fensterkurbelachse herausdrehen, ebenso die je zwei Sechskantschrauben oben und unten am Führungsrohr.

■ Vordere Fensterführungsschiene vom Lagerbock abdrücken. Durch den jetzt sich bildenden Spalt kann der Fensterheber nach unten herausgezogen werden.

Kurbelfenster ausbauen

■ Fensterheber ausbauen (siehe letzter Abschnitt).

■ Fensterführungsschiene unten abschrauben und etwas zur Seite drücken. Fenster nach unten herausziehen.

■ Beim Einbau Fenster zunächst nur lose einschrauben, dann zur Zentrierung Scheibe mehrmals hoch- und herunterkurbeln. Erst dann endgültig festschrauben.

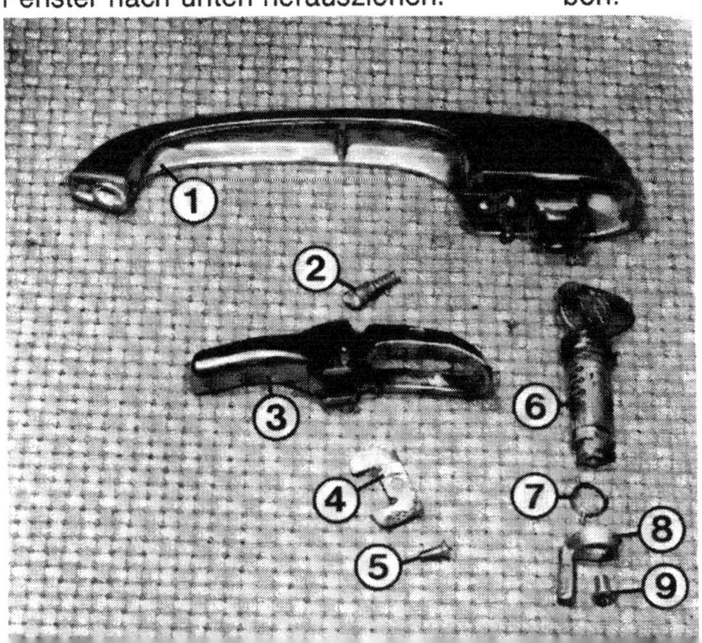

Der Türgriff (1) in alle Teile zerlegt: 2 – Rückholfeder mit Druckstift; 3 – Türdrücker; 4 – Halteplättchen; 5 – Schlitzschraube; 6 – Schließzylinder mit Schlüssel; 7 – Drehfeder; 8 – Exzenterstift; 9 – Kreuzschlitzschraube.

Schwenkfenster ausbauen

Zum Ausbau eines Schwenkfensters der Vordertür brauchen Sie eine Metallfeile und einen neuen Niet für das obere Fensterscharnier. Der Ausbau geht dann so:

- Ein Messing-Niet stellt den Scharnierbolzen des oberen Drehfensterscharniers dar. Die untere Umbördelung dieses Niets muß mit einer Feile abgefeilt werden. Niet jetzt herausziehen oder vorsichtig mit einem Durchschlag herausklopfen.
- Fenster um 90° drehen und unter leichtem Hin- und Herbewegen nach oben herausziehen.
- Neues Fenster einsetzen und oberes Scharnier vernieten. Dabei nicht mit dem Hammer auf den Niet schlagen, sondern eine Nietzange oder ersatzweise eine Rohrzange verwenden.
- Läßt sich das neue Fenster zu leicht oder zu schwer drehen, kann die Fensterbremse eingestellt werden. Dazu die Innenverkleidung der Tür abnehmen und die Schraube in der Montageöffnung unterhalb des Drehfensters etwas anziehen oder lockern.

Die Schiebetür

So praktisch die große Schiebetür im VW-Bus ist – sie sorgt auch für Kummer. Gerade an älteren Wagen sind nicht selten schlecht passende, schwergängige oder schlecht schließende Türen zu finden.

Schiebetür ausbauen

Die relativ schwere Schiebetür sollten Sie möglichst zu zweit ausbauen, denn sie muß dabei mehrmals angehoben und geschwenkt werden, und da können einer einzelnen Person schon mal die Kräfte versagen.
Als Vorarbeit sollte das Abdeckblech der mittleren Führungsschiene ausgebaut werden. Das Blech sitzt unter dem hinteren Seitenfenster bzw. beim Kastenwagen in der Mitte der hinteren Seitenwand. Dazu die Schiebetür einen Spalt öffnen und die beiden Kreuzschlitzschrauben unterhalb des Abdeckblechs herausdrehen. Teilweise ist das Blech noch durch eine zusätzliche Schraube oben an der Vorderkante gesichert. Den Schraubenkopf erreichen Sie vom Innenraum des Wagens aus. Blech jetzt nach oben abziehen.
Wer ein leichtes Verbiegen des Abdeckblechs nicht scheut, kann es an der Stelle, an der die Rolle aus der Führung gehoben wird, ein wenig nach außen ziehen. Ansonsten geht der Ausbau folgendermaßen:

- Schiebetür so weit zurückziehen, bis der Gleitstein (nicht die Laufrolle) auf der mittleren Führungsschiene genau unter der Aussparung in der darüberliegenden Sicherungsschiene (siehe auch Bild unten) steht.
- Türe jetzt hinten anheben und aus der Führung aushängen.
- Schiebetür an den hinteren Anschlag ziehen. Tür an der Hinterkante fassen und hochheben, damit die obere Führungsrolle ausgehängt werden kann.
- Noch am hinteren Anschlag stehend wird die Tür jetzt nach außen geschwenkt, um die untere Rollenführung aus der Schiene zu ziehen. Türe dabei gut festhalten, vor allem auch an der Vorderkante.
- Beim Einbau in umgekehrter Reihenfolge verfahren.

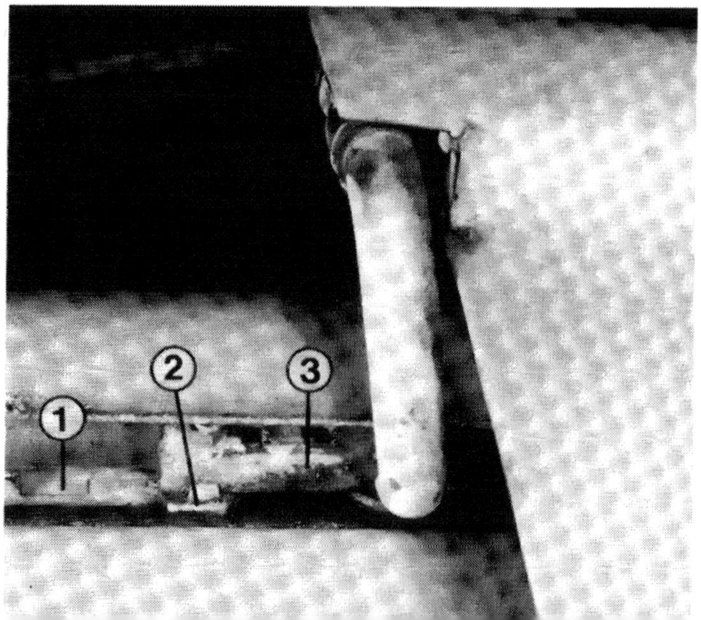

Der Gleitstein (2) der hinteren Schiebetür-Rollenführung (3) muß zum Aushängen der Tür genau unter der Aussparung (1) in der Sicherungsschiene stehen.

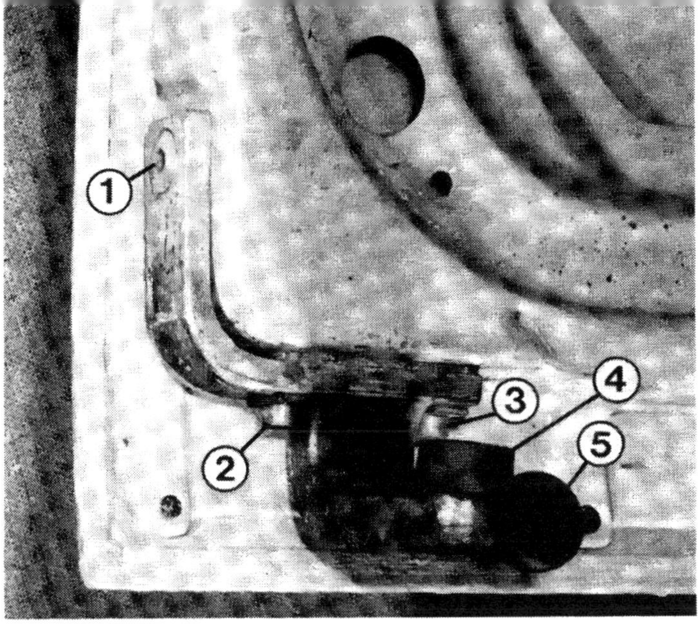

Die untere Rollenführung der Schiebetür: 1, 2 und 3 – Halteschrauben; 4 – Führungsrolle; 5 – Tragrolle.

Schiebetür einstellen

Die Schiebetür soll in geschlossenem Zustand rundum einen gleichmäßigen Abstand zum Türausschnitt haben. Sie soll auch nicht zu weit nach innen oder außen stehen, ferner muß die Gürtellinie der Tür mit der Karosserie fluchten.
Damit die Tür ins Lot gebracht werden kann, gibt es zahlreiche Einstellmöglichkeiten:

Rollenführung unten

Hier wird eingestellt, wenn die Unterkante der Tür nicht mit der Karosserie fluchtet oder wenn die Höheneinstellung nicht stimmt:

- Kreuzschlitzschraube und zwei Inbusschrauben lösen, damit sich das Führungsteil in horizontaler Richtung verschieben läßt.
- Einstellung vornehmen.
- Zur Höhenverstellung der Tür werden Unterlegplättchen zwischen Tür-Unterkante und Rollenführung geschoben.

Rollenführung oben

Hier wird eingestellt, wenn die Tür an der Oberkante nicht mit der Karosserie fluchtet:

- Wo vorhanden, Kunststoffverkleidung der oberen Rollenführung abdrücken.
- Zum Verstellen der Tür in horizontaler Richtung die Befestigungsmutter der Führungsrolle lockern und Tür in die gewünschte Lage drücken.
- Die Höhe der Rollenführung wird nach Lösen der drei Kreuzschlitzschrauben so eingestellt, daß zwischen Rolle und Führungsschiene möglichst wenig »Luft« bleibt.

Schloßteil am hinteren Türpfosten

Hier wird eingestellt, wenn folgende Prüfung negativ ausfällt: Im Bereich des Scharniers an der Hinterkante von außen auf die Tür drücken. Wird auch bei kräftigem Druck kein Spiel festgestellt, ist das Schloßteil richtig eingestellt. Ansonsten Schloßteil einstellen:

- Kreuzschlitzschrauben der Schloßplatte lockern und die Platte etwas verschieben, nach innen verschieben.
- Klemmt die Tür nun zu stark oder klappt die Verriegelung nicht mehr, Schließplatte wieder etwas nach außen rücken.

Schloßteil am vorderen Türpfosten

Hier wird eingestellt, wenn der Haken des Schiebetürschlosses nicht einwandfrei einrastet oder anstößt:

- Beide Schrauben lockern und Schiebetür schließen (bis 7/73 zusätzlich verriegeln). So zentriert sich das Schloßteil.
- Tür vorsichtig öffnen und Schrauben festziehen.

Hinterer Scharnierbeschlag der Tür

Hier wird eingestellt, wenn die Tür an der Hinterkante nach unten hängt oder wenn die mittlere Rollenführung nicht einwandfrei läuft:

- Tür einen Spalt öffnen und die beiden Sechskantschrauben im hinteren Türfalz lösen; ebenso die beiden anderen unterhalb des Fensters.
- Tür schließen und verriegeln.
- Tür von außen richtig in den Türausschnitt setzen.
- Hintere Tragrolle so weit nach unten

ziehen, bis sie auf der Führungsschiene aufsitzt.

■ Von vorn in den Laderaum klettern und die inneren Befestigungsschrauben festziehen.

■ Tür einen Spalt öffnen und die Schrauben im Türfalz festziehen.

Das Verriegelungsschloß

Das Verriegelungsschloß sitzt vorn an der Innenseite der Schiebetür, oberhalb des vorderen Türschlosses. Es hat die Aufgabe, die Tür in geöffnetem Zustand am hinteren Anschlag zu halten.

Verriegelungsschloß ausbauen

■ Kunststoffabdeckung – wo vorhanden – nach Lösen von drei Blechschrauben abnehmen.

■ Drei Kreuzschlitzschrauben am Schloß herausdrehen.

■ Verbindungsstange zum vorderen Türschloß abdrücken und Schloßteil abnehmen.

Verriegelungsschloß einstellen

Das Verriegelungsschloß muß eingestellt werden, wenn die Tür in voll geöffneter Stellung nicht mehr einrastet:

■ Evtl. vorhandene Kunststoffabdekkung abschrauben und die drei Schrauben des Verriegelungsschlosses lockern.

■ Tür zurückschieben, bis die Verriegelung in den Schließbock am hinteren Türpfosten einrastet. Jetzt Schrauben wieder festziehen.

Das vordere Schiebetürschloß

Seit Baujahr 8/73 kam am VW-Bus ein geändertes Schiebetürschloß zum Einsatz, bei dem ein zusätzliches Verriegeln der Tür entfiel. An früher gebauten Wagen mußte die Tür nach dem Schließen durch Hochziehen des Türgriffs verriegelt werden. Das Verriegeln selbst erfolgt zwar am hinteren Türschloß, wird jedoch vom vorderen Schloßteil aus gesteuert.

Vorderes Schloß ausbauen bis Baujahr 7/73

■ Verriegelungsschloß ausbauen (siehe oben) und Türverkleidung abnehmen (siehe Seite 245).

■ Kreuzschlitzschraube im inneren Türgriff herausdrehen und Türgriff samt Rosette, Unterlage und Feder abziehen. Der äußere Türgriff mit Führungsstück und Dichtungen kann jetzt auch herausgezogen werden.

■ Betätigungsstange zum hinteren Türschloß aushängen. Dazu die Kontermutter vorn an der Stange lösen und die Gewindehülse zurückdrehen.

■ Bowdenzug am Schloß lösen. Dazu die Einstellschraube der Bowdenzughülle ganz in die Blechkonsole am Schloß hineindrehen, damit der Zug entspannt wird. Sicherungsring am Zugende abhebeln. Widerlager der Bowdenzughülle aus der Blechkonsole am Schloß herausdrücken.

Ab Baujahr 8/73

■ Verriegelungsschloß ausbauen (siehe oben) und Türverkleidung abnehmen (siehe Seite 245).

■ Die auf der Innenraumseite des Schlosses etwas versenkt angeordnete Kreuzschlitzschraube herausdrehen und äußeren Türgriff herausziehen.

■ Abdeckkappe auf dem inneren Türgriff mit feinem Schraubenzieher abhebeln und darunterliegende Kreuzschlitzschraube herausdrehen. Innengriff vom Vierkant ziehen.

■ Bowdenzug oder Betätigungsstange (je nach Ausführung) abbauen, wie im vorhergehenden Abschnitt beschrieben.

■ Die drei großen Kreuzschlitzschrauben vorn und an der Innenseite des Schlosses herausschrauben.

■ Schloß samt der Verbindungsstange zum Verriegelungsschloß nach unten herausziehen.

Das hintere Schiebetürschloß

Dieses Schloß hat die Aufgabe, die geschlossene Tür gegen Aufspringen zu sichern. Bis Baujahr 7/73 erfolgte die Verriegelung durch Hochziehen des Türgriffs am vorderen Schloß. Bei späteren Baujahren erfolgt die Verriegelung selbsttätig durch eine große Feder, die hinter der Türverkleidung sitzt.

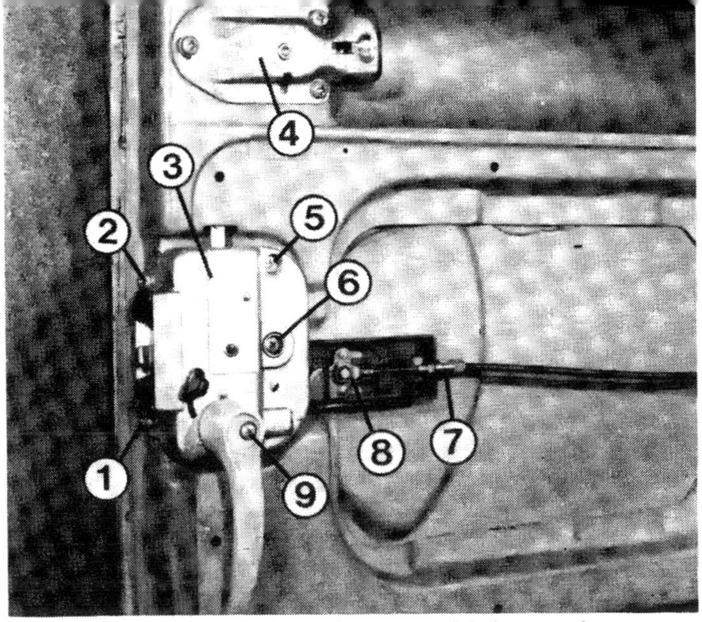

Das vordere Schiebetürenschloß (3) und das Verriegelungsschloß (4) bei abgenommener Türverkleidung: 1, 2 und 5 – Halteschrauben; 6 – Halteschraube für Türgriff außen; 7 – Einstellschraube für Betätigungszug; 8 – Befestigungspunkt für Betätigungszug; 9 – Halteschraube für Innentürgriff.

Hinteres Schiebetürenschloß ausbauen

■ Türverkleidung abnehmen (siehe Seite 245), Türe öffnen.
■ Betätigungsstangen bzw. Betätigungszug am vorderen Schloß aushängen (siehe unter »Vorderes Schloß ausbauen«).
■ Bei der neueren Türenversion Bowdenzug und Federarm aus der Verankerung an der mittleren Strebe der Tür aushängen.
■ Drei Kreuzschlitzschrauben an der Innenraumseite und an der Hinterkante des Schlosses herausdrehen und Schloß abnehmen.

Betätigungszug bis 7/73 einstellen

■ Türverkleidung abbauen.
■ Hintere Schloßfalle in senkrechte Stellung bringen.
■ M-4-Schraube in das kleine Loch (siehe Bild unten) eindrehen. Das Gewinde dazu befindet sich hinter dem Loch im Schloßblech und ist dort in den Betätigungshebel eingeschnitten.
■ Schraube so weit eindrehen, bis sich die Türklinke weder nach oben noch nach unten bewegen läßt. Das Schloß ist nun in dieser Stellung arretiert.
■ Kontermutter des Zugs am vorderen Schloß lösen und die Einstellschraube von Hand so weit verdrehen, bis der Zug gerade gespannt ist. Zur Kontrolle versuchen, die Zughülle hin- und herzubewegen. Sie darf jetzt kein Spiel mehr haben.
■ Kontermutter festziehen.

Betätigungsstange bis 7/73 einstellen

■ M-4-Schraube muß noch eingedreht sein.
■ In dieser Stellung die Betätigungsstange an den Betätigungsstummel des vorderen Schlosses anschrauben. Dazu die Gewindehülse auf den Stummel bis zum Anschlag aufdrehen.
■ Kontermutter festziehen, M-4-Schraube herausdrehen.

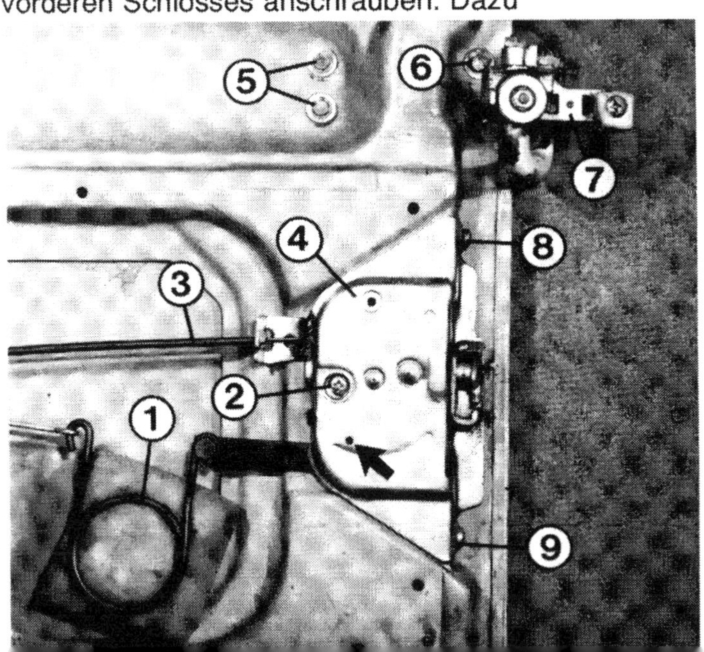

Der hintere Scharnierbeschlag (7) und das hintere Schloß (4) der Schiebetür bei abgenommener Verkleidung: 1 – Verriegelungsfeder mit Dämpfungs-Schaumstoff; 2, 8 und 9 – Halteschrauben; 3 – Betätigungszug; 5 und 6 – Halteschrauben für Scharnierbeschlag. Der Pfeil deutet auf die Öffnung, durch die das Schloß zum Einstellen mit einer kleinen Schraube arretiert werden kann.

Betätigungszug ab 8/73

Diese Tür hat nur noch einen Betätigungszug. Die Stange ist bei ihr weggefallen. Der Zug wird auf gleiche Weise eingestellt wie bei der älteren Türenversion.

Schiebetüren-Probleme

Zu Funktionsstörungen an der Schiebetür kommt es hauptsächlich dann, wenn die untere Führungsschiene verdreckt, verrostet oder gar durchgerostet ist. Achten Sie deshalb auf den einwandfreien Zustand dieser Schiene. Dünn aufgestrichenes Fett kann hier nicht schaden; es hält auch die Laufgeräusche der Tür in Grenzen.

Ein weiterer Grund für eine schwergängig laufende Tür kann die in der unteren Führungsschiene laufende Tragrolle sein. Diese Rolle trägt einen Teil des Türgewichts. Ist ihr Nadellager defekt, läuft die Tür nicht nur sehr schwer, sie kann auch leicht aus ihrer Führung springen. Die Rolle soll deshalb möglichst mit einem Fett-Kranz versehen sein, der Schmutz und Feuchtigkeit vom Lager fernhält. Defekte Rolle sofort ersetzen (gibt's einzeln oder komplett mit Anbauteil), sonst fällt Ihnen irgendwann die Tür auf den Zeh!

Auch das hintere Schiebetüren-Scharnier kann Probleme machen. Bei lahmer Scharnierfeder oder festsitzendem Scharnier schwenkt die Hinterkante der Tür beim Niederdrücken der Klinke nicht mehr weit genug aus, und die Tür kollidiert mit dem Abdeckblech oder der Karosserie. Feder ersetzen oder Scharnier gängig machen und schmieren (siehe Seite 48).

Die Heckklappe

Die Heckklappe wird an ihrer Oberkante von zwei Scharnieren mit Torsionsfedern gehalten. Die stark vorgespannten Torsionsfedern halten die Hecktür in geöffnetem Zustand am oberen Anschlag. Unschwer zu erkennen, daß da kernige Kräfte walten, mit denen sich der Bastler besser nicht einlassen sollte.

Erfahrungsgemäß sind aber an der Feder kaum Defekte zu befürchten, eher muß einmal eine verbogene oder durchgerostete Heckklappe ausgewechselt werden.

Heckklappe ausbauen

- Ein Helfer hält die geöffnete Heckklappe an der Hinterkante, während rechts und links am Scharnier je zwei Inbusschrauben herausgedreht werden.
- Heckklappe vorsichtig aus den Scharnieren ziehen.

Heckklappenschloß ausbauen

- Innenverkleidung der Heckklappe abnehmen.
- Drei Inbusschrauben (siehe Bild unten) und die Kreuzschlitzschraube des Schloßhebelchens herausdrehen.
- Schloßhebelchen abnehmen.
- Den ganzen Schloßmechanismus nach oben herausnehmen.

Heckklappengriff mit Druckknopf ausbauen

- Heckklappenschloß ausbauen (siehe voriger Absatz).
- Die Kreuzschlitz-Halteschraube an der Unterseite des Griffs von der Tür-Innenseite her losschrauben.
- Griff nach unten herausziehen.

Das Heckklappenschloß (2) kann nach Losdrehen der Halteschrauben (1, 3 und 4) ausgebaut werden.

Der Heckklappen-Druckknopf (3): 1 – Schloßhebel; 2 – Haltenase; 4 – Halteschraube.

Motorraumklappe ausbauen

■ Je nach Baujahr eine oder zwei Kreuzschlitzschrauben pro Scharnier an der Motorraumklappe bzw. der Karosserie herausdrehen. Wenn nötig, Abdichtgummi etwas herausziehen.

Fenster austauschen

Diese Arbeit ist bei einer »Sekurit«-Scheibe leichter auszuführen als bei einer »Sigla«-Scheibe (nur bei Frontscheiben verwendet). »Sigla«-Scheiben sind sogenannte Verbundglasscheiben, die bei Beschädigung nicht in unzählige Krümel zerfallen, sondern nur Sprünge bekommen. Nachteil dieser »Sigla«- Scheiben ist ihre Empfindlichkeit gegen Verspannen, weshalb wir vom eigenhändigen Aus- und Einbau abraten. Der Ein- und Ausbau einer »Sekurit«-Scheibe ist dagegen leicht möglich:

■ Scheibenwischerarme nach außen klappen.

■ Alte Scheibe von innen nach außen mit den Füßen herausdrücken, dabei möglichst an einer der oberen Ecken beginnen. Bei lange eingebauten Scheiben muß man ordentlich Kraft aufwenden – keine Angst, der Scheibe schadet das nicht.

■ Ein Helfer fängt die Scheibe außen ab.

■ Gummidichtung von der alten Scheibe abnehmen, sofern sie nicht rissig ist und wiederverwendet werden kann. Bei Dichtungen mit Zierrahmen (nur L-Bus) darauf achten, daß der Rahmen nicht aus der Dichtung rutscht. Sonst muß er neu eingesetzt werden:

■ Zierrahmen einsetzen: Dichtung über die Scheibe ziehen. Elektrokabel von ca. 2–3 mm Außendurchmesser in den Schlitz für den Zierrahmen (siehe Skizze Seite 245) einlegen. Das geht am leichtesten, wenn das Kabel zum Einziehen durch ein 10–15 cm langes Röhrchen geführt wird. Mit diesem wird der Schlitz im Gummi fortlaufend geöffnet, während sich das Kabel gleichzeitig hineinlegt. Dort, wo die Kabelenden nach ihrer

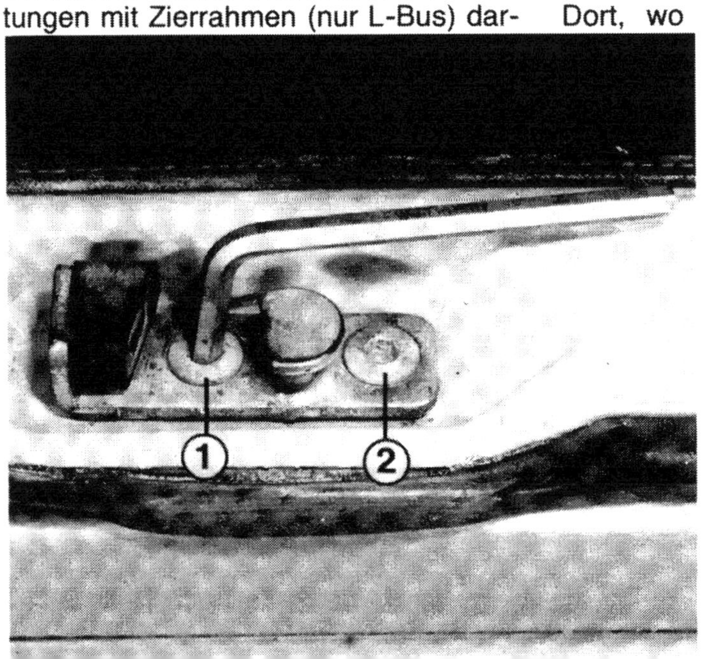

Einstellen der Schloßplatte an der Heckklappe: Schrauben (1 und 2) öffnen und Schloßplatte verschieben.

Scheibenumrundung wieder zusammentreffen, beginnt man mit dem Einsetzen der jeweiligen Zierrahmenhälfte: Kabel herausziehen und den Rahmen, ihm folgend, in den sich öffnenden Schlitz drükken. Die Muffen werden oben und unten über die Trennfugen geschoben.

■ Überbleibsel der alten Dichtungsmasse vorsichtig vom Fensterrahmen der Karosserie abkratzen oder mit Verdünnung abwaschen.

■ Kabel auf gleiche Weise wie beim Zierrahmen jetzt in den äußeren Schlitz der Dichtung einlegen.

■ Scheibenrahmen jetzt mit Scheibenzement (z. B. VW D 10) oder mit Silikondichtmasse bestreichen oder wenigstens einseifen, damit die Dichtung besser rutscht.

■ Von außen die Scheibe in den Fensterrahmen der Karosserie einlegen. Von innen wird nun durch Herausziehen des Kabels die Gummilippe der Dichtung über die Rahmenkante gestülpt. Ein Helfer schlägt dabei jeweils dort, wo gerade gezogen wird, mit der flachen Hand von außen gegen die Scheibe, damit die Gummidichtung vollends in den Fensterausschnitt rutscht.

■ Für den Aus- und Einbau aller feststehenenden Scheiben (Laderaumscheiben) gilt das gleiche Verfahren wie bei der Frontscheibe.

Vorsicht bei Verbundglasscheiben

Wer den Aus- und Einbau einer Verbundglasscheibe trotz unserer Warnung wagen will, sollte sich folgende Punkte zu Herzen nehmen:

■ Scheibe nicht mit der Dichtung ausbauen, sondern Dichtung zerschneiden und erst dann die Scheibe zu zweit mit vier Händen unter gleichmäßigem Druck nach außen schieben.

■ Beim Einbau Dichtung unbedingt mit einem Dicht- oder Gleitmittel (z. B. Schmierseife) bestreichen. Beim Einziehen der Scheibe in den Rahmen nicht auf das Glas schlagen, sondern von außen nur sacht dagegendrücken.

Die Scheibe als Notausstieg

Wie zum Ausbau läßt sich die Scheibe natürlich auch in einer Notsituation – etwa, wenn nach einem Unfall die Türen verklemmt sind – durch einen gezielten Fußtritt nach außen befördern.

Die Scheibe als Noteinstieg

Auch ohne Schlüsseldienst kommen Sie nach dem Verlust der Wagenschlüssel in Ihren VW-Bus. Dazu brauchen Sie nicht einmal eine Scheibe einzuschlagen, was vielleicht am naheliegendsten erscheint. Sie können statt dessen an einer festen Seitenscheibe oder der Heckscheibe das Profilgummi um die Scheibe zur Hälfte aufschneiden (evtl. vorhandenen Chromrahmen entfernen) und die unversehrte Scheibe mit leichter Hand herausnehmen.
Anschließend kann die Scheibe dann mit neuer Dichtung wieder eingesetzt werden.

Arbeiten im Innenraum

Fahrersitz ausbauen

■ Wo vorhanden, Sperrfeder hinten links am Sitz hochziehen.

■ Betätigungshebel der Sitzverstellung hochziehen, und Sitz nach vorn aus der Sitzschiene ziehen. Möglicherweise muß er dabei etwas gegen die Lenksäule gedrückt werden.

Beifahrersitz ausbauen

Version ohne Sitzverstellung oder Doppelsitz-Ausführung:

■ Sitzpolster kräftig nach oben ziehen. Dabei rastet der Haken der Lehne (bzw. die Haken) aus der Halterung an der Fahrerhaus-Zwischenwand aus.

■ Lehne nach vorn ziehen. Lehne und Sitzpolster aneinanderdrücken, und Sitz jetzt nach oben aus der Verankerung an der Sitzkonsole ziehen.

■ Zum Einbau Lehne und Sitzpolster wieder aneinanderdrücken, und Sitz von oben in die Halterung stecken. Lehne nach hinten an die Halteöse der Zwischenwand drücken. Sitzkissen vorn absenken, damit die Haken der Lehne in die Öse eingreifen.

Mittelsitz ausbauen

■ Schrauben an den Halteelementen am Wagenboden herausdrehen und die Haltehaken abnehmen.

■ Sitzbank aus dem Laderaum tragen.

■ Die Standbleche auf den Bolzen am Laderaumboden abnehmen.

■ Haltebolzen in der Kulisse am Wagenboden ein Stück zur Seite schieben.

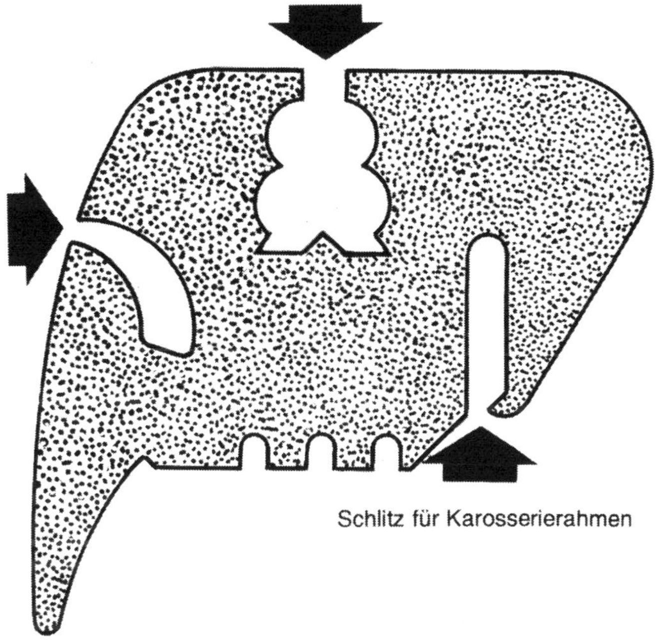

Diese Skizze zeigt den Querschnitt des Gummiprofils einer Fensterdichtung, wie sie überall im VW-Bus eingebaut ist. Man sieht deutlich, daß die Scheibe nirgends an der Karosserie anliegt, sondern nur durch die Dichtung an der Rahmenkante des Fensterausschnitts festgehalten wird.

Dort, wo sich der Schlitz in der Führung verbreitert, Bolzen um 90° drehen und herausziehen.

■ Zum Einbau Bolzen einsetzen, Standbleche auflegen und erst dann die Sitzbank in den Wagen tragen.

Hintere Sitzbank ausbauen

■ Erst unteres Sitzteil (Sitzkissen) ausbauen. Nach Abhebeln der evtl. vorhandenen Blende am Sitzgestell verläuft der Ausbau wie bei der Mittelsitzbank (voriger Abschnitt). Allerdings sind hier keine Standbleche vorhanden.

■ Lehne ausbauen: Feststehende Version: Schrauben hinten an der Lehne herausdrehen und Lehne herausnehmen. Klapplehne: Gummilaschen aushängen, Scharnier unten abschrauben.

Innenverkleidungen im Laderaum

Die hinteren Innenverkleidungen sind je nach Ausführung unterschiedlich befestigt.

■ Teilweise sind sie ganz einfach eingeschraubt. Zur Verwendung kommen Kreuzschlitzschrauben mit speziell geformten Unterlegscheiben.

■ Manchmal können die Verkleidungen an der Oberkante nur eingesteckt sein.

■ Bisweilen sind die Verkleidungen mit Halteclips befestigt, deren Chromköpfe auf der Verkleidung sichtbar sind. Diese Clips nicht am Kopf, sondern mit der ganzen Verkleidung vorsichtig heraushebeln. Mit Löffelstiel oder breitem Schraubenzieher hinter die Verkleidung fahren.

■ Bei »nobleren« Ausführungen sind die Halteclips verdeckt eingesetzt – wie bei den Vordertüren. Hier gilt dasselbe wie bei den sichtbar eingesetzten Clips. Zum Einbau müssen sie allerdings genau vor

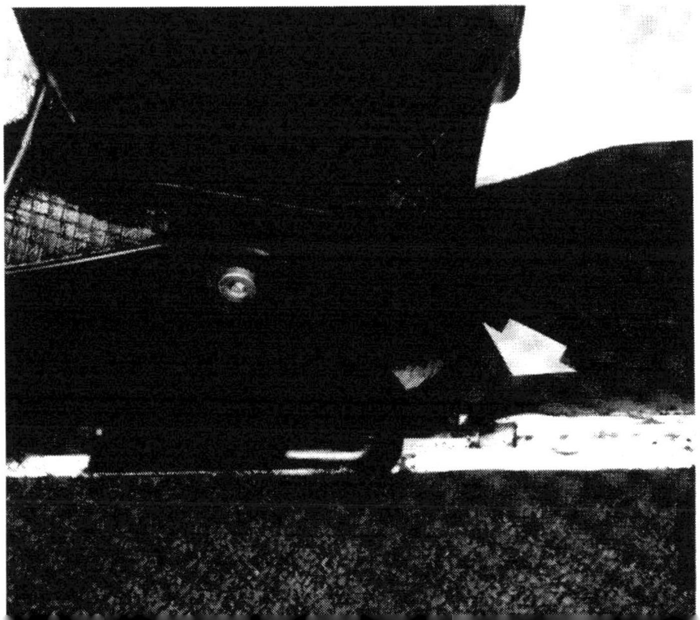

Vor dem Herausschieben der Vordersitze aus den Sitzschienen muß teilweise eine solche Sperrfeder (Pfeil) hochgezogen werden.

den entsprechenden Haltelöchern stehen, sonst werden sie beim Aufschlagen der Verkleidung zerquetscht.

Karosserie entdröhnen

Wird der VW-Bus ohne Sitzeinrichtung oder ohne Campingausstattung gefahren, entwickelt er in seinem Blechgehäuse ein beachtliches Geräuschvolumen, das sicher manchem Fahrer die Ohren dröhnen läßt. Schuld daran sind die riesigen Blechflächen, die durch ihre Schwingungen den Lärm des Motors verstärken und weiterleiten.

Wo entdröhnen?

□ Eine große Resonanzfläche stellt das unverkleidete Dach dar. Hier kann – wie beim Campingwagen – beispielsweise Isoliermaterial eingeklebt werden, das anschließend mit einer Hartfaserpaneele verkleidet wird. Glasfaser-Isolierplatten in der richtigen Stärke und Paneele gibt's im Baustoffhandel.

□ Türen und Seitenteile schwingen ebenfalls und erzeugen Lärm. Hier kann Entdröhnpappe aufgeklebt oder Entdröhnmasse aufgespritzt werden (beides gibt's beispielsweise von Teroson). Aber auch Isolierplatten tun hier gute Dienste. Anschließend natürlich Verkleidungen anbringen. Die können aus dem V.A.G.-Ersatzteillager, vom Schrottplatz oder – selbstgesägt – aus der eigenen Hobby-Werkstatt stammen.

□ Der Laderaumboden wird am besten mit der Original-Gummimatte belegt. Das schwere Material mit seinen Gummistegen auf der Rückseite dämpft ausgezeichnet und ist – im Gegensatz zu Teppichboden – sehr strapazierfähig.

□ Die Motorkonsole hinten im Laderaum ist werksseitig von unten schon sehr gut schallisoliert. Wer ein übriges tun will, beklebt die Flächen zwischen den Blechrippen mit Entdröhnpappe und versieht anschließend die ganze Konsole mit einer Verkleidung aus Hartfaserplatten oder Teppichboden. Beides gibt es im V.A.G.-Ersatzteillager zu kaufen.

□ Oft unbekannt als Geräuschüberträger sind die hintersten Dachpfosten. Sie stellen gleichzeitig die Rückwand der Kühlluftschächte dar, und von dort aus kann der Motorenlärm natürlich direkt in den Innenraum dringen. Am besten werden die Pfosten mit Entdröhnpappe beklebt und anschließend mit »Himmel«-Stoff oder anderen Materialien überzogen.

Gleiches gilt natürlich auch für die Seitenwände über der Motorkonsole bzw. unter den hinteren Seitenfenstern.

Camping-einrichtung

Wollen Sie eine Campingeinrichtung – ob selbst gebaut oder fertig gekauft – in Ihren VW-Bus einbauen, finden Sie im Band 122 mit dem Titel »VW Campingbus selbstgebaut« eine Fülle von Anleitungen und Tips rund ums Wohnmobil.

Unfallschäden

Beim VW-Bus sind leider fast alle Karosserieteile miteinander verschweißt. Größere Arbeiten als zum Beispiel das Ausbeulen der Stoßstangen oder das Auswechseln der Türen und Klappen sind dem Heimwerker ohne Werkstatteinrichtung kaum möglich. Oft ist nach einem Unfallschaden auch ein angrenzendes Teil in Mitleidenschaft gezogen, so daß man ohne Fremdhilfe nicht weiterkommt.

Doch auch hier läßt sich durch Eigenarbeit viel Geld sparen. Sprechen Sie mit der Karosseriewerkstatt und erkundigen Sie sich, auf welche Weise dem Karosserieflaschner die Arbeit erleichtert werden kann. So können Sie beispielsweise bei einem Frontschaden Stoßstange, Türen, Scheinwerfer und Blinker selbst ausbauen. Die Werkstatt richtet dann das Frontblech oder tauscht es aus, schweißt ein neues Prallelement ein und führt die Lackierarbeiten durch. Den anschließenden Zusammenbau besorgen Sie wieder selbst.

Zusätzliche Sparmöglichkeiten ergeben sich durch den Einbau von Gebrauchtteilen. In unserem Fall können Sie Scheinwerfer, Türen und Stoßstange vom Autoverwerter besorgen. Wenn für das Einpassen nötig, werden die Teile gleich bei Auftragserteilung mit in den Wagen gelegt. Beim Frontschaden wären das die Vordertüren.

Die Rückseite des Blechs ist entscheidend

Ausgewechselte und frisch lackierte Karosserieteile täuschen oft über die schlechte Konservierung der Blech-Rückseite hinweg. Achten Sie nach Unfallreparaturen auf die sachgerechte Nachbesserung des Unterbodenschutzes oder der Hohlraumkonservierung. Sonst »überholen« die neuen Blechteile die Altteile in Sachen Rost.

Wehret den Anfängen

Der VW-Bus erreicht in der Regel ein hohes Dienstalter. Selten wandert ein Exemplar, das jünger als acht bis zehn Jahre ist, auf den Schrott. Das liegt nicht zuletzt an dem hohen Marktwert der gebrauchten Transporter. Manche Reparatur lohnt sich deshalb noch, die man an einem »normalen« Auto aus Rentabilitätsgründen nicht mehr durchgeführt hätte.
Nun »stirbt« ja ein VW-Bus gewöhnlich nicht deshalb, weil der Motor oder das Getriebe versagt haben und die Reparatur den Wert des Wagens übersteigen würde. Solche Teile lassen sich unschwer bei einer Autoverwertung besorgen. Der Weg zum Schrottplatz wird zumeist erst eingeschlagen, wenn sich der Rost rundum durch die tragenden Teile der Karosserie gefressen hat. In diesem Kapitel wollen wir Ihnen helfen, diese Entwicklung möglichst lange hinauszuzögern und so den Wert des Wagens möglichst lange zu erhalten.

Schutz für die Wagen-Unterseite

Werksseitig wurde der VW-Bus lediglich mit einem Wachs-Unterbodenschutz ausgeliefert und der ist – wenn nicht zwischenzeitlich eine neue Schutzschicht aufgebracht wurde – sicherlich schon längst abgewaschen. Der mit Schmutz, Splitt und Salz durchsetzte Schneematsch arbeitet am Wagenboden wie ein Sandstrahlgebläse und schleift erst das Wachs und dann den Lack ab, bis das blanke Metall allen Rostangriffen schutzlos ausgeliefert ist – wenn nicht zwischenzeitlich wieder eine Schutzschicht aufgebracht wurde.

Der Dauer-Unterbodenschutz

Wurde ein solcher Dauer-Unterbodenschutz – den gibt es auf Bitumen- und auf PVC-Basis – schon beim relativ neuen Wagen aufgespritzt, lohnt es sich natürlich, diese Schutzschicht zu erhalten (siehe Seite 249). Zum Ausbessern sollten Sie dann möglichst wieder dasselbe Material verwenden, denn viele Bitumen- und PVC-Unterbodenschutzmaterialien vertragen sich nicht untereinander.
In keinem Fall lohnt es sich dagegen, den Dauer-Unterbodenschutz auf rostiges Blech aufzustreichen. Denn unter der schützenden Schicht rostet es dann um so munterer weiter. Einzig sinnvolle Vorgehensweise: Rost möglichst weit abschleifen, eine gute

Die Unterbodenwäsche gehört zu den wichtigsten Karosseriepflegearbeiten am Transporter. Mit scharfem Wasserstrahl werden die Ansammlungen von Straßenschmutz aus allen Winkeln des Wagenbodens gespült. Als sehr praktisch hat sich dabei der APA-Druckstrahlreiniger erwiesen.

Dieses Bild von Teroson zeigt die Stellen, an denen die Düse der Versiegelungsspritzpistole angesetzt wird. Die rot eingekreisten Zahlen deuten auf bereits vorhandene Löcher. Die Zahlen auf den roten Punkten weisen auf noch zu bohrende Löcher. (1) Türholm; (2) Tür; (3) Türsäule; (4) Ladetür, Seitenteile; (5) Motorraum, Radschacht; (6) Hecktür, Querträger, Motorraum.

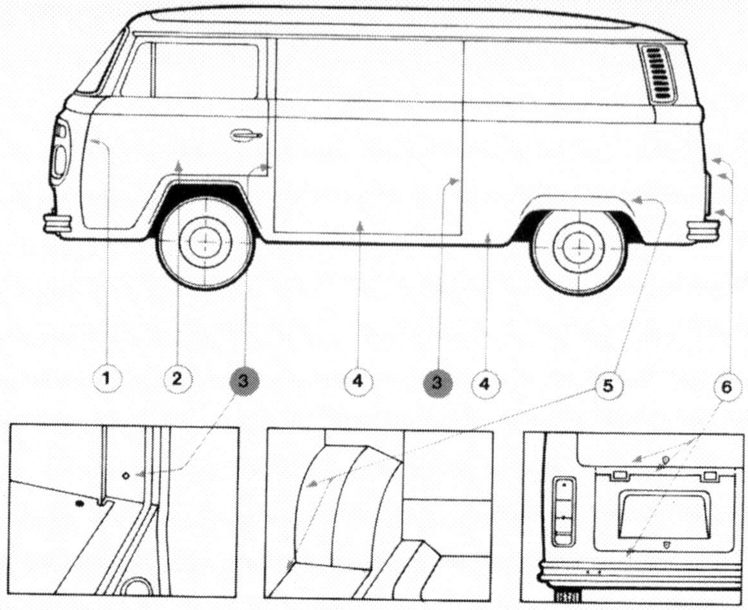

Rostschutzfarbe aufstreichen und dann anschließend erst den Unterbodenschutz auftragen.

Der Saison-Unterbodenschutz

Das ist ein Wachs-Unterbodenschutz mit begrenzter Abriebfestigkeit. Er hält – wie der Name schon sagt – nur eine Saison und muß dann erneuert werden. Für angerostete Wagenböden ist er eher geeignet als ein Dauer-Unterbodenschutz, denn er hat eine wesentlich höhere Kriechfähigkeit. Außerdem ist er leichter wieder zu entfernen, wenn weitere Rostschutzmaßnahmen oder Schweißarbeiten durchgeführt werden sollen.

Wagenunterseite regelmäßig waschen

Ein guter und zudem preiswerter Rostschutz für die Wagenunterseite ist – besonders während der Winterzeit – das regelmäßige Abspritzen mit scharfem Wasserstrahl. Gerade beim VW-Bus, dessen Unterboden durch zahlreiche Träger und Querverstrebungen stark zerklüftet ist, ist das besonders wichtig. Denn dort setzt sich der von den Rädern hochgeschleuderte Straßenschmutz fest und bildet regelrechte »Drecktaschen«. Der Dreck bleibt ständig feucht, und so entsteht natürlich bester Nährboden für Rost. Ein gutes Beispiel hierfür sind die hinteren Ecken der VW-Bus-Karosserie. Dort finden sich meist ganze Schmutzberge.
Aus allen Ecken und Winkeln muß der oft festgebackene Dreck herausgespült werden, notfalls hilft man mit einem Holzstab nach. Besser als mit dem Gartenschlauch geht die Reinigung natürlich mit einem Dampfstrahlgerät vor sich. Bei manchen Tankstellen wird dieses Gerät nicht ausschließlich durch den Inhaber bedient, sondern der Hobbybastler kann sich durch Münzeinwurf der Sprühlanze bedienen.

Unterbodenschutz kontrollieren und ausbessern
Wartungspunkt Nr. 38

Mindestens einmal im Jahr muß der aufgetragene Unterbodenschutz kontrolliert und eventuell nachgearbeitet werden. Wenn Sie einen hellen und günstigen Arbeitsplatz haben, wo sich der VW-Bus sicher aufbocken läßt, können Sie das selbst machen. Sie brauchen dazu eine helle Handlampe und ein Spachtelwerkzeug oder abgebrochenes Messer, mit dem Sie verdächtige Stellen ankratzen und damit prüfen können, ob der alte Unterbodenschutz nicht locker sitzt oder unterrostet ist.
Nach einer gründlichen Unterwagenwäsche – siehe oben – werden alle schadhaften Stellen sorgsam ausgekratzt mit Spachtelwerkzeug, Schaber und Drahtbürste. Alle Rostansätze so weit wie möglich bis aufs blanke Metall abschleifen und den letzten Porenrost mit einem Roststopper »einbalsamieren«. Bewährt hat sich dazu »Terotex Rostprimer« von Teroson oder Bleimennige, das es überall zu kaufen gibt.
Zum eigentlichen Ausbessern benötigen Sie streichbares Material für die größeren Flächen und überall dort, wo Sie mit dem Pinsel hinkommen, denn es läßt sich dickschichtiger auftragen. Für schwer zugängliche Fugen und Ecken brauchen Sie außerdem eine Sprühdose mit Unterbodenschutz.

Fingerzeig: *Wenn am Wagenboden Unterbodenschutz versprüht wird, müssen die Scheibenbremsen sorgfältig gegen den Sprühnebel abgedeckt werden.*

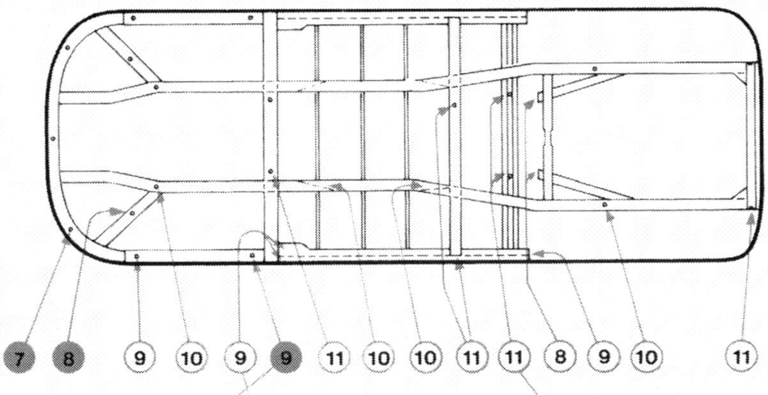

An diesen Stellen muß der VW-Bus »von unten her« konserviert werden: Auch hier zeigen die roten Punkte die noch zu bohrenden Löcher: (7) Rahmenträger vorn; (8) Rahmenversteifung; (9) Türschwellen; (10) Längsträger; (11) Querträger.

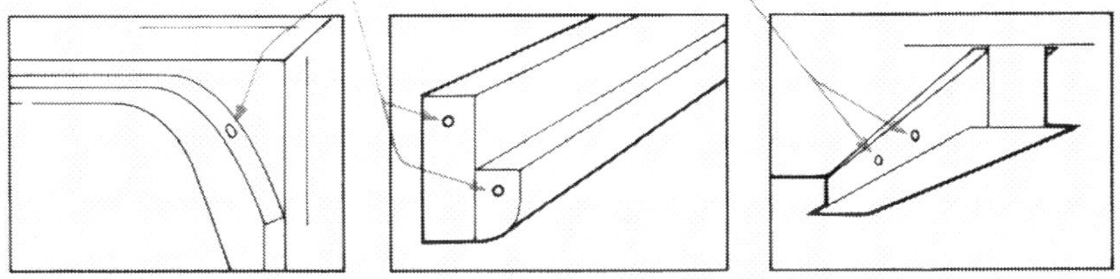

Hohlraumkonservierung

Die selbsttragende Karosserie besteht beim VW-Bus aus einer Vielzahl von Profilen, die Winkel und Hohlräume bilden. Diese Profile ergeben eine sehr große Stabiblität bei geringem Gewicht, sind aber gegen Feuchtigkeit von innen (Spritzwasser und Kondenswasser) sehr anfällig. Lange Zeit sah man jedoch für solche Hohlräume keinerlei Schutz vor.

Daß Schutz von innen not tut, ist mittlerweile klar. Doch lohnt sich das aber noch für einen gebrauchten VW-Bus? Nicht in jedem Fall! Wenn jahrelang nichts für die Rostvorsorge getan wurde, nützt die Hohlraumversiegelung nichts mehr. Auch wenn der Wagenheber schon durchs morsche Gebälk kracht, ist eine Hohlraumbehandlung wohl vergebliche Liebesmüh.

Dagegen kann eine Hohlraumbehandlung durchaus sinnvoll sein, wenn der Wagen bereits eine Hohlraumversiegelung besitzt, die nachbehandelt werden soll oder wenn es sich beispielsweise um einen Campingwagen handelt, der ohnehin nur im Sommer gefahren wurde und deshalb kaum Rostansatz zeigt. Wie es in den Hohlräumen ausschaut, können Sie durch ein spezielles Betrachtungsgerät bei der Karosseriewerkstatt sehen. Nach dieser Voruntersuchung kann dann auch entschieden werden, ob sich der Aufwand lohnt.

»Hohlraumbehandlung« bei rostigen Wagen

Bei Wagen, an denen der Rost schon kräftiger zugebissen hat, lohnt sich eine regelrechte Hohlraumversiegelung nicht mehr. Das Weiterrosten können Sie aber etwas hinauszögern, indem Sie die Wasserablauflöcher in den Schwellern, Traversen und Türen mit einem feinen Schraubenzieher aufstochern und anschließend die Hohlräume mit klarem Wasser aus dem Schlauch kräftig durchspülen, bis aller Rostschlamm herausgeschwemmt ist. Das klare Wasser ist weniger rostgefährdend als der nie trocken werdende Rostschlamm in den Hohlräumen!

Wer soll die Hohlraumkonservierung durchführen?

Die Hohlraumkonservierung kann man als Heimwerker auf gar keinen Fall selbst machen – alle derartigen Behauptungen verschiedener Spraydosen-Anbieter sind Unfug. Das kann nur die Fachwerkstatt mit entsprechend langen Sprühsonden und dem notwendigen hohen Arbeitsdruck.

Dazu haben gut ausgestattete Fachbetriebe – wie schon gesagt – auch noch eine besondere Leucht- und Beobachtungssonde, mit der man in den Hohlräumen des Autos Roststellen auffinden kann.

Nach unseren Erfahrungen ist es ziemlich belanglos, welches Fabrikat zur Behandlung der Hohlräume verwendet wird – alle Markenfabrikate sind von guter Qualität. Entscheidend ist die Ausführung der Arbeit. Wer in Ihrer Gegend gut und preiswert arbeitet, müssen Sie allerdings selbst herausfinden.

Es hat sich jedoch herausgestellt, daß in den Vertragswerkstätten der Automobilfirmen die Dreckarbeit des Hohlraumkonservierens eher von weniger qualifiziertem Personal durchgeführt und deshalb auch nicht ganz so gründlich besorgt wird wie in Spezialbetrieben.

Die Reparaturbleche rund um den Wagen: Auftritt (1), Kniestück (2), Randstreifen lang (3), Randstreifen kurz (4). Es handelt sich dabei um sogenannte Überziehbleche, d. h. die Reste der durchgerosteten Teile brauchen nicht entfernt zu werden.

Durchrostungen

Wie alle anderen Automobile hat auch der VW-Bus sogenannte spezifische Roststellen. An diesen Stellen zeigen alle Wagen früher oder später Durchrostungen. Schuld daran trägt nicht nur der Hersteller, der diese Stellen nicht mit dem nötigen Rostschutz versah, sondern auch zu großen Teilen der Fahrzeugbesitzer, der dem Wagen, vornehmlich an der Unterseite, zu wenig Pflege angedeihen ließ.

Reparaturbleche

Was tun, wenn der vielleicht schon betagte, aber insgesamt noch rüstige VW-Bus die ersten Durchrostungen zeigt? Das ist noch kein Grund, die Flinte ins Korn zu werfen, denn für die bereits angesprochenen spezifischen Roststellen bietet eine rege Zubehörindustrie schon fertig zugeschnittene und entsprechend der Karosserieform gebogene Blechteile an. Die Reste der durchgerosteten Teile brauchen dabei nicht einmal herausgetrennt zu werden. Die Reparaturbleche schweißt man einfach darüber.
Viele Werkstätten haben sich auf das Einschweißen dieser Teile spezialisiert. Reden Sie einmal mit dem Meister einer solchen Werkstatt, ob und welche Vorbereitungen Sie schon zu Hause treffen können, damit das Schweißen nachher schneller geht und so billiger wird.
Mit dem beliebten glasfaserverstärkten Polyesterharz ist da nicht viel zu machen, denn die meisten rostgefährdeten Teile haben tragende Funktion. Spätestens bei der näch-

Für die hier am Wagenboden rot abgesetzten Kastenprofile gibt es ebenfalls Reparaturbleche zum Aufschweißen.

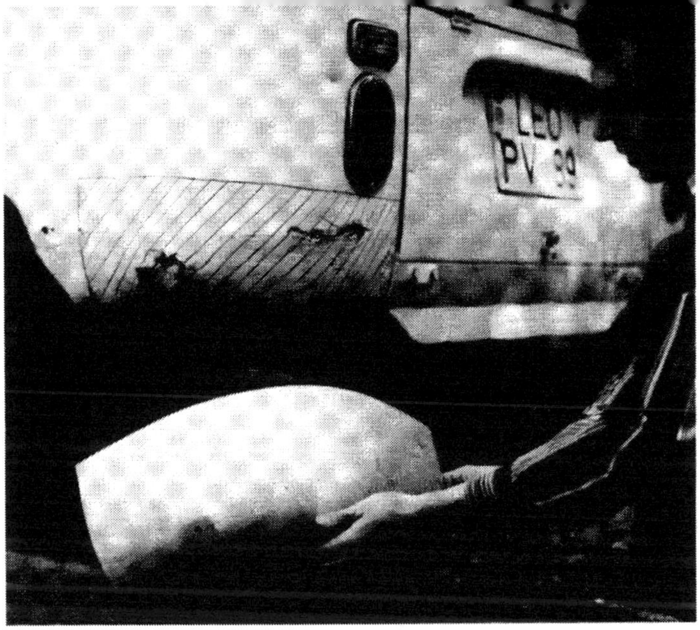

In den hinteren Karosserieecken sammelt sich viel Straßenschmutz an, der durch seine wasserspeichernde Wirkung den Rostfraß fördert. Eine typische Roststelle also, für die es natürlich ein passendes Reparaturblech gibt.

sten TÜV-Untersuchung fliegt die Sache auf: Der Prüfer riecht den Braten schnell, denn auch er kennt die schwachen Stellen beim Transporter und schenkt den Längs- und Querträgern, den Schwellern und den vorderen Radausschnitten einen prüfenden Blick. Wenn da gepfuscht wurde, dürfen Sie den Herrn nochmals besuchen, allerdings mit handfesten Blechen und sauberen Schweißnähten am Wagen.

Polyesterharz-Reparatur

Durchrostungen an nicht tragenden Teilen kann man auf leichte Weise selbst beseitigen: Das angerostete Blech wird dazu so weit als nötig entfernt und das Rostloch anschließend mit Kunststoff und Glasfasermatten verschlossen. Durch eine Hohlraumkonservierung kann man wenigstens versuchen, das Weiterrosten von innen so gut wie möglich zu stoppen.
Übrigens: Was wir hier nur stichwortartig erwähnen können, finden Sie unter Beschreibung vieler Tricks und aller Handfertigkeiten im Band 45 dieser Buchreihe mit dem Titel »Die Autokarosserie«. Dort geht es um Rostbekämpfung, Blechinstandsetzung, Heimwerker-Lackiererei, Lackpflege und Unterbodenschutz.

Fingerzeig: *Eine sinnvolle Anschaffung für den VW-Bus sind Schmutzfänger für die Vorderräder. Sie verhindern zu einem großen Teil, daß sich allzuviel Schmutz zwischen den Querträgern des Wagenbodens anlagern kann. Wer auch hinten zwei Schmutzfänger montiert, schützt zusätzlich die hinteren Karosserie-Ecken.*

TÜV, DEKRA und Hauptuntersuchung

Auf Herz und Nieren

Alle zwei Jahre verlangt die StVZO nach § 29 eine Überprüfung Ihres VW-Busses auf technische Mängel.
Egal wo die Überprüfung vorgenommen wird, in vielen Fällen wird sich dann die Frage über Sein oder Nichtsein entscheiden. In diesem Kapitel wollen wir Ihnen ein wenig Angst vor dieser Prüfung nehmen.

TÜV oder DEKRA

Die bekanntesten Organisationen, die »Hauptuntersuchungen nach § 29 der Straßenverkehrs-Zulassungsordnung« vornehmen dürfen, sind TÜV und DEKRA. Die Überprüfungen beider Institutionen unterscheiden sich im Grunde nicht. Auch geben beide ihre Plakette auf zwei Jahre. Doch müssen Sie beim DEKRA schon nach einem Jahr zu einer Zwischenuntersuchung vorfahren, bei der Sie aber dann wieder eine zweijährige Plakette bekommen können. Wird die Zwischenuntersuchung versäumt, muß den Wagen das nächste Mal dann der TÜV prüfen. Vorzug beim DEKRA: Die Überprüfung kann auch in der V.A.G.-Werkstatt vorgenommen werden, wo Sie sich allerdings rechtzeitig anmelden müssen.

Prüfungen vor der Untersuchung

Bevor Sie Ihren Wagen in Richtung Prüfbahn steuern, empfiehlt es sich, erst einmal die wichtigsten Fahrzeugfunktionen durchzuprüfen, denn mit augenfälligen Mängeln sollten Sie nie zur Überprüfung aufkreuzen:
Beleuchtungsanlage: Defekte Glühlampen zeugen von Nachlässigkeit, ein trüber oder angerosteter Reflektor sollte vor der Kontrolle ersetzt werden.
Hupe und Scheibenwischer müssen funktionieren, das läßt sich ja auch leicht selbst feststellen.
Auspuff und Wärmetauscher dürfen nicht durchgerostet sein.
Reifen dürfen natürlich nicht zu weit abgefahren sein, und sie müssen der vorgeschriebenen Bauart entsprechen (siehe Seite 157).
Bremsen müssen gleichmäßig ziehen; auch die Handbremse muß beidseitig gleich ansprechen.
Bremsleitungen mit sehr leichten Anrostungen (Flugrost) werden blankgeschliffen und eingefettet, rostnarbige müssen ersetzt werden.
Abgas wird im Rahmen der Abgas-Sonderuntersuchung geprüft und der CO-Gehalt eingestellt. Es steht Ihnen frei, ob Sie die ASU in der Werkstatt oder beim TÜV bzw. DEKRA durchführen lassen. Mehr darüber auf Seite 106.
Rost ist der einzige Schaden, dem Sie nicht so leicht beikommen. Deshalb behandeln wir dieses Thema getrennt im folgenden Absatz.

Lohnt sich die Reparatur?

Das Hauptaugenmerk bei der Untersuchung vor dem TÜV muß eventuellen Rostschäden an Karosserie und Vorderachskörper gelten. Mit Durchrostungen am Wagen hat es gar keinen Sinn, vorzufahren.
Ist jedoch der übrige technische Zustand Ihres VW-Busses noch einwandfrei, lohnt sich bei dem allgemein hohen Marktwert auch älterer Wagen eine Reparaturschweißung meistens. Aufschluß über die Rentabilität der Schweißarbeiten gibt ein Kostenvoranschlag, wobei die V.A.G.-Werkstatt sicher an der Obergrenze liegen wird. Günstiger sind Werkstätten, die sich auf »TÜV-Schweißungen« spezialisiert haben, siehe auch Seite 251. Bevor Sie einen anderen Bus kaufen, der mit neuem TÜV angeboten

wird, sollten Sie berücksichtigen, daß Ihr eigener nach der Reparatur möglicherweise doch der bessere ist, zumal Sie seine Tugenden und Untugenden bereits kennen. Günstig ist es, wenn Sie die Schweißungen vor der Überprüfung durch TÜV oder DEKRA vornehmen lassen. Sie können dann Blech und Nähte bereits mit einer Schutzschicht (Rostschutzfarbe, Unterbodenschutz) bestreichen. Rostschäden, die erst bei der Prüfung bemängelt wurden, müssen nach der Reparatur ohne Schutzanstrich vorgeführt werden.

Präsentation des Wagens

Gesamteindruck

Prüfer sind auch nur Menschen, und so reagieren sie auf ein äußerlich gepflegtes Fahrzeug natürlich positiver als auf eine »Gammelkiste«, bei der wohl mehr versteckte Mängel zu erwarten sind. Einige Märker für die Fahrt durch die Waschanlage sind also gut investiertes Geld.

Motor- und Unterwäsche

Mit einem Dampfstrahlgerät (oft gibt es sie zur Selbstbedienung an größeren Tankstellen) ist diese Arbeit schnell gemacht. Motor- und Fahrgestellnummer kommen bei dieser Gelegenheit auch unter der Dreckkruste zu Tage. Beide müssen natürlich bei der Überprüfung lesbar sein. Zumindest die Fahrgestellnummer will der Prüfer mit der Zahl im Kraftfahrzeugschein vergleichen.

Vor oder nach der Untersuchung reparieren?

Der TÜV versteht sich natürlich nicht als Diagnose-Institution. Deshalb wird es vom Prüfer eher ungern gesehen, wenn ein total unvorbereiteter Wagen vorgeführt wird. Die Überprüfung muß er jedoch trotzdem durchführen.
Diesen Umstand kann man sich zunutze machen, und erst anschließend, also nach Erstellung des Prüfberichts, die Reparaturarbeiten gezielt in Angriff nehmen. Teilen Sie dem Prüfer Ihre Entscheidung mit. Vielleicht hat er Verständnis dafür.

Voranmeldung

Die Prüfstellen sind je nach Jahreszeit unterschiedlich ausgelastet. Besonders starker Andrang herrscht im Frühjahr und Frühsommer und allgemein vor Feiertagen und vor Schulferien. Dann müssen Sie ohne Voranmeldung stundenlange Wartezeiten in Kauf nehmen. Die Anmeldung lohnt sich also und spart oft viel Zeit.
Bei überzogenem TÜV-Termin – was bei einer Polizeikontrolle Bußgeld kosten kann – können Sie durch die Voranmeldung glaubhaft nachweisen, daß Sie durchaus willens sind, Ihren Wagen baldigst überprüfen zu lassen.

Was brauchen Sie bei der Prüfung?

Vor der Fahrt zu TÜV oder DEKRA wird natürlich kontrolliert, ob alles an Bord ist, was bei der Überprüfung gebraucht wird:
- ☐ Warndreieck (mit Prüfnummer);
- ☐ Verbandskasten (nach DIN-Vorschrift).

Legen Sie beides gut sichtbar auf den Beifahrersitz. An Unterlagen brauchen Sie:
- ☐ den Fahrzeugschein (die Zulassung);
- ☐ bei einer Nachprüfung: den Prüfbericht des ersten Gutachtens;
- ☐ nur wenn das Fahrzeug mit Überführungskennzeichen vorgeführt wird: Fahrzeugbrief und Fahrzeugschein des Überführungskennzeichens.

Motor- und Fahrgestellnummer haben wir bereits gesäubert. Zum Abschluß stecken wir uns noch einen Kreuzschlitzschraubenzieher ein, damit sofort eingegriffen werden kann, wenn die Scheinwerfereinstellung nicht stimmt. Wenn der Prüfer kein Unmensch ist, läßt er diese Justierung gern vornehmen.

Der Prüfbericht

Nach vollendeter Überprüfung Ihres Wagens händigt Ihnen der Prüfer einen Bericht aus. War alles in Ordnung oder waren nur geringfügige Mängel zu verzeichnen, bekommen Sie auch eine neue Plakette auf das hintere Nummernschild geklebt.
Ist dagegen eine Nachprüfung angeordnet, so muß diese innerhalb von sechs Wochen erfolgen, sonst verfällt der Prüfbericht. War auch die erste Nachprüfung erfolglos, so verlängert sich dadurch die Nachprüfungsfrist nicht, sondern es gelten nach wie vor sechs Wochen Gesamtdauer.
Es nutzt auch nichts, wenn Sie die Nachprüfung auf den letzten Tag legen; die Plakette trägt in jedem Fall den Monat der Erstuntersuchung.

Von Meisterhand

Das Verhältnis Werkstatt/Kunde ist bekanntlich manchen Belastungen ausgesetzt. Der Grund: Es ist in aller Regel das Verhältnis des Fachmannes zum Laien. Daraus ergibt sich ein Übergewicht für die Werkstatt und damit ein großer Ermessensspielraum für das, was getan werden muß und noch getan werden könnte. Um abschätzen zu können, wie fair oder übertrieben verfahren wird, braucht man einen guten Einblick.

Die Werkstatt-Wahl

Wer sein Auto in die Werkstatt gibt, muß zwar in aller Regel Geld bezahlen, doch nicht überall gleich viel. Deshalb ist es natürlich auch wichtig, für jede Reparatur die richtige Werkstatt auszuwählen.

Die Markenwerkstatt

Mit Ihrem VW-Bus ist natürlich die Vertragswerkstatt am besten vertraut. Dort sind auch die wichtigsten Ersatzteile auf Lager, und es liegen die neuesten Einstelldaten vor. Es sind also alle Voraussetzungen gegeben, um die Reparatur schnell und zur Zufriedenheit des Kunden auszuführen.
Günstig ist es, wenn Sie sich vorher im Bekanntenkreis über die Arbeitsqualität und Preiswürdigkeit der Werkstatt informieren. Auf bestimmten Gebieten, wie Vergasereinstellung oder Blechbearbeitung, sind die Vertragswerkstätten bisweilen nicht so versiert wie die Spezialbetriebe, auf die wir weiter unten noch eingehen.

Fingerzeige: *Auch in der Vertragswerkstatt sollten Sie sich nicht scheuen, nur Teile einer Reparatur in Auftrag zu geben. So können Sie beispielsweise nach dem eigenhändigen Austausch der Vorderachse durchaus die anschließend fälligen Einstellarbeiten in der Markenwerkstatt vornehmen lassen.*
Bei größeren Instandsetzungsarbeiten bleibt die Reparatur oft nur dann unter dem Zeitwert des Wagens, wenn gebrauchte Teile eingebaut werden. In diesem Fall werden Sie in einer guten Werkstatt kaum auf taube Ohren stoßen, wenn Sie eine solche Reparatur anregen.

Freie Werkstätten

Hier empfiehlt es sich ganz besonders, vor einer Auftragserteilung zu erkunden, wie es um die Arbeitsqualität bestellt ist, denn unter den Freien befindet sich vereinzelt ein »schwarzes Schaf«. Generell können aber dort allgemeine Reparaturen oft wesentlich preiswerter als in der Markenwerkstatt ausgeführt werden.
Zu den freien Betrieben zählen z. B. auch Werkstätten, die sich auf TÜV-Schweißungen, Brems-, Auspuff- oder Stoßdämpferreparaturen spezialisiert haben. Meist überfordert sind die freien Werkstätten jedoch beispielsweise bei Problemen an der Elektrik. Da eignen sich Spezialwerkstätten besser.

Autoelektrik

Zahlenmäßig am stärksten vertreten sind hier die Bosch-Dienste, die nicht nur für die allgemeine Autoelektrik, wie Zündung, Batterie und Beleuchtung zuständig sind, sondern häufig auch den Vergaser einstellen und betreuen. Im Telefonbuch sind die umliegenden Bosch-Dienste aufgeführt. Ein komplettes Verzeichnis erhalten Sie vom Bosch-Kundendienst, Postfach 50, 7000 Stuttgart 1.

Vergaser

Vergaser-Spezialwerkstätten können oft mit einem nicht einstellbaren Vergaser noch fertig werden, wenn die Vertragswerkstatt schon aufgegeben hat. Solche Werkstätten finden sich gewöhnlich aber nur in größeren Städten, wobei die Mehrzahl Vertretungen der Fa. Pierburg sind, die übrigens auch die VW-Bus-Vergaser geliefert hat. Ein Werkstättenverzeichnis erhalten Sie von der Pierburg GmbH & Co. KG, Postfach 838, 4040 Neuss 13.

Reifen

Reifendienste haben eine größere Fabrikatsauswahl als etwa die Vertragswerkstatt. Sie können dort mit sachkundigerer Beratung rechnen und eine bessere Reifenauswuchtung erwarten, da der Umgang mit Reifen dort die ausschließliche Beschäftigung ist. Auch manche Tankstellen haben sich auf den Verkauf von Reifen spezialisiert.

Karosserie und Lack

Die Reparatur von Unfallschäden erfordert die Hand eines Spezialisten, wenn anschließend alles sauber aussehen und dauerhaft repariert sein soll. Es lohnt sich deshalb unbedingt, vorher umherzufragen, in welcher Werkstatt besonders gut und preiswert gearbeitet wird.
Hohlraumversiegelungen und Unterbodenschutz gehören ebenfalls zum Arbeitsgebiet einer Karosseriewerkstatt. Dort werden diese Arbeiten gewöhnlich sorgfältiger ausgeführt als in Vertragswerkstätten. Aber auch in diesem Fall empfiehlt sich wieder zuerst die Befragung anderer Autofahrer.

Motor

Die Motorinstandsetzungsbetriebe reparieren nicht nur defekte Motoren, sondern bieten auch schon fertige Rumpf- oder Austauschmotoren an. Die Preisunterschiede zum Original-VW-Motor liegen zwischen 15 und 20%. Auf diese Motoren geben die Instandsetzer natürlich Garantie, die bei Selbsteinbau des Motors allerdings nur unter bestimmten Voraussetzungen gilt. Ob die Überholung wirklich fachgerecht durchgeführt wurde, läßt sich bei einem solchen Motor meist erst nach Ablauf der Garantie feststellen. Wir haben dabei bisher meist gute Erfahrungen gemacht.
Anschriften von Motor-Instandsetzungsfirmen erhalten Sie vom Verband der Motorinstandsetzungsbetriebe eV, Goldene Pforte 1, 5800 Hagen. Manche Firmen sind jedoch auf bestimmte Marken spezialisiert, so daß der nächstgelegene Betrieb vielleicht nicht helfen kann.

Scheiben

In einer Autoglaserei kann man davon ausgehen, daß eine zerbrochene Autoscheibe sofort ersetzt wird, was in vielen anderen Werkstätten mangels Lagerhaltung nicht immer möglich ist. Selbstverständlich sind dort auch Scheibendichtungen aller erdenklichen Fabrikate auf Lager, so daß ein Glasschaden sofort repariert werden kann.

Innenausstattung

In den mittlerweile selten gewordenen Autosattlereien werden Sie – was die Auto-Innenausstattung angeht – meist sehr preiswert bedient. Der Autosattler ist spezialisiert auf die Reparatur oder den Neubezug von Sitzen, Zuschneiden und Einfassen von Bodenteppichen und das Montieren eines Dachhimmels. Solche Betriebe sind auch auf Sonderwünsche eingerichtet, was den Bezugsstoff oder die Teppiche angeht. So können Sie beispielsweise statt der Kunstleder-Sitzflächen solche aus passendem Stoff einsetzen lassen.

Wie erhält man Adressen?

Die Adressen von Spezialwerkstätten, wie Autoglaserei oder Autosattlerei sind oft schwierig herauszufinden. Wenn Sie im Bekanntenkreis keinen Tip bekommen, empfiehlt sich der Blick ins Branchen-Telefonbuch oder in den Automarkt von Tageszeitungen oder Anzeigenblättern. Dort inserieren solche Betriebe regelmäßig.

Auch Tankstellen können helfen

Tankstellen, die Wagenpflege betreiben, sind selten geworden. Solch einen Betrieb sollten Sie suchen für Unterwagenwäsche, Motorwäsche, Ölwechsel, Getriebeölkontrolle, Abschmieren der Vorderachse und einfache Einstellarbeiten am Motor.
Regelrechte Reparaturen sollte man nicht an der Tankstelle durchführen lassen. Wenn der Inhaber kein Kfz-Meister ist und mit seinem Betrieb demgemäß auch nicht der Kfz-Handwerksinnung angehört, reicht seine Haftpflicht- und Betriebsversicherung nicht für Reparaturen an Motor, Bremsen, Lenkung, Fahrwerk usw. Auch liegen dort nicht die neuesten Wartungs- und Reparaturhinweise des V.A.G.-Kundendienstes vor. Das kann teurer Pfusch werden.

Werkstattkosten

Der Verrechnungssatz für eine Reparaturstunde in der Werkstatt ist nicht etwa mit dem Mechanikerlohn zu verwechseln. Vielmehr setzt sich der Betrag zusammen aus Löhnen und Gehältern, Miete und Pachtkosten, Gebäude- und Geräteabschreibung, Steuern und Versicherung, sonstige Allgemeinkosten und nicht zuletzt auch dem Unternehmergewinn.
Die Festkosten des Werkstattinhabers wirken sich natürlich direkt auf den Reparaturpreis aus. Ein kleiner Betrieb auf preisgünstigem Grund und Boden weitab der Großstadt kann mit wenigen Mechanikern natürlich preisgünstiger arbeiten als ein Großbetrieb mit aufwendiger Ausstattung und vielen Angestellten.

Berechnung nach Zeiteinheiten

In der V.A.G.-Werkstatt wird die Reparatur nicht in Arbeitsstunden, sondern in Zeiteinheiten abgerechnet. 1 Stunde entspricht dabei 100 Zeiteinheiten (ZE).
Für sämtliche Wartungs- und Reparaturarbeiten hat das Volkswagenwerk den nötigen Zeitaufwand in der »Arbeitspositionsliste« festgehalten. An diese Liste ist jede Werkstatt in der Berechnung ihrer Leistungen gebunden. Unterschiedlich ist dagegen der Betrag, der pro Zeiteinheit verlangt wird. Der hängt von den Festkosten des Betriebs ab.

Preisvergleich

Vor umfangreicheren Reparaturen lohnt es sich in jedem Fall, einen Preisvergleich der Zeiteinheiten in verschiedenen Werkstätten vorzunehmen. Dazu hängt in jeder V.A.G.-Werkstatt eine Liste verschiedener Reparaturarbeiten mit den zugehörigen Preisen aus. Diese Preisauszeichnungen bieten eine gute Gelegenheit zum Vergleich. Natürlich hat man damit noch keine Aussage über die Arbeitsqualität in dieser Werkstatt. Die muß man entweder selbst herausfinden oder vorher im Bekanntenkreis erfragen.
Bei einem älteren Fahrzeug kann es übrigens vorkommen, daß zu den werksseitig errechneten Zeiteinheiten noch ein Zuschlag für erschwerte Arbeitsbedingungen (verrostete Schrauben) in Rechnung gestellt wird. Gegen diesen Aufschlag können Sie sich kaum wehren.

Kostenvoranschlag

Die am häufigsten gestellte Frage in der Werkstatt lautet: »Was kostet das?« Drei Arten der Beantwortung sind dann möglich:

□ Der Reparaturannehmer oder Meister schätzt über den Daumen. Die hierbei genannte Zahl ist völlig unverbindlich und der tatsächliche Rechnungsbetrag kann wesentlich höher ausfallen.

□ Der genaue Zeitaufwand einer Routinereparatur wird aus der schon genannten Arbeitspositionsliste herausgesucht und im Auftragsformular – von dem Sie eine Kopie erhalten müssen – neben der jeweiligen Reparatur aufgeführt. Diese Methode hat sich in der Praxis eingebürgert und die Preise sind für die Werkstatt verbindlich, sofern sich keine Zusatzarbeiten ergeben.

□ Ein verbindlicher, schriftlicher Kostenvoranschlag – an den sich die Werkstatt übrigens drei Wochen lang halten muß – lohnt sich nur bei umfangreichen Reparaturen. Wir denken dabei an einen Unfallschaden oder die Beseitigung von Durchrostungen. Der Meister schaut sich den Wagen dazu genau an und sucht die Preise für die Arbeiten und Ersatzteile heraus. Diesen Zeitaufwand kann sich die Werkstatt bezahlen lassen, sofern dies mit Ihnen vereinbart wurde. Oft wird jedoch der Preis für den Kostenvoranschlag mit dem Preis der Reparatur verrechnet – vorausgesetzt natürlich, sie wird in derselben Werkstatt durchgeführt.
Ein derartiger Kostenvoranschlag kann bei einem Schadensfall auch als Nachweis gegenüber der Versicherung gelten.

Überschreiten des Kostenvoranschlags

□ Ein Auftrag mit Preisangaben hat verbindlichen Charakter, aber die Kosten dürfen dennoch in einem geringen Ausmaß überschritten werden. Ist jedoch eine nennenswerte Überschreitung der notierten Preise unumgänglich, muß mit dem Fahrzeugbesitzer vor Weiterführung der Arbeit Rücksprache genommen werden. Allerdings muß er dann kurzfristig erreichbar sein, sonst kann die Werkstatt nach eigenem Gutdünken weiter verfahren. Daher empfiehlt es sich, am Reparaturtag wenigstens telefonisch erreichbar zu sein, um bei der Fahrzeugabholung keine Überraschung zu erleben.

□ Der schriftlich erstellte und verbindliche Kostenvoranschlag darf dagegen nicht überschritten werden. Hier muß der Wagenbesitzer in jedem Fall gefragt werden, ob er Zusatzarbeiten und damit einem höheren Preis zustimmt.

Umgang mit der Werkstatt

Ärger mit der Werkstatt läßt sich vermeiden, wenn man sich an einige Grundregeln hält. Andererseits ist es gut, auch über seine Rechte Bescheid zu wissen.

Vor der Fahrt zur Werkstatt

□ Den Termin für eine vorhersehbare Reparatur oder Wartungsarbeit sollten Sie frühzeitig telefonisch oder persönlich vereinbaren. Machen Sie eine genaue Uhrzeit aus, wann das Fahrzeug in der Werkstatt stehen muß. Zur Voranmeldung empfiehlt sich die Zeit zwischen 10 und 15 Uhr. Da ist es ruhiger als frühmorgens oder kurz vor Feierabend, und Sie können spezielle Fragen oder Sonderwünsche besser anbringen.
□ Legen Sie einen Block und Schreibzeug ins Handschuhfach. Dann können Sie auch unterwegs erkannte Defekte sofort notieren, was sonst oft vergessen wird. Diese Liste dient bei Arbeiten, die Sie nicht selbst ausführen können oder wollen, als Vorlage für den Werkstattauftrag.
Notieren Sie auch gleich, welche Teile Sie in letzter Zeit selbst ausgewechselt haben (Zündkerzen, Unterbrecherkontakte, Luftfilter, Bremsbeläge), damit sie in der Werkstatt nicht routinemäßig erneuert werden.
□ Gönnen Sie dem Wagen eine Ober-, Unter- oder Motorraumwäsche – je nachdem, wo am Auto repariert wird. Der Mechaniker arbeitet auch nicht gern unter einer dicken Dreckkruste und deshalb besteht sonst die Gefahr, daß Ihnen die schon erwähnten »erschwerten Arbeitsbedingungen« aufgebrummt werden.
□ Räumen Sie vor dem Werkstattaufenthalt den Wagen komplett aus. Die Werkstatt übernimmt keinerlei Haftung für Gegenstände, die aus Handschuhfach und Laderaum abhanden gekommen sind.

Auftragserteilung

□ Bei Auftragsabgabe sollten Sie den genauen Kilometerstand wissen und Kundendienst-Paß und Fahrzeugschein parat haben.
□ Anhand Ihres Notizzettels können Sie einen äußerst detaillierten Reparaturauftrag aufgeben, der kaum Mißverständnisse zuläßt. Lassen Sie genau notieren, was gemacht werden muß und was Sie bereits selbst erledigt haben. Verweigern Sie ausdrücklich die beliebten und teuren Sonderleistungen, wie Benzin- oder Ölzusätze, Sonderschmierung etc. Wenn Sie mißtrauisch der Werkstatt gegenüber sind, lassen Sie unter die Liste der Arbeitspositionen den Satz »keine weiteren Arbeiten durchführen« schreiben.
□ Lassen Sie die Preise für die Arbeitspositionen im Auftrag vermerken (siehe Vorseite).
□ Unbedingt die Durchschrift des Auftrags verlangen. Alle Angaben, die das Original enthält, müssen natürlich auch in Ihrer Kopie stehen.
□ Bei Anlaß zum Mißtrauen können Sie vereinbaren, daß die ausgebauten Altteile nach der Reparatur in den Wagen gelegt werden. So haben Sie eine gewisse Kontrolle über die ausgeführten Arbeiten. Ob die Teile wirklich von Ihrem Wagen stammen, werden Sie allerdings kaum in Erfahrung bringen können.
□ Reparaturen werden gewöhnlich nur gegen Barzahlung ausgeführt. Wollen Sie eine andere Zahlungsweise, sollten Sie das schon bei Auftragsvergabe vereinbaren.
□ Lassen Sie den Abholungstermin schriftlich festlegen. Bei größeren Reparaturen kann das wichtig sein, denn die Werkstatt muß Ihnen bei Überschreiten des Termins um 24 Stunden ein gleichwertiges Ersatzfahrzeug stellen oder 80 % der Mietwagenkosten ersetzen.
□ Hinterlassen Sie unbedingt die Telefonnummer, unter der Sie tagsüber zu erreichen sind (siehe Vorseite).
□ Wird mit der Reparatur gleich am Morgen begonnen, sollten Sie Ihren Wagen schon abends auf den Werkstatthof stellen. Die Werkstatt kann dann die einzelnen Aufträge sofort zu Arbeitsbeginn unter den Mechanikern verteilen.

Abholung des Wagens

□ Den reparierten Wagen sollten Sie möglichst während der Geschäftszeit abholen, damit Sie noch vor »Ladenschluß« auf dem Werkstatthof möglichst viele Funktionen

Ihres Wagens prüfen (wenn es geht, zusammen mit dem Kundendienstberater) und erforderlichenfalls notwendige Beanstandungen unverzüglich anbringen können. An einem der folgenden Tage kann sich der Werkstattmann auf den Standpunkt stellen, der Grund Ihrer Unzufriedenheit sei erst nach Verlassen der Werkstatt eingetreten.

□ Prüfen Sie zunächst den reinen Zahlenteil der Reparaturrechnung; vielleicht hat sich dort ein Fehler eingeschlichen.

□ Lassen Sie sich keine Arbeiten doppelt berechnen. Arbeitspositionen, die im »V.A.G.-Regel-Service« enthalten sind, dürfen nicht noch einmal getrennt in Rechnung gestellt werden.

□ Reklamationen sollten Sie so schnell als möglich anbringen und von der Werkstatt bestätigen lassen bzw. als Einschreibbrief verschicken. Länger als vier Wochen nach der Reparatur dürfen Sie sich jedoch keinesfalls Zeit lassen, sonst verfällt die Frist.

□ Soll die Reparaturausführung oder die Rechnung angefochten werden, empfiehlt es sich, den geforderten Betrag – wenn auch unter Ankündigung eines Einspruchs – trotzdem zu zahlen. Der Werkstattinhaber wird Ihnen sonst den Wagen kaum aushändigen, sondern sich auf sein vermeintliches Pfandrecht berufen.

□ Läßt sich ein Streit über Arbeitsausführung oder Rechnungsbetrag nicht gütlich beilegen, können Sie sich an eine der Schiedsstellen des Kfz-Handwerks wenden, deren Adressen Sie von der Kfz-Innung, den Handwerkskammern, den Automobilclubs oder vom TÜV erfahren. Die Schiedsstellen wurden vom Zentralverband des Kfz-Gewerbes ins Leben gerufen, und deshalb zweifelt so mancher an der absoluten Neutralität dieser Institution. Andererseits will kein Betrieb bei der Innung schlecht angesehen sein.

□ Wenn Ihnen der Schiedsspruch nicht gerecht erscheint, können Sie immer noch vor ein Gericht ziehen – es sei denn, Sie haben bereits im Reparaturauftrag unterschrieben, daß Sie sich dem Spruch der Schiedsstelle widerspruchslos beugen. Deshalb unbedingt das Kleingedruckte im Reparaturauftrag lesen.

Werkstatt-garantie

Die im »Zentralverband des Kfz-Handwerks« organisierten Werkstätten leisten nach den »Kraftfahrzeug-Reparaturbedingungen 1974« bei nicht einwandfrei ausgeführten Arbeiten am Wagen Ersatz:

□ 6 Monate Garantie ohne Kilometerbegrenzung gelten für Privatfahrzeuge. Nur bei Firmenwagen ist die Laufleistung auf 10000 km begrenzt. V.A.G.-Werkstätten bieten freiwillig 12 Monate Garantie.

□ Stellt sich ein Reparaturfehler im angegebenen Zeitraum heraus, muß die Werkstatt den Fehler völlig kostenlos beheben – also nicht nur die Kosten eines defekten Teiles etwa (wie bei der seitherigen Neuwagen-Garantie) müssen übernommen werden, sondern auch die Montagekosten in vollem Umfang.

□ Darüber hinaus müssen dem Autobesitzer für die Dauer der »Nachbesserung« (also die Garantie-Reparatur) kostenlos ein Ersatzfahrzeug zur Verfügung gestellt oder 80% der Mietwagenkosten ersetzt werden, wenn die ursprüngliche Reparatur von der Werkstatt grob fahrlässig oder die Nachbesserung schuldhaft mangelhaft ausgeführt wurde.

□ Auch für Folgeschäden muß die Werkstatt heute haften. Ereignet sich durch unsachgemäße Reparatur ein Unfall, haftet die Werkstatt bei Personenschäden bis zu 500000 DM. Ferner hat die Werkstatt die Abschleppkosten und die Instandsetzung des Fahrzeugs zu übernehmen.

□ Ist eine Instandsetzung nicht mehr möglich, hat die Werkstatt den Wiederbeschaffungswert des Fahrzeugs zu ersetzen.

□ Für Schäden und Verlust des Fahrzeugs während des Werkstattaufenthalts muß die Werkstatt ebenfalls geradestehen.

□ Wird ein Fahrzeug infolge mangelhafter Reparatur innerhalb des Garantie-Zeitraumes mehr als 30 km entfernt vom Reparaturbetrieb betriebsunfähig, muß die Werkstatt benachrichtigt werden und diese entscheidet, ob sie das Fahrzeug abschleppen will oder ob man die Nachbesserung in einer näher gelegenen Fachwerkstatt auf ihre Kosten vornehmen lassen kann.

□ Natürlich muß der Autobesitzer einen erkannten Reparaturmangel sofort der Werkstatt mitteilen. Er darf nach dem Wortlaut der Bestimmungen z. B. nicht bis zur Rückkehr aus dem Urlaub warten, sondern muß vom Urlaubsort aus schreiben!

Defektsuche mit System

Streik im Maschinenraum

Unsere Fehlersuche geht natürlich davon aus, daß der Motor mechanisch in Ordnung ist. Hier geht es lediglich darum, einen Motor, der unvermittelt stehenbleibt oder nicht mehr anspringt, zu kurieren.
Am besten beginnen Sie damit, die drei Grundfragen zu beantworten:

Reihenfolge der Fehlersuche

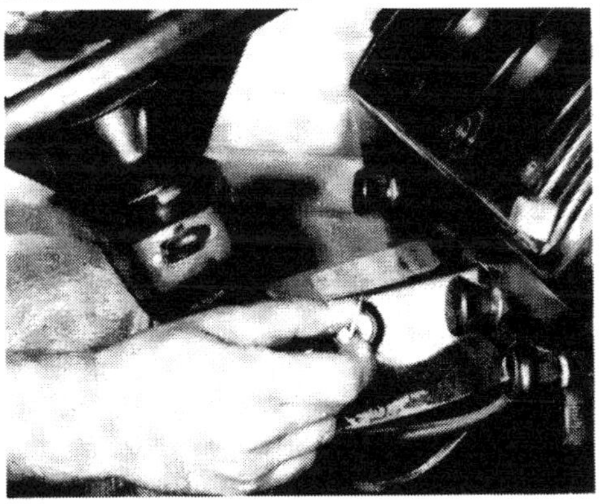

Dreht der Anlasser den Motor durch?
Tut er's nicht oder nur unwillig, lesen Sie bitte auf der folgenden Seite weiter unter »Fehlerquelle Elektrik«. Wird der Motor dagegen flott durchgedreht, müssen zur weiteren Eingrenzung die folgenden beiden Fragen der Reihe nach beantwortet werden.

Funken die Zündkerzen?
Kontrolle: Hauptzündkabel aus der Mittelbuchse des Verteilers ziehen und mit isolierter Zange oder Wäscheklammer in 10 mm Abstand gegen ein blankes Motorteil halten. Ein Helfer betätigt den Anlasser. Springen Funken über?
Wenn ja, nächste Frage abklären. Wenn nein, weiterlesen auf der nächsten Seite unter »Fehlerquelle Zündung«.

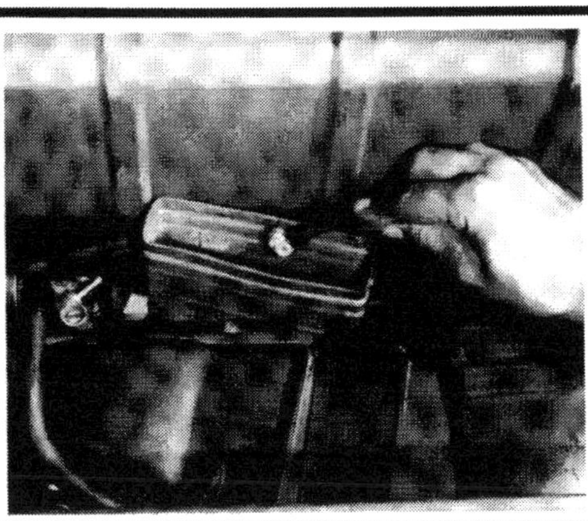

Wird der (bzw. die) Vergaser mit Benzin versorgt?
Kontrolle: Benzinschlauch am Vergaser abziehen, in einen Behälter (Kappe der Warndreieck-Hülle) halten und von Helfer den Anlasser betätigen lassen.
Spritzt Benzin in den Behälter, ist die Kraftstoffversorgung intakt. Der Vergaser könnte defekt sein (Seite 110). Kommt kein Benzin, lesen Sie bitte weiter auf der kommenden Seite unter »Fehlerquelle Kraftstoffversorgung«.

Zuerst die Sichtprüfung

Bevor wir uns Gedanken dazu machen, wieso unser VW-Bus-Motor wohl nicht anspringen will, lohnt sich ein erster prüfender Blick in den Motorraum. Möglicherweise ist der Fehler offensichtlich. Wir achten auf:

- ☐ abgefallene Kabelstecker an Vergaser und Zündspule,
- ☐ den festen Sitz der Zündkabel am Verteiler und an den Kerzensteckern,
- ☐ Kondenswasser am und im Verteilerdeckel (alle Teile der Zündanlage müssen trocken sein),
- ☐ eventuell abgerutschte Benzinschläuche.

Fehlerquelle Elektrik

Will der Anlasser den Motor nicht durchdrehen, richten wir unser Augenmerk auf die Kontrolleuchten am Armaturenbrett. Die verraten uns einiges über den möglichen Defekt.

- ☐ Kontrollampen verlöschen beim Schlüsseldreh: Die Batterie ist entladen oder altersschwach (Seite 181), Anlasser hat möglicherweise Kurzschluß.
- ☐ Kontrollampen bleiben hell beim Einschalten des Anlassers: Klemme-50-Kabel am Magnetschalter abgefallen (Seite 189), Magnetschalter defekt (Seite 191), Anlasser defekt oder Schleifkohlen abgenutzt (Seite 190) oder aber der Klemme-50-Kontakt im Zündschloß ist defekt (Seite 227).
- ☐ Kontrollampen brennen gar nicht: Batterie völlig leer (Seite 180), Hauptkabel am Anlasser aboxidiert (Seite 171) oder Batterieklemmen lose (Seite 180).

Fehlerquelle Zündung

Zeigen sich bei der eingangs beschriebenen Prüfung keine regelmäßigen Zündfunken, kommen folgende Fehlerquellen in Betracht:

- ☐ Verteilerdeckel abnehmen (Seite 197) und kontrollieren, ob der Unterbrecher (Seite 198) beim Durchdrehen des Motors von Hand regelmäßig öffnet und schließt. Wenn nicht, Kontaktabstand bzw. Schließwinkel (Seite 200) einstellen.
- ☐ Sind die Kontaktflächen des Unterbrechers in Ordnung (Seite 198) oder sind sie gar verschmort? Dann ist möglicherweise der Kondensator defekt (Seite 200).
- ☐ Ist der Verteilerdeckel in Ordnung (Seite 198)? Keine Kriechstromspuren an der Innenseite? Federt die Kontaktkohle oben in der Mitte einwandfrei? Kein Grünspan an den Kontaktstiften? Ist der Drehzahlbegrenzer (Seite 56) im Verteilerfinger intakt?
- ☐ Sind alle Stecker im Bereich Verteiler und Zündspule richtig aufgesteckt? Auch die Zündkabel müssen fest sitzen!
- ☐ Hilft das alles nichts, bleibt nur noch die Zündspule als Fehlerquelle. Prüfen, wie auf Seite 195 beschrieben.

Fehlerquelle Kraftstoffversorgung

Kommt bei der beschriebenen Prüfung kein Benzin am Vergaser an, kommt als Fehlerquelle in Betracht:

- ☐ Es ist kein Benzin im Tank (nicht lachen, kontrollieren!).
- ☐ Die Benzinpumpe arbeitet nicht (Seite 91).
- ☐ Benzinsieb im Tank oder in der Kraftstoffpumpe bzw. Benzinfilter verstopft (Seite 92).
- ☐ Falls trotz intaktem Benzinnachschub der Vergaser in Verdacht gerät – etwa wegen dauernder Kaltstartschwierigkeiten –, hilft Ihnen der Störungsfahrplan auf Seite 110 weiter.

Fingerzeig: *Die Erfahrung zeigt, daß die häufigsten Ursachen für Pannen unterwegs abgefallene Kabelstecker, gerissene Gaszüge (Seite 110), defekte oder verstellte Unterbrecher und gerissene Keilriemen sind. Wer zumindest diese Ersatzteile gleich mit sich führt, ist bei einem Defekt oft besser gestellt.*

Störungsbeistände im Buch

Über die Kapitel dieses Buches verteilt finden Sie eine Vielzahl von Störungsbeiständen. Auf welcher Seite Sie bei welchem Defekt nachlesen müssen, verrät Ihnen die Aufstellung auf Seite 13.

An der Leine

Nicht nur das Reparieren eines defekten Wagens will gekonnt sein, sondern auch das Schleppen desselben. Was dazugehört, will dieses Kapitel vermitteln. Doch auch das Ziehen eines Anhängers ist hier – weiter hinten – angesprochen.

Abschleppseil

Der voll beladene VW-Bus kann bis zu 2500 kg wiegen, da ist mit einem zierlichen Seilchen nicht zu helfen, es muß schon ein kräftiges Abschleppseil her. Nach der DIN-Norm 76033 eignet sich für den VW-Bus nur ein blau gefärbtes Seil, denn mit diesem können Sie gerade noch das geforderte Gewicht ziehen. Gelbe Abschleppseile können nur bis zu 1450 kg schwere Wagen verkraften.

Welche Ausführung?

Perlonseile dehnen sich beim Abschleppen und verhüten so am besten, daß beim Anrucken an den beiden Fahrzeugen etwas verbogen wird. Dafür sind Perlonseile hitze- und scheuerempfindlich; wenn sie an den heißen Auspuff kommen oder an einer Karosserie- oder Stoßstangenkante schaben, sind sie schnell hin. Ein Perlonseil braucht deshalb unbedingt verschiebbare Manschetten zum Schutz vor Auspuffwärme und Kanten. Hanfseile sind besonders preiswert, aber dick und unelastisch. Stahlseile sind bei der Handhabung ziemlich störrisch und wenig nachgiebig. Wollen Sie ein derartiges Seil kaufen, dann nur mit »Ruckdämpfer« (ein Gummistück oder eine Stahlfeder bildet aus der Seilmitte eine dehnfähige Schlinge).

Abschleppstange

Wenn der doch relativ schwere VW-Bus abgeschleppt werden soll, ist eine Abschleppstange die sicherste Lösung. Besonders bei Wagen mit Bremskraftverstärker ist sie zu empfehlen, denn bei stillstehendem Motor arbeitet natürlich auch die Bremsunterstützung nicht, und dann muß um ein Vielfaches stärker als normal auf das Pedal getreten werden. Falls Sie beim Abschleppen mit Seil zu schwach oder einen Sekundenbruchteil zu spät auf das Bremspedal treten, kann der Abstand zum Schleppwagen schon gefährlich kurz sein. Mit der Schleppstange ist es unproblematisch, da muß allenfalls der Vorausfahrende Ihren Wagen zusätzlich mitbremsen. Achten Sie jedoch darauf, daß die Schleppstange nicht zur Seite wegknickt.

Fingerzeig: *Wird man abgeschleppt, Belüftung schließen, sonst atmet man die Abgase des abschleppenden Wagens ein.*

Im Schlepptau

Beim Abschleppen mit einem Seil besteht der wichtigste Punkt darin, daß das Schleppseil möglichst immer straff gespannt bleibt. Abrupte Reaktionen unbedingt vermeiden; dann bleibt auch das Rucken aus, das beim Anfahren oder Schalten die Gefahr birgt, daß das Seil reißt oder die Kräfte an den Befestigungspunkten zu stark werden. Der Fahrer des Abschleppwagens muß viel mit der Kupplung arbeiten, um die Übergänge beim Anfahren und Schalten weich zu gestalten. Im geschleppten Wagen bleibt die Fußspitze des Fahrers stets in geringem Abstand über – nicht auf – dem Bremspedal. Er muß die Verkehrssituation vor seinem Zugwagen beobachten und beinahe vorausahnen, denn er muß eher bremsen als sein Helfer vorn, ihn also praktisch mitbremsen, damit das Seil immer straff bleibt. Vereinbaren Sie vor der Schleppfahrt einige Zeichen der Verständigung untereinander und vergessen Sie nicht, die **Warnblinkanlage** einzuschalten, denn das ist laut StVO Vorschrift.

Die Zündung muß zur Schleppfahrt eingeschaltet sein, denn nur so brennen auch die Bremslichter. Leider heizt sich die Zündspule jedoch bei stehendem Motor stark auf. Dem kann nur begegnet werden, indem man das Kabel zum Unterbrecher an Klemme 1 der Spule abzieht.

Schleppfahrt mit Getriebeautomatik

Äußerst angenehm ist es, wenn der abschleppende VW-Bus eine Getriebeautomatik besitzt, denn damit geht die Schleppfahrt fast ruckfrei. Da man mit solch einem Schleppzug ohnehin nicht Volldampf fährt, schaltet man statt Fahrbereich »D« in Stellung »2«. Weiter ist nichts zu beachten.
Einige Probleme tauchen auf, wenn man seinen Automatik-Bus abschleppen lassen muß. Er darf nur in Wählhebelstellung »N« und nur mit einer Höchstgeschwindigkeit von 50 km/h allenfalls auf eine Entfernung von 50 km geschleppt werden. Längere Strecken sind für das Getriebe gefährlich, da dessen Ölpumpe nur bei laufendem Motor das Getriebe schmiert. Müssen weitere Entfernungen im Schlepp zurückgelegt werden, muß der Wagen hinten angehoben oder beide Antriebswellen ausgebaut werden. Soll ein Abschleppunternehmen beauftragt werden, bestellen Sie am besten gleich einen Tieflader.

Abschleppen nach Gesetz

Werfen wir kurz einen Blick auf die rechtliche Seite der Schlepperei: Nach den Gesetzen ist das Abschleppen eine Notmaßnahme. Es darf nur dazu dienen, den aus eigener Kraft nicht fahrfähigen Wagen in die nächste zumutbare Werkstatt oder an seinen nahegelegenen Heimatort zu bringen. Die Autobahn ist an der nächsten Ausfahrt zu verlassen. Für den Fahrer des abschleppenden Wagens genügt der Führerschein Klasse 3 und vom Lenker im gezogenen Auto wird gar kein Führerschein verlangt (er muß aber lenken und bremsen können). Wird allerdings ein Wagen mit leerer Batterie angeschleppt, braucht dessen Lenker den Führerschein.
Die Versicherung des Abschleppenden kommt für Schäden auf, die während der Schleppfahrt entstehen, sofern dem Lenker des abgeschleppten Autos nicht schuldhaftes Verhalten nachgewiesen werden kann. Das Anhängsel muß daher noch in verkehrssicherem Zustand sein und sein Fahrer damit umgehen können. Soll ein Fahrzeug weiter als bis zur nächsten Werkstatt geschleppt werden, muß man sich bei der Zulassungsstelle eine Schleppgenehmigung erteilen lassen, wozu man einige Auflagen erfüllen muß.

Anhängekupplung

Wer mit seinem VW-Bus einen Boots-, Last- oder Wohnanhänger ziehen will, braucht eine Anhängekupplung, die nach dem Einbau vom TÜV begutachtet und in die Fahrzeugpapiere eingetragen wird. Solche Anhängevorrichtungen gibt es im V.A.G.-Zubehörprogramm und von verschiedenen Herstellern im Autozubehörhandel.

Selbsteinbau der Anhängevorrichtung

Der eigenhändige Einbau ist für den routinierten Selbsthelfer kein Problem, zumal der neu gekauften Anhängekupplung eine ausführliche Einbauanweisung beiliegt. Alle zum Einbausatz gehörenden Befestigungsteile müssen verwendet werden. Das prüft der TÜV-Ingenieur anhand der Einbauanweisung, die Sie bei der TÜV-Abnahme vorlegen müssen.
Für die Elektroinstallation der Anhängersteckdose können Sie einen kompletten Elektrosatz kaufen. Wer »elektrisch vorbelastet« ist, kann die Teile preisgünstiger selbst zusammenstellen. Sie brauchen ein Blinkrelais für Anhängerbetrieb, eine Anhänger-Blinkkontrolleuchte am Armaturenbrett, eine Anhängersteckdose sowie Kabel und Steckverbinder. Denken Sie daran, daß eine einzige Kabelfarbe rundum in der Steckdose spätere Störungssuche fast unmöglich macht. Deshalb die Kabelenden mit den Klemmenbezeichnungen versehen, wenn Sie nicht die VW-üblichen Kabel verwenden. Zuletzt noch das Schild der zulässigen Stützlast ankleben. Bei unseren VW-Modellen sind das 50 kg. Das Schild können Sie auf der Stoßstange oder im Heckfenster anbringen.

Gebrauchte Anhängekupplung

Wer eine gebrauchte Anhängevorrichtung kauft, muß sehr genau darauf achten, daß er die für sein Fahrzeug richtige Kupplung erhält (siehe Tabelle rechts). Ob die Anhängekupplung für Ihren VW zugelassen ist, sagt deren Typenschild aus. Falls es fehlt

oder unleserlich ist, müssen Sie vom Hersteller der Anhängevorrichtung ein neues Typenschild anfordern. Ebenso brauchen Sie eine Einbauanweisung vom Hersteller der Anhängekupplung für die anschließend fällige TÜV-Abnahme.
Die Adressen der bekanntesten Hersteller für Anhängevorrichtungen lauten:
- □ Oris Metallbau KG, Hans Riehle, Im Bornrain 2, 7141 Möglingen.
- □ PEKA Fahrzeugbau GmbH + Co. KG, Rheinstraße 116, 7500 Karlsruhe 21.
- □ Westfalia Werke KG, Postfach 2640, 4840 Rheda-Wiedenbrück.

Fingerzeige: *Fahren Sie viel mit einem schweren Anhänger (über 500 kg), empfiehlt es sich, ein sogenanntes Stabilisierungsgerät (z. B. Orismat 2000) einzubauen. Sie fahren dann wesentlich sicherer und entspannter, denn sowohl Schlingerbewegungen des Anhängers als auch Knickbewegungen zwischen Anhänger und Zugwagen werden dadurch wirkungsvoll gedämpft.*
Die in der Tabelle angegebenen Anhängelasten beziehen sich auf Steigungen von maximal 10 bzw. 12%. Wird die Anhängelast oder das zulässige Gesamtgewicht des Zugwagens nicht voll ausgeschöpft, können natürlich auch stärkere Steigungen bewältigt werden.
In Höhen über 1000 m über dem Meeresspiegel ist der Motor durch die geringere Luftdichte weniger durchzugskräftig. Das Anhängergewicht muß daher pro angefangener weiterer 1000 Höhenmeter um je 10% unterschritten werden.
Die maximale Stützlast der Anhängerdeichsel auf den Kopf der Anhängekupplung darf nicht höher als 50 kg sein. Die minimale Stützlast soll mindestens 4% des tatsächlichen Anhängergewichts betragen; höher als 25 kg braucht sie nicht zu sein. Wer für eine längere Fahrt mit dem Wohnwagen dessen genaue Stützlast ermitteln will, kann dies mit der heimischen Badezimmerwaage tun.

Anhängelasten

Laut der VW-Liste vom September 1982 sind folgende Anhängelasten an unseren VW-Modellen zulässig:

Modell	Motorleistung kW/PS	Anhängelast in kg ohne Bremse	Anhängelast in kg mit Bremse	mögliche Steigung in %	Mögliche Erhöhung der Anhängelast in kg mit Bremse	mögliche Steigung in %	Anhängekupplung VW-Teile-Nummer
Schaltgetriebe							
1,6 l	37/50	600	800	12	1200	12	000 092 105 C
1,6 l (ab 8.74)	37/50	600	1000	16	1200	12	000 092 105 C
1,6 l (1,2 to Nutzlast)	37/50	600	800	16	–	–	000 092 105 C
1,6 l (ab 8.76)	37/50	600	1000	16	1400	12	000 092 105 E
1,6 l (1,2 to Nutzlast ab 8.76)	37/50	600	800	16	1200	12	000 092 105 C
1,7 (ab 8.71)	49/66	600	800	16	1200	12	000 092 105 C
1,8 l (ab 8.73)	50/68	600	1000	16	1200	12	000 092 105 C
1,8 l (ab 8.74)	50/68	600	1200	16	–	–	000 092 105 C
1,8 l (1,2 to Nutzlast)	50/68	600	1000	16	–	–	000 092 105 C
2,0 l (ab 8.75)	51/70	600	1200	16	–	–	000 092 105 C
2,0 l (ab 8.76)	51/70	600	1200	16	1800	12	000 092 105 E
2,0 l (ab 8.77)	51/70	600	1200	16	1800	12	000 092 105 E
2,0 l (1,2 to Nutzlast)	51/70	600	1000	16	–	–	000 092 105 C
2,0 l (1,2 to Nutzlast ab 8.76)	51/70	600	1000	16	1600	12	000 092 105 E
2,0 l (1,2 to Nutzlast ab 8.77)	51/70	600	1000	16	1600	12	000 092 105 E
Automatisches Getriebe							
1,7 l	46/62	–	–	–	400	10	000 092 105 C
1,8 l (ab 8.73)	50/68	600	600	16	–	–	000 092 105 C
2,0 l (ab 8.75)	51/70	600	600	16	1000	12	000 092 105 C
2,0 l (ab 8.77)	51/70	600	800	16	1000	12	000 092 105 C

Zahlen bitte!

Unter den Begriff »Technische Daten« fällt so ziemlich alles, was sich am Auto in Zahlen ausdrücken läßt. Die Mehrzahl dieser Daten sind in der »Allgemeinen Betriebserlaubnis« (ABE) festgehalten, die behördlicherseits nach einer sogenannten Typprüfung ausgestellt wird. Bei dieser Prüfung wird vor Produktionsbeginn kontrolliert, ob das entsprechende Modell den hiesigen Zulassungsbestimmungen entspricht. Wird das Fahrzeug von diesen Daten abweichend verändert, so erlischt automatisch die Betriebserlaubnis und, was genauso wichtig ist, der Versicherungsschutz; an dieser Stelle sei nochmals warnend darauf hingewiesen. Veränderungen sind nur mit dem Einverständnis der TÜV-Stelle zulässig.

Motor

		1600	1700	1800	2000
Bauart		Luftgekühlter Vierzylinder-Viertakt-Boxermotor im Wagenheck			
Kennbuchstabe		AD oder AS	CA oder CE[1])	AP	CJ
Höchstleistung nach DIN kW/PS		37/50	49/66 bzw. 46/62[1])	50/68	51/70
Literleistung kW/PS je l		23,1/31,2	28,8/38,8 bzw. 27,1/36,5[1])	27,8/40,0	25,5/35
Höchstes Drehmoment	Nm	108	116 bzw. 118[1])	13,2	14,4
bei Drehzahl 1/min		2800	3200	3000	2800
Hubraum	cm^3	1584	1679	1795	1970
Bohrung	mm	85,5	90	93	94
Hub	mm	69	66	66	71
Verdichtung		7,5	7,3	7,3	7,3
Oktanzahlbedarf ROZ		91	91	91	91
Ventilsteuerung		Nockenwelle unter Kurbelwelle; Betätigung über Stößel, Stößelstangen und Kipphebel			
Steuerzeiten					
Einlaß öffnet		7°30′ vor OT	12° vor OT[2])	2° vor OT	2° vor OT
Einlaß schließt		37° nach UT	42° nach UT[2])	35° nach UT	35° nach UT
Auslaß öffnet		44°30′ vor UT	43° vor UT[2])	35° vor UT	35° vor UT
Auslaß schließt		4° nach OT	4° nach OT[2])	6° nach OT	6° nach OT
Ventilspiel		siehe Tabelle auf Seite 60			
Kompressionsdruck	bar	8–10	6–9,5	6–9,5	6–9,5
Mindestwert	bar	5	5	5	5
Druckdifferenz der Zylinder max.	bar	2	3	3	3
Ventilsitzbreite					
Einlaß	mm	1,4–2,5	1,8–2,2	1,8–2,2	1,8–2,2
Auslaß	mm	1,4–2,5	2,0–2,5	2,0–2,5	2,0–2,5
Ventilsitzwinkel					
Einlaß		45°	30°	30°	30°
Auslaß		45°	45°	45°	45°
Kippspiel Ventilführung/Ventilschaft					
Einlaß	mm	0,21–0,23	max. 0,45	max. 0,45	max. 0,45
Verschleißmaß	mm	0,8	0,9	0,9	0,9
Auslaß	mm	0,23–0,27	max. 0,35	max. 0,35	max. 0,35
Verschleißmaß	mm	0,8	1,2	1,2	1,2
Spiel Zylinder/Kolben	mm	0,04–0,06	0,04–0,06	0,04–0,06	0,04–0,06
Verschleißmaß	mm	0,2	0,2	0,2	0,2

Unrundheit der Zylinderbohrung	mm	max. 0,01	max. 0,01	max. 0,01	max. 0,01
Schmiersystem		Druckumlaufschmierung durch Zahnradpumpe. Ölkühler im Gebläse-Luftstrom			
Öldruck bei Öltemperatur 70° C (bei SAE 30) und 2500/min	bar	3	3	3	3
Verschleißgrenze	bar	2	2	2	2
Öldruck-Kontrolllampe verlöscht bei	bar	0,15–0,45	0,15–0,45	0,15–0,45	0,15–0,45
Ölverbrauch max.	l/1000 km	1,4	1,4	1,4	1,4
Kühlung		Luftkühlung durch Gebläse, thermostatisch geregelt			
Luftfördermenge	l/s	620	800	700	700
bei Drehzahl	1/min	4000	4600	4000	4000

[1]) bei automatischem Getriebe
[2]) bei CE-Motor gelten dieselben Werte wie beim AP- und CJ-Motor.

Kraftstoffanlage

		1600	1700	1800	2000
Vergaser		Solex Fallstromvergaser mit elektrisch beheizter Startautomatik			
Anzahl der Vergaser		1	2	2	2
Lufttrichter	mm	26	26	26	26
Hauptdüse		X 125	X 130	X 132,5[9])	132,5[9])
Ausgleichsluftdüse		60z[1])	140[6])	175	160
Leerlaufdüse		g60[2])	55	55	52,5
Leerlaufluftdüse		120	140[7])	130	130
Zusatzkraftstoffdüse		42,5[3])	45[8])	45[8])	45[8])
Zusatzluftdüse		90	0,7[8])	0,7[8])	0,7[8])
Einspritzmenge	cm^3/Hub	1,3–1,6	0,55–0,85	1,35–1,65	1,35–1,65
Schwimmernadelventil	∅ mm	1,5	1,2	1,2	1,2
Dichtung für Schwimmernadelventil		0,5	1,0	1,0	1,0
Drosselklappenspalt	mm	–	0,6	0,6	0,65
Leerlaufdrehzahl	1/min	800–900[4])	850–950	850–950	800–950
Bei Automatikgetriebe	1/min	–	900–1000	900–1000	900–1000
CO-Wert	Vol%	2,0–2,4[5])	2,0–2,4	1,0–4,0[10])	2,0–4,0

Bei Fahrzeugen ab Baujahr 8/75: [1]) 80z, [2]) 55, [3]) 47,5, [4]) 800–950, [5]) 1,0–3,0
Bei CE-Motor (Automatik): [6]) 155, [7]) 130
[8]) nur im linken Vergaser, [9]) bei Automatik: 135, [10]) bei Automatik: 2,0–4,0

Kraftübertragung

		1600	1700	1800	2000
Kupplung		Über Seilzug betätigte Einscheiben-Trockenkupplung			
Mitnehmerscheibendurchmesser	mm	200 od. 215 ab 8/75	210	215	228
Druckplatten-Anpreßdruck	kp	380–420	380–440	420–480	460–520
Getriebe		Vollsynchronisiertes Vierganggetriebe			
Kennbuchstaben		CE, CU	–	CM	CP
Übersetzungen					
1. Gang		3,78	3,80	3,78	3,78
2. Gang		2,06	2,06	2,06	2,06
3. Gang		1,26	1,26	1,26	1,26
4. Gang		0,82	0,82	0,89	0,88
Rückwärtsgang		3,79 od. 3,28	3,80	3,79	3,28
Achsantrieb		5,428	5,428	4,857	4,571
Automatisches Getriebe		Dreiganggetriebe mit hydrodynamischem Drehmomentwandler			
Kennbuchstaben					
Übersetzungen		–	NA	NB, NC	NE
1. Gang		–	2,65	2,65	2,55
2. Gang		–	1,59	1,59	1,45
3. Gang		–	1,0	1,0	1,0
Rückwärtsgang		–	1,8	1,8	2,46
Achsantrieb		–	4,45	4,36	4,09

Fahrwerk

Vorderachse	Einzelradaufhängung an Kurbellenkern und Drehstäben, Drehstabstabilisator
Vorderachseinstellung	
Gesamtspur ungedrückt	+ 15′ ± 15′
Gesamtspur gedrückt	0° ±10′
Kraft zum Drücken der Vorderräder	15 + 3 kp
Sturz der Vorderräder (Geradeausstellung)	+ 40′ ± 20′
Nachlauf	3° ± 40′
Wendekreisdurchmesser	12,4 m
Spurkreisdurchmesser	11,4 m
Lenkradumdrehungen von Anschlag zu Anschlag	3
Übersetzung Lenkgetriebe	16,3
Übersetzung Lenkung gesamt	17,8
Hinterachse	Einzelradaufhängung an Schräglenkern
Sturz (leer)	– 50′ ± 30′
Gesamtspur	+ 5′ ± 10′

Elektrische Anlage

Bordspannung	12 Volt
Batterie	12 V/36 Ah oder 12 V/45 Ah
Gleichstrom-Lichtmaschine 1600 bis 1/73	14 V/38 A/532 W
Drehstrom-Lichtmaschine 1600 ab 2/73	14 V/50 A/700 W
Flachmotor	14 V/55 A/770 W oder 14 V/70 A/980 W
Keilriemengröße	
1600 mit Gleichstrom-Lichtmaschine	9,5 × 905
1600 mit Drehstrom-Lichtmaschine	11,3 × 912 LA
Flachmotor	9,5 × 965
Anlasser	
bei Schaltgetriebe	12 V/0,51 kW (0,7 PS)
bei Automatikgetriebe	12 V/0,59 kW (0,8 PS)
Glühlampen	siehe Seite 208
Zündverstellung	siehe Seite 204
Unterbrecher-Kontaktabstand	0,4 mm
Schließwinkel	44–50° entspricht 49–50 %
Zündzeitpunkt	7,5° vor OT (Unterdruckschlauch abgezogen)
Zündfolge	1 – 4 – 3 – 2
Zündkerzen	siehe Seite 207
Elektrodenabstand	0,6 mm

Maße und Gewichte

Radstand	2400 mm
Spurweite vorn	1386 mm
Spurweite hinten, leer	1430 mm
bei zulässigem Gesamtgewicht	1435 mm
Länge ohne Stoßleisten	4505 mm
Länge mit Stoßleisten	4545 mm
Breite	1720 mm
Höhe, leer	bei Seriendach 1955 mm, Kastenwagen 1960, bei Hochdach 2290 mm
Leergewicht	Bus: 1360 kg, Kombi: 1305 kg, Kasten: 1300 kg[1]), Hochraumkasten: 1350 kg[1])
Zulässiges Gesamtgewicht	Bus: 2250 kg, Kombi: 2300 kg, Kasten/Hochraumkasten: 2300 kg, bei erhöhter Nutzlast: 2500 kg
Nutzlast	Bus: 890 kg, Kombi: 995 kg, Kasten: 1000 kg, Hochraumkasten: 950 kg. Bei Fahrzeugen mit erhöhter Nutzlast: 1200 kg
Gewichte bei Flachmotor	Das höhere Motorgewicht ergibt zu obigen Werten zuzüglich 20 kg Leergewicht und 20 kg weniger Nutzlast
Anhängelasten	siehe Seite 263

[1]) mit Fahrer

Bremsanlage

Fußbremse vorn	Ate- oder Girling-Festsattelbremsen mit automatischer Nachstellung
Fußbremse hinten	Simplex-Innenbacken-Trommelbremsen
Feststellbremse	Über Seilzüge auf die hinteren Trommelbremsen wirkend
Bremsscheibendurchmesser	278,2 mm
Bremsscheibendicke neu/mindestens	$13_{-0,2}$/11,5 mm
Scheibenbremsbelagdicke	14 mm
Belag-Mindeststärke (ohne Trägerplatte)	2 mm
Bremstrommeldurchmesser neu/höchstens	252 mm / 253,5 mm
Bremsbelagstärke neu/mindestens	6 mm / 2,5 mm
Übergrößen-Bremsbelag Stärke	6,5 mm

Füllmengen

Kraftstofftank	56 l
Kurbelgehäuse 1600er	2,5 l
Kurbelgehäuse Flachmotor mit/ohne Ölfilterwechsel	3,5 l/3,0 l
Schaltgetriebe mit Achsantrieb	3,5 l
Automatikgetriebe, Neufüllmenge/Wechselmenge	ca. 6 l/ca. 3 l
Achsantrieb bei Automatikgetriebe	ca. 1,4 l
Scheibenwaschbehälter	ca. 1,5 l
bei Scheinwerfer-Waschanlage	ca. 8 l

Fahrwerte

		1600	1700
Höchstgeschwindigkeit			
bei Schaltgetriebe	km/h	110	125
bei Automatikgetriebe	km/h	–	120
		1800	2000
bei Schaltgetriebe	km/h	127	127
bei Automatikgetriebe	km/h	120	120

Modellpflege

Alljährlich nach den Werksferien wartet das Volkswagenwerk mit zahlreichen Verbesserungen an den laufenden Modellreihen auf. In leeren Werkshallen werden dann bis zum Eintreffen der erholten Arbeiter die Fließbänder für die Neuerungen umgestellt. Modellpflege nennt sich diese Maßnahme, die – fast ohne Kenntnisnahme der Öffentlichkeit – zum Zweck hat, die produzierten Fahrzeugmodelle auf dem aktuellen technischen Stand zu halten oder ganz einfach Schwachpunkte auszumerzen.
Der Gebrauchtwagenkäufer oder der Autobastler, der Teile vom Schrottplatz besorgt, muß sich also weniger nach dem Baujahr, als vielmehr nach dem Modelljahr richten, um die gewünschte Ausstattung bzw. das passende Teil zu erhalten. Das von den Ferien bestimmte Modelljahr läuft von August bis Juli. Die im nachfolgenden Text genannten Jahreszahlen zeigen also an, wann die Neuerung für das darauffolgende Modelljahr eingeführt wurde.

1967

Der Transporter mit geteilter Frontscheibe wird abgelöst durch eine neue Karosserievariante mit durchgehender Frontscheibe und stark verbesserter Rundumsicht durch größere Fenster. Die Karosserie selbst wurde länger und breiter.
Langhubige und komfortable Federung wieder an Drehstäben; vorn Kugelgelenkachse ohne Bundbolzen. Abschmieren nur noch alle 20 000 km nötig. Hinten Schräglenkerachse ohne wesentliche Sturzveränderungen beim Durchfedern. Keine zusätzlichen Untersetzungsgetriebe mehr an den Rädern. Neue Lüftung, neue Heizungsbetätigung, neues Armaturenbrett. Fahrerhaus-Türen mit Kurbelfenstern und (auf Wunsch) mit Ausstell-

fenstern, Ausstellfenster in der Schiebetür und in der hinteren linken Seitenscheibe. Serienmäßig Druckluft-Scheibenwascher, große Scheibenwischer mit zwei Geschwindigkeiten. Motor 1,6 Liter, 47 PS. Motor zusätzlich an einem hinteren Querträger aufgehängt.

1968

Neue Türgriffe mit Innendrücker, stärkere Lichtmaschine 540 Watt, Symbole auf den Kontrolleuchten, Scheibenwischer mit Hutmuttern befestigt, wesentlich verbesserte Geräuschdämpfung.

1969

Motor mit vergrößerten Ölkanälen und stärkerer Ölpumpe, thermostatisch geregelte Ansaugluft-Vorwärmung. Zwei Öldruck-Regelventile. Vordere Innenleuchte über Türschalter betätigt.

1970

Neuer Motor mit 50 PS, neuer Vergaser 34 PICT-3 mit Umluft-System für den Leerlauf, doppeltes Saugrohr, Zylinderköpfe mit doppelten Ansaugkanälen. Kurbelgehäuse aus anderer Legierung für größere Festigkeit, neuer Ölkühler aus Aluminium an neuer Stelle. 5 mm breiteres Gebläserad, vergrößerte Ölpumpe. Thermostat zur Ansaugluft-Regelung im Luftfilter-Schnorchel. Verteiler mit Fliehkraft- und doppelter Unterdruckverstellung. Tellerfeder-Kupplung mit geringerem Pedaldruck. Scheibenbremsen vorn, neue Lochscheibenräder $5^1/_2$ J × 14 mit flachen Radkappen.

1971

Wahlweise Modell mit stärkerem Motor: 1,7 Liter, 66 PS (nicht als Pritschenwagen). Vom Typ 411 abgeleiteter Motor mit zwei Vergasern und Drehstrom-Lichtmaschine, Flach-Bauart. Karosserie teilweise verstärkt, Nutzlast ca. 20 kg geringer. Zusatzgebläse für Heizung. 66-PS-Modell serienmäßiger Bremskraftverstärker und serienmäßige Gürtel-Reifen 185 SR 14 reinforced. Alle Modelle mit größeren Heckleuchten, neuen Heckblenden, besserer Geräuschdämpfung und größeren Luftschlitzen seitlich am Heck. Dazu fest installiertes Bord-Prüfnetz für die

Computer-Diagnose. In den Türen verschließbare Entlüftungsöffnungen. Verteiler beim 50-PS-Motor wieder mit Fliehkraft- und einfacher Unterdruckverstellung. Hintere Stoßstange 20 mm höher gelegt, hintere Federstäbe verstärkt, hintere Radbremszylinder vergrößert. Tankeinfüllstutzen verlegt.

1972

Geänderte Frontpartie mit hochgelegten Blinkleuchten und kleinerem VW-Zeichen. Verstärkte Stoßstangen, vorn mit Deformationselement. Vordere Trittstufen ins Wageninnere verlegt. Drei statt vier Heizhebel mit geänderten Funktionen, verbesserte Heiz- und Frischluftführung. Scheibenwischerschalter am Lenkrad. Geänderte Kurbelgehäuseentlüftung. Gummiventil entfällt. Stärke der Bremsbeläge von 10 auf 14 mm erhöht, Schauloch im Bremsträgerblech nach oben verlegt. Für Fahrzeuge mit 1,7-Liter-Motor: Wartungsdeckel im Laderaum für besseren Zugang zum Motor, Papierluftfilter-Einsatz in Kunststoffgehäuse statt Ölbadfilter, vernickelter Auspuff. Auf Wunsch Getriebeautomatik (1700 cm^3, 62 PS).

1973

1,6-Liter-Motor serienmäßig mit Drehstrom-Lichtmaschine. Türinnenverriegelung durch Knopfsicherung, geändertes Schiebetürschloß. Tankklappe entfällt. Sicherheitsgurte vorn serienmäßig. Flachmotor mit vergrößertem Hubraum (1,8 Liter, 68 PS; auch in Verbindung mit Automatik). Schaltgetriebe mit verstärktem Gehäuse und geänderten Übersetzungen. Geänderter Wählhebel bei Getriebeautomatik.

1974

Verbesserter Fahrer- und Beifahrersitz. 1,6-Liter-Motor mit Papierluftfilter. Drehstrom-Lichtmaschine beim 50-PS-Motor mit direkt angeschraubtem (integriertem) Regler. Anhängelast für 1,8-Liter-Modelle mit Schaltgetriebe für gebremste Anhänger auf 1200 kg erhöht, mit Getriebeautomatik für ungebremste und gebremste Anhänger bis 600 kg freigegeben. Kastenwagen auf Wunsch mit 1,2 Tonnen Nutzlast.

1975

1,8-Liter-Motor durch eine Zweiliter-Maschine mit 70 PS Leistung ersetzt. Geänderte Übersetzungen des Achsantriebs und des 4. Gangs beim 2000/70 PS: 4,57 bzw. 0,88. Auf Wunsch gibt es auch den Kombi mit der erhöhten Nutzlast von 1,2 Tonnen.

1976

Bus 7- und 8-Sitzer ohne Fahrerhaustrennwand, längere Sitzschienen für Fahrersitz, Beifahrersitz mit verbesserten Verstellmöglichkeiten. 1,6-Liter-Motor mit verkleinerten Einlaßventilen 33,1 mm ∅ statt 35,6 mm. Kupplungscheibe beim 50-PS-Motor von 200 mm ∅ auf 215 mm vergrößert. Schaltgetriebe mit Lebensdauer-Ölbefüllung.

1977

Entfall des zentralen Diagnose-Prüfnetzes. Neues Lenkrad mit geänderter Kunststoffummantelung und verbreiteter Speiche. Der L-Bus erhält zwei Schiebefenster im Fahrgastraum anstelle der Drehfenster (bei Bus und Kombi gegen Aufpreis). Die Anhängelast kann in Verbindung mit dem 70-PS-Motor durch Sondergenehmigung von 1200 auf 1800 kg erhöht werden.

1978

Alle Transporter-Modelle werden serienmäßig mit Automatik-Dreipunktgurten für Fahrer- und Beifahrersitz geliefert. Im September erscheint ein Sondermodell mit vielen Extras. Charakteristisch: die silbermetallicfarbene Außenlackierung.

1979

Zu Studienzwecken werden einige allradgetriebene Wagen gebaut und erprobt. Generationsablösung beim VW-Transporter. Die hier im Buch behandelten Modelle werden aus der Produktion genommen und durch einen neuen VW-Bus mit etwas größerer Karosserie ersetzt. Für die Nachfolgegeneration sind die Bände 102 (bis '82) bzw. 111 (Wasserboxer und Diesel) in dieser Buchreihe zuständig.

Gewußt wo

FSC
www.fsc.org
MIX
Papier | Fördert gute Waldnutzung
FSC® C083411

Kolibri 360 GmbH
Ferdinand-Jühlke-Straße 7
99095 Erfurt, Deutschland
produktsicherheit@kolibri360.de